因果推断

斯科特·坎宁安
（Scott Cunningham）
—著—

李井奎
—译—

CAUSAL
INFERENCE
THE MIXTAPE

中国人民大学出版社
·北京·

译者前言

2021 年 10 月 11 日，诺贝尔经济学奖揭晓，来自美国加州大学伯克利分校的经济学教授戴维·卡德（David Card），与来自麻省理工学院的经济学教授约书亚·D. 安格里斯特（Joshua D. Angrist）和斯坦福大学的经济学教授吉多·W. 因本斯（Guido W. Imbens）分享了这一奖项。在颁奖词中，诺奖委员会对于卡德教授主要表彰"他对劳动经济学的经验性贡献"，而对于安格里斯特教授和因本斯教授，则是"表彰他们对因果关系分析的方法学贡献"。

这届诺贝尔经济学奖得主的工作与以往我们印象中得过诺贝尔经济学奖的经济学大师们的工作有一个很大的不同。早年的诺贝尔经济学奖得主，如保罗·萨缪尔森、米尔顿·弗里德曼、弗里德里希·冯·哈耶克、杰拉德·德布鲁等等，都以理论见长，他们每一个人几乎都曾在某一个理论领域卓有建树，或者提出了新的经济理论，或者构建了令人生畏的经济数学模型，但这一届诺贝尔经济学奖得主的工作则主要是基于数据而做出的经验性贡献，即便是像因本斯教授这样以因果推断的理论方法为主攻方向的学者，也与经济学的经验研究保持着密切接触，就更不用说像卡德教授和安格里斯特教授这样在劳动经济学、教育经济学等经验研究领域做出诸多重要贡献的学者了。正如我国知名青年政治学者刘瑜所说："大多哲学和社科经典都写作于'实证'几乎不可能的时代，比如，在二战之前，基本上不存在大规模的民意调查、完整的宏观经济和社会数据、科学上严谨的统计技术等等，所以大多数经典的写作方式只能是从概念到概念、从推断到推断、从灵感到灵感。这种写作方式往往能创造出很多很漂亮、很有启发性的理论框架，但是很难校验这些理论的有效性，又因为不能校验它的有效性，即没有'证伪'它的可能性，知识很难有效积累。"① 现代经济学研究的这种经验转向，就与近 30 年来数据可得性的改善和计量经济学的发展有着密切的关联。

在我看来，这届诺贝尔经济学奖几乎是在肯定近 30 年来因果推断方法在现代经济学经验研究中的成功应用与发展。之所以这样说，是因为这三位教授虽然所做的研究主题各有不同，但他们的研究有很多交叉。卡德教授虽然主要研究劳动经济学领域的问题，但他所使用的方法主要是因果关系推断；而安格里斯特教授和因本斯教授的获奖理由虽然是因果推断的方法学，但也都在劳动经济学领域多有建树。

探究因果关系是科学工作的重要目的。这 30 年来，现代经济学借助统计学中对因果关系的认识，爆发了一场因果推断研究的革命。就像哈佛大学的校聘教授加里·金所说："在过去几十年里，人们对因果推断的了解比以往历史中的总和还要多。"由于我们大多数时候只能确定两个事件之间的相关关系，统计学家也严守"相关不是因果"的戒律，所以，对于因果关系的研究，很长时间以来一直困扰着经济学家。但是，自从 20 世纪 70 年代以来，统计学家发明了一套"反事实框架"的方法，经济学家又在此基础上进一步发展了断点回归、工具变量等方法，使得对各种经济政策的因果性研究大为流行，推动了现代经济学向经验性实证研究的转向。同时，在计算机科学领域，以珀尔（Pearl）为首的一批学者，也从因果图的角度对因果关系的研究做出了卓越的贡献。

摆在读者面前的这本《因果推断》，就是对过去几十年来发展的因果推断计量经济学方法的一次教学上的总结。本书作者斯科特·坎宁安原本是一个文艺青年，年轻的时候在田纳西大学修读英文，一心想当一名诗人。这要是放在我国，他就仿佛是一个地方性大学的中文系学生，梦想着

---

① 刘慈欣，刘瑜，吴思，等. 我书架上的神明. 太原：山西人民出版社，2015.

将来成为一名诗人。但残酷的现实很快让斯科特打消了这个念头，毕业后他结了婚，而且很快有了孩子，为了谋生，他不得不接受一份市场调研员的工作来养家糊口。最终，他接受了著名诗人里尔克的劝谏。里尔克说，如果你不写诗也能活下去，那就不应该再写诗了。坎宁安感到，自己不写诗也能活下去，所以就决定不再写诗了。但这份市场调研员的工作却让他逐渐对数据分析有了兴趣。多年以后，在坎宁安沉醉于由因果推断而深入进去的经济学研究时，他在重新温习了里尔克的那句箴言之后，扪心自问："如果没有经济学，我是否还能活下去？"这一次，他得到的答案是：不能！

作为一名曾经的诗人，要转向经济学研究，尤其是应用计量经济学方面的研究，对于坎宁安来说，其过程当然是非常艰难的。这种艰难主要体现在两个方面：一个是学习过程的艰辛，另一个是研究过程的艰辛。说实话，当初在读到坎宁安的这本书时，对于他的这种转型之艰难，我是心有戚戚焉的。我当年也是一名文艺青年，甚至到了读硕士阶段，也经常写诗自娱自乐，所谓"沉饮聊自遣，放歌破愁绝"。但以当时的风气，如果一个人数学不够好，那就不用考虑做经济学研究了。在读书期间，教我们高级微观经济学的经济学老师就明确地表示，我们这些数学不够好的土博士是做不了严肃的经济研究的。他的研究做得很好，后来也在《美国经济评论》等国际优秀经济学刊物上发表过文章。我读书期间的这些遭遇，后来激励了我一直坚持深入学习数学，也激励着我对应用计量经济学的学习和研究，但这个过程是很不容易的。我想，坎宁安当年肯定也遇到过与我一样的苦闷和挫败。但好在兴趣是最好的老师。坎宁安最终申请到了佐治亚大学的经济学博士项目，开始学习经济学。

当他决定把计量经济学作为他的主要研究领域时，虽然他知道计量经济学很难学，但架不住他对诸如教育回报、犯罪、种族歧视、不平等等社会经济问题的强烈兴趣，还是毅然决然地投身到了这一领域。为此，他几乎修读了佐治亚大学所有的计量经济学课程，而且其中的一些课程他还修了不止一次。他从最基础的概率统计课程学起，逐渐掌握了处理各种数据类型的计量经济学方法。但那个时候的佐治亚大学经济系，与当时大多数大学的经济系一样，并没有开设因果推断方面的课程。原因很简单，因果推断方法当时还处于萌芽状态，还很不系统。就在坎宁安通过了博士资格考试，开始进入博士学位论文写作阶段时，他接触到了因果推断方法，这把他带入了研究的新天地，也使他从此沉迷于这一方法的学习和应用之中。

坎宁安博士毕业后到美国得克萨斯州的贝勒大学教书，现在他已经是那所大学的经济学教授了。刚开始教书那会儿，学校安排他讲授计量经济学。他发现，当时计量经济学的课程体系中仍然没有因果关系理论的位置，于是，他在失望之余，申请开设了一门关于因果关系的新课程——因果推断与研究设计。这本书就是他为这门课程积十余年之功所写的教科书。在这个过程中，他还给美国南部多个大学的经济系进行因果推断方面的师资培训，在美国的公共媒体平台上不遗余力地推广和普及因果推断研究方法。这都使他成为因果推断教学和研究领域的一名活跃的学者。

如今，虽然市面上关于因果推断的教材和专著越来越多，但本书仍然能够占据一席之地。综合来看，本书有以下几个优点。

本书的第一个优点是，它对因果推断领域的理论与方法的涵盖面非常广泛，这一点只需与当前最流行的几本因果推断领域的教材进行比较就可以得知。目前最为流行的因果推断方面的教材要么对合成控制法和因果图模型着墨不多，而这些内容现在来看是非常有用的，值得放入教科书之中；要么对经济学家常用的断点回归和面板数据部分涉及得很不够；要么没有包含因果图、断点回归、面板数据和合成控制等内容。因此，从涵盖的范围来看，对于经济学家来说，本书关于因果推断的理论和方法的介绍是非常全面的。

本书的第二个优点就是它的实用性。它不仅介绍了因果推断的理论和方法，更重要的是，它还融汇了编程示例、数据和详细的解释，分别使用R和Stata软件把具体的编程都手把手地教给读者，因此本书真正称得上想研究人员之所想。甚而至于，一个对因果推断和编程一无所知之人，也可以从本书开始，逐步达到胜任因果推断的境地。

本书的第三个优点是它包含了大量实例。这些实例有些是因果推断领域的经典论文，有些则是作者自己的研究所得。这些实例具体而微地向读者展示了一项优秀的研究是如何开展的，如何获取数据、编写代码，如何利用理论和场景知识，在自己的项目中实现合理的设计。

当然，本书也有些白璧微瑕之处，主要集中在关于概率论和统计学基础知识的介绍部分，其中的一些公式和推导过程出现了一些小的错误。在翻译过程中，译者已经根据具体情况对这些地方一一做了修正，不会影响到读者的阅读。

最后，关于《因果推断》的引进和翻译情况，我再多说几句。

　　我于 2020 年在哈佛大学访学期间，曾旁听过哈佛大学的一些计量经济学课程，当时就已经注意到这本书的作者在其网站上所放的本书的初稿。在于 2020 年底了解到此书将由耶鲁大学出版社在 2021 年初出版时，我写信给作者，并提出了将本书翻译成中文的建议，作者显然很高兴，慨允了这桩译事。之后，我把这本书推荐给中国人民大学出版社的王晗霞编辑，她很重视此书，遂于 2021 年上半年引进了这本书的中文版权，并交由我来翻译。

　　在本书的翻译过程中，一方面为了确保翻译质量，另一方面也出于培养我的学生的目的，在我所带的研究生中，我挑选了两位勤奋好学而且具备一定计量经济学基础的同学——梁真同学和平福冉同学——一起参与讨论翻译和校对。在这个过程中，两位同学进步神速，这种表现也体现在了他们各自的论文写作中。正是这个过程让我认识到，因果推断的技术方法大大缩短了国际国内一流名校与普通院校学生在学术资源和方法上的距离。试想，在十多年前，计量经济学方法和因果推断工具尚未获得普遍接受的时候，学术研究基本上不太可能由一些普通院校的研究生来完成。高深的数理经济学方法以及学术资源高度垄断在部分名校手中，这使得其他院校的师生根本没有太多的机会参与到经济学的学术研究工作中。但因果推断方法的兴起改变了这种局面，从这个意义上讲，我认为这套方法首先给我们经济学普通学术工作者带来了福音。

　　因果推断方法虽难却有趣。我于 2021 年出版了一本经济学科普著作《大侦探经济学》，以一种相对轻松的笔调阐述了因果推断的几种工具，同时也对经济学家们在这个领域的工作做了通俗的介绍。有兴趣的读者可以在学习本书感到艰难时，读一读那本书，进一步增强自己的兴趣和信心。

　　希望本书能够有助于大家学习因果推断这一计量经济学方法，做有趣而严谨的经济学经验研究！

李井奎

2023 年 3 月 15 日写于浙江工商大学·钱塘之滨

致　谢

正如需要集整个村庄之力来抚养一个孩子一样，我也是得到了许多人的帮助才能写出这本书。我要致谢的人有很多，从激发我研究因果推断的学者——Alberto Abadie，Joshua Angrist，Susan Athey，David Card，Esther Duflo，Guido Imbens，Alan Krueger，Robert LaLonde，Steven Levitt，Alex Tabarrok，John Snow 等等，到我的朋友、导师和同事，我对他们都心怀感激。

我首先要感谢我的引路人、导师、合著者和朋友 Christopher Cornwell。我的整个职业生涯都受益于 Christopher。当我在佐治亚大学读研究生时，他教我计量经济学和实证设计。我满脑子都是想法，而他却设法让我保持专注。他总是很有耐心，总是要求我达到较高标准，总是相信我能达到这些标准，总是试图帮助我纠正错误的推理和增加我贫乏的计量经济学知识。我还要感谢 Alvin Roth，他在过去十年的研究中一直鼓励着我。在我的整个职业生涯中，这种鼓励一再鼓舞着我。最后，我要感谢 Judea Pearl 邀请我到加州大学洛杉矶分校，我们花了整整一天时间讨论本书的早期草稿，并做了改进。

但我能写出这样一本书，也得益于多年来与朋友们的无数次交谈，以及仔细阅读他们的作品并向他们学习。他们是 Mark Hoekstra，Rebecca Thornton，Paul Goldsmith-Pinkham，Mark Anderson，Greg DeAngelo，Manisha Shah，Christine Durrance，Melanie Guldi，Caitlyn Myers，Bernie Black，Keith Finlay，Jason Lindo，Andrew Goodman-Bacon，Pedro Sant'Anna，Andrew Baker，Rachael Miguel，Nick Papageorge，Grant McDermott，Salvador Lozano，Daniel Millimet，David Jaeger，Berk Ozler，Erin Hengel，Alex Bartik，Megan Stevenson，Nick Huntington-Klein，Peter Hull，还有在♯EconTwitter 上的更多的人，那是 Twitter 上一个充满活力的社会科学家社区。

我还要感谢我的两位学生 Hugo Rodrigues 和 Terry Tsai。Hugo 和 Terry 不知疲倦地工作，将我所有的 Stata 代码改编成 R 程序。没有他们，我可能没法完成这项工作。我还要感谢另一位学生 Brice Green，他对代码进行了早期测试，以确认除了作者之外的其他人也能运行它们。Blagoj Gegov 帮助制作了 Tikz 中的许多幅图。我要感谢 Ben Chidmi 将一个模拟从 R 改编到 Stata。感谢 Yuki Yanai 允许我使用他的 R 代码进行模拟。感谢 Zeljko Hrcek 帮助我在截止日期前修改 LaTeX 的格式。感谢我的朋友 Seth Hahne 在书中创作了好几幅漂亮的插图。我还要感谢 Seth Ditchik 对这个项目的信任、我的经纪人 Lindsay Edgecombe 对我的鼓励和支持，以及耶鲁大学出版社。还有我的另一位编辑 Charlie Clark，他把这本书读了不下五十遍，并努力对它加以改进。谢谢你，Charlie。感谢以下音乐人：Chance，Drake，Dr. Dre，Eminem，Lauryn Hill，House of Pain，Jay-Z，Mos Def，Notorious B. I. G. ，Pharcyde，Tupac Shakur，Tribe，Kanye West，Young MC 和其他许多人。

目　录

第一章

导　论

我走上经济学的道路颇为曲折。比如，我大学主修的并不是经济学。 *1*
在大学期间，我甚至都没有上过一门经济学课程。由于皮特（Pete）的缘
故，我念的是英文专业。我的雄心是成为一名诗人。但是，即使没有随机
实验，人们也能形成关于因果关系的合理信念，这一思想让我深感入迷。
25 年前，对于这句话在说什么，我甚至都不能理解，更不用说如何去做这
样的实验了。那么，我是如何产生这样的转变的呢？可能你会想知道，我
是怎么从当初那种状态转变到今天使我能够撰写一部这样的书的。我从英
文专业转到因果推断领域，一路走来风风雨雨，这个故事"太长，不会被
人阅读（TL；DR 版本）"①。首先，我爱上了经济学。然后，我爱上了经
验研究。再接着，我发现，我对因果推断兴趣日渐浓厚，已然沉浸其中。
不过，还是让我来讲一个更长的故事版本吧。

---

① "Too long；didn't read" 的缩写。

我在诺克斯维尔的田纳西大学主修英文，怀着一颗希望成为一名职业诗人的雄心毕了业。在大学时，我写诗颇有文名，但我很快认识到，这条路可能并不现实。当时我新婚燕尔，妻子身怀六甲，我是一名做市场研究的定性研究分析师。渐渐地，我完全停止了诗歌创作。[①]

定性研究分析师的工作使我眼界大开，其中一部分原因是我平生第一次接触到经验主义。我的工作是做"扎根理论"（grounded theory）——这是一种基于观察产生人类行为解释的归纳方法。我是通过组织目标群体（focus groups）并进行深度访问，以及通过其他人种学方法来开展这项工作的。我把每个项目当成一个机会，来理解人们为什么做他们现在在做的事情（即使他们做的不过是购买清洁剂或选择有线电视提供商这样的行为）。虽然这项工作启发我发展出了我自己关于人类行为的理论，但它并没有给我提供一种证伪这些理论的方法。

我缺乏社会科学方面的背景知识，所以，我晚上会花时间从网上下载和阅读一些文章。我记不清是哪一天晚上，在我浏览芝加哥大学法律经济学工作论文网站时，加里·贝克尔（Gary Becker）的一个演讲引起了我的注意。这是他在诺贝尔奖颁奖典礼上发表的关于经济学如何应用于所有人类行为的演讲［Becker, 1992］，这篇演讲改变了我的生活。我原以为经济学都是些关于股票市场和银行的知识，直到我看到那篇演讲，我才知道经济学是一个可以用来分析人类所有行为的工具。这真是令人无比兴奋，就这样，一颗种子在我心中已经播下。

但这颗种子却迟迟没有发芽，直到我读到 Lott 和 Mustard［1997］写的一篇关于犯罪的文章，我才真正迷恋上了经济学。从他们的文章中，我认识到的经验部分是，经济学家试图用定量数据来估计因果效应。这篇论文的合著者之一戴维·马斯塔德（David Mustard），当时是佐治亚大学（University of Georgia）的经济学副教授，也是加里·贝克尔从前的学生之一。我决定要跟着马斯塔德学习，所以我申请了佐治亚大学的经济学博士项目。于是，我就和妻子佩奇（Paige）以及尚在襁褓中的儿子迈尔斯（Miles）搬到了佐治亚州的雅典，并在 2002 年秋天开始了我的学习课程。

---

① 里尔克（Rilke）曾说过，当你不写诗也能活下去时，你应该停止写诗（Rilke, 2012）。没有诗，我也能活下去，所以，我接受了他的建议，不再写诗了。有意思的是，当我后来遇到了经济学，我重新去看里尔克的书，并扪心自问：如果没有经济学，我是否能够生活下去？这一次，我的判断是我不能，或者我不愿意——我不能确定到底是不能还是不愿意。因此，我坚持了下来，并获得了博士学位。

在通过第一年的综合考试后，我参加了马斯塔德的劳动经济学课程，学到了许多塑造了我长期兴趣的各种主题。这些主题包括：教育回报、不平等、种族歧视、犯罪，以及许多其他令人着迷的劳动方面的话题。在那些课程中，我们读了很多经验研究论文，后来我意识到，要完成所关心的研究，我需要有扎实的计量经济学背景。事实上，我也决定，把计量经济学作为我的主要研究领域。这推动了我与佐治亚大学的计量经济学和劳动经济学家克里斯托弗·康韦尔（Christopher Cornwell）的合作。我从克里斯托弗身上学到了很多，其中包括计量经济学以及研究本身。自然而然，他也成了我的导师、合作者和亲密的朋友。 *3*

计量经济学是很难的。当时我也没有假装我很擅长它。为此，我修读了佐治亚大学所有的计量经济学课程，有些还不止一次。这些课程涵盖了概率与统计、截面数据、面板数据、时间序列和定性因变量等知识。尽管我通过了计量经济学的应试考试，但我还是非常努力去更为深入地理解计量经济学。正如俗语所说：只见树木，不见森林。此时我虽然"衣带渐宽终不悔"，但始终还没有到"蓦然回首"的境界。

然而，当我在写博士学位论文的第三章时，我注意到了一些以前没有注意到的东西。我的博士学位论文的第三章是一项关于堕胎合法化对所关注群体未来性行为的影响的研究［Cunningham and Cornwell，2013］。这是对 Donohue 和 Levitt［2001］的再探。为了准备我的研究，我读了列文（Levine）的一本书［Levine，2004］，其中除了讲堕胎的理论和实证研究外，还有一个小表格来解释双重差分识别策略。佐治亚大学采用的是传统的计量经济学教学法，而且，我的大部分专业课程都是理论性的（例如，公共经济学、产业组织理论），所以我从来没有真正听过"识别策略"（identification strategy）这个词，更不用说"因果推断"了。出于某种原因，列文这一简单的双重差分表让我大开眼界。我看到，计量经济学模型可以被用来分离某一处理的因果效应，这导致我处理实证问题的方式发生了改变。

什么是因果推断？

我博士毕业后的第一份工作是在得克萨斯州韦科市的贝勒大学（Baylor University）担任助理教授，我至今仍在那里工作和生活。我到了贝勒大学后就变得忙碌起来。我能感觉到，计量经济学是不可或缺的，但总觉得还有些东西被遗漏了。是什么呢？是因果关系理论。自从看到 Levine

[2004] 的双重差分表以来，我就一直在研究这个理论。但我需要做的还不止于此。因此，失望之余，我做了我每次想学习新东西时都会做的事——我开设了一门关于因果关系的课程，强迫自己学习所有我不知道的东西。

4　　我将课程命名为因果推断与研究设计（Causal Inference and Research Design），并于 2010 年首次向贝勒大学的硕士生进行讲授。当时，我找不到我要找的这类课程的例子，所以我拼凑了一些学科和作者的思想，比如劳动经济学、公共经济学、社会学、政治学、流行病学和统计学等学科。我的课不是纯粹的计量经济学课程；相反，它是一个经验研究类的应用课程，主要介绍诸如双重差分等各种当代研究设计方法，课上还要做经验研究复制以及大量阅读，所有这些都建立在唐纳德·鲁宾（Donald Rubin）和朱迪亚·珀尔（Judea Pearl）的著作中都有发现的关于因果关系的稳健理论上。这本书和那门课实际上非常相似。①

　　那么，我如何定义因果推断呢？因果推断是由理论和对制度细节的深入了解共同撬动的一个杠杆，通过这一手段，我们得以评估事件和选择（events and choices）对我们感兴趣的结果所带来的影响。这不是一个新领域；自古以来，人类就痴迷于因果关系。但在实验室内外，我们在估计因果效应上的新进展，使这一领域呈现出了新的面貌。有些人认为，这种新的现代因果推断方法肇始于 Fisher [1935]、Haavelmo [1943] 或 Rubin [1974]。有些人则把它与约翰·斯诺（John Snow）等更早期拓荒者的工作联系起来。在很大程度上，我们应该把它归功于 20 世纪 70 年代后期至 90 年代后期众多极富创造力的劳动经济学家，他们雄心勃勃的研究议程创造了一场延续至今的经济学革命。你甚至可以认为，我们应该感谢考尔斯委员会（Cowles Commission）、菲利普·G. 赖特（Philip G. Wright）、斯沃尔·赖特（Sewall Wright）以及计算机学家朱迪亚·珀尔。

　　但是，不管我们如何定义其出现的年代，因果推断现在已经成长为一个独立的领域，自然而然地，你也开始看到越来越多关于它的处理方法。在计量经济学教科书中，有时会在"项目评估"（program evaluation）一
5　章中对其进行冗长的回顾 [Wooldridge，2010]，有时甚至整本书都在做相

---

①　我决定写这本书的原因很简单：我觉得市场上没有为我的学生提供我所需要的那种教材。所以，我为我的学生和我写了这本书，这样我们就能保持一致。这本书是我向我自己解释因果推断所做的最大努力。我觉得，如果我能向自己解释因果推断，那么我也能向其他人解释。我当时认为这本书在我的课堂之外没有多大价值，所以我把它贴在了我的网站上，并在 Twitter 上告诉人们我写了这本书。但我很惊讶地发现，有那么多人觉得这本书很有用。

关的论述。我们在这里仅列举几本教科书，在这一不断发展的领域，有
Angrist 和 Pischke［2009］、Morgan 和 Winship［2014］、Imbens 和 Rubin
［2015］，也许还有很多其他的书籍，更不用说对特定策略的详细讨论了，
如 Angrist 和 Krueger［2001］、Imbens 和 Lemieux［2008］等。实际上，
市场上有关使用数据识别因果关系的书籍和文章一直在悄悄地增加。

那么，为什么《因果推断》（*Causal Inference：The Mixtape*）这本
书还会有其一席之地呢？坦率地说，直到本书出现，市面上才有了一本融
汇了编程示例、数据和详细解释，并且富有可读性的介绍性书籍。我的书
就是在努力填补这个空白，因为我相信，研究人员真正需要的是一本指
南，使他们能从一无所知逐步达到胜任因果推断的境地。这意味着，他们
能够识别哪些设计是可行或不可行的，这也意味着，他们能够获取数据，
编写代码，利用理论和场景知识，在自己的项目中实现合理的设计。如果
这本书能帮助人们做到这一点，那么这本书就有了存在的价值，而这正是
我由衷期望的。

但是，我喜欢的那些书，以及那些启发了这本书的书，我为什么不继
续使用它们呢？在我的课程中，我主要依靠 Morgan 和 Winship［2014］、
Angrist 和 Pischke［2009］，以及一个理论和实证文献库。在我看来，这些
书是最权威的经典著作。但是它们并没有满足我的需要，因此，我需要不
断地在材料间转换。其他的书都很棒，但对我来说也不是很合适。Imbens
和 Rubin［2015］涵盖了潜在结果模型、实验设计、匹配和工具变量，但
没有包含有向无环图（DAG）模型、断点回归、面板数据或合成控制等内
容。Morgan 和 Winship［2014］涵盖了 DAG 模型、潜在结果模型和工具
变量，但以我个人的偏好来看，这本书对断点回归和面板数据着墨太少。
这些书都未介绍合成控制法，而合成控制法被 Athey 和 Imbens［2017b］
称为过去 15 年因果推断中最重要的创新。Angrist 和 Pischke［2009］非常
接近我的要求，但却没有包含任何关于合成控制法或图像模型这些在我看
来非常有用的内容。也许，最重要的是 Imbens 和 Rubin［2015］、Angrist
和 Pischke［2009］、Morgan 和 Winship［2014］都没有提供任何实用的编
程指导，而我认为，我们在这些领域的知识，恰恰是通过复制论文和写研
究代码获得的。[1]

6

① 尽管 Angrist 和 Pischke［2009］提供了包含几十篇论文的在线数据库，但我发现，为了
熟悉并具体化这些思想，学生们需要更多的教学演练和重复。

撰写这本书时，我考虑了不同类型的读者。它首先是为**从业者**（prac-titioners）写的，这就是为什么本书包含了可供下载的数据集和程序。这也是我花了大量时间尽可能多地复习论文、复制模型的原因。我希望读者能理解这个领域，同时，我也希望他们学有所得，学完本书能够使他们利用这些工具来回答他们自己的研究问题。

我心目中的另一类读者是希望更新其知识的有经验的社会科学家。也许他们具有更多的理论倾向或背景，或者他们只是在人力资本上还有一些缺漏。我希望这本书能帮助他们了解社会科学中常见的现代因果关系理论，并提供了有向无环图模型的微积分表述，以帮助他们将理论知识与现实估计联系起来。对这群读者来说，我认为 DAG 模型尤其具有价值。

我关注的第三类读者是行业、媒体、智库等领域的非学术人士。在这些职业领域，因果推断的知识越来越受到青睐。它不再仅仅是学者们坐而论道的东西。它也是作出商业决策和政策解释的重要知识。

最后，这本书也写给刚开启其职业生涯的人，无论他们是本科生、研究生还是刚毕业的博士生。我希望这本书能给他们一个全新的起点，这样他们就不必像我们这一辈的许多人那样，为了学习使用这些方法，在迷宫一般的道路上艰难摸索了。

不要混淆相关性和因果性

现在，我们经常听到有人说："相关性不意味着因果性。"这本书的部分目的，就是帮助读者确切地理解，为什么相关性，尤其是观测性数据中的相关性，不太可能反映出因果性。公鸡打鸣后，太阳很快就会升起，但我们知道，公鸡并不是导致太阳升起的原因。如果公鸡被农夫的猫吃掉了，太阳还会照常升起。然而，人们在天真地解释简单的相关性时，却常犯这种错误。

但更奇怪的是，有时两件事之间存在因果性，却没有**可以观察到的相关性**（observable correlation）。这确实很奇怪。一件事导致了另一件事，怎么可能两者之间没有明显的相关性呢？我们不妨思考这个示例，如图 1-1 所示：在一个刮风的日子里，一个水手正驾着她的船横渡湖面。当风吹起时，她通过反向打舵，准确地抵消了风的力量，她来来回回地打舵，而船却沿着一条直线在湖面上穿行。如果一个好心而天真的人对风向和航行知识一无所知，他看到这一幕，可能就会说："请给这个水手换个新舵！她的舵坏了!"他这样想,就是因为他看不出船舵的转动和船的航向之间存在任何关系。

图 1-1　不存在相关性并不意味着不存在因果性

资料来源:Seth Hahne © 2020.

但是,他看不到这种关系,是否意味着这种关系不存在呢?仅仅依靠没有可观察到的关系,并不能推导出没有因果关系。我们来想象如下场景:水手不再试图完美地抵消风力,而是通过掷硬币来决定如何打舵——硬币正面朝上将船舵向左转动,硬币反面朝上将船舵向右转动。如果水手根据掷硬币的结果来驾驶她的船,你认为岸边这个男人会看到什么?在有风的日子里,如果水手随意地转动船舵,他将会看到一个水手曲折地在湖面穿行。为什么只有随机地转动船舵(而不是其他任何有目的地转动船舵)才能使观察者发现这一关系?因为一旦水手**内生地**随着不可见的风向转动船舵,船舵的转动和船的航向之间的关系就被抵消——即使两者之间存在因果关系。

这个例子听起来相当愚蠢,但事实上它还有更为严肃的版本。试想一下,通过占卜,中央银行预测出了下一次经济衰退浪潮将在何时形成。在经济显露出衰退的迹象后,央行开始进行公开市场操作,购买债券并为经济注入流动性。只要这些行动是最优策略,这些公开市场操作就不会显示出与实际产出的任何关系。事实上,在理想情况下,银行可能会为了阻止经济衰退而进行激进的交易,作为交易的结果,即使它的确发挥了作用,我们也将无法观察到任何能证明它发挥了作用的迹象。

人们总是尝试最优化自己的行为，而这正是相关关系几乎永远无法揭示因果关系的主要原因，因为很少有人会随机地行动。正如我们接下来将看到的那样，随机性的存在对于确定因果关系至关重要。

最优化使一切变得内生

因果推断方法的某些展示有时被描述为缺乏理论性，但我认为，尽管一些从业者满足于盲目地瞎搞，但因果设计中实际采用的方法始终深深地依赖于理论和具体的制度知识。我坚信这一点，我也将在本书中一再强调，在没有先验知识的情况下，我们很难相信所估计出的因果关系（如果有的话）。我们**需要**先验知识来证明任何新提出的因果发现。同时，经济理论也强调，为什么因果推断必然是一件棘手的任务。接下来我将解释这一点。

我们一般把数据分为两类：实验数据和非实验数据。后者有时也被称为观测性数据。实验数据是在类似于实验室的环境中收集的。在传统的实验中，研究人员积极地参与事先记录下的流程。尽管现在这种情况已经有所改观，但在社会科学领域，由于可行性、财务成本或伦理道德上的反对，我们仍然很难获得这样的数据。实验数据的例子包括：俄勒冈州医疗补贴实验、兰德健康保险实验，受埃斯特·迪弗洛（Esther Du-flo）、迈克尔·克莱默（Michael Kremer）、阿比吉特·班纳吉（Abhijit Banerjee）和约翰·李斯特（John List）等人启发的实地实验运动，以及其他类似的实验。

观测性数据通常是通过回顾性调查，或者作为一些其他商业活动（"大数据"）的副产品被收集的。在许多观测性研究中，你只能收集之前已经产生的数据，而无法收集正在产生的数据，尽管随着采集到的网络数据被更多地使用，研究者也可以获得更接近某些行为发生时刻的观测数据。但不管这一时间差是多少，研究人员都是创建数据过程中的被动参与者。她可以观察行为和结果，但不能干涉被分析个体所处的环境。这也是最常见的、我们大多数人都会使用的数据形式。

经济学理论告诉我们，我们应该对观测性数据中发现的相关关系持怀疑态度。在观测性数据中，相关性几乎肯定无法反映出因果性，因为个体总是会做出他们认为最优的决定，即这些变量是由他们内生地选择的。在特定的约束下追求某个目标时，他们可能选择了某些与其他事物产生虚假关联的事物。潜在结果模型本身也反映了我们看到的这个问题：为了使相关性足以衡量因果性，个体的选择必须独立于考虑到的可能的潜在结果。然而，如果个体是**根据**她认为的最佳选择做出了决策，那么，这一决策也必然基于潜在结果，而且，这种相关性远不能满足我们为了称之为因果性而要求的条件。更为直接地说，经济理论认为选择是内生的，因此，这些选择和结果之间的总体相关性，即便有，也很少能够代表因果效应。

现在我们转入认识论的领域。识别因果效应需要假设，但也需要对科学家的工作有一种特殊的信念。可信且有价值的研究要求我们相信：**正确地**开展我们的工作，比试图获得某种特定的结果（例如，确认偏差、统计显著性、星号）更重要。科学知识的基础是科学的方法论。真正的科学家不会收集证据来证明他们想要验证的或他人想要相信的内容一定正确。这是一种欺骗和操纵的形式，它的名字叫**宣传**（propaganda），而宣传并不是科学。相反，科学的方法论是一种可以形成特定信念的工具。科学的方法论使我们能够接受意料之外的，有时甚至是不希望得到的答案。它遵从过程导向，而不是结果导向。如果不认同这些价值观，那么因果方法论也是不可信的。

示例：确定需求的价格弹性

经验分析是科学方法论的基石之一。[①] 经验分析是指，使用数据检验理论或估计变量间的关系。在经济学中，进行经验分析的第一步，是谨慎地提出我们要回答的问题。在某些情况下，我们想构建和检验一个正式的经济模型，该模型可以通过数学方式描述某种特定的关系、行为或感兴趣的过程。这些模型是有价值的，因为它们既描述了感兴趣的现象，又作出了可证伪的（可检验的）预测。预测的可证伪性意味着我们可以通过数据评估该预测，并存在拒绝该预测的可能性。[②] 模型是一个这样的框架，该框架用来描述我们感兴趣的关系、对结果的直觉以及所要检验的假设。

---

① 经验分析并不是唯一的基石，甚至不一定是最重要的基石，但它一直在科学工作中扮演着重要的角色。

② 你也可以将一个直观的、不太正式的推理过程作为经验分析的起点，但经济学更倾向于形式主义和演绎方法。

在确定了一个模型后，我们就会把它转化为所谓的可以直接通过数据进行估计的计量经济学模型。接下来，我们立刻就会遇到的一个问题就是关于模型的函数形式如何设定，或者说，如何通过一个方程来描述我们感兴趣的变量之间的关系。此外，另一个重要的问题是，我们要如何处理那些在模型中扮演了重要角色，但不能直接或合理地被观测到或者不容易被衡量的变量。①

比较静态概念是一个有助于我们理解因果推断且应用广泛的重要概念。比较静态是对模型中包含的因果效应的理论描述。这种比较静态总是基于**其他条件不变**［ceteris paribus（拉丁语）；all else constant（英语）］这一概念。例如，当我们试图描述某种干预的因果效应时，我们总是假设模型中的其他相关变量保持不变。如果它们发生了变化，那么这些变量也将与因变量产生相关性，而这会干扰我们的估计。②

为了说明这一观点，让我们从一个基本的经济学模型开始：供给和需求均衡以及该模型在估计需求价格弹性时产生的问题。政策制定者和企业管理者对了解需求价格弹性有着天然的兴趣，因为如果知道了它，我们就可以使企业最大化利润，使政府选择最优的税款，以及选择是否需要限制数量［Becker et al.，2006］。但问题是，因为需求曲线是理论中的事物，我们无法观察到它。更具体地说，需求曲线是价格和数量成对的潜在结果的集合。我们只能观察到**价格和数量的均衡值**（price and quantity equilibrium values），而不是整条需求曲线上的潜在价格和潜在数量。只有追查出需求曲线上的潜在结果，我们才能计算出弹性。

要了解这一点，不妨考虑菲利普·赖特的附录 B［Wright，1928］中的这张图，稍后我们将更详细地讨论它（见图 1-2）。需求的价格弹性是在**单一的需求曲线**（a single demand curve）上数量变动百分比与价格变动百分比的比值。然而，当供给和需求发生变化时，历史上真实出现的一系列成对的数量点和价格点，既不能反映需求曲线，也不能反映供给曲线。

① 科学模型，无论是经济模型还是其他模型，都是对世界的抽象而非现实描述。这是优势，而不是劣势。统计学家乔治·博克斯（George Box）曾打趣说："所有模型都是错误的，但有些模型是有用的。"模型的用处在于，能够恰到好处地揭示有关世界的隐藏秘密。

② 在本书中反复出现的其他条件不变隐含着协变量平衡的概念。如果我们说，除了一个变量变动，其他一切都一样，那么就是说，在该变量变动前后，其他一切都一样。因此，当我们引用"其他条件不变"时，我们也隐含地引用了包含可观测协变量和不可观测协变量的"协变量平衡"概念。

事实上，这些点连成的线无法反映任何有意义或有用的东西。

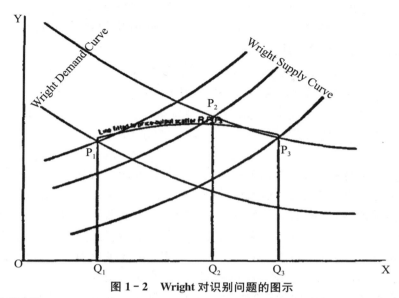

图 1 - 2　Wright 对识别问题的图示

资料来源：Wright，P. G. （1928）. *The Tariff on Animal and Vegetable Oils*，The Macmillan Company.

需求的价格弹性是如下方程的解：

$$\in = \frac{\partial \log Q}{\partial \log P}$$

但在这个例子中，P 的变化是**外生的**（exogenous）。举例来说，这一条件使供给固定，使其他商品的价格固定，使收入固定，使偏好固定，使投入成本等因素均固定。为了估计需求的价格弹性，我们要求 P 的变化完全独立于其他正常的供给决定因素和其他需求决定因素。否则，我们将会发现供给或需求发生了变化，而这将会产生新的数据对，在这些数据对中，P 和 Q 之间的任何相关关系都不能作为需求弹性的衡量标准。

弹性是一个重要的概念，我们需要知道它，因此我们就需要解决这个问题。基于这一理论概念，我们必须写出一个计量经济学模型作为起点。而计量经济学模型的一个可能的例子是线性需求函数：

$$\log Q_d = \alpha + \delta \log P + \gamma X + u$$

式中，α 为截距；δ 为需求弹性；X 为决定需求的因素的矩阵，比如其他商品的价格或收入；γ 为 X 和 Q_d 之间的相关系数；u 为误差项。①

我们这里先点到为止，只是先告诉大家，要想估计需求的价格弹性，得先做两件事。首先，我们需要获取大量关于价格和数量的数据。其次，我们需要使假想的数据集里的价格变化独立于 u。这种独立性一般被称为**外生性**（exogeneity）。没有这两者，我们就无法得到需求的价格弹性，因此，任何需要该信息的决策，其基础都将只是暗中刺探而已。

结　论

14　　本书是对可以推断因果关系的研究设计的介绍。但同样重要的是，本书也为你提供了实现这些研究设计的动手实践。实现这些研究设计，意味着使用某种类型的软件编写代码。我选择使用两种流行的软件语言来对这些设计加以说明：Stata（经济学家最常用的）和 R（其他人最常用的）。

本书包含了大量在 Stata 和 R 程序中演示的实证练习。这些练习有些是模拟（不需要外部数据），有些则是需要外部数据的练习。后者所需的数据已经在 Github 上提供给你了。Stata 示例通常在程序开始时需要使用以下命令下载文件：输入 https://github. com/scunning1975/mixtape/raw/master/DATAFILENAME. DTA，其中 DATAFILENAME. DTA 是特定数据集的名称。

对于 R 软件的用户来说，过程略有不同，需要将数据加载到内存里。为了组织和清理代码，我的学生 Hugo Sant'Anna 和 Terry Tsai 创建了一个函数来简化数据下载过程。这部分基于一个名为 haven 的代码库，它是一个用于读取数据文件的程序包。此外，它基于一组命令集创建了一个函数，使用该命令可以直接从 Github 下载数据。②

有些读者可能既不熟悉 Stata 也不熟悉 R，但仍然希望能够学习它们。我非常希望大家利用这个机会，投资学习这两门语言中的一门或两门。对于这些语言的介绍超出了本书的范围，但幸运的是，有大量资料可以查阅，如，克里斯托弗·F. 鲍姆的《用 Stata 学计量经济学》。Stata 在微观经济学家中很受欢迎，并且鉴于参与现代经济研究的合作者数量之多，仅

15　　仅是为了解决你和潜在合作者之间的基本协调问题，就值得投资学习

---

①　我们会在后面更为详细地讨论误差项。
②　这样做完全是为了美观。因为通常情况下，URL 对于书本的空白处来说都太长了。

Stata。但 Stata 的缺点是它是私有的，必须花钱购买。对于一些人来说，这可能是一个巨大的障碍——尤其是对于那些只是想跟着这本书走下去的人而言。而另一方面，R 是开放和免费的。关于 R 的基本教程可以在 https://cran. r-project. org/doc/contrib/Paradis-rdebuts_en. pdf 上找到，关于 Tidyverse 的介绍（在整个 R 编程过程中都会用到）也可以在 https://r4ds. had. co. nz 上找到。利用这段时间来学习 R 将让你感觉物超所值。

也许你已经了解了 R 并且想要学习 Stata。或许你已经了解了 Stata，想要学习 R。如果是这样，那么这本书可能会很有帮助，因为这本书按顺序使用了两套代码来完成相同的基本任务。然而，话虽如此，但在许多情况下，尽管我已经尽我所能地调和了 Stata 和 R 的结果，但我也无法总能做到兼顾。归根结底，Stata 和 R 是两种不同的编程语言，有时由于不同的优化过程或仅仅因为程序的构建略有不同，都会产生不同的结果。偶尔也会有文章对此进行讨论，在这些文章中，作者试图更好地理解是什么导致了不同的结果。我并不总是能完全协调不同的结果，所以我选择了一种更为简单的解决方法：同时提供这两个程序。无论你使用哪一种语言进行研究，最终都要对自己做的研究负责。最后，我希望大家可以理解包含在所给出的软件和程序包中的方法和估计过程。

总之，简单地找到两个变量之间的相关性，可能意味着存在因果效应，但也可能不是。除非关键假设成立，否则相关关系并不意味着因果关系。在我们开始深入研究因果方法本身之前，我们需要在统计和回归建模方面打下基础。系好安全带！这一定会很有趣。

第二章

概率与回归知识复习

数字很少真实，并且毫无感情。但你逼得太狠，哪怕是数字也会被你逼到极限。

——莫斯·迪夫（Mos Def）

基础概率理论（basic probability theory）。在实践中，因果推断是基于从非常简单到非常高阶的各类统计模型做出的。建立这样的模型，需要一些有关概率论的基本知识，所以，我们从一些定义开始。随机过程（random process）是一种可以多次重复、每次都可能有不同结果的过程。样本空间（sample space）是一个随机过程的所有可能结果的集合。在表 2-1 中，我们将区分离散型随机过程和连续型随机过程。离散过程产生整数，而连续过程产生分数。*

---

* 理论上说，天然气价格可以是一个无理数值。——译者注

我们有两种定义独立事件的方式。第一种是逻辑独立性。例如，发生了两个事件，但我们没有理由相信这两个事件可以相互影响。不过，如果假设它们**确实**相互影响，这就是一种逻辑谬误，叫做**后此谬误**（post hoc ergo propter hoc），在拉丁语中是"在这之后，所以因此而生"（after this, therefore because of this）的意思。这种谬误表明，事件的时间顺序不足以说明第一件事导致了第二件事。

表 2-1　离散和连续随机过程的示例

描述	类型	潜在结果
12 面骰子	离散型	1, 2, 3, 4, 5, 6, 7, 8, 9, 10, 11, 12
硬币	离散型	正面；反面
纸牌	离散型	2◇, 3◇, ⋯, 王♡, Ace♡
天然气价格	连续型	$P \geqslant 0$

独立事件的第二个定义是统计独立性。我们将通过一个包含有放回和无放回样本思想的例子来说明这第二个定义。让我们以随机洗好的扑克牌为例。一副 52 张的扑克牌，第一张抽中 Ace 的概率是多少？

$$\Pr(\text{Ace}) = \frac{\text{Ace 牌的张数}}{\text{样本空间}} = \frac{4}{52} = \frac{1}{13} = 0.077$$

样本空间（或者说随机过程所有可能结果的集合）中有 52 种可能的结果。在这 52 种可能的结果中，我们关心 Ace 出现的频率。一副牌中有 4 张 Ace，所以概率为 $\frac{4}{52} = 0.077$。

假设抽到的第一张牌是 Ace。现在我们再问一次这个问题。如果我们重新洗牌，下一张牌抽到的也是 Ace 的概率是多少？这时不再是 $\frac{1}{13}$，因为我们没有进行样本放回。由于我们抽样时没有放回第一张 Ace，因此新的概率是：

$$\Pr(\text{Ace} \mid \text{Card 1} = \text{Ace}) = \frac{3}{51} = 0.059$$

在不放回抽样的情况下，如果第一张牌是 Ace，那么"第一张牌是 Ace"和"第二张牌也是 Ace"这两个事件就不是独立事件。为了使这两个事件独立，我们必须把 Ace 放回并重新洗牌。所以当且仅当下式成立时，A 和 B 两个事件才是独立的：

$$\Pr(A \mid B) = \Pr(A)$$

18 　　举个例子，有两个独立事件：一个骰子掷了 5，另一个骰子掷了 3。这两个事件是独立的，不管第一个骰子掷的是什么，下一个骰子掷 5 的概率总是 0.17。[①]

　　但如果我们想知道某个事件发生的概率，则需要多少个事件首先发生呢？比如，我们讨论克利夫兰骑士队赢得 NBA 总冠军这件事。2016 年，金州勇士队在七场四胜制的季后赛中以 3—1 的比分领先。要使勇士队输掉季后赛，需要发生什么呢？答案是骑士队必须连续赢得三场比赛。在这个例子中，为了得到概率，我们必须取所有边际概率的乘积，或者表示为 $\Pr(\bullet)^n$，其中 $\Pr(\bullet)$ 是某一事件发生的边际概率，n 是该事件重复的次数。如果克利夫兰赢球的无条件概率是 0.5，并且每场比赛都是独立的，那么克利夫兰从 3—1 落后的情况下反败为胜的概率，就是每场比赛获胜概率的**乘积**（product）：

$$获胜概率 = \Pr(W, W, W) = (0.5)^3 = 0.125$$

　　另一个例子可能也会有所帮助。在得州扑克游戏中，每个玩家拿到两张面朝下的牌。当你拿到两张一样的底牌时，你可以说"手里"有一个对子。那么玩家手里有一对 Ace 的概率是多少？是 $\frac{4}{52} \times \frac{3}{51} = 0.0045$。没错，是 0.45%。

　　让我们把之前说的内容一般化。对于独立事件，为了计算**联合概率**（joint probability），我们将其边际概率相乘：

$$\Pr(A, B) = \Pr(A)\Pr(B)$$

其中，$\Pr(A, B)$ 是 A 和 B 同时发生的联合概率，$\Pr(A)$ 是 A 事件发生的边际概率。

　　现在，我们来看一个稍微难一点的应用举例。用两个六面骰子掷出和为 7 的点数的概率是多少？它与掷出一个和为 3 的点数的概率是一样的吗？为了回答这个问题，我们需要比较一下两者的概率，我们将使用表格来帮助解释对这一问题的直觉。首先，让我们看看用两个六面骰子得到 7 的所有方法。当掷两个骰子时，有 36 种可能的结果（$6^2 = 36$）。在表 2-2 中，

---

① 使用一个六面的骰子掷 5 的概率是 $\frac{1}{6} \approx 0.17$。

我们发现使用两个骰子有六种不同的方法来掷出一个和为 7 的点数，所以掷出和为 7 的概率为 $\frac{6}{36}=16.67\%$。接下来，让我们看看用两个六面骰子掷出 3 的所有方法。表 2-3 显示，使用两个骰子只有两种不同的方法来掷出一个和为 3 的点数，所以掷出和为 3 的概率为 $\frac{2}{36}=5.56\%$。因此，掷出和为 7 和掷出和为 3 的概率是不同的。

表 2-2　掷两个六面骰子总点数为 7 的方法

骰子 1	骰子 2	结果
1	6	7
2	5	7
3	4	7
4	3	7
5	2	7
6	1	7

表 2-3　掷两个六面骰子总点数为 3 的方法

骰子 1	骰子 2	结果
1	2	3
2	1	3

事件和条件概率（events and conditional probability）。首先，在我们讨论三种表示概率的方法之前，我想介绍一些新的术语和概念：事件和条件概率。设 A 是某个事件。设 B 是另一个事件。对于这两个事件，有如下四种可能：

1. A 和 B：A 和 B 都发生了。
2. $\sim A$ 和 B：A 没有发生，但 B 发生了。
3. A 和 $\sim B$：A 发生了，但 B 没有发生。
4. $\sim A$ 和 $\sim B$：A 和 B 都没有发生。

我将用几个不同的例子来说明如何表示概率。

概率树（probability tree）。让我们考虑你想要拿到驾照时的情况。假设为了拿到驾照，你必须通过笔试和路考。但是，如果你笔试不及格，你就不能参加路考。我们可以用概率树表示这两个事件。

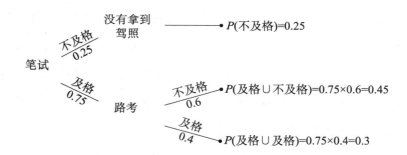

概率树很直观、很容易解释。① 首先，我们看到笔试及格的概率是0.75，不及格的概率是0.25。其次，在节点的每一个分支上，我们均可以进一步看到与给定分支相联系的概率总和为 1.0。联合概率加起来也是1.0。这就是全概率法则，它等于 A 和 B_n 事件发生的所有联合概率之和：

$$\mathrm{Pr}(A) = \sum_n \mathrm{Pr}(A \cup B_n)$$

我们还在"驾照树"中看到了条件概率的概念。例如，在笔试及格的条件下，路考不及格的概率，就可以表示为 Pr(不及格 | 及格)＝0.45/0.75＝0.6。

维恩图和集合（Venn diagrams and sets）。第二种表示发生了多个事件的方法是使用维恩图。维恩图最初由约翰·维恩（John Venn）在 1880年提出。它们被用在基本集合理论的教学中，还被用于在概率和统计中表达集合关系。这个例子将涉及两个集合：A 和 B。

21

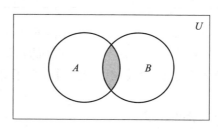

得克萨斯大学的橄榄球教练在整个赛季都处于随时可能被体育主管和董事开除的境地。在经历了几个平凡的赛季之后，他在学校的前途岌岌可危。如果长角牛队不能成功参加大学橄榄球碗赛（bowl game）*，他很可

---

① 集合符号∪表示"并"，指两个事件都发生。（此处的符号值得商榷，作者的意思是指笔试的某种结果和路考的某种结果都出现。——译者注）

* 美国大学橄榄球奖杯赛。——译者注

能不会被续约。但如果他们成功参加了，他很可能会得到续约。让我们以这位教练的情况为例来讨论初级的集合论。但在这之前，让我们先来回顾一下有关的术语。A 和 B 是事件，U 是全集，其中 A 和 B 是子集。设 A 是长角牛队被邀请参加大学橄榄球碗赛的概率，B 是他们的教练得到续约的概率。设 $\mathrm{Pr}(A)=0.6$ 和 $\mathrm{Pr}(B)=0.8$。设 A 和 B 同时发生的概率 $\mathrm{Pr}(A，B)=0.5$。

注意，$A+\sim A=U$，其中 $\sim A$ 是 A 的补集。补集的意思是全集中除了集合 A 之外的所有部分。对集合 B 来说也一样，B 和 $\sim B$ 的和等于 U，因此，

$$A+\sim A = B+\sim B$$

我们可以重新写出如下定义：

$$A = B+\sim B-\sim A$$
$$B = A+\sim A-\sim B$$

当我们想描述一个 A 或 B 中事件的集合时，它可以表示为：$A\cup B$。读作"A 并 B"，这意味着它是一个包含了 A 和 B 中每一个元素的新集合。任一来自集合 A 或集合 B 的元素也都会出现在这个新的并集中。当我们想描述一个同时发生的事件的集合——交集（joint set）——时，它可以表示为 $A\cap B$，读作"A 交 B"。这个新的集合包含了集合 A 和 B 中所有共有的元素。也就是说，只有 A 和 B 里面共有的元素才会被添加到新的集合中。

现在让我们仔细地看一下集合 A 包含的关系。

22

$$A = A\cup B+A\cup \sim B^{*}$$

请注意这个等式的含义：可以分两个步骤来识别集合 A。第一步，你可以找到所有 A 和 B 同时发生的情况。但是 A 中不属于 B 的其他部分呢？这就是 $A\cup B$ 的情况**，它涵盖了 A 的其余部分。

类似的推理也可以帮助你理解下面的表达式。

$$A\cap B = A\cup \sim B+\sim A\cup B+A\cup B^{***}$$

为了让 A 和 B 相交，我们需要三个部分：在 B 外面的 A 的元素的集合，在 A 外面的 B 的元素的集合和它们的交集。在得到了这些部分后，我

---

* 此处的符号值得商榷，将 $\cup$ 改为 $\cap$，该等式才可以成立。——译者注

** 此处符号值得商榷，原式中即为 $A\cup \sim B$，但 $A\cap \sim B$ 也更符合此处的逻辑。——译者注

*** 此处符号值得商榷，原式中的 $\cap$ 应改为 $\cup$，$\cup$ 应改为 $\cap$，等式才能成立。——译者注

们就得到了 $A \cap B$。*

现在，只需简单的加法即可找到所有缺失的值。回想一下，A 是球队打进季后赛，$\text{Pr}(A)=0.6$。B 是教练被续约，$\text{Pr}(B)=0.8$。$\text{Pr}(A，B)=0.5$，也就是 A 和 B 同时发生的概率。于是我们有：

$$A = A \cup B + A \cup \sim B^{**}$$
$$A \cup \sim B = A - A \cup B^{***}$$
$$\text{Pr}(A，\sim B) = \text{Pr}(A) - \text{Pr}(A，B)$$
$$\text{Pr}(A，\sim B) = 0.6 - 0.5$$
$$\text{Pr}(A，\sim B) = 0.1$$

在处理集合时，理解这一概率就是计算集合（例如 A）位于子集（例如 $A \cup B$****）中的份额是非常重要的。当我们写下 $A \cup B$ 发生的概率时，它是关于 U 的。但是如果我们问"A 有多少份额是属于 $A \cup B$ 的?"注意，我们需要这样做：

$$? = A \cup B \div A$$
$$? = 0.5 \div 0.6$$
$$? = 0.83$$

我故意在等式左边保留了未定义的位置，以便专注于计算本身。现在我们来定义一下我们想要计算的内容：在 A 发生的情况下，B 也发生的概率是多少? 计算公式如下：

$$\text{Prob}(B \mid A) = \frac{\text{Pr}(A，B)}{\text{Pr}(A)} = \frac{0.5}{0.6} = 0.83$$

$$\text{Prob}(A \mid B) = \frac{\text{Pr}(A，B)}{\text{Pr}(B)} = \frac{0.5}{0.8} = 0.63$$

注意，这些条件概率在维恩图中不容易看出来。本质上我们问的是一个子集［例如 $\text{Pr}(A)$］有多少比例位于交集［例如 $\text{Pr}(A，B)$］。这个推理与定义条件概率这一概念的推理几乎相同。

---

* 此处符号值得商榷，似乎作者笔下 $\cup$ 的含义是通常的 $\cap$ 的含义，而 $\cap$ 的含义是通常的 $\cup$ 的含义。——译者注

** 此处符号值得商榷，将 $\cup$ 改为 $\cap$，该等式才能成立。——译者注

*** 此处符号值得商榷，将 $\cup$ 改为 $\cap$，该等式才能成立。——译者注

**** 此处 $A \cup B$ 似乎应为 $A \cap B$。——译者注

列联表（contingency tables）。另一种表示事件的方法是列联表。列联表有时也称为二维表。表 2-4 是列联表的一个示例。我们继续使用那个令人担心的得州教练的例子。

表 2-4　双向列联表

事件标签	教练未被续约	教练被续约	共计
(A) 参加大学橄榄球碗赛	$\Pr(A, \sim B) = 0.1$	$\Pr(A, B) = 0.5$	$\Pr(A) = 0.6$
(～A) 未参加大学橄榄球碗赛	$\Pr(\sim A, \sim B) = 0.1$	$\Pr(\sim A, B) = 0.3$	$\Pr(B) = 0.8$
合计	$\Pr(\sim B) = 0.2$	$\Pr(B) = 0.8$	1.0

回想一下，$\Pr(A)=0.6$，$\Pr(B)=0.8$，$\Pr(A, B)=0.5$。请注意，要计算条件概率，我们必须知道问题中的部分［例如 $\Pr(A, B)$］在其他更大的事件［例如 $\Pr(A)$］发生的前提下发生的频率。所以如果我们想知道给定 A 的前提下 B 的条件概率是多少，那么需要计算：

$$\Pr(B \mid A) = \frac{\Pr(A, B)}{\Pr(A)} = \frac{0.5}{0.6} = 0.83$$

但请注意，要想知道在 B 发生的情况下 $A \cup B$ 出现的频率，需要计算：

$$\Pr(A \mid B) = \frac{\Pr(A, B)}{\Pr(B)} = \frac{0.5}{0.8} = 0.63$$

现在，我们可以利用到目前为止所做的工作写出联合概率的定义。首先让我们定义条件概率。给定两个事件，A 和 B：

$$\Pr(A \mid B) = \frac{\Pr(A, B)}{\Pr(B)} \tag{2.1}$$

$$\Pr(B \mid A) = \frac{\Pr(B, A)}{\Pr(A)} \tag{2.2}$$

$$\Pr(A, B) = \Pr(B, A) \tag{2.3}$$

$$\Pr(A) = \Pr(A, \sim B) + \Pr(A, B) \tag{2.4}$$

$$\Pr(B) = \Pr(A, B) + \Pr(\sim A, B) \tag{2.5}$$

使用 (2.1) 式和 (2.2) 式，我们可以简单地写出联合概率的定义：

$$\Pr(A, B) = \Pr(A \mid B)\Pr(B) \tag{2.6}$$

$$\Pr(B, A) = \Pr(B \mid A)\Pr(A) \tag{2.7}$$

这是联合概率的公式。根据 (2.3) 式，利用 $\Pr(A, B)$ 和 $\Pr(B, A)$ 的定义，我们也可以重新整理、替换等式两边的项，并将其改写为：

$$\Pr(A \mid B)\Pr(B) = \Pr(B \mid A)\Pr(A)$$

$$\Pr(A \mid B) = \frac{\Pr(B \mid A)\Pr(A)}{\Pr(B)} \quad (2.8)$$

（2.8）式有时被称为简化版的贝叶斯法则。现在我们把（2.5）式代入（2.8）式，来更全面地分解这个方程。

$$\Pr(A \mid B) = \frac{\Pr(B \mid A)\Pr(A)}{\Pr(A, B) + \Pr(\sim A, B)} \quad (2.9)$$

将（2.6）式代入（2.9）式的分母，可得：

$$\Pr(A \mid B) = \frac{\Pr(B \mid A)\Pr(A)}{\Pr(B \mid A)\Pr(A) + \Pr(\sim A, B)} \quad (2.10)$$

最后，我们发现使用联合概率的定义，将 $\Pr(B, \sim A) = \Pr(B \mid \sim A)$ $\Pr(\sim A)$ 代入（2.10）式的分母可得：

25

$$\Pr(A \mid B) = \frac{\Pr(B \mid A)\Pr(A)}{\Pr(B \mid A)\Pr(A) + \Pr(B \mid \sim A)\Pr(\sim A)} \quad (2.11)$$

这是一个冗长的替换，所以（2.11）式是什么含义呢？它是贝叶斯分解版的贝叶斯法则。我们继续使用得克萨斯大学打橄榄球比赛的例子。A 是得克萨斯大学打进了大学橄榄球碗赛，B 是教练得到续约。$A \bigcap B$ 是两个事件发生的联合概率。我们可以使用列联表进行每次的计算。这里的问题是：如果该教练得到续约，那么长角牛队打进大学橄榄球碗赛的可能性有多大？或者说 $\Pr(A \mid B)$ 的概率是多少？我们可以用贝叶斯分解式来找到这个概率。

$$\begin{aligned}
\Pr(A \mid B) &= \frac{\Pr(B \mid A)\Pr(A)}{\Pr(B \mid A)\Pr(A) + \Pr(B \mid \sim A)\Pr(\sim A)} \\
&= \frac{0.83 \times 0.6}{0.83 \times 0.6 + 0.75 \times 0.4} \\
&= \frac{0.498}{0.498 + 0.3} \\
&= \frac{0.498}{0.798} \\
\Pr(A \mid B) &= 0.624
\end{aligned}$$

使用联合概率的定义，对照列联表可得到以下内容：

$$\Pr(A \mid B) = \frac{\Pr(A, B)}{\Pr(B)} = \frac{0.5}{0.8} = 0.625$$

所以，如果教练得到了续约，那么长角牛队有 63% 的机会打进大学橄榄球碗赛。[①]

蒙蒂霍尔问题（Monty Hall problem）。让我们引入一个新的例子——蒙蒂霍尔问题。这是一个有趣的问题，因为大多数人觉得它是违反直觉的。它甚至被用来刁难数学家和统计学家。[②] 但贝叶斯法则把答案解释得非常清楚——它是如此清楚，以至人们会惊讶于事实上贝叶斯法则曾经是存在争议的 [McGrayne，2012]。

假设 1 号门（D_1）、2 号门（D_2）和 3 号门（D_3）三扇门是关闭的。其中某一扇门背后有 100 万美元。另外两扇门的背后各有一只山羊。这个例子中的游戏节目主持人蒙蒂霍尔要求参赛者选择一扇门。但是在他打开这扇门之前，他打开了另一扇门，里面出现了一只山羊。然后他问选手："现在，你想换扇门吗？"

对于蒙蒂霍尔的提议，人们的普遍反应是：换门毫无意义，因为两扇门背后都有相同的机会藏着 100 万美元。所以，为什么要换呢？有 50% 的概率它在被选中的门背后，也有 50% 的概率它在剩下的门背后，所以没有理由换门，对吧？然而，直觉很少会告诉你那不是正确的答案，因为当蒙蒂霍尔打开第三扇门的时候，他做了一个声明。那么，他到底说了什么？

让我们用概率符号来形式化这个问题。假设你选择了 1 号门（D_1）。有 100 万美元的概率是 $\Pr(D_1 = 100 \text{ 万}) = \frac{1}{3}$，我们称之为事件 A_1。1 号门 D_1 后有 100 万美元的概率为 $\frac{1}{3}$，是因为一开始这个游戏样本空间是三扇门，其中有一扇门背后有 100 万美元。因此，$\Pr(A_1) = \frac{1}{3}$。同时，根据全概率法则，$\Pr(\sim A_1) = \frac{2}{3}$。接下来，蒙蒂霍尔打开了 2 号门（$D_2$），出现了一只山羊。然后他问："你想换到 3 号门吗？"

我们需要知道 3 号门背后有 100 万美元的概率，然后和 1 号门背后有

---

① 这两个 $\Pr(A \mid B)$ 为什么不同？因为 0.83 是 $\Pr(B \mid A)$ 的近似值，近似值从技术上来说是 $0.833\cdots$。

② 有一个讽刺故事：有人向专栏作家玛丽莲·沃斯·莎凡特（Marilyn vos Savant）提出了蒙蒂霍尔问题。沃斯·莎凡特智商极高，因此人们会给她寄来难题。在只使用逻辑、没有使用贝叶斯分解的情况下，她得到了正确的答案。不过，她的专栏激怒了人们。批评家们写出自证愚蠢般（mansplain）的内容试图证明她错得有多离谱，但实际上，是他们错了。

27 100 万美元的概率进行比较。我们称选择了 2 号门（D_2）为事件 B，同时
100 万美元在 i 号门背后的概率为 A_i，现在我们正式写出刚才问的问题并
用贝叶斯分解法分解它。我们最终想知道蒙蒂霍尔打开了 2 号门（事件 B）
后，1 号门背后有 100 万美元的概率（事件 A_1），这是一个条件概率问题。
让我们用（2.11）式的贝叶斯分解来写出条件概率。

$$\Pr(A_1 \mid B) = \frac{\Pr(B \mid A_1)\Pr(A_1)}{\Pr(B \mid A_1)\Pr(A_1) + \Pr(B \mid A_2)\Pr(A_2) + \Pr(B \mid A_3)\Pr(A_3)}$$

(2.12)

等式右边有两种概率：100 万美元在给定一扇门背后的边际概率 $\Pr(A_i)$，
以及蒙蒂霍尔打开 2 号门后得到的 100 万美元在 A_i 号门背后的条件概率
$\Pr(B \mid A_i)$。

在没有任何额外信息的情况下，1 号门背后有 100 万美元的边际概率
是 $\frac{1}{3}$。我们称之为**先验概率**（prior probability）或**先验信念**（prior belief）。
它也可以称为**无条件概率**（unconditional probability）。

条件概率 $\Pr(B \mid A_i)$ 需要更仔细的思考。我们来考虑第一个条件概率
$\Pr(B \mid A_1)$：如果 1 号门背后有 100 万美元，蒙蒂霍尔打开 2 号门的概率
是多少？

下面我们来考虑第二个条件概率 $\Pr(B \mid A_2)$：如果钱在 2 号门背后，
蒙蒂霍尔打开 2 号门的概率是多少？

接下来考虑最后一个条件概率 $\Pr(B \mid A_3)$：如果钱在 3 号门背后，蒙
蒂霍尔打开 2 号门的概率是多少？

这些条件概率中的每一个都需要仔细考虑这些事件的可行性。让我们
检视一下最简单的问题：$\Pr(B \mid A_2)$。如果钱在 2 号门背后，蒙蒂霍尔打
开 2 号门的可能性有多大？请记住：这是一个游戏节目，所以你需要考虑
一个游戏节目的主持人会选择什么行为。你觉得蒙蒂霍尔会直接打开一扇

28 背后有 100 万美元的门吗？作为主持人，他直接打开一扇背后有钱的门，
这样做是没有道理的——他总是会打开一扇背后有一只山羊的门。所以，
你难道不认为他只会打开背后有山羊的门吗？如果把这种直觉发挥到逻辑
的极致，让我们思考一下会发生什么？结论是：蒙蒂霍尔**永远不会**打开一
扇背后有 100 万美元的门。他只会在门背后有山羊时打开这扇门。在这个
假设下，我们可以通过将 $\Pr(B \mid A_i)$ 和 $\Pr(A_i)$ 的值代入（2.12）式的右
边来估计 $\Pr(A_1 \mid B)$。

那么，$\Pr(B \mid A_1)$ 是多少呢？也就是说，如果你选择了 1 号门，钱也在 1 号门后，他打开 2 号门的概率是多少？如果钱在 1 号门后，他可以打开两扇门——他可以打开 2 号门或者 3 号门，因为两扇门背后都有一只山羊。$\Pr(B \mid A_1) = 0.5$。

那么，第二个条件概率 $\Pr(B \mid A_2)$ 呢？如果钱在 2 号门背后，他打开它的概率是多少？在假设他从不打开背后有 100 万美元的门的条件下，我们知道这个概率是 0。最后，第三个条件概率 $\Pr(B \mid A_3)$ 呢？如果钱在 3 号门背后，他打开 2 号门的概率是多少？现在仔细思考一个问题——选手已经选择了 1 号门，所以他不能打开 1 号门，同时，他也不能打开 3 号门，因为钱就在这扇门背后。因此，他唯一能打开的门就是 2 号门。也即这个概率是 1.0。此外，所有的边际概率 $\Pr(A_i)$ 均等于 1/3，现在，我们可以通过代换、乘法、除法求解左边的条件概率了。

$$
\begin{aligned}
\Pr(A_1 \mid B) &= \frac{\frac{1}{2} \times \frac{1}{3}}{\frac{1}{2} \times \frac{1}{3} + 0 \times \frac{1}{3} + 1.0 \times \frac{1}{3}} \\
&= \frac{\frac{1}{6}}{\frac{1}{6} + \frac{2}{6}} \\
&= \frac{1}{3}
\end{aligned}
$$

啊哈，这可真有点令人吃惊。选手选对门的概率是 $\frac{1}{3}$，和蒙蒂霍尔打 ^{29} 开 2 号门前选对门的概率一样。

但是 3 号门，也就是你还可以选择的那扇门，背后有 100 万美元的概率是多少呢？既然 2 号门已经从等式中被移除，你对这一概率的看法有没有改变？让我们看看通过贝叶斯分解能否学到点什么。

$$
\begin{aligned}
\Pr(A_3 \mid B) &= \frac{\Pr(B \mid A_3)\Pr(A_3)}{\Pr(B \mid A_3)\Pr(A_3) + \Pr(B \mid A_2)\Pr(A_2) + \Pr(B \mid A_1)\Pr(A_1)} \\
&= \frac{1.0 \times \frac{1}{3}}{1.0 \times \frac{1}{3} + 0 \times \frac{1}{3} + \frac{1}{2} \times \frac{1}{3}} \\
&= \frac{2}{3}
\end{aligned}
$$

　　有趣的是，虽然你对最初选择的那扇门的信念没有改变，但你对另一扇门的信念却改变了。先验概率 $\Pr(A_3) = \dfrac{1}{3}$，通过一个我们称为**更新**（updating）的过程增大为一个新概率 $\Pr(A_3 \mid B) = \dfrac{2}{3}$。这种新的条件概率被称为**后验概率**（posterior probability），或**后验信念**（posterior belief）。这仅仅意味着在观察到 B 之后，你了解到的信息让你对钱在哪扇门背后面形成了新的信念。

　　沃斯·莎凡特认为需要换扇门这一正确的推理却引发了争议，即使对聪明人来说，基于贝叶斯法则的推理也经常令人惊讶——这可能是因为我们缺乏合乎逻辑的方法正确地将信息纳入概率（的估计）中。贝叶斯法则告诉我们如何以一种合乎逻辑且准确的方式做到这一点。此外，除了具有深刻的洞察力，贝叶斯法则还为另一种关于因果关系的推理打开了大门。虽然这本书的大部分内容都是关于从已知的原因估计结果，但贝叶斯法则提醒我们，我们也可以通过已知的结果对原因形成合理的信念。

30　　**求和算子**（summation operator）。我们用来推理因果关系的工具建立在概率的基础之上。我们经常会与数学工具和统计概念（比如期望和概率）打交道。在本书中我们使用的最常见的工具之一是线性回归模型，但在深入研究它之前，我们必须构建一些简单的符号。[①] 我们将从求和算子开始。希腊字母 $\sum$（大写）表示求和算子。设 x_1，x_2，$\cdots$，x_n 是一个数列。我们可以用求和算子简洁地写出这些数的和为：

$$\sum_{i=1}^{n} x_i \equiv x_1 + x_2 + \cdots + x_n$$

　　字母 i 表示为求和诸项的标记。其他字母，如 j 或 k，有时被称作求和的指示符。下标变量仅表示随机变量 x 的一个特定值，数字 1 和 n 分别为求和的下限和上限。式子 $\sum_{i=1}^{n} x_i$ 可以用文字表述为："对于 i 从 1 到 n 的所有 x_i 值求和"。下面这个例子可以帮助大家更好地理解：

---

　　① 对回归更完整的回顾，见 Wooldridge [2010] 和 Wooldridge [2015]。我是站在巨人的肩膀上的。

$$\sum_{i=6}^{9} x_i = x_6 + x_7 + x_8 + x_9$$

求和算子有三个性质。第一个性质叫做常数法则。其形式如下：

$$对于任意常数\ c：\sum_{i=1}^{n} c = nc \qquad (2.13)$$

我们给出例子如下：

$$\sum_{i=1}^{3} 5 = 5 + 5 + 5 = 3 \times 5 = 15$$

求和算子的第二个性质是：

$$\sum_{i=1}^{n} c x_i = c \sum_{i=1}^{n} x_i \qquad (2.14)$$

我们给出例子如下：

$$\sum_{i=1}^{3} 5 x_i = 5 x_1 + 5 x_2 + 5 x_3$$
$$= 5(x_1 + x_2 + x_3)$$
$$= 5 \sum_{i=1}^{3} x_i$$

同时应用上面的两个性质，我们可以得到下面的第三个性质：

$$对于任意常数\ a\ 和\ b：\sum_{i=1}^{n} (a x_i + b y_i) = a \sum_{i=1}^{n} x_i + b \sum_{i=1}^{n} y_i$$

在结束讨论求和算子之前，了解一些不符合这一算子性质的算法是有用的。首先，比率的和不是和本身的比率。

$$\sum_{i=1}^{n} \frac{x_i}{y_i} \neq \frac{\sum_{i=1}^{n} x_i}{\sum_{i=1}^{n} y_i}$$

其次，某个平方变量的和不等于其和的平方。

$$\sum_{i=1}^{n} x_i^2 \neq \left(\sum_{i=1}^{n} x_i \right)^2$$

我们可以使用求和指示符来做一些运算，其中一些运算我们会在本书中反复涉及。例如，我们可以使用求和算子来计算均值：

$$\begin{aligned}
\bar{x} &= \frac{1}{n}\sum_{i=1}^{n}x_i \\
&= \frac{x_1 + x_2 + \cdots + x_n}{n}
\end{aligned} \tag{2.15}$$

式中，$\bar{x}$ 为随机变量 x_i 的均值。我们可以做的另一个计算是随机变量与其自身均值的偏差。这些偏差的总和永远等于 0（见表 2-5）。

$$\sum_{i=1}^{n}(x_i - \bar{x}) = 0 \tag{2.16}$$

表 2-5　偏差总和为 0

x	$x - \bar{x}$
10	2
4	−4
13	5
5	−3
均值=8	总和=0

考虑一个由两列数字组成的数列 $\{y_1, y_2, \cdots, y_n\}$ 和 $\{x_1, x_2, \cdots, x_n\}$。现在我们可以考虑对 x 和 y 的可能值进行双求和。例如，考虑 $n=2$ 的情况。那么，$\sum_{i=1}^{2}\sum_{j=1}^{2}x_i y_j$ 就等于 $x_1 y_1 + x_1 y_2 + x_2 y_1 + x_2 y_2$。这是因为

$$\begin{aligned}
x_1 y_1 + x_1 y_2 + x_2 y_1 + x_2 y_2 &= x_1(y_1 + y_2) + x_2(y_1 + y_2) \\
&= \sum_{i=1}^{2}x_i(y_1 + y_2) \\
&= \sum_{i=1}^{2}x_i\left(\sum_{j=1}^{2}y_j\right) \\
&= \sum_{i=1}^{2}\left(\sum_{j=1}^{2}x_i y_j\right) \\
&= \sum_{i=1}^{2}\sum_{j=1}^{2}x_i y_j
\end{aligned}$$

对于本书来说非常有用的一个结果是：

$$\sum_{i=1}^{n} (x_i - \bar{x})^2 = \sum_{i=1}^{n} x_i^2 - n(\bar{x})^2 \qquad (2.17)$$

下面是一个非常冗长的逐步证明。请注意，为了便于阅读，求和诸项的标记在第一行之后被省略了。

$$\begin{aligned}
\sum_{i=1}^{n} (x_i - \bar{x})^2 &= \sum_{i=1}^{n} (x_i^2 - 2x_i\bar{x} + \bar{x}^2) \\
&= \sum x_i^2 - 2\bar{x}\sum x_i + n\bar{x}^2 \\
&= \sum x_i^2 - 2\frac{1}{n}\sum x_i \sum x_i + n\bar{x}^2 \\
&= \sum x_i^2 + n\bar{x}^2 - \frac{2}{n}\left(\sum x_i\right)^2 \\
&= \sum x_i^2 + n\left(\frac{1}{n}\sum x_i\right)^2 - 2n\left(\frac{1}{n}\sum x_i\right)^2 \\
&= \sum x_i^2 - n\left(\frac{1}{n}\sum x_i\right)^2 \\
&= \sum x_i^2 - n(\bar{x})^2
\end{aligned}$$

这个结果的一个更一般的版本是：

$$\begin{aligned}
\sum_{i=1}^{n} (x_i - \bar{x})(y_i - \bar{y}) &= \sum_{i=1}^{n} x_i(y_i - \bar{y}) \\
&= \sum_{i=1}^{n} (x_i - \bar{x})y_i \qquad (2.18) \\
&= \sum_{i=1}^{n} x_i y_i - n(\overline{xy})
\end{aligned}$$

期望值（expected value）。随机变量的期望值，也称期望，有时也被称为总体均值，是该变量可能取值的加权平均值，其权重由总体中每个值出现的概率确定。假设变量 X 可以取值 x_1，x_2，$\cdots$，x_k，其概率分别为 $f(x_1)$，$f(x_2)$，$\cdots$，$f(x_k)$。那么我们定义 X 的期望值为：

$$\begin{aligned}
E(X) &= x_1 f(x_1) + x_2 f(x_2) + \cdots + x_k f(x_k) \\
&= \sum_{j=1}^{k} x_j f(x_j)
\end{aligned} \qquad (2.19)$$

让我们来看一个具体数值的例子。如果 X 取值为 -1，0 和 2，概率分别是 0.3，0.3 和 0.4。[①] 则 X 的期望值为：

$$E(X) = (-1)\times 0.3 + 0\times 0.3 + 2\times 0.4$$
$$= 0.5$$

实际上，你也可以求得这个变量的函数的期望，比如 X^2。注意，X^2 只取值 1，0 和 4，概率分别为 0.3，0.3 和 0.4。因此计算 X^2 的期望值为：

$$E(X^2) = (-1)^2\times 0.3 + 0^2\times 0.3 + 2^2\times 0.4$$
$$= 1.9$$

期望值的第一个性质是：对于任意常数 c，$E(c)=c$。第二个性质是：对于任意两个常数 a 和 b，$E(aX+b)=E(aX)+E(b)=aE(X)+b$。第三个性质是：如果我们有多个常数 a_1，a_2，$\cdots$，a_n 和多个随机变量 X_1，X_2，$\cdots$，X_n，那么：

$$E(a_1X_1+\cdots+a_nX_n) = a_1E(X_1)+\cdots+a_nE(X_n)$$

我们也可以用如下期望算子来表示这一内容：

$$E(\sum_{i=1}^{n}a_iX_i) = \sum_{i=1}^{n}a_iE(X_i)$$

在 $a_i=1$ 的特定情况下，还会有

$$E(\sum_{i=1}^{n}X_i) = \sum_{i=1}^{n}E(X_i)$$

方差（variance）。期望算子 $E(\cdot)$ 是一个总体概念。它包含了我们感兴趣的组内的所有个体，而不仅仅是我们可以得到的样本。它的意义有点类似于总体中随机变量的均值。期望算子的另外一些性质可以通过假设两个随机变量 W 和 H 来解释。

$$E(aW+b) = aE(W)+b，\text{对任意常数 } a \text{ 和 } b$$
$$E(W+H) = E(W)+E(H)$$

---

① 全概率法则要求所有边际概率之和为 1。

$$E(W - E(W)) = 0$$

考虑一个随机变量 W 的方差：

$$V(W) = \sigma^2 = E[(W - E(W))^2]，在总体中$$

我们有

$$V(W) = E(W^2) - E(W)^2 \tag{2.20}$$

而在给定的数据样本中，我们可以通过如下计算来估计方差：

$$\hat{S}^2 = (n-1)^{-1} \sum_{i=1}^{n} (x_i - \bar{x})^2$$

除以 $n-1$ 是因为我们在估计均值时做了一个自由度上的调整。但在大样本中，这一自由度调整对 S^2 的值没有实际影响，其中 S^2 是（经过自由度校正后）各个数据与均值之差的平方和的均值。[①]

方差还有一些其他的性质。首先，直线的方差为：

$$V(aX + b) = a^2 V(X)$$

常数的方差为 0 [即对任意常数 c，均有 $V(c)=0$]。两个随机变量和的方差为：

$$V(X + Y) = V(X) + V(Y) + 2(E(XY) - E(X)E(Y)) \tag{2.21}$$

如果这两个变量是独立的，那么还有 $E(XY)=E(X)E(Y)$ 和 $V(X+Y)=V(X)+V(Y)$。

协方差（covariance）。（2.21）式的最后一部分被称为协方差。协方差测量了两个随机变量之间的线性相依性（linear dependence）。我们用 $C(X, Y)$ 算子来表示它。表达式 $C(X, Y) > 0$ 表示两个变量同向移动，而 $C(X, Y)<0$ 表示两个变量反向移动。因此，我们可以将（2.21）式改写为：

$$V(X + Y) = V(X) + V(Y) + 2C(X, Y)$$

虽然我们很容易认为协方差为零意味着两个随机变量是不相关的，但

---

① 只要有可能，我尽量使用"帽"（ˆ）来表示估计出的统计数据。所以这里是 $\hat{S}^2$ 而不是 S^2。但更常见的可能是用 S^2 来表示样本方差。

这并不正确。它们之间可能存在非线性关系。协方差的定义是

$$C(X, Y) = E(XY) - E(X)E(Y) \qquad (2.22)$$

正如我们之前所说，如果 X 和 Y 是独立的，那么总体中的 $C(X, Y) = 0$。两个线性函数之间的协方差为：

$$C(a_1 + b_1 X, a_2 + b_2 Y) = b_1 b_2 C(X, Y)$$

a_1 和 a_2 这两个常数在等式右边没有出现，因为它们的均值是它们自己，所以差值也等于 0。

解释协方差的大小是很棘手的。因此，我们最好先了解一下相关性 (correlation)。我们将相关性定义如下。设 $W = \dfrac{X - E(X)}{\sqrt{V(X)}}$ 和 $Z = \dfrac{Y - E(Y)}{\sqrt{V(Y)}}$。那么：

$$\mathrm{Corr}(W, Z) = \frac{C(X, Y)}{\sqrt{V(X)V(Y)}} \qquad (2.23)$$

相关系数以 -1 和 1 为界。正（负）相关表明两个变量同向（反向）移动。系数越接近 1 或 -1，线性关系也就越强。

总体模型（population model）。我们从横截面分析开始。假设我们可以从感兴趣的总体中随机抽取样本。同时假设有两个变量，x 和 y，我们想知道 y 是如何随 x 变化的。[①]

那么马上就会出现三个问题。第一，除了 x 之外，y 会受到其他因素的影响吗？我们需要如何处理？第二，联结这两个变量的函数形式是什么？第三，如果我们对 x 对 y 的因果效应感兴趣，那么如何将其与单纯的相关关系区分开来？让我们从一个特定的模型开始。

$$y = \beta_0 + \beta_1 x + u \qquad (2.24)$$

假设这个模型适用于总体。方程（2.24）定义了一个线性二元回归模型。对于这一捕捉因果效应的模型，左边的项通常被认为是结果，右边的项被认为是原因。

方程（2.24）通过加入一个被称为误差项 u 的随机变量，明确了其他

---

① 这并不一定是因果关系的语言。我们只是泛泛而谈，两个随机变量以可测量的方式系统地一起移动。

因素也可以影响 y。通过假设 y 线性依存于 x，这个方程也明确了模型的函数形式。我们称系数 β_0 为截距参数，称系数 β_1 为斜率参数。这些描述了一个总体，而我们在经验研究中的目标就是估计它们的值。我们从不直接观测这些参数，因为它们不是数据（整本书中，我都将强调这一点）。我们所能做的是，利用数据和假设估计这些参数。要做到这一点，我们需要可靠的假设来准确地用数据估计这些参数。我们稍后将继续阐述这一点。在这个简单的回归框架中，所有决定 y 的未观察到的变量都被归入误差项 u。

首先，为了不失一般性，我们做了一个简单的假设。设总体中 u 的期望值为 0。形如：

$$E(u) = 0 \qquad (2.25)$$

式中，$E(\cdot)$ 是前面讨论过的期望算子。如果我们把随机变量 u 正则化为 0，它就没有意义了。这是因为 β_0（截距项）的存在总是允许我们实现这种灵活性。如果 u 的平均值不等于 0，例如是 α_0，那么我们可以调整截距项。而且，调整截距对斜率参数 β_1 没有影响。例如：

$$y = (\beta_0 + \alpha_0) + \beta_1 x + (u - \alpha_0)$$

式中，$\alpha_0 = E(u)$。这时新的误差项为 $u - \alpha_0$，新的截距为 $\beta_0 + \alpha_0$。虽然这两项发生了改变，但是没有改变的是斜率 β_1。

均值独立（mean independence）。一个与我们基本的统计处理方法相协调的假设关涉由 x 的取值决定的总体的每个"部分"中误差项的均值：

$$E(u \mid x) = E(u)，对 x 的所有取值 \qquad (2.26)$$

式中，$E(u \mid x)$ 表示"给定 x 时 u 的期望值"。如果方程（2.26）成立，那么 u 与 x 无关。

这里举个例子可能会有助于大家理解。假设我们在估计上学对工资的影响，u 是不可观测的个人能力。均值独立性要求 $E(能力 \mid x=8) = E(能力 \mid x=12) = E(能力 \mid x=16)$，这样，在总体中受过 8 年、12 年和大学教育的不同个体的平均个人能力是相同的。因为人们会根据自己未被观察到的技能和特征来选择在教育上投入多少，所以方程（2.26）可能并不成立——至少在我们的例子中是这样的。

但是，我们得说，我们很愿意做出这样的假设，那么，与这一新的假设相结合，$E(u \mid x) = E(u)$（不同寻常的假设）和 $E(u) = 0$（正则化且常见的假设），你能得到如下新假设：

$$E(u \mid x) = 0, \text{对 } x \text{ 的所有取值} \tag{2.27}$$

方程（2.27）被称为零条件均值假设，是回归模型中一个关键的识别假设。因为条件期望值是一个线性算子，所以 $E(u \mid x) = 0$ 意味着

$$E(y \mid x) = \beta_0 + \beta_1 x$$

这表明总体回归函数是 x 的线性函数，或者是 Angrist 和 Pischke [2009] 所称的条件期望函数。[①] 对于直觉上把参数 β_1 作为**因果参数**（causal parameter），这一关系是至关重要的。

普通最小二乘法（ordinary least squares）。给定 x 和 y 的数据，我们如何估计总体参数 β_0 和 β_1？设 $\{(x_i, y_i): i = 1, 2, \cdots, n\}$ 为总体范围内的随机样本。将任意观测值代入总体方程：

$$y_i = \beta_0 + \beta_1 x_i + u_i$$

式中，i 表示一个特定的观测值。我们只能观测到 y_i 和 x_i，而无法观测到 u_i。但我们知道 u_i 就在那里。接下来我们就使用刚才讨论过的那两个总体约束来获取 β_0 和 β_1 的估计方程：

$$E(u) = 0$$
$$E(u \mid x) = 0$$

我们已经讨论了第一个条件。但是，第二个条件告诉我们，误差项的均值不随着对 x 的不同切分而改变。这一独立性假设意味着 $E(xu) = 0$，我们有 $E(u) = 0$ 以及 $C(x, u) = 0$。注意，如果 $C(x, u) = 0$，那么 x 和 u 是独立的。[②] 然后我们将 $u = y - \beta_0 - \beta_1 x$ 代入 $E(u) = 0$ 有：

$$E(y - \beta_0 - \beta_1 x) = 0$$

[①] 注意，由于期望算子的第一个性质，条件期望呈现出线性函数形式，即一个常数，以及一个常数乘以 x 这种形式。这是因为条件期望 $E[X \mid X] = X$。这告诉我们，在零条件均值下，$E[u \mid X] = 0$。

[②] 参见方程（2.22）。

$$x(y - \beta_0 - \beta_1 x) = 0$$

这是在总体中可以有效确定 β_0 和 β_1 的两个条件。同样，注意这里说的是总体概念。尽管有对应的样本，但我们无法真正认识到总体：

$$\frac{1}{n}\sum_{i=1}^{n}(y_i - \hat{\beta}_0 - \hat{\beta}_1 x_i) = 0 \tag{2.28}$$

$$\frac{1}{n}\sum_{i=1}^{n}[x_i(y_i - \hat{\beta}_0 - \hat{\beta}_1 x_i)] = 0 \tag{2.29}$$

式中，$\hat{\beta}_0$ 和 $\hat{\beta}_1$ 是来自数据的估计值。[①] 这是与两个未知数 $\hat{\beta}_0$ 和 $\hat{\beta}_1$ 对应的两个线性方程。当我们处理这两个方程时，回想一下求和算子的性质。我们从方程（2.28）开始，通过求和算子的性质可得到：

$$\begin{aligned}\frac{1}{n}\sum_{i=1}^{n}(y_i - \hat{\beta}_0 - \hat{\beta}_1 x_i) &= \frac{1}{n}\sum_{i=1}^{n}y_i - \frac{1}{n}\sum_{i=1}^{n}\hat{\beta}_0 - \frac{1}{n}\sum_{i=1}^{n}\hat{\beta}_1 x_i\\ &= \frac{1}{n}\sum_{i=1}^{n}y_i - \hat{\beta}_0 - \hat{\beta}_1\left(\frac{1}{n}\sum_{i=1}^{n}x_i\right)\\ &= \bar{y} - \hat{\beta}_0 - \hat{\beta}_1\bar{x}\end{aligned}$$

式中，$\bar{y} = \frac{1}{n}\sum_{i=1}^{n}y_i$，它是 n 个数 $\{y_i: 1, \cdots, n\}$ 的平均值。为了强调这一点，我们将 $\bar{y}$ 称为样本均值。我们已经证明了第一个方程［方程（2.28）］等于 0，所以可得到 $\bar{y} = \hat{\beta}_0 + \hat{\beta}_1\bar{x}$。现在我们用这个方程把截距用含斜率的形式写出来：

$$\hat{\beta}_0 = \bar{y} - \hat{\beta}_1\bar{x}$$

现在我们将 $\hat{\beta}_0$ 代入第二个方程 $\sum_{i=1}^{n}x_i(y_i - \hat{\beta}_0 - \hat{\beta}_1 x_i) = 0$。在进行了一些简单的代数操作后，我们可以得到如下等式：

$$\sum_{i=1}^{n}x_i[y_i - (\bar{y} - \hat{\beta}_1\bar{x}) - \hat{\beta}_1 x_i] = 0$$

$$\sum_{i=1}^{n}x_i(y_i - \bar{y}) = \hat{\beta}_1\left[\sum_{i=1}^{n}x_i(x_i - \bar{x})\right]$$

---

① 注意这里我们除以的是 n，不是 $n-1$。换句话说，当使用样本计算均值时，不存在自由度校正。当我们开始计算更高阶的矩时，才需要进行自由度校正。

41   所以要解的方程是①

$$\sum_{i=1}^{n}(x_i-\bar{x})(y_i-\bar{y})=\hat{\beta}_1\Big[\sum_{i=1}^{n}(x_i-\bar{x})^2\Big]$$

如果 $\sum_{i=1}^{n}(x_i-\bar{x})^2\neq 0$ ，我们可以写出如下等式：

$$\hat{\beta}_1=\frac{\sum_{i=1}^{n}(x_i-\bar{x})(y_i-\bar{y})}{\sum_{i=1}^{n}(x_i-\bar{x})^2}$$

$$=\frac{(x_i,y_i)\text{ 的样本协方差}}{x_i\text{ 的样本方差}} \tag{2.30}$$

前面关于 $\hat{\beta}_1$ 的公式很重要，因为它告诉我们如何利用已有的数据计算斜率的估计值。估计值 $\hat{\beta}_1$ 通常被称为普通最小二乘（OLS）斜率估计值。只要 x_i 的样本方差不是 0，那么 $\hat{\beta}_1$ 就可以被计算出来。换句话说，对于所有 i，如果 x_i 取值不是常数，那么 $\hat{\beta}_1$ 就可以被计算出来。这其中的直觉告诉我们，能让我们确定 x 对 y 的影响的，就是 x 的变动性。但是，这也意味着，如果我们观测的一个样本中，每个人都有相同的受教育年限，或任何我们感兴趣的原因变量都没有变化，我们也就无法确定这一关系中斜率的值。

一旦计算出了 $\hat{\beta}_1$，我们就可以计算截距值 $\hat{\beta}_0$，$\hat{\beta}_0=\bar{y}-\hat{\beta}_1\bar{x}$。这是 OLS 截距估计值，因为它是用样本均值计算的。可以注意到计算 $\hat{\beta}_0$ 很简单，因为 $\hat{\beta}_0$ 是一个线性于 $\hat{\beta}_1$ 的表达。借助计算机、统计编程语言和软件，我们可以使用电脑进行这些计算，即使 n 很小，手动计算也很枯燥乏味。

42   对于任意待估计的值 $\hat{\beta}_0$，$\hat{\beta}_1$，我们为每个 i 定义一个拟合值，如：

$$\hat{y}_i=\hat{\beta}_0+\hat{\beta}_1 x_i$$

回想一下，如果 $i=\{1,\cdots,n\}$，那么我们就有 n 个这样的方程。$\hat{y}_i$ 是

---

① 让我们回顾一下：

$$\sum_{i=1}^{n}(x_i-\bar{x})(y_i-\bar{y})=\sum_{i=1}^{n}x_i(y_i-\bar{y})$$

$$=\sum_{i=1}^{n}(x_i-\bar{x})y_i$$

$$=\sum_{i=1}^{n}x_iy_i-n(\overline{xy})$$

给定 $x=x_i$ 时，我们对 y_i 的预测值。但是因为 $y\neq y_i$，此处存在预测误差，我们称这个误差为残差，这里用符号 $\hat{u}_i$ 表示。所以残差等于：

$$\hat{u}_i = y_i - \hat{y}_i$$
$$\hat{u}_i = y_i - \hat{\beta}_0 - \hat{\beta}_1 x_i$$

虽然残差（residual）和误差项（error term）都用 u 表示，但是了解它们的区别是很重要的。残差是根据我们拟合出的 $\hat{y}$ 与实际 y 的预测误差。因此，使用样本数据，残差可以很容易地被计算出来。而没有帽（^）的 u 是误差项，根据其定义，研究人员无法观测到。并且，在经过几个步骤的回归和操作后，残差将出现在数据集中，而误差项将永远不会出现在数据集中。它是我们模型结果的所有没有捕捉到的决定因素。这是一个至关重要的区别，奇怪的是，它如此微妙，甚至一些经验丰富的研究人员也在努力地想把它表达出来。

对于每个 i，假定我们都可以通过残差的平方项来衡量其大小。毕竟，将其平方化可以消除所有负的残差值，使所有的值都变成正的。如果我们在加总残差时不想让正值和负值相互抵消，那么平方化就变得很有用了。所以让我们完成这一步工作：对残差 $\hat{u}_i$ 求平方，然后把它们相加，以得到 $\sum_{i=1}^{n}\hat{u}_i^2$：

$$\sum_{i=1}^{n}\hat{u}_i^2 = \sum_{i=1}^{n}(y_i - \hat{y}_i)^2$$
$$= \sum_{i=1}^{n}(y_i - \hat{\beta}_0 - \hat{\beta}_1 x_i)^2$$

这个方程叫做残差平方和，因为残差 $\hat{u}_i = y_i - \hat{y}_i$。但残差是基于斜率和截距的估计值获得的。我们能把斜率和截距的估计值想象为任何数值。但如果我们的目标是想通过选择 $\hat{\beta}_0$ 和 $\hat{\beta}_1$ **最小化**残差平方和，又会怎么样呢？使用微积分可以证明，该问题的解所产生的参数估计值与我们之前得到的是相同的。

43

一旦我们得出 $\hat{\beta}_0$ 和 $\hat{\beta}_1$，对于给定的数据集，我们就可以写出 OLS 回归线：

$$\hat{y} = \hat{\beta}_0 + \hat{\beta}_1 x \tag{2.31}$$

让我们考虑一个简短的模拟。

STATA
ols.do

```
1   set seed 1
2   clear
3   set obs 10000
4   gen x = rnormal()
5   gen u = rnormal()
6   gen y = 5.5*x + 12*u
7   reg y x
8   predict yhat1
9   gen yhat2 = -0.0750109 + 5.598296*x // Compare yhat1 and yhat2
10  sum yhat*
11  predict uhat1, residual
12  gen uhat2=y-yhat2
13  sum uhat*
14  twoway (lfit y x, lcolor(black) lwidth(medium)) (scatter y x, mcolor(black) ///
15  msize(tiny) msymbol(point)), title(OLS Regression Line)
16  rvfplot, yline(0)
```

R
ols.R

```
1   library(tidyverse)
2
3   set.seed(1)
4   tb <- tibble(
5     x = rnorm(10000),
6     u = rnorm(10000),
7     y = 5.5*x + 12*u
8   )
9
10  reg_tb <- tb %>%
11    lm(y ~ x, .) %>%
12    print()
13
14  reg_tb$coefficients
15
16  tb <- tb %>%
17    mutate(
18      yhat1 = predict(lm(y ~ x, .)),
19      yhat2 = 0.0732608 + 5.685033*x,
20      uhat1 = residuals(lm(y ~ x, .)),
```

(continued)

R *(continued)*

```
21    uhat2 = y - yhat2
22    )
23
24   summary(tb[-1:-3])
25
26   tb %>%
27   lm(y ~ x, .) %>%
28   ggplot(aes(x=x, y=y)) +
29   ggtitle("OLS Regression Line") +
30   geom_point(size = 0.05, color = "black", alpha = 0.5) +
31   geom_smooth(method = lm, color = "black") +
32   annotate("text", x = -1.5, y = 30, color = "red",
33       label = paste("Intercept = ", -0.0732608)) +
34   annotate("text", x = 1.5, y = -30, color = "blue",
35       label = paste("Slope =", 5.685033))
```

让我们看看这些命令都输出了什么。首先，如果你对数据进行了概括，那么你将看到使用 Stata 中 Predict 命令和手动地使用 Generate 命令生成的拟合值。我想让读者有机会更好地理解这一点，所以使用了两种方法进行这一操作。但其次，让我们看一下数据，并将估计的系数，即 y 轴截距和对 x 的斜率粘贴在图 2-1 上。两种方法估计出的系数都接近内嵌于数据生成过程的硬编码值（hard coded values）*。

一旦我们得到了估计系数和 OLS 回归线，我们就可以根据 x 的任意（合理的）取值预测 y 值（结果）。因此，代入特定的 x 值，我们马上就可以看到，y 值很可能存在一些误差。这里 OLS 值的问题在于这一误差有多大：对于线性函数，OLS 使该误差最小。事实上，因为它使预测误差最小化，所以它是所有线性估计量中对 y 的最佳猜测。换句话说，任何估计量都有预测误差，但 OLS 不是最差的。

注意，截距是当 $x=0$ 时 y 的预测值。在这个样本中，该值为 $-0.075\,010\,9$。[①] 根据下式，斜率允许我们通过 x 的任意合理的变化预测 y 的变化：

$$\Delta \hat{y} = \hat{\beta}_1 \Delta x$$

如果 $\Delta x = 1$，那么 x 就增加一个单位，在我们的数值例子中，因为

45

46

---

* 又称"写死代码"，指在程序中对任意输入的相关参数，均以常数形式进行输出。——译者注

① 即使 u 和 x 是独立的，它也不完全为 0。考虑 u 和 x 在总体中独立，但在样本中却不是这样的情况。这是因为，由于抽样误差，样本特征往往与总体性质略有不同。

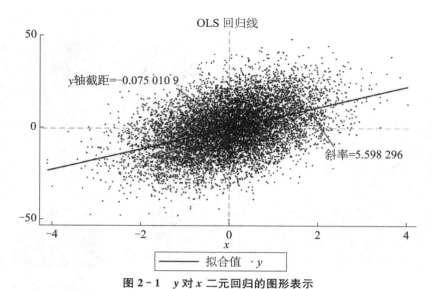

图 2 - 1　y 对 x 二元回归的图形表示

$\hat{\beta}_1 = 5.598\ 296$，所以 $\Delta\hat{y} = 5.598\ 296$。

　　现在我们已经计算出了 $\hat{\beta}_0$ 和 $\hat{\beta}_1$，对于 $i=1$，$\cdots$，n，我们可以通过将 x_i 代入如下等式得到 OLS 的拟合值：

$$\hat{y}_i = \hat{\beta}_0 + \hat{\beta}_1 x_i$$

OLS 残差也可以通过如下等式计算：

$$\hat{u}_i = y_i - \hat{\beta}_0 - \hat{\beta}_1 x_i$$

　　大多数残差都不等于 0（也就是说，它们不大会都在回归线上）。我们可以在图 2 - 1 中看到这一点。有些残差是正的，有些是负的。正残差表明回归线（也就是预测值）低估了 y_i 的真实值。而如果残差为负，那么回归线就高估了 y_i 的真实值。

　　回想一下，我们将拟合值定义为 $\hat{y}_i$，将残差 $\hat{u}_i$ 定义为 $y_i - \hat{y}_i$。注意，残差和拟合值之间的散点图关系创建了一个球形图案（spherical pattern），这表明它们并不相关（见图 2 - 2）。这一结果是很直白的——最小二乘法产生的残差的确与其拟合值不相关。这里没有魔法，只有最小二乘法。

　　OLS 的代数性质（algebraic properties of OLS）。还记得我们是如何获得 $\hat{\beta}_0$ 和 $\hat{\beta}_1$ 的吗？当含有截距时，我们有：

$$\sum_{i=1}^{n} (y_i - \hat{\beta}_0 - \hat{\beta}_1 x_i) = 0$$

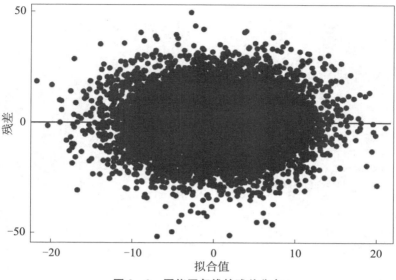

图 2 - 2 围绕回归线的残差分布

根据这一**构造**（construction），OLS 的残差加起来**总是为零**。

$$\sum_{i=1}^{n} \hat{u}_i = 0 \tag{2.32}$$

有时候眼见为实，所以让我们一起来看一看。请一字不差地将下列代码键入到 Stata 中。

STATA

ols2.do

```
1   clear
2   set seed 1234
3   set obs 10
4   gen x = 9*rnormal()
5   gen u  = 36*rnormal()
6   gen y  = 3 + 2*x + u
7   reg y x
8   predict yhat
9   predict residuals, residual
10  su residuals
11  list
12  collapse (sum) x u y yhat residuals
13  list
```

48

	R
	ols2.R

```
1   library(tidyverse)
2
3   set.seed(1)
4
5   tb <- tibble(
6     x = 9*rnorm(10),
7     u = 36*rnorm(10),
8     y = 3 + 2*x + u,
9     yhat = predict(lm(y ~ x)),
10    uhat = residuals(lm(y ~ x))
11  )
12
13  summary(tb)
14  colSums(tb)
```

其输出的结果总结见表 2-6。

表 2-6　表明残差和等于 0 的模拟数据

49

no.	x	u	y	$\hat{y}$	$\hat{u}$	$x\hat{u}$	$\hat{y}\hat{u}$
1	−4.381 653	−32.958 03	−38.721 34	−3.256 034	−35.465 31	155.396 7	115.476 2
2	−13.284 03	−8.028 061	−31.596 13	−26.309 94	−5.286 19	70.221 92	139.079 3
3	−0.098 203 4	17.803 79	20.607 38	7.836 532	12.770 85	−1.254 141	100.079 2
4	−0.123 842 3	−9.443 188	−6.690 872	7.770 137	−14.461 01	1.790 884	−112.364
5	4.640 209	13.180 46	25.460 88	20.107 28	5.353 592	24.841 79	107.646 2
6	−1.252 096	−34.648 74	−34.152 94	4.848 374	−39.001 31	48.833 37	−189.092 9
7	11.585 86	9.118 524	35.290 23	38.093 96	−2.803 73	−32.483 62	−106.805 2
8	−5.289 957	82.232 96	74.653 05	−5.608 207	80.261 26	−424.578 6	−450.121 7
9	−0.275 404 1	11.605 71	14.054 9	7.377 647	6.677 258	−1.838 944	49.262 45
10	−19.771 59	−14.612 57	−51.155 75	−43.110 34	−8.045 414	159.070 6	346.840 5
总和	−28.250 72	34.250 85	7.749 418	7.749 418	1.91e-06	−6.56e-06	0.000 030 5

注意 u、$\hat{y}$ 和 $\hat{u}$ 列的不同。当我们把这 10 行相加时，无论是误差项还是 y 的拟合值，其和均不为零。但是残差和**确实**为零。正如我们所说，这是 OLS 的代数性质之一——系数被最优地选择，以确保残差和为零。

因为根据定义 $y_i = \hat{y}_i + \hat{u}_i$（在表 2-6 中也可以观察到这一点），我们可以对两边同时取样本均值：

$$\frac{1}{n}\sum_{i=1}^{n} y_i = \frac{1}{n}\sum_{i=1}^{n}\hat{y}_i + \frac{1}{n}\sum_{i=1}^{n}\hat{u}_i$$

因为残差和等于零，所以 $\bar{\hat{y}} = \bar{y}$。类似地，我们获得估计值的方式如下：

$$\sum_{i=1}^{n} x_i (y_i - \hat{\beta}_0 - \hat{\beta}_1 x_i) = 0$$

解释变量与残差之间的样本协方差（即样本相关性）始终为零（见表 2-6）：

$$\sum_{i=1}^{n} x_i \hat{u}_i = 0$$

因为 $\hat{y}_i$ 是 x_i 的线性函数，所以拟合值和残差也是不相关的（见表 2-6）：

$$\sum_{i=1}^{n} \hat{y}_i \hat{u}_i = 0$$

在这一构造下，这两个性质均成立。换句话说，$\hat{y}_0$ 和 $\hat{y}_1$ 就是被选出来以使其成立的。[1]

第三个性质是，如果代入 x 的均值，我们就可以预测出 y 的样本均值，即点 $(\bar{x}, \bar{y})$ 在 OLS 回归线上，或者：

$$\bar{y} = \hat{\beta}_0 + \hat{\beta}_1 \bar{x}$$

拟合优度（goodness-of-fit）。对于每一个观测值，我们都记为

$$y_i = \hat{y}_i + \hat{u}_i$$

定义总平方和（SST）、被解释平方和（SSE）以及残差平方和（SSR）为

$$SST = \sum_{i=1}^{n} (y_i - \bar{y})^2 \tag{2.33}$$

$$SSE = \sum_{i=1}^{n} (\hat{y}_i - \bar{y})^2 \tag{2.34}$$

$$SSR = \sum_{i=1}^{n} \hat{u}_i^2 \tag{2.35}$$

这些值除以 $n-1$ 就会变成对应的样本方差。[2] 其中 $\dfrac{SST}{n-1}$ 是 y_i 的样本方差，$\dfrac{SSE}{n-1}$ 是 $\hat{y}_i$ 的样本方差，$\dfrac{SSR}{n-1}$ 是 $\hat{u}_i$ 的样本方差。通过一些简单的操

---

[1] 使用表 2-6 中的 Stata 代码，你可以自己证明这些代数性质。我鼓励大家创建一个等于这些项的乘积的新变量，并像我们对其他变量那样进行分解，以此完成这些证明。这类练习可以帮助你确信前面提到的代数的性质总是成立的。

[2] 回忆一下之前讨论的自由度校正。

作重写方程（2.33）：

$$SST = \sum_{i=1}^{n} (y_i - \bar{y})^2$$
$$= \sum_{i=1}^{n} [(y_i - \hat{y}_i) + (\hat{y}_i - \bar{y})]^2$$
$$= \sum_{i=1}^{n} [\hat{u}_i + (\hat{y}_i - \bar{y})]^2$$

由方程（2.33）可以看出，拟合值与残差不相关，我们可以写出如下等式：

$$SST = SSE + SSR$$

假设 $SST > 0$，我们可以定义 y_i 的总体变动中，由 x_i（或 OLS 回归线）解释的比例为：

$$R^2 = \frac{SSE}{SST} = 1 - \frac{SSR}{SST}$$

该比例被称为回归的 R^2。可以证明，它等于 y_i 和 $\hat{y}_i$ 之间相关性的**平方**。因此 $0 \leqslant R^2 \leqslant 1$。$R^2$ 为 0 表示 y_i 和 x_i 之间没有线性关系，R^2 为 1 则表示完美的线性关系（例如：$y_i = x_i + 2$）。随着 R^2 的增加，y_i 越来越接近于落在 OLS 回归线上。

不过，我建议大家不要在估计因果效应的研究项目中专注于 R^2。R^2 是一个有用的概括指标，但它并没有告诉我们因果关系。记住，如果你想估计某些因果效应，你并不是在试图解释 y 的变化。R^2 可以告诉我们 y_i 的变化有多少是由解释变量所解释的。但如果我们对单一变量的因果效应感兴趣的话，R^2 与之无关。为了进行因果推断，我们需要方程（2.27）。

OLS 的期望值（expected value of OLS）。到目前为止，我们使用总体模型进行了简单的回归。但这是基于样本数据的纯代数分析。所以不管潜在的模型是什么，我们将 OLS 应用到样本时，残差的均值总是为 0。但我们的工作要比这个更困难一些。现在我们必须研究 OLS 估计量的统计性质，它涉及总体模型和随机抽样假设。[①]

数理统计领域关心的问题是：在数据的不同样本中，估计量表现如何？例如，在平均上，如果重复取样，我们会得到正确的答案吗？我们需要

---

① 本节是对传统计量经济学教学的回顾。我们涵盖这一内容是为了完整性。传统上，计量经济学家通过诸如无偏性和一致性等概念来推进他们对因果关系的讨论。

找到 OLS 估计量的期望值——实际上该值是所有可能随机样本的平均结果——并确定平均而言我们得出的结果是否正确。这自然地产生了一个被称为无偏性（unbiasedness）的特性，对所有估计量而言，这都是值得期待的。

$$E(\hat{\beta}) = \beta \tag{2.36}$$

记住，我们的目标是估计 β_1，它是描述 y 和 x 之间关系的斜率**总体**（population）参数，我们的估计值 $\hat{\beta}_1$ 是在特定样本中获得的该参数的估计量。不同的样本会产生不同的估计值（$\hat{\beta}_1$）来代表"真实的"（且未被观测到的）β_1。无偏性意味着，如果我们可以根据需要从总体中对 Y 取尽可能多次的随机样本，并计算出每一次的估计值，估计值的均值将等于 β_1。

OLS 要保持无偏性，需要几个假设。第一个假设被称为线性于参数（linear in the parameters）。假设一个总体模型：

$$y = \beta_0 + \beta_1 x + u$$

式中，β_0 和 β_1 为未知的总体参数。我们把 x 和 u 看作是通过某种数据生成过程产生的随机变量的结果。因为 y 是 x 和 u 的函数，并且 x 和 u 都是随机的，所以 y 也是随机的。对这一假设的正式表述说明我们的目标是估计 β_0 和 β_1。

第二个假设是随机抽样（random sampling）。我们有一个遵循总体模型且大小为 n 的随机样本，$\{(x_i, y_i): i = 1, \cdots, n\}$。通过 OLS，我们知道如何使用这些数据来估计 β_0 和 β_1。因为每个 i 都是从总体中抽取的，对于每个 i，我们可以写出：

$$y_i = \beta_0 + \beta_1 x_i + u_i$$

注意这里的 u_i 是观测第 i 个数据时未观测到的误差，它**不是**我们从数据中计算出来的残差。

第三个假设被称为解释变量的样本变动性（sample variation in the explanatory variable）。即 x_i 的样本结果不都是相同值。也就是说，x 的样本方差不为零。在实际操作中，这根本不是假设。如果 x_i 所有的值都是相同的（比如是某个常数），我们无法了解在总体中 x 是如何影响 y 的。回忆一下，OLS 方法是 y 和 x 的协方差除以 x 的方差，如果 x 是常数，那么我们除以的是 0，这一 OLS 估计量就无意义了。

到了第四个假设，我们的假设开始具有实际意义。它被称为零条件均值假设（zero conditional mean assumption），这可能是因果推断中最关键

53

的假设。在总体中，对于解释变量的任意取值，误差项的均值都为零：

$$E(u \mid x) = E(u) = 0$$

这是证明 OLS 估计量无偏的关键假设，一旦我们假设 $E(u \mid x)$ 不会随着 x 而改变，该值是否为 0 就变得不重要了。注意，无论这一假设是否成立，我们都可以计算出 OLS 估计量，即使这是一个潜在的总体模型。

所以，我们要怎么证明 $\hat{\beta}_1$ 是 β_1 的无偏估计呢［等式（2.36）］？在刚刚概述的四个假设下，我们需要证明，当对随机样本取平均值时，$\hat{\beta}_1$ 的期望值将以 β_1 的真实值为中心。这是一个微妙但关键的概念。在这种情况下，无偏性意味着，如果我们从总体中重复抽取样本数据，并对每个新样本进行一次回归，所有这些估计系数的平均值将等于 β_1 的真实值。我们将通过一系列步骤来讨论这一结论。

第 1 步：写下一个关于 $\hat{\beta}_1$ 的公式。使用 $\dfrac{C(x, \ y)}{V(x)}$ 的形式是很方便的：

$$\hat{\beta}_1 = \frac{\sum_{i=1}^{n} (x_i - \overline{x}) y_i}{\sum_{i=1}^{n} (x_i - \overline{x})^2}$$

为了避免一些符号上的混乱，让我们定义 $\sum_{i=1}^{n} (x_i - \overline{x})^2 = SST_x$（即 x_i 的总体变化），并将该式改写为：

$$\hat{\beta}_1 = \frac{\sum_{i=1}^{n} (x_i - \overline{x}) y_i}{SST_x}$$

第 2 步：用 $y_i = \beta_0 + \beta_1 x_i + u_i$ 替换每个 y_i，这一步使用了第一个线性假设和我们已经对数据进行了抽样的事实（我们的第二个假设）。此时分子变成了：

$$\begin{aligned}
\sum_{i=1}^{n} (x_i - \overline{x}) y_i &= \sum_{i=1}^{n} (x_i - \overline{x})(\beta_0 + \beta_1 x_i + u_i) \\
&= \beta_0 \sum_{i=1}^{n} (x_i - \overline{x}) + \beta_1 \sum_{i=1}^{n} (x_i - \overline{x}) x_i + \sum_{i=1}^{n} (x_i - \overline{x}) u_i \\
&= 0 + \beta_1 \sum_{i=1}^{n} (x_i - \overline{x})^2 + \sum_{i=1}^{n} (x_i - \overline{x}) u_i \\
&= \beta_1 SST_x + \sum_{i=1}^{n} (x_i - \overline{x}) u_i
\end{aligned}$$

注意，推导过程中我们使用了 $\sum\limits_{i=1}^{n}(x_i-\bar{x})=0$ 和 $\sum\limits_{i=1}^{n}(x_i-\bar{x})x_i=\sum\limits_{i=1}^{n}(x_i-\bar{x})^2$。[1]

我们得以证明：

$$\hat{\beta}_1 = \frac{\beta_1 SST_x + \sum\limits_{i=1}^{n}(x_i-\bar{x})u_i}{SST_x}$$

$$= \beta_1 + \frac{\sum\limits_{i=1}^{n}(x_i-\bar{x})u_i}{SST_x}$$

注意，最后一部分是在 $i: 1, \cdots, n$ 时，u_i 对 x_i 的 OLS 回归得到的斜率系数。[2] 因为 u_i 是观测不到的，所以我们无法完成这一回归。现在定义 $w_i = \dfrac{x_i-\bar{x}}{SST_x}$，就可以得到以下等式：

$$\hat{\beta}_1 = \beta_1 + \sum_{i=1}^{n} w_i u_i$$

该等式向我们展示了如下内容：首先，$\hat{\beta}_1$ 是未观测到的误差 u_i 的线性函数。w_i 是 $\{x_1, \cdots, x_n\}$ 的函数。其次，正是因为这个有关不可观测变量的线性函数，所以 β_1 及其估计值 $\hat{\beta}_1$ 之间才会出现随机差异。

第 3 步：找到 $E(\hat{\beta}_1)$。在随机抽样假设和条件均值为 $0[E(u_i \mid x_1, \cdots, x_n)=0]$ 假设下，意味着以任一 x 变量为条件的均值为：

$$E(w_i u_i \mid x_1, \cdots, x_n) = w_i E(u_i \mid x_1, \cdots, x_n) = 0$$

因为 w_i 是 $\{x_1, \cdots, x_n\}$ 的函数。如果在总体中 u 和 x 相关，该论断将是正确的。

现在我们可以完成这一证明：以 $\{x_1, \cdots, x_n\}$ 为条件，

$$E(\hat{\beta}_1) = E(\beta_1 + \sum_{i=1}^{n} w_i u_i)$$

---

[1]　实不相瞒，我们会多次使用这个结果。

[2]　我发现了一件有趣的事情：在进行回归时，我们可以发现许多 $\dfrac{\text{cov}}{\text{var}}$ 形式的项。它们经常出现，大家睁大眼睛去发现吧。

$$= \beta_1 + \sum_{i=1}^{n} E(w_i u_i)$$

$$= \beta_1 + \sum_{i=1}^{n} w_i E(u_i)$$

$$= \beta_1 + 0$$

$$= \beta_1$$

记住，β_1 是总体中固定的常数。估计量 $\hat{\beta}_1$ 则是一个随机结果，会随着样本变化而变化：在我们收集数据之前，我们不知道 $\hat{\beta}_1$ 会是什么。在上述四个假设下，可知 $E(\hat{\beta}_0) = \beta_0$ 和 $E(\hat{\beta}_1) = \beta_1$。

我发现当我们做这样的练习时，将其具体化是有益的。所以为了使它们更加形象化，让我们创建一个蒙特卡洛模拟（Monte Carlo simulation）。我们有如下总体模型：

$$y = 3 + 2x + u \tag{2.37}$$

式中，$x \sim N(0, 9)$，$u \sim N(0, 36)$。并且，u 和 x 是相互独立的。下面的蒙特卡洛模拟将基于对数据的 1 000 次抽样进行 OLS 估计。真正的 β 参数等于 2。但是当我们使用重复抽样时，$\hat{\beta}$ 的均值将是多少呢？

```
                          STATA
                         ols3.do
1   clear all
2   program define ols, rclass
3   version 14.2
4   syntax [, obs(integer 1) mu(real 0) sigma(real 1) ]
5
6       clear
7       drop _all
8       set obs 10000
9       gen x = 9*rnormal()
10      gen u  = 36*rnormal()
11      gen y  = 3 + 2*x + u
12      reg y x
13      end
14
15  simulate beta=_b[x], reps(1000): ols
16  su
17  hist beta
```

```
                               R
                           ols3.R
1    library(tidyverse)
2
3    lm <- lapply(
4      1:1000,
5      function(x) tibble(
6        x = 9*rnorm(10000),
7        u = 36*rnorm(10000),
8        y = 3 + 2*x + u
9      ) %>%
10       lm(y ~ x, .)
11   )
12
13   as_tibble(t(sapply(lm, coef))) %>%
14     summary(x)
15
16   as_tibble(t(sapply(lm, coef))) %>%
17     ggplot()+
18     geom_histogram(aes(x), binwidth = 0.01)
```

　　表 2-7 给出了在 1 000 次重复（重复抽样）下 $\hat{\beta}_1$ 的均值。在这里，你的结果将与我的不同，而这只是因为模拟中所涉及的随机性。但是你的结果应该与表 2-7 中显示的类似。虽然每个样本的斜率估计值都不同，但在所有样本中 $\hat{\beta}_1$ 的均值均为 1.998 317，接近真实值 2 [见（2.37）式]。该估计量的标准差为 0.039 841 3，接近从回归本身中得到的标准误。[①] 由此可见，估计值为重复抽样中系数的均值，标准误则为重复估计的标准差，这些系数估计值的分布如图 2-3 所示。

表 2-7　OLS 的蒙特卡洛模拟

变量	观测值	均值	标准差
β	1 000	1.998 317	0.039 841 3

　　问题是，我们不知道我们拥有的样本类型。我们是得到了一个"近乎是 2"的样本，还是一个"与 2 完全不同"的样本？我们永远不可能知道我们是否接近总体值。我们希望我们的样本是"典型的"并且可以得到一

[①]　我发现在某个数据样本上运行这个程序时标准误是 0.040 361 6。

58

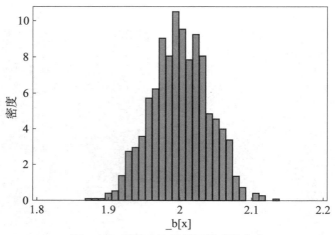

图 2 - 3 蒙特卡洛模拟下的系数分布

个接近 $\hat{\beta}_1{}^*$ 的斜率估计值，但我们却无法了解是否如此。无偏性是该规则程序的一个性质。它不是估计值本身的性质。例如，假设我们估计学校教育的回报率为 8.2%。我们很想说 8.2% 就是学校教育回报的无偏估计，但从技术上讲，这是不正确的。得出 $\hat{\beta}_1 = 0.082$ 的规则是无偏的（如果我们认为 u 与学校教育无关），而不是实际估计值本身。

迭代期望律（law of iterated expectations，LIE）。条件期望函数（CEF）是固定某些协变量 x 的情况下结果 y 的均值。让我们更加专注于这个函数。① 接下来我们会弄清楚一些符号和语法。如前所述，我们将条

59 件期望函数写成 $E(y_i \mid x_i)$。注意，条件期望函数是 x_i 的显函数。又因为 x_i 是随机的，因此条件期望函数也是随机的——尽管有时我们用的是 x_i 的特定值，例如 $E(y_i \mid x_i = 8$ 年教育$)$ 或 $E(y_i \mid x_i = $女性$)$。当存在处理变量时，条件期望函数会取两个值：$E(y_i \mid d_i = 0)$ 和 $E(y_i \mid d_i = 1)$。但这些只是特殊情况。

迭代期望律是对条件期望函数的一个重要补充。这个定律是说，无条件期望可以写成条件期望函数的无条件均值。换句话说，$E(y_i) = E[E(y_i \mid x_i)]$。这是一个相当简单的想法：如果你想知道随机变量 y 的无条件期望，你可以简单地计算关于某个协变量 x 的所有条件期望的加权总和。让我们

---

* 原书如此，但此处似乎应为 β。——译者注

① 我强烈建议有兴趣的读者去研读 Angrist 和 Pischke［2009］，他们对迭代期望律有着精彩的讨论。

看一个例子。假设女性的平均绩点（GPA）为 3.5，男性的平均绩点为 3.2，总体中一半是女性、一半是男性。那么：

$$E[GPA] = E[E(GPA_i \mid \mathrm{Gender}_i)]$$
$$= 3.5 \times 0.5 + 3.2 \times 0.5$$
$$= 3.35$$

你可能一直在使用迭代期望律，但自己却不知道。这个证明并不复杂。设 x_i 和 y_i 各自都是连续分布的。联合密度定义为 $f_{xy}(u, t)$。给定 $x = u$ 的条件分布定义为 $f_y(t \mid x_i = u)$。边缘密度分别为 $g_y(t)$ 和 $g_x(u)$。

$$E\{E(y \mid x)\} = \int E(y \mid x = u) g_x(u) \mathrm{d}u$$
$$= \int \left[\int t f_{y|x}(t \mid x = u) \mathrm{d}t \right] g_x(u) \mathrm{d}u$$
$$= \iint t f_{y|x}(t \mid x = u) g_x(u) \mathrm{d}u \mathrm{d}t$$
$$= \int t \left[\int f_{y|x}(t \mid x = u) g_x(u) \mathrm{d}u \right] \mathrm{d}t$$
$$= \int t \left[f_{x,y} \mathrm{d}u \right] \mathrm{d}t$$
$$= \int t g_y(t) \mathrm{d}t$$
$$= E(y)$$

60

这个证明非常简单。第一行使用期望的定义。第二行使用条件期望的定义。第三行转换了积分顺序。第四行使用联合密度的定义。第五行用后续的表达式替换了前一行。第六行在 x 的支撑区间上进行了积分，其结果等于 y 的边缘密度，所以我们再次强调迭代期望律：$E(y_i) = E[E(y \mid x_i)]$。

CEF 的分解性质（CEF decomposition property）。关于 CEF，我们要讨论的第一个性质是 CEF 的分解性质。迭代期望律的强大之处在于它将随机变量分成了两部分——CEF 和具有特殊性质的残差。条件期望函数的分解性质表明

$$y_i = E(y_i \mid x_i) + \varepsilon_i$$

其中，（i）ε_i 关于 x_i 均值独立，也就是说，

$$E(\varepsilon_i \mid x_i) = 0$$

以及（ii）ε_i 和 x_i 的任何函数都不相关。

该定理表明，任意随机变量 y_i 都可以被分解成一个由 x_i 解释的部分（CEF）以及一个剩余的与 x_i 的任意函数正交的部分。我将首先证明（i）部分。回想一下 $\varepsilon_i = y_i - E(y_i \mid x_i)$，我们将在下面的等式中进行这一替换。

$$\begin{aligned} E(\varepsilon_i \mid x_i) &= E[y_i - E(y_i \mid x_i) \mid x_i] \\ &= E(y_i \mid x_i) - E(y_i \mid x_i) \\ &= 0 \end{aligned}$$

定理的第二部分表明，ε_i 与任何关于 x_i 的函数都不相关。设 $h(x_i)$ 是 x_i 的任意函数，那么有 $E[h(x_i)\varepsilon_i] = E[h(x_i)E(\varepsilon_i \mid x_i)]$。通过均值独立可知，在内部产生的第二项等于零。[①]

条件期望函数的预测性质（CEF prediction property）。第二个性质是条件期望函数的预测性质。这可以表示为 $E(y_i \mid x_i) = \mathrm{argmin}_{m(x_i)} E\{[y - m(x_i)]^2\}$，其中 $m(x_i)$ 是 x_i 的任意函数，即条件期望函数是给定 x_i 时，y_i 的最小均方误差。将 $E(y_i \mid x_i) - E(y_i \mid x_i) = 0$ 加到右边，可得

$$[y_i - m(x_i)]^2 = \{[y_i - E(y_i \mid x_i)] + [E(y_i \mid x_i) - m(x_i)]\}^2$$

我个人觉得用简单的符号更容易理解。因此，可以用以下项替换此表达式：

$$(a - b + b - c)^2$$

分配这些项，重新排列，并用它们的原始值进行替换，最后你可以得到如下结果：

$$\begin{aligned} \mathrm{argmin}\, m(x_i) &\{[y_i - E(y_i \mid x_i)]^2 + 2[E(y_i \mid x_i) - m(x_i)] \\ &\times [y_i - E(y_i \mid x_i)] + [E(y_i \mid x_i) + m(x_i)]^2\} \end{aligned}$$

现在来求关于 $m(x_i)$ 的函数的最小值。当求 $m(x_i)$ 的最小值时，注意第一项 $[y_i - E(y_i \mid x_i)]^2$ 是不重要的，因为它不依赖于 $m(x_i)$，所以它最终会变成 0。而第二和第三项依赖于 $m(x_i)$。所以我们把 $2[E(y_i \mid x_i) -$

---

① 让我们举一个具体的例子来证明。令 $h(x_i) = \alpha + \gamma x_i$。然后取联合期望 $E[h(x_i)\varepsilon_i] = E[(\alpha + \gamma x_i)\varepsilon_i]$。在我们遍历了条件期望后，取条件期望 $E(\alpha \mid x_i) + E(\gamma \mid x_i)E(x_i \mid x_i)E(\varepsilon \mid x_i) = \alpha + x_i E(\varepsilon_i \mid x_i) = 0$。[此处存疑，我推导的式子如下：$E[h(x_i)E(\varepsilon_i \mid x_i)] = E[(\alpha + \gamma x_i)E(\varepsilon_i \mid x_i)] = E[\alpha E(\varepsilon_i \mid x_i) + \gamma x_i E(\varepsilon_i \mid x_i)] = [(\alpha + E(\gamma x_i)]E(\varepsilon_i \mid x_i) = 0$。——译者注]

$m(x_i)$] 写成 $h(x_i)$。也设 $\varepsilon_i = [y_i - E(y_i \mid x_i)]$，然后代入可得：

$$\operatorname{argmin} m(x_i)\{\varepsilon_i^2 + h(x_i)\varepsilon_i + [E(y_i \mid x_i) + m(x_i)]^2\}$$

现在最小化这个函数，并令它等于 0，我们得到：

$$h'(x_i)\varepsilon_i$$

根据分解性质，它等于 0。

方差分析理论（ANOVA theory）。在条件期望函数中，我们要讨论的 62
最后一个性质是方差分析理论，又称为 ANOVA。根据这个理论，y_i 的方
差等于条件期望的方差加上条件方差的期望，即

$$V(y_i) = V[E(y_i \mid x_i)] + E[V(y_i \mid x_i)]$$

式中，V 是方差，$V(y_i \mid x_i)$ 是条件方差。

线性条件期望函数定理（linear CEF theorem）。现在你可能已经知道，
最小二乘法在应用工作中的使用是非常普遍的。之所以如此，是因为回归
有几个正当的理由。我们讨论了其中的一个——在有关误差项的某些假设
下的无偏性。但我想提出一些稍微不同的论点。Angrist 和 Pischke
[2009] 认为，即使潜在的条件期望函数本身不是线性的，线性回归也可
能是有用的，因为回归是条件期望函数的一个很好的近似。因此，如果我
的观点与他们稍有不同，请对此保持一种开放的心态。

Angrist 和 Pischke [2009] 给出了使用回归的几个依据，线性条件期
望函数定理可能是最简单的。假设我们确信条件期望函数本身是线性的，
那又会怎样呢？如果条件期望函数是线性的，那么线性条件期望函数定理
表明，总体回归等于线性条件期望函数。如果条件期望函数是线性的，而
且总体回归与它相等，那么理所当然地，你应该使用总体回归来估计条件
期望函数。如果你需要一个简单到可以视为常识的证明的话，我提供了一
个。如果 $E(y_i \mid x_i)$ 是线性的，那么对于某个向量 $\hat{\beta}$，有 $E(y_i \mid x_i) = x'\hat{\beta}$。
通过分解，可以得到：

$$E[x(y - E(y \mid x))] = E[x(y - x'\hat{\beta})] = 0$$

接下来，当你解这个方程时，你可以得到 $\hat{\beta} = \beta$。因此 $E(y \mid x) = x'\beta$。

最佳线性预测定理（best linear predictor theorem）。在这一背景下，
还有其他一些线性定理值得被提出。例如，根据条件期望函数的预测性
质，可以回想一下，条件期望函数就是所有函数中给定 x 时 y 有最小均方
误差的函数。给定这一点，总体回归函数是所有线性函数中我们可以得到 63

的最佳的函数。[1]

回归条件期望函数定理（regression CEF theorem）。现在我想介绍回归的另一个性质。函数 $X\beta$ 提供了最小均方误差下对条件期望函数的线性逼近。也就是说，

$$\beta = \underset{b}{\mathrm{argmin}} E\{[E(y_i \mid x_i) - x_i'b]^2\}$$

所以呢？让我们先回顾一下，了解一下整体的状况，因为所有这些线性定理都可能使读者发出这样的疑问："这又怎样？"我告诉你们这些，是因为我想展示给你们一个论点：回归是很有吸引力的——即使它是线性的，而条件期望函数本身并不是，它仍然是合理的。因为我们不确定条件期望函数是否为线性的，所以这实际上至少是一个值得考虑的很好的论点。回归最终不过是一个把数据转化为估计值的科学怪人，在这里我想说的意思是，即便在糟糕的情况下，这个科学怪人也能给出一些令人期待的结果。让我们通过回顾另一个定理来更全面地了解这个科学怪人，该定理就是为人熟知的解构回归定理。

解构回归定理（regression anatomy theorem）。除了我们对条件期望函数和回归定理的讨论外，我们现在详细分析回归本身。这里我们将讨论的是解构回归定理。解构回归定理是基于 Frisch 和 Waugh［1933］以及 Lovell［1963］的早期工作而得出的。[2] 我发现，通过一个具体的例子思考，并给出一些可视化的数据，可以使这个定理看起来更加直观。在我看来，这个定理可以帮助我们解释多元线性回归模型的各个系数。假设我们就家庭规模对劳动力供给的因果效应感兴趣。我们想做一个劳动力供给对家庭规模的回归：

$$Y_i = \beta_0 + \beta_1 X_i + u_i$$

式中，Y 为劳动力供给；X 为家庭规模。

64

如果家庭规模确实是随机的，那么家庭中孩子的数量与未观察到的误差项就是不相关的。[3] 这意味着在我们所做的劳动力供给对家庭规模的回

---

① 证明见 Angrist 和 Pischke［2009］。

② 我发现 Filoso［2013］在用证明和代数推导来解释这一点方面非常有帮助，所以我也会在这里使用这个表示法和步骤。弗里施-沃-洛弗尔（Frisch-Waugh-Lovell）定理的一个证明见 Lovell［2008］。

③ 虽然随机生孩子听起来很有趣，但我还是鼓励你在想要孩子的时候才生育。联系你当地高中的健康保健老师，了解更多可以合理地减少随机生育数量的方法。

归中,其估计系数 $\hat{\beta}_1$ 就可以被解释为家庭规模对劳动力供给的因果效应。我们可以在一幅囊括了所有 i 对数据的散点图中展示回归系数;这一斜率系数会是该数据云中对数据的最优线性拟合。此外,在儿童数量随机的情况下,斜率还可以告诉我们家庭规模对劳动力供给的平均因果效应。

但最可能的情况是,家庭规模不是随机的,因为很多人会主动选择家庭中孩子的数量,而不是通过掷硬币选择。如果家庭规模不是随机的,我们该如何解释 $\hat{\beta}_1$ 呢?通常,人们根据类似于最佳停止规则(optimal stopping rule)的准则来选择他们的家庭规模。人们会选择生几个孩子,什么时候生、什么时候不生。在某些情况下,他们甚至会尝试选择性别。所有这些选择都是基于各种可以或尚未被观测到的经济因素做出的,而这些因素可能本身就与一个人是否决定进入劳动力市场有关。换句话说,用我们到目前为止的讲法,$E(u \mid X) = E(u) = 0$ 是不太可能的。

但假设我们有理由认为家庭中孩子的数量是条件(conditionally)随机的。为了便于教学,我们假设一旦控制了一个人的种族和年龄,其家庭规模就是随机的。[①] 虽然这不太现实,但我引入这一假设是为了阐明关于多元回归的一个重要观点。如果这个假设成立,那么我们可以写出如下方程:

$$Y_i = \beta_0 + \beta_1 X_i + \gamma_1 R_i + \gamma_2 A_i + u_i$$

式中,Y 为劳动力供给;X 为孩子的数量;R 为种族;A 为年龄;u 为总体误差项。

如果我们想估计家庭规模对劳动力供给的平均因果效应,那么我们需要做两件事。首先,我们需要一个包含所有四个变量的数据样本。没有这四个变量,我们就无法估计这个回归模型。其次,对于给定的种族和年龄,我们需要孩子的数量 X 在其中是随机分配的。

那么,我们该如何解释 $\hat{\beta}_1$ 呢?在数据有六个维度的情况下,我们又该如何可视化这个系数呢?解构回归定理不仅可以告诉我们估计系数的实际意义,还可以让我们只需要在两个维度下可视化这个系数。

为了更直观地解释解构回归定理,让我们写下一个多变量的总体模型。假设基本的多元回归模型中有 K 个协变量。我们可以这样写:

$$y_i = \beta_0 + \beta_1 x_{1i} + \cdots + \beta_k x_{ki} + \cdots + \beta_K x_{Ki} + e_i \tag{2.38}$$

---

① 这几乎可以肯定是一个荒谬的假设,但请继续听我娓娓道来。

现在假设一个辅助（auxiliary）回归，其中变量 x_{1i} 对所有剩余的自变量进行了回归：

$$x_{1i} = \gamma_0 + \gamma_{k-1}x_{k-1i} + \gamma_{k+1}x_{k+1i} + \cdots + \gamma_K x_{Ki} + f_i \qquad (2.39)$$

且 $\tilde{x}_{1i} = x_{1i} - \hat{x}_{1i}$ 是来自辅助函数的残差。那么这个参数 β_1 可以被写为：

$$\beta_1 = \frac{C(y_i, \tilde{x}_i)}{V(\tilde{x}_i)} \qquad (2.40)$$

注意，我们再次发现了系数估计值是一个协方差和残差方差的比例，只不过在这里，分子是辅助回归中结果与残差的协方差，而分母则是该残差的方差。

要证明这个定理，注意 $E[\tilde{x}_{ki}] = E[x_{ki}] - E[\hat{x}_{ki}] = E[f_i]$，将 y_i 和来自辅助回归 x_{ki} 的残差 $\tilde{x}_{ki}$ 代入协方差 $\mathrm{cov}(y_i, \tilde{x}_{ki})$：

$$\beta_k = \frac{\mathrm{cov}(\beta_0 + \beta_1 x_{1i} + \cdots + \beta_k x_{ki} + \cdots + \beta_K x_{Ki} + e_i, \tilde{x}_{ki})}{\mathrm{var}(\tilde{x}_{ki})}$$

$$= \frac{\mathrm{cov}(\beta_0 + \beta_1 x_{1i} + \cdots + \beta_k x_{ki} + \cdots + \beta_K x_{Ki} + e_i, f_i)}{\mathrm{var}(f_i)}$$

由构造 $E[f_i] = 0$ 可知，$\beta_0 E[f_i] = 0$。因为 f_i 是除 x_{ki} 之外所有自变量的线性组合，所以一定有

$$\beta_1 E[f_i x_{1i}] = \cdots = \beta_{k-1} E[f_i x_{k-1i}] = \beta_{k+1} E[f_i x_{k+1i}] = \cdots$$
$$= \beta_K E[f_i x_{Ki}] = 0$$

现在考虑一下 $E[e_i f_i]$ 项。它可以写成

$$E[e_i f_i] = E[e_i \tilde{x}_{ki}]$$
$$= E[e_i(x_{ki} - \hat{x}_{ki})]$$
$$= E[e_i x_{ki}] - E[e_i \tilde{x}_{ki}]$$

因为 e_i 与任何自变量都不相关，所以与 x_{ki} 也不相关。因此，我们有 $E[e_i x_{ki}] = 0$。对于减法的第二项，将 x_{ki} 辅助回归的预测值代入，可得

$$E[e_i \tilde{x}_{ki}] = E[e_i(\hat{\gamma}_0 + \hat{\gamma}_1 x_{1i} + \cdots + \hat{\gamma}_{k-1i} + \hat{\gamma}_{k+1} x_{k+1i} + \cdots + \hat{x}_K x_{Ki})]$$

再一次，因为 e_i 与任何自变量都不相关，此项的期望值为零。所以可以得到 $E[e_i f_i] = 0$。

那么，唯一剩下的项便是 $[\beta_k x_{ki} f_i]$，因为 $f_i = \tilde{x}_{ki}$，它等于 $E[\beta_k x_{ki} \tilde{x}_{ki}]$。我们可以通过重写辅助回归模型来替换 x_{ki}，使

$$x_{ki} = E[x_{ki} \mid X_{-k}] + \widetilde{x}_{ki}$$

由此可得

$$
\begin{aligned}
E[\beta_k x_{ki} \widetilde{x}_{ki}] &= \beta_k E[\widetilde{x}_{ki}(E[x_{ki} \mid X_{-k}] + \widetilde{x}_{ki})] \\
&= \beta_k \{E[\widetilde{x}_{ki}^2] + E[(E[x_{ki} \mid X_{-k}]\widetilde{x}_{ki})]\} \\
&= \beta_k \mathrm{var}(\widetilde{x}_{ki})
\end{aligned}
$$

它直接由 $E[x_{ki} \mid X_{-k}]$ 和 $\widetilde{x}_{ki}$ 正交得到。根据前面的推导，我们最终 *67*
得到

$$\mathrm{cov}(y_i, \widetilde{x}_{ki}) = \beta_k \mathrm{var}(\widetilde{x}_{ki})$$

到此，证明结束。

我发现把事情形象化很有帮助。让我们看一个在 Stata 中使用它通行
的汽车数据集的例子。接下来我给出代码：

STATA
reganat.do

```
1  *-reganat- is a user-created package by Filoso[2013]. ssc install reganat, replace
2  sysuse auto.dta, replace
3  regress price length
4  regress price length weight headroom mpg
5  reganat price length weight headroom mpg, dis(length) biline
```

R
reganat.R

```
1   library(tidyverse)
2   library(haven)
3
4   read_data <- function(df)
5   {
6    full_path <- paste("https://raw.github.com/scunning1975/mixtape/master/",
7            df, sep = "")
8    df <- read_dta(full_path)
9    return(df)
10  }
11
```

(continued)

68

R *(continued)*

```
12
13  auto <- read_data("auto.dta") %>%
14    mutate(length = length - mean(length))
15
16  lm1 <- lm(price ~ length, auto)
17  lm2 <- lm(price ~ length + weight + headroom + mpg, auto)
18
19
20  coef_lm1 <- lm1$coefficients
21  coef_lm2 <- lm2$coefficients
22  resid_lm2 <- lm2$residuals
23
24  y_single <- tibble(price = coef_lm1[1] + coef_lm1[2]*auto$length,
25              length = auto$length)
26
27  y_multi <- tibble(price = coef_lm1[1] + coef_lm2[2]*auto$length,
28              length = auto$length)
29
30
31  ggplot(auto) +
32    geom_point(aes(x = length, y = price)) +
33    geom_smooth(aes(x = length, y = price), data = y_multi, color = "blue") +
34    geom_smooth(aes(x = length, y = price), data = y_single, color="red")
```

让我们看看我在表 2－8 中复制的回归结果——对于我称为二元回归和更长的多元回归所得到的斜率参数，该表做了很好的展示。在车身长度对价格的短回归中，可以得到车身长度的系数为 57. 20。这意味着每增加一英寸，一辆汽车的价格就会贵出 57. 20 美元，如图 2－4 中向上倾斜的虚线所示。直线的斜率是 57. 20。

表 2－8　车身长度与其他特征对价格的回归估计

协变量	短回归	长回归
车身长度	57. 20 (14. 08)	－94. 50 (40. 40)
质量		4. 34 (1. 16)
头顶空间		－490. 97 (388. 49)
每加仑燃料行驶里程		－87. 96 (83. 59)

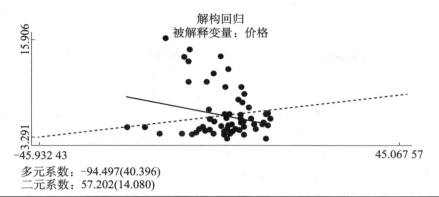

协变量：车身长度（英寸），质量（磅），头顶空间（英寸），里程（每加仑燃料行驶里程）
回归线：实线为多元回归，虚线为二元回归

图 2 - 4 解构回归展示

在回归方程的右边加入更多的被称为控制变量的变量，它最终会成为供你讨论的第二种性质。但在这个解构回归练习中，当你事实上在一项回归方程中纳入控制变量的时候，我希望能够就你在做什么给出一个不同的解释。一旦我们控制了其他变量，请注意车身长度系数是如何改变符号以及在量值上又是如何变化的。现在，车身长度的效应是－94.5。看起来，车身长度变量似乎被其他几个变量混杂了，一旦我们以这些变量为条件，更长的汽车实际上却更便宜了。你可以在图 2 - 4 中看到它的直观表示，其中多元回归的斜率为负。

那么在这个形象化的展示中到底发生了什么呢？首先，它把维度（变量）的数量从四个压缩到两个。这是通过我们前面描述的解构回归过程实现的。基本来说，我们进行了辅助回归，利用它的残差，计算了斜率系数 $\frac{\text{cov}(y_i,\ \tilde{x}_i)}{\text{var}(\tilde{x}_i)}$。这允许我们在二维空间上展示辅助残差与其结果观测值的散点图，并通过它们画出斜率（见图 2 - 4）。请注意，这是预览多元回归中两个变量之间多维相关性的有用方法。请注意黑色实线的斜率为负，同时 *70* 二元回归的斜率为正。解构回归定理表明，这两个估计量（一个是多元 OLS，另一个是价格和残差的二元回归）是相同的。

OLS 估计量的方差（variance of the OLS estimators）。这大体上总结了我们要讨论的关于线性回归的内容。在零条件均值假设下，从认识论上讲，我们可以推断出根据样本回归得出系数的规则是无偏的。这是件好事，因为它告诉我们有充分的理由相信这个结果。但是为了体现抽样过程本身内在的不确定性，我们现在需要给出这一认识论层面上的理由。所增设的这一层不确定性通常被称为推断。现在让我们来认识它。

还记得我们之前进行的模拟吗？在这个模拟中，我们对一个总体重新抽样，并估计了 1 000 次回归系数。在图 2 - 3 中我们绘制了这 1 000 个估计值的直方图。系数的平均值在 1.998 左右，非常接近 2 的真实值（数据生成过程中的硬编码）。但标准差在 0.04 左右。这意味着，在对总体的重复抽样中，我们得到了不同的估计值。但是这些估计的平均值与真实的效果非常接近，而且它们分布的标准差（0.04）很小。重复抽样中这种估计值分布的概念可能是我们在本节中需要记住的最有用的东西。

在我们先前讨论过的四个假设下，可以知道 OLS 估计量是无偏的。但这些假设并不足以告诉我们关于估计量本身方差的任何信息。这些假设有助于我们相信，平均而言，估计系数等于参数的真实值。但要明智地讨论估计量的方差，我们需要对抽样分布中估计量的离散度进行度量。就像我们说过的，这会使我们得到方差，并最终转化为标准差。我们可以刻画在这四个假设下 OLS 估计量的方差。但现在，引入一个简化计算的假设是最简单的。我们将继续使用我们一直使用的假设，并将之称为第五个假设。

71   第五个假设是同方差或不变方差假设。这个假设规定，对于给定的解释变量的任意值 x，总体误差项 u 具有相同的方差，形式上为：

$$V(u \mid x) = \sigma^2 \tag{2.41}$$

当我第一次学习这个知识的时候，σ^2 总是萦绕在我脑海中，使我度过了一段不同寻常的艰难时光。之所以出现这种情况，部分原因是我的人文学科背景：这使我不能真正地理解离散的随机变量。我不习惯使用大量的数字并尝试测算它们之间的距离，所以学习起来很慢。如果你像我一样，不妨试试这个。把 σ^2 看成正数，比如 2 或 8。这个数字衡量的是潜在误差本身的离散程度。换句话说，误差的方差在给定解释变量的条件下仅仅是一个有限的正数。其度量的是除 x 以外其他变量对 y 的影响。因为我们假定了零条件均值假设，当我们假定同方差时，我们也可以写出如下式子：

$$E(u^2 \mid x) = \sigma^2 = E(u^2) \tag{2.42}$$

现在，基于第一、第四、第五个假设，我们可以写出：

$$E(y \mid x) = \beta_0 + \beta_1 x$$
$$V(y \mid x) = \sigma^2 \tag{2.43}$$

所以 y 的平均值，或者说期望值可以随着 x 的变化而变化，但是如果误差是同方差的，那么方差就不会随着 x 的变化而变化。不变方差的假设可能不现实，必须根据具体情况来确定。

定理：OLS 的抽样方差（theorem：sampling variance of OLS）。在第一个假设和第二个假设下，我们可以得到：

$$V(\hat{\beta}_1 \mid x) = \frac{\sigma^2}{\sum_{i=1}^{n}(x_i - \bar{x})^2} \tag{2.44}$$

$$= \frac{\sigma^2}{SST_x}$$

$$V(\hat{\beta}_0 \mid x) = \frac{\sigma^2\left(\frac{1}{n}\sum_{i=1}^{n}x_i^2\right)}{SST_x} \tag{2.45}$$

为了证明这一点，我们像之前一样写出下式：

$$\hat{\beta}_1 = \beta_1 + \sum_{i=1}^{n}w_iu_i \tag{2.46}$$

式中，$w_i = \dfrac{x_i - \bar{x}}{SST_x}$。在最开始，我们就把它当作非随机的。因为 β_1 是常数，它不影响 $V(\hat{\beta}_1)$。现在，我们需要利用"对不相关的随机变量，和的方差等于方差之和"这一事实。在 $\{u_i: i = 1, \cdots, n\}$ 中，对于不同的 i 来说，它们之间实际上是独立且不相关的。记住：如果我们知道 x，我们就知道 w。所以有：

$$V(\hat{\beta}_1 \mid x) = \text{var}(\beta_1 + \sum_{i=1}^{n}w_iu_i \mid x) \tag{2.47}$$

$$= \text{var}\left(\sum_{i=1}^{n}w_iu_i \mid x\right) \tag{2.48}$$

$$= \sum_{i=1}^{n}\text{var}(w_iu_i \mid x) \tag{2.49}$$

$$= \sum_{i=1}^{n}w_i^2\,\text{var}(u_i \mid x) \tag{2.50}$$

$$= \sum_{i=1}^{n}w_i^2\sigma^2 \tag{2.51}$$

$$= \sigma^2\sum_{i=1}^{n}w_i^2 \tag{2.52}$$

其中倒数第二个等式使用了第五个假设条件，因此 u_i 的方差独立于 x_i，现在我们有：

$$\sum_{i=1}^{n} w_i^2 = \sum_{i=1}^{n} \frac{(x_i - \bar{x})^2}{SST_x^2} \tag{2.53}$$

$$= \frac{\sum_{i=1}^{n}(x_i - \bar{x})^2}{SST_x^2} \tag{2.54}$$

$$= \frac{SST_x}{SST_x^2} \tag{2.55}$$

$$= \frac{1}{SST_x} \tag{2.56}$$

到此，我们得以证明：

$$V(\hat{\beta}_1) = \frac{\sigma^2}{SST_x} \tag{2.57}$$

有几点要注意。首先是关于 OLS 斜率估计量方差的"标准"公式。如果第五个假设不成立，即误差同方差不成立，则此公式是无效的。换句话说，要推导出这个标准公式，需要满足同方差假设。但同方差假设又不足以说明 OLS 估计量的无偏性，因此我们还需要前四个假设。

通常，我们关注的是 β_1。我们可以很容易地研究影响其方差的两个因素：分子和分母。

$$V(\hat{\beta}_1) = \frac{\sigma^2}{SST_x} \tag{2.58}$$

随着误差方差的增加，即 σ^2 的增加，我们估计量中的方差也会增加。y 和 x 之间的关系中也就会出现更多的"噪声"（即 u 的变化幅度越大），我们也就越难以了解 β_1。与之相反，$\{x_i\}$ 中更多的变化则是一件好事。当 SST_x 增大时，$V(\hat{\beta}_1)$ 会小。

注意 $\frac{SST_x}{n}$ 是 x 的抽样方差。随着 n 的增大，我们可以认为 $\frac{SST_x}{n}$ 越来越接近 x 的总体方差 σ_x^2。这意味着：

$$SST_x \approx n\sigma_x^2 \tag{2.59}$$

这意味着，随着 n 的增大，$V(\hat{\beta}_1)$ 以 $\frac{1}{n}$ 的速率缩小。这就是为什么有更多的数据是件好事：它缩小了我们估计量的抽样方差。

$\hat{\beta}_1$ 的标准差是它方差的平方根。即：

$$sd(\hat{\beta}_1) = \frac{\sigma}{\sqrt{SST_x}} \qquad (2.60)$$

它是关于呈现在置信区间和检验统计中的变动的指标。

接下来我们看一下误差方差的估计。在公式 $V(\hat{\beta}_1) = \frac{\sigma^2}{SST_x}$ 中，SST_x ⁷⁴ 的值可由 $\{x_i: i=1, \cdots, n\}$ 的值计算得出。但是我们仍需估计 σ^2。由于 $\sigma^2 = E(u^2)$，因此，如果我们可以观测到误差的样本，$\{u_i: i=1, \cdots, n\}$，那么 σ^2 的无偏估计量即为样本平均值：

$$\frac{1}{n} \sum_{i=1}^{n} u_i^2 \qquad (2.61)$$

但这不是一个我们可以通过可观测的数据计算出来的估计量，因为 u_i 是观测不到的。那么，用它的"估计值"即 OLS 残差 $\hat{u}_i$ 替换每个 u_i 怎么样？

$$u_i = y_i - \beta_0 - \beta_1 x_i \qquad (2.62)$$
$$\hat{u}_i = y_i - \hat{\beta}_0 - \hat{\beta}_1 x_i \qquad (2.63)$$

其中 u_i 不能被计算，但 $\hat{u}_i$ 能通过数据计算出来，因为它取决于估计量 $\hat{\beta}_0$ 和 $\hat{\beta}_1$。并且，除了纯粹的巧合，对于任意 i 来说，$u_i \neq \hat{u}_i$。

$$\hat{u}_i = y_i - \hat{\beta}_0 - \hat{\beta}_1 x_i \qquad (2.64)$$
$$= (\beta_0 + \beta_1 x_i + u_i) - \hat{\beta}_0 - \hat{\beta}_1 x_i \qquad (2.65)$$
$$= u_i - (\hat{\beta}_0 - \beta_0) - (\hat{\beta}_1 - \beta_1) x_i \qquad (2.66)$$

注意有 $E(\hat{\beta}_0) = \beta_0$ 和 $E(\hat{\beta}_1) = \beta_1$，但是在样本中，这些估计量的值总是与总体值不同。那么 σ^2 的估计量怎么样呢？

$$\frac{1}{n} \sum_{i=1}^{n} \hat{u}_i^2 = \frac{1}{n} SSR \qquad (2.67)$$

它是一个正确的估计量，并且很容易由 OLS 估计后得到的数据计算出来。事实证明，这个估计量有些许偏差：它的期望值略小于 σ^2。但是这个估计量无须考虑在获得 $\hat{\beta}_0$ 和 $\hat{\beta}_1$ 时，对残差的两个限制条件：

$$\sum_{i=1}^{n} \hat{u}_i = 0 \qquad (2.68)$$ ⁷⁵

$$\sum_{i=1}^{n} x_i \hat{u}_i = 0 \tag{2.69}$$

对未观测到的误差没有这样的限制。所以，σ^2 的无偏估计量使用了一次自由度调整。该残差仅有 $n-2$ 个自由度，而不是 n 个。因此：

$$\hat{\sigma}^2 = \frac{1}{n-2} SSR \tag{2.70}$$

我们现在提出以下定理。在前五个假设下，σ^2 的无偏估计为：

$$E(\hat{\sigma}^2) = \sigma^2 \tag{2.71}$$

在大多数软件包中，回归输出结果会包括：

$$\hat{\sigma} = \sqrt{\hat{\sigma}^2} \tag{2.72}$$

$$= \sqrt{\frac{SSR}{n-2}} \tag{2.73}$$

这是总体误差标准差 $sd(u)$ 的估计量。一个小问题是：$\hat{\sigma}$ 不是 σ 的无偏估计量。[1] 但这对我们的目的没有影响：$\hat{\sigma}$ 被称作回归的标准误，这意味着它是回归中误差标准差的估计量。在 Stata 软件中，其被称为均方根误差（root mean squared error）。

给定 $\hat{\sigma}$，现在我们可以估计 $sd(\hat{\beta}_1)$ 和 $sd(\hat{\beta}_0)$ 了。这些估计值被称为 $\hat{\beta}_j$ 的标准误。我们以后会经常用到这两个估计值。几乎所有的回归软件包都会在系数估计值旁边的列中报告这一标准误。我们可以把 $\hat{\sigma}$ 代入 σ：

76

$$se(\hat{\beta}_1) = \frac{\hat{\sigma}}{\sqrt{SST_x}} \tag{2.74}$$

其中，分子和分母都是根据数据计算的。基于我们后面将了解到的某些原因，将标准误报告在相应系数下（通常在括号中）是有用的。

稳健标准误（robust standard errors）。在给定解释变量 x 的任意值的条件下，误差方差都是相同的，这一说法有多符合实际？一个简短的回答是，这很可能是不符合实际的。异质性是我已然接受的一个通则，而不是一项例外，甚至正好相反，我们是选择相信同方差性，而不是选择相信异方差性。你

---

[1] 确实存在一个 σ 的无偏估计量，但它很烦琐，似乎在经济学中几乎没有人使用这个变量。见 Holtzman [1950]。

可以把误差永远不满足同方差性作为一个假定，并更进一步寻找解决方案。

这也不全是一个坏消息，因为基于重复抽样的回归的无偏性从不依赖于对误差方差的任何假设。这四个假设，特别是零条件均值假设，保证了重复抽样下系数的集中趋势等于真实的参数，在本书中，这是一个因果参数。问题在于系数的分布。没有了同方差性，OLS 不再有最小均方误差，这意味着估计的标准误是有偏的。那么，使用我们的抽样来打个比方，这些系数的分布可能比我们认为的要更大。幸运的是，我们有一个解决方案。让我们先写出基于异质性方差项的方差方程：

$$\text{var}(\hat{\beta}_1) = \frac{\sum_{i=1}^{n}(x_i - \bar{x})^2 \sigma_i^2}{SST_x^2} \tag{2.75}$$

注意 σ_i^2 项中的下标 i，这意味着该方差不是常数。当对于所有 i，有 $\sigma_i^2 = \sigma^2$ 时，这个公式可以转化为常见的形式：$\frac{\sigma^2}{SST_x^2}$。但如果该等式不成立，我们就会遇到一个被称为**异方差误差**（heteroskedastic errors）的问题。对任意形式的异方差（包括同方差），$\text{var}(\hat{\beta}_1)$ 的有效估计量是：

$$\text{var}(\hat{\beta}_1) = \frac{\sum_{i=1}^{n}(x_i - \bar{x})^2 \sigma^2}{SST_x^2}$$

这很容易从 OLS 回归后的数据中计算出来。我们要感谢弗里德海姆·艾克（Friedhelm Eicker）、彼得·J. 休伯（Peter J. Huber）和赫伯特·怀特（Halbert White）提供的这个解决方案（White [1980]）。[1] 异方差的解决方法有好几个，但最常见的是"稳健"标准误。

聚类稳健标准误（cluster robust standard errors）。人们通常会设法通过质疑你构建标准误的方法来吓唬你。然而，当涉及推断时，你应该担心的不仅仅是误差的异方差性。有些现象不会影响个体的观测值，但它们却会切实影响某些分组内包含的个体的观测值。进而，它们会以一种共同的方式影响组内的个体。假设你想估计班级规模对学生成绩的影响，但你知道存在不可观测的因素（比如不同老师的影响）均等地影响了所有的学

---

[1]　人们甚至不再去引用 White [1980]，就像没有人在使用微积分时还引用莱布尼茨或牛顿一样。艾克、休伯和怀特创建了一个非常有价值的解决方案，当被纳入统计工具包时，它就从最初的论文中被提炼出来了。

生。如果我们可以保证这些不可观测因素在班级间独立，但是在班级内的每个学生之间则彼此相关，那么我们就需要对标准误进行聚类。在我们探究具体例子之前，我想先用一个模拟来说明这个问题。

作为这一模拟的基准，让我们首先来模拟非聚类数据，并分析其最小二乘估计值。这将帮助我们更好地理解对数据进行聚类最小二乘估计时出现的问题。[①]

正如我们在图 2 - 5 中所看到的，最小二乘估计值围绕在其真实总体参数周围。

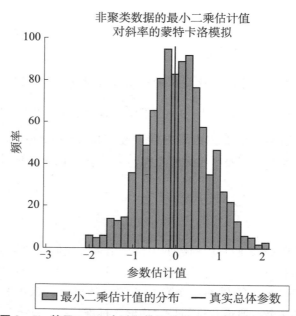

图 2 - 5　基于 1 000 次随机抽取的最小二乘估计量的分布

设置一个 5% 的显著性水平，即在我们的模拟中，我们会有 5% 的可能性错误地拒绝原假设 $\beta_1 = 0$。让我们检查一下置信区间。从图 2 - 6 中可以看出，大约有 95% 的 95% 置信区间中包含了 $\beta_1 = 0$ 这个真实值。换句话说，这意味着我们有大约 5% 的可能性不正确地拒绝了原假设。

但是，当我们对**聚类**（clustered）数据使用最小二乘法时，会发生什么呢？为了看到这一点，在给定的观测值聚类中，让我们重新模拟那些不再是独立抽取的观测数据。

———————————

① 　向本·奇德米（Ben Chidmi）致敬，他为在 Stata 中创建这个模拟提供了帮助。

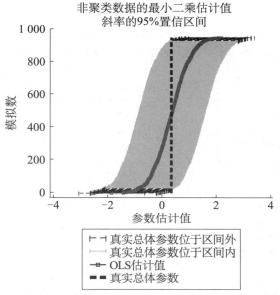

图 2 - 6　95％置信区间（阴影部分）表明了错误地拒绝原假设的情况

STATA

cluster1.do

```
1    clear all
2    set seed 20140
3    * Set the number of simulations
4    local n_sims  = 1000
5    set obs `n_sims'
6
7    * Create the variables that will contain the results of each simulation
8    generate beta_0 = .
9    generate beta_0_l = .
10   generate beta_0_u = .
11   generate beta_1 = .
12   generate beta_1_l = .
13   generate beta_1_u = .
14
15
16   * Provide the true population parameters
17   local beta_0_true = 0.4
18   local beta_1_true = 0
19   local rho = 0.5
```

78

(continued)

STATA *(continued)*

```
20
21     * Run the linear regression 1000 times and save the parameters beta_0 and
   ↪   beta_1
22     quietly {
23         forvalues i = 1(1) `n_sims' {
24             preserve
25             clear
26             set obs 100
27             generate x = rnormal(0,1)
28             generate e = rnormal(0, sqrt(1 - `rho'))
29             generate y = `beta_0_true' + `beta_1_true'*x + e
30             regress y x
31             local b0 = _b[_cons]
32             local b1 = _b[x]
33             local df = e(df_r)
34             local critical_value = invt(`df', 0.975)
35             restore
36             replace beta_0 = `b0' in `i'
37             replace beta_0_l = beta_0 - `critical_value'*_se[_cons]
38             replace beta_0_u = beta_0 + `critical_value'*_se[_cons]
39             replace beta_1 = `b1' in `i'
40             replace beta_1_l = beta_1 - `critical_value'*_se[x]
41             replace beta_1_u = beta_1 + `critical_value'*_se[x]
42
43         }
44     }
45     gen false = (beta_1_l > 0 )
46     replace false = 2 if beta_1_u < 0
47     replace false = 3 if false == 0
48     tab false
49
50     * Plot the parameter estimate
51     hist beta_1, frequency addplot(pci 0 0 100 0) title("Least squares estimates of
   ↪   non-clustered data") subtitle(" Monte Carlo simulation of the slope")
   ↪   legend(label(1 "Distribution of least squares estimates") label(2 "True
   ↪   population parameter")) xtitle("Parameter estimate")
52
53     sort beta_1
54     gen int sim_ID = _n
55     gen beta_1_True = 0
56     * Plot of the Confidence Interval
```

(continued)

STATA *(continued)*
57 twoway rcap beta_1_l beta_1_u sim_ID if beta_1_l > 0	beta_1_u < 0 , horizontal
↪   lcolor(pink) || || ///
58 rcap beta_1_l beta_1_u sim_ID if beta_1_l < 0 & beta_1_u > 0 , horizontal ysc(r(0))
↪ || || ///
59 connected sim_ID beta_1 || || ///
60 line sim_ID beta_1_True, lpattern(dash) lcolor(black) lwidth(1) ///
61 title("Least squares estimates of non-clustered data") subtitle(" 95% Confidence
↪   interval of the slope") ///
62 legend(label(1 "Missed") label(2 "Hit") label(3 "OLS estimates") label(4 "True
↪   population parameter")) xtitle("Parameter estimates") ///
63 ytitle("Simulation")

R
cluster1.R

80

```
1   #- Analysis of Clustered Data
2   #- Courtesy of Dr. Yuki Yanai,
3   #- http://yukiyanai.github.io/teaching/rm1/contents/R/clustered-data-
    ↪    analysis.html
4
5   library('arm')
6   library('mvtnorm')
7   library('lme4')
8   library('multiwayvcov')
9   library('clusterSEs')
10  library('ggplot2')
11  library('dplyr')
12  library('haven')
13
14  gen_cluster <- function(param = c(.1, .5), n = 1000, n_cluster = 50, rho = .5) {
15      # Function to generate clustered data
16      # Required package: mvtnorm
17
18      # individual level
19      Sigma_i <- matrix(c(1, 0, 0, 1 - rho), ncol = 2)
20      values_i <- rmvnorm(n = n, sigma = Sigma_i)
21
22      # cluster level
```

(continued)

R *(continued)*

```
23    cluster_name <- rep(1:n_cluster, each = n / n_cluster)
24    Sigma_cl <- matrix(c(1, 0, 0, rho), ncol = 2)
25    values_cl <- rmvnorm(n = n_cluster, sigma = Sigma_cl)
26
27    # predictor var consists of individual- and cluster-level components
28    x <- values_i[ , 1] + rep(values_cl[ , 1], each = n / n_cluster)
29
30    # error consists of individual- and cluster-level components
31    error <- values_i[ , 2] + rep(values_cl[ , 2], each = n / n_cluster)
32
33    # data generating process
34    y <- param[1] + param[2]*x + error
35
36    df <- data.frame(x, y, cluster = cluster_name)
37    return(df)
38  }
39
40    # Simulate a dataset with clusters and fit OLS
41    # Calculate cluster-robust SE when cluster_robust = TRUE
42    cluster_sim <- function(param = c(.1, .5), n = 1000, n_cluster = 50,
43                rho = .5, cluster_robust = FALSE) {
44    # Required packages: mvtnorm, multiwayvcov
45    df <- gen_cluster(param = param, n = n , n_cluster = n_cluster, rho = rho)
46    fit <- lm(y ~ x, data = df)
47    b1 <- coef(fit)[2]
48    if (!cluster_robust) {
49      Sigma <- vcov(fit)
50      se <- sqrt(diag(Sigma)[2])
51      b1_ci95 <- confint(fit)[2, ]
52    } else { # cluster-robust SE
53      Sigma <- cluster.vcov(fit, ~ cluster)
54      se <- sqrt(diag(Sigma)[2])
55      t_critical <- qt(.025, df = n - 2, lower.tail = FALSE)
56      lower <- b1 - t_critical*se
57      upper <- b1 + t_critical*se
58      b1_ci95 <- c(lower, upper)
59    }
60    return(c(b1, se, b1_ci95))
```

81

(continued)

R *(continued)*

```
61  }
62
63  # Function to iterate the simulation. A data frame is returned.
64  run_cluster_sim <- function(n_sims = 1000, param = c(.1, .5), n = 1000,
65                    n_cluster = 50, rho = .5, cluster_robust = FALSE) {
66    # Required packages: mvtnorm, multiwayvcov, dplyr
67    df <- replicate(n_sims, cluster_sim(param = param, n = n, rho = rho,
68                        n_cluster = n_cluster,
69                        cluster_robust = cluster_robust))
70    df <- as.data.frame(t(df))
71    names(df) <- c('b1', 'se_b1', 'ci95_lower', 'ci95_upper')
72    df <- df %>%
73      mutate(id = 1:n(),
74          param_caught = ci95_lower <= param[2] & ci95_upper >= param[2])
75    return(df)
76  }
77
78  # Distribution of the estimator and confidence intervals
79  sim_params <- c(.4, 0)   # beta1 = 0: no effect of x on y
80  sim_nocluster <- run_cluster_sim(n_sims = 10000, param = sim_params, rho = 0)
81  hist_nocluster <- ggplot(sim_nocluster, aes(b1)) +
82    geom_histogram(color = 'black') +
83    geom_vline(xintercept = sim_params[2], color = 'red')
84  print(hist_nocluster)
85
86  ci95_nocluster <- ggplot(sample_n(sim_nocluster, 100),
87            aes(x = reorder(id, b1), y = b1,
88              ymin = ci95_lower, ymax = ci95_upper,
89              color = param_caught)) +
90    geom_hline(yintercept = sim_params[2], linetype = 'dashed') +
91    geom_pointrange() +
92    labs(x = 'sim ID', y = 'b1', title = 'Randomly Chosen 100 95% CIs') +
93    scale_color_discrete(name = 'True param value', labels = c('missed', 'hit')) +
94    coord_flip()
95  print(ci95_nocluster)
96
97  sim_nocluster %>% summarize(type1_error = 1 - sum(param_caught)/n())
98
99
```

82

84

STATA
cluster2.do

```
1    clear all
2    set seed 20140
3    local n_sims = 1000
4    set obs `n_sims'
5
6    * Create the variables that will contain the results of each simulation
7    generate beta_0 = .
8    generate beta_0_l = .
9    generate beta_0_u = .
10   generate beta_1 = .
11   generate beta_1_l = .
12   generate beta_1_u = .
13
14
15   * Provide the true population parameters
16   local beta_0_true = 0.4
17   local beta_1_true = 0
18   local rho = 0.5
19
20   * Simulate a linear regression. Clustered data (x and e are clustered)
21
22
23   quietly {
24   forvalues i = 1(1) `n_sims' {
25       preserve
26       clear
27       set obs 50
28
29       * Generate cluster level data: clustered x and e
30       generate int cluster_ID = _n
31       generate x_cluster = rnormal(0,1)
32       generate e_cluster = rnormal(0, sqrt(`rho'))
33       expand 20
34       bysort cluster_ID : gen int ind_in_clusterID = _n
35
```

(continued)

STATA *(continued)*

```
36      * Generate individual level data
37      generate x_individual = rnormal(0,1)
38      generate e_individual = rnormal(0,sqrt(1 - `rho'))
39
40      * Generate x and e
41      generate x = x_individual + x_cluster
42      generate e = e_individual + e_cluster
43      generate y = `beta_0_true' + `beta_1_true'*x + e
44
45  * Least Squares Estimates
46      regress y x
47      local b0 = _b[_cons]
48      local b1 = _b[x]
49      local df = e(df_r)
50      local critical_value = invt(`df', 0.975)
51      * Save the results
52      restore
53      replace beta_0 = `b0' in `i'
54      replace beta_0_l = beta_0 - `critical_value'*_se[_cons]
55      replace beta_0_u = beta_0 + `critical_value'*_se[_cons]
56      replace beta_1 = `b1' in `i'
57      replace beta_1_l = beta_1 - `critical_value'*_se[x]
58      replace beta_1_u = beta_1 + `critical_value'*_se[x]
59  }
60  }
61
62  gen false = (beta_1_l > 0 )
63  replace false = 2 if beta_1_u < 0
64  replace false = 3 if false == 0
65  tab false
66
67  * Plot the parameter estimate
68  hist beta_1, frequency addplot(pci 0 0 100 0) title("Least squares estimates of
    ↪    clustered Data") subtitle(" Monte Carlo simulation of the slope")
    ↪    legend(label(1 "Distribution of least squares estimates") label(2 "True
    ↪    population parameter")) xtitle("Parameter estimate")
69
```

86

R
cluster2.R

```
1   #- Analysis of Clustered Data - part 2
2   #- Courtesy of Dr. Yuki Yanai,
3   #- http://yukiyanai.github.io/teaching/rm1/contents/R/clustered-data-
        ↪ analysis.html
4
5   library('arm')
6   library('mvtnorm')
7   library('lme4')
8   library('multiwayvcov')
9   library('clusterSEs')
10  library('ggplot2')
11  library('dplyr')
12  library('haven')
13
14  #Data with clusters
15  sim_params <- c(.4, 0)   # beta1 = 0: no effect of x on y
16  sim_cluster_ols <- run_cluster_sim(n_sims = 10000, param = sim_params)
17  hist_cluster_ols <- hist_nocluster %+% sim_cluster_ols
18  print(hist_cluster_ols)
```

如图 2-7 所示，当数据进行聚类时，最小二乘估计值的分布比在没有这样做时要窄。为了更清楚地了解这一点，我们可以再看一遍置信区间的分布。

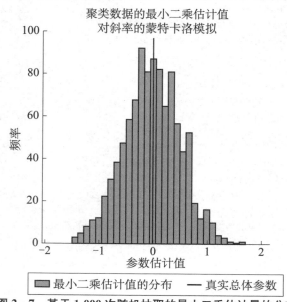

图 2-7 基于 1 000 次随机抽取的最小二乘估计量的分布

STATA
cluster3.do

87

```
1   sort beta_1
2   gen int sim_ID = _n
3   gen beta_1_True = 0
4
5   * Plot of the Confidence Interval
6   twoway rcap beta_1_l beta_1_u sim_ID if beta_1_l > 0 | beta_1_u < 0 , horizontal
    ↪   lcolor(pink) || || ///
7   rcap beta_1_l beta_1_u sim_ID if beta_1_l < 0 & beta_1_u > 0 , horizontal ysc(r(0))
    ↪   || || ///
8   connected sim_ID beta_1 || || ///
9   line sim_ID beta_1_True, lpattern(dash) lcolor(black) lwidth(1) ///
10  title("Least squares estimates of clustered data") subtitle(" 95% Confidence
    ↪   interval of the slope") ///
11  legend(label(1 "Missed") label(2 "Hit") label(3 "OLS estimates") label(4 "True
    ↪   population parameter")) xtitle("Parameter estimates") ///
12  ytitle("Simulation")
13
```

R
cluster3.R

```
1   #- Analysis of Clustered Data - part 3
2   #- Courtesy of Dr. Yuki Yanai,
3   #- http://yukiyanai.github.io/teaching/rm1/contents/R/clustered-data-
    ↪   analysis.html
4
5   library('arm')
6   library('mvtnorm')
7   library('lme4')
8   library('multiwayvcov')
9   library('clusterSEs')
10  library('ggplot2')
11  library('dplyr')
12  library('haven')
13
14  #Confidence interval
15  ci95_cluster_ols <- ci95_nocluster %+% sample_n(sim_cluster_ols, 100)
16  print(ci95_cluster_ols)
17
18  sim_cluster_ols %>% summarize(type1_error = 1 - sum(param_caught)/n())
```

图 2-8 给出了最小二乘估计值的 95% 置信区间的分布。可以看出，当数据存在聚类时，有更多的估计值错误地拒绝了原假设。估计量的标准差在聚类数据下会缩小，这导致我们会经常错误地拒绝原假设。那么我们该怎么办呢？

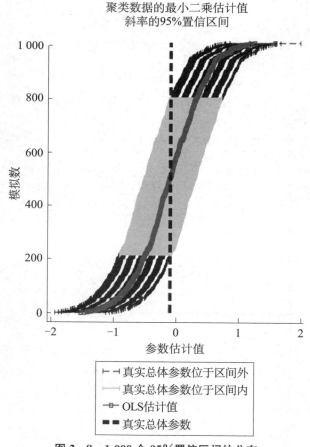

图 2-8 1 000 个 95% 置信区间的分布

说明：图中深色区域表示那些错误地拒绝了原假设的估计值。

STATA
cluster4.do

```
1    * Robust Estimates
2    clear all
```

(continued)

STATA *(continued)*

```
3    local n_sims = 1000
4    set obs `n_sims'
5
6    * Create the variables that will contain the results of each simulation
7    generate beta_0_robust = .
8    generate beta_0_l_robust = .
9    generate beta_0_u_robust = .
10   generate beta_1_robust = .
11   generate beta_1_l_robust = .
12   generate beta_1_u_robust = .
13
14   * Provide the true population parameters
15   local beta_0_true = 0.4
16   local beta_1_true = 0
17   local rho = 0.5
18
19   quietly {
20   forvalues i = 1(1) `n_sims' {
21       preserve
22       clear
23       set obs 50
24
25       * Generate cluster level data: clustered x and e
26       generate int cluster_ID = _n
27       generate x_cluster = rnormal(0,1)
28       generate e_cluster = rnormal(0, sqrt(`rho'))
29       expand 20
30       bysort cluster_ID : gen int ind_in_clusterID = _n
31
32       * Generate individual level data
33       generate x_individual = rnormal(0,1)
34       generate e_individual = rnormal(0,sqrt(1 - `rho'))
35
36   * Robust Estimates
37   clear all
38   local n_sims = 1000
39   set obs `n_sims'
40
41   * Create the variables that will contain the results of each simulation
42   generate beta_0_robust = .
43   generate beta_0_l_robust = .
```

(continued)

89

STATA *(continued)*

```
44   generate beta_0_u_robust = .
45   generate beta_1_robust = .
46   generate beta_1_l_robust = .
47   generate beta_1_u_robust = .
48
49   * Provide the true population parameters
50   local beta_0_true = 0.4
51   local beta_1_true = 0
52   local rho = 0.5
53
54   quietly {
55   forvalues i = 1(1) `n_sims' {
56       preserve
57       clear
58       set obs 50
59
60       * Generate cluster level data: clustered x and e
61       generate int cluster_ID = _n
62       generate x_cluster = rnormal(0,1)
63       generate e_cluster = rnormal(0, sqrt(`rho'))
64       expand 20
65       bysort cluster_ID : gen int ind_in_clusterID = _n
66
67       * Generate individual level data
68       generate x_individual = rnormal(0,1)
69       generate e_individual = rnormal(0,sqrt(1 - `rho'))
70
71       * Generate x and e
72       generate x = x_individual + x_cluster
73       generate e = e_individual + e_cluster
74       generate y = `beta_0_true' + `beta_1_true'*x + e
75       regress y x, cl(cluster_ID)
76       local b0_robust = _b[_cons]
77       local b1_robust = _b[x]
78       local df = e(df_r)
79       local critical_value = invt(`df', 0.975)
80       * Save the results
81       restore
```

90

(continued)

STATA *(continued)*

```
82    replace beta_0_robust = `b0_robust' in `i'
83    replace beta_0_l_robust = beta_0_robust - `critical_value'*_se[_cons]
84    replace beta_0_u_robust = beta_0_robust + `critical_value'*_se[_cons]
85    replace beta_1_robust = `b1_robust' in `i'
86    replace beta_1_l_robust = beta_1_robust - `critical_value'*_se[x]
87    replace beta_1_u_robust = beta_1_robust + `critical_value'*_se[x]
88
89    }
90    }
91
92    * Plot the histogram of the parameters estimates of the robust least squares
93    gen false = (beta_1_l_robust > 0 )
94    replace false = 2 if beta_1_u_robust < 0
95    replace false = 3 if false == 0
96    tab false
97
98    * Plot the parameter estimate
99    hist beta_1_robust, frequency addplot(pci 0 0 110 0) title("Robust least
      ↪   squares estimates of clustered data") subtitle(" Monte Carlo simulation of
      ↪   the slope") legend(label(1 "Distribution of robust least squares
      ↪   estimates") label(2 "True population parameter")) xtitle("Parameter
      ↪   estimate")
100
101   sort beta_1_robust
102   gen int sim_ID = _n
103   gen beta_1_True = 0
104
105   * Plot of the Confidence Interval
106   twoway rcap beta_1_l_robust beta_1_u_robust sim_ID if beta_1_l_robust > 0 |
      ↪   beta_1_u_robust < 0, horizontal lcolor(pink) || || rcap beta_1_l_robust
      ↪   beta_1_u_robust sim_ID if beta_1_l_robust < 0 & beta_1_u_robust > 0 ,
      ↪   horizontal ysc(r(0)) || || connected sim_ID beta_1_robust || || line sim_ID
      ↪   beta_1_True, lpattern(dash) lcolor(black) lwidth(1) title("Robust least
      ↪   squares estimates of clustered data") subtitle(" 95% Confidence interval
      ↪   of the slope") legend(label(1 "Missed") label(2 "Hit") label(3 "Robust
      ↪   estimates") label(4 "True population parameter")) xtitle("Parameter
      ↪   estimates") ytitle("Simulation")
```

91

92

R
cluster4.R

```
1   #- Analysis of Clustered Data - part 4
2   #- Courtesy of Dr. Yuki Yanai,
3   #- http://yukiyanai.github.io/teaching/rm1/contents/R/clustered-data-
    ↪   analysis.html
4
5   library('arm')
6   library('mvtnorm')
7   library('lme4')
8   library('multiwayvcov')
9   library('clusterSEs')
10  library('ggplot2')
11  library('dplyr')
12  library('haven')
13
14  #clustered robust
15  sim_params <- c(.4, 0)   # beta1 = 0: no effect of x on y
16  sim_cluster_robust <- run_cluster_sim(n_sims = 10000, param = sim_params,
17                    cluster_robust = TRUE)
18
19  hist_cluster_robust <- hist_nocluster %+% sim_cluster_ols
20  print(hist_cluster_robust)
21
22  #Confidence Intervals
23  ci95_cluster_robust <- ci95_nocluster %+% sample_n(sim_cluster_robust, 100)
24  print(ci95_cluster_robust)
25
26  sim_cluster_robust %>% summarize(type1_error = 1 - sum(param_caught)/n())
```

    在现在这个情况下，请注意我们在回归命令中包含了"cluster（cluster_lD）"语法。在我们深入探究这个语法的作用之前，让我们先看看置信区间是如何变化的。图 2-9 中给出了 95％置信区间的分布，其中深色区域代表那些错误地拒绝了原假设的估计值。现在，当存在误差在某个聚类内相关的观测值时，我们发现使用最小二乘法估计模型会使我们返回到第Ⅰ类错误显著降低的情况中。

93   这就引出了一个很自然的问题：估计量方差的调整是如何使第Ⅰ类错误减少这么多的？不管这一方法在做什么，它看起来确实可行！让我们通过一个例子来深入了解这种调整。考虑以下模型：

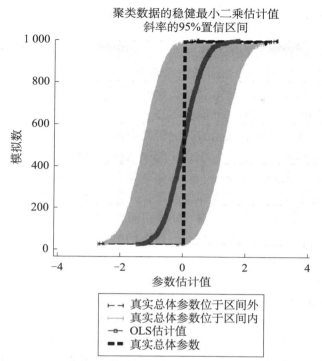

图 2 - 9 基于聚类稳健最小二乘回归的 1 000 个 95% 置信区间的分布
资料来源：图中虚线区域表示那些错误地拒绝了原假设的估计值。

$$y_{ig} = x_{ig}'\beta + u_{ig} \quad 其中\ g \in 1, \cdots, G$$

和

$$E[u_{ig}u_{jg'}']$$

其中，如果 $g=g'$，则 $E(u_{ig}u_{jg'}')=0$；如果 $g \neq g'$，则 $E(u_{ig}u_{jg'}')=\sigma_{(ij)g}$。

首先，让我们基于聚类堆栈（stack）数据。

$$y_g = x_g'\beta + u_g$$

OLS 估计量仍然是 $\hat{\beta}=E[X'X]^{-1}X'Y$。我们只是堆栈了数据，这不会影响估计量本身。但它确实改变了方差。

$$V(\beta) = E[[X'X]^{-1}X'\Omega X[X'X]^{-1}]$$

有了这个想法，我们现在可以将聚类数据的方差—协方差矩阵写为：

94

$$\hat{V}(\hat{\beta}) = [X'X]^{-1} \Big[\sum_{i=1}^{G} x'_g \hat{u}_g \hat{u}'_g \Big] [X'X]^{-1}$$

首先，考虑到聚类数据的普遍性，在应用研究中对数据进行聚类调整是非常常见的。这对于处在面板数据或重复的交叉截面（如双重差分设计）数据下的工作来说，是绝对有必要的。但同时，它对实验设计也非常重要，因为相比微观个体，干预通常都会施加于某些更高的聚合层级。然而，在现实世界中，你永远无法假定误差满足独立同分布。你首先需要知道变量是如何构造的，以便为计算标准误选择正确的误差结构。如果你掌握了聚合变量，例如班级规模，那么你需要在那个层级上进行聚类。如果某些干预发生在州一级，那么你将需要在州这一级别上进行聚类。有大量的文献着眼于更复杂的误差结构，如多路聚类［Cameron et al.，2011］。

然而，即使是作为标准误基础的样本的概念也可能正在发生变化。研究人员使用随机样本的情况越来越少；他们更有可能使用包含总体本身的行政管理数据，因此，抽样不确定性的概念就会变得牵强起来。[①] 例如，Manski 和 Pepper ［2018］写道："当以州或县作为观测单位时，随机抽样假设……很不自然（natural）。"尽管诸如超级总体（superpopulation）这类比喻可能有助于扩展这些经典的不确定性概念，但数码化（digitized）的行政管理数据集的普遍存在，已经使经济学家和统计学家在以其他方式思考不确定性。

Abadie 等 ［2020］的新研究探讨了标准误中基于抽样的概念可能不再是思考因果推断中不确定性［或者被称为基于设计的不确定性（design-based uncertainty）］的正确方式。这个研究探讨的内容在许多方面预示了下面两章的内容，因为它直接涉及了反事实的概念。基于设计的不确定性是对在某些干预发生了变化的反事实中，不知道会出现什么结果的一种反映。Abadie 等 ［2020］得出了基于设计的不确定性，而不是基于抽样的不确定性的标准误。幸运的是，这些标准误通常更小。

现在，让我们进入在应用研究中用到的因果关系的基本概念这一领域，并尝试发展工具来理解反事实和因果关系是如何共同发挥作用的。

---

① 通常在这样的情况下，我们会引入超级总体这一概念，即观测到的总体本身只是从某些"超级"总体中抽样得来的。

第三章

有向无环图

每天都在下雨，所以痛苦每天都被忽略，但生活是一个由原因和结果组成的链条，我敢肯定，无知才是罪魁祸首。

——Jay-Z

图形因果建模的历史可以追溯到 20 世纪初，现代遗传学的创始人之—、经济学家菲利普·赖特的儿子斯沃尔·赖特。斯沃尔为遗传学开发出了路径图，与此同时，人们认为菲利普将其用在了计量经济学中的识别问题上［Matsueda，2012］。[①]

然而，尽管有这样一个充满希望的开端，但使用图形建模进行因果推断仍然在很大程度上被经济学专业忽视了，只有少数例外［Heckman and Pinto，2015；Imbens，2019］。当计算机学家、图灵奖得主朱迪亚·珀尔

① 在工具变量一章，我们将再次讨论赖特父子。他们是一对有趣的父子。

在人工智能方面的研究中采用了这种方法后，以因果推断为目的的图形建模才得到了复兴。他在他的著作中阐释了这一方法，把它作为因果推断的一般理论，并说明了他的有向图表示法（directed graph notation）的用处[Pearl，2009]。由于图形模型对于设计可信的识别策略非常有帮助，所以我将其涵盖进来供大家学习和思考。我们来回顾一下珀尔对因果推断理论的贡献之一——图形模型。[①]

有向无环图表示法的介绍

使用有向无环图（directed acyclic graphical，DAG）表示法，需要一些预先的声明。首先，要注意的是，在 DAG 表示法中，因果关系是单向的。具体地说，它永远随着时间的推移而前进。在 DAG 中没有循环。要显示逆向因果关系，我们需要创建很多个节点，而且很可能使用被时间标示分隔的同一节点的两个版本。其次，类似地，联立性（simultaneity）（例如在供需模型中）也无法直接适用于 DAG [Heckman and Pinto，2015]。为了处理联立性或逆向因果关系，本书建议你针对这一问题采用与本章中所介绍的不同的方法。最后，DAG 可以用反事实来解释因果关系。这是说，因果效应被定义为世界上两种状态之间的比较——一种是当干预取某些值时实际发生的状态，另一种是在干预的其他值下没有发生（"反事实"）的状态。

我们可以把 DAG 看作是因果效应链的图形表示。因果效应本身基于一些潜在的、未观测到的结构化过程，有些经济学家称之为行为方程组的均衡值，而行为方程组本身就是这个世界的一个模型。所有这些都可以使用图形表示法（如节点和箭头）有效地获得。节点代表随机变量，假设这些随机变量是由某些数据生成过程创建的。[②] 箭头表示两个随机变量按照箭头的直接方向移动的因果效应。箭头的方向表示因果关系的方向。

因果效应可以通过两种方式发生。它们可以是直接的（例如 $D \rightarrow Y$），也可以由第三个变量介导（mediated）（例如 $D \rightarrow X \rightarrow Y$）。当它们通过第三个变量介导时，我们就得到了一系列起源于 D 的事件，这些事件对你来说

---

① 如果你觉得这个模型有趣，我强烈推荐你阅读 Morgan 和 Winship [2014]，这是一本关于因果推断的在各个方面，尤其是在图形模型方面，都很优秀的著作。

② 但是，请忽略其中的一些细节，因为它们的存在（通常只是从误差项指向变量的箭头）会不必要地使图表变得混乱。

可能重要，也可能不重要，这取决于你要问的问题。

DAG 用来描述所有与 D 对 Y 的影响相关的因果关系。使 DAG 与众不同的是，它不仅明确地保证了因果效应路径，而且也完整地保证了可以通过缺失箭头表示缺少因果路径。换句话说，DAG 将既包含连接变量的箭头，又包含排除箭头的选择。而缺少箭头必然意味着你认为在数据中不存在这样的关系——这是你可以持有的最坚定的信念之一。一个完整的 DAG 将会呈现图中变量之间的所有直接因果效应，以及图中任意一对变量的所有共同原因。

在这一点上，你可能想知道 DAG 从何而来。这是一个很好的问题，可能也正是真正问题之所在。DAG 被认定是关于你正在研究的现象知识的理论表征，这种知识处于艺术和直觉的界域之内。专家会说它是这件事情本身，而这些专家的意见有各种各样的来源。经济理论、其他的科学模型、与专家的交流对话、你自己的观察和经验、文献综述以及你自己的直觉和假设，都是这样的例子。

我在这本书里之所以涵盖这些知识，是因为我发现，DAG 对于理解先验知识在确定因果效应中所起的关键作用方面非常有帮助。但还有其他原因。第一，如果只是因为"一图胜千言"的话，我发现 DAG 对于沟通研究设计和估计量非常有帮助。根据我的经验，对于工具变量来说尤其如此，它们有一个非常直观的 DAG 表征。第二，通过后门准则（backdoor criterion）和对撞因子偏差（collider bias）等概念，良好设计的 DAG 可以帮助你开发出一个可信的研究设计，以确定某些干预的因果效应。第三，我还认为 DAG 为各种经验主义学派（如结构派和约简派）之间提供了一座桥梁。第四，DAG 强调了一个观点，即假设条件对于所有因果效应的识别都是必要的，这也是经济学家们多年来一直在研究的问题［Wolpin, 2013］。 99

一个简单的 DAG（a simple DAG）。让我们从一个简单的 DAG 开始，来阐述一些基本的思想。稍后我将对其进行扩展，以构建稍微复杂一些的 DAG。

在这个 DAG 中，我们可以看到三个随机变量：X，D 和 Y。从 D 到 Y 有一条直接**路径**，这代表了一个因果效应。这条路径用 $D \rightarrow Y$ 表示。但从

D 到 Y 还有第二条路径,我们称之为**后门路径**(backdoor path)。后门路径为 $D \leftarrow X \rightarrow Y$。虽然直接路径是因果效应,但后门路径不是因果效应。相反,它是一个仅由随机变量 X 的变动驱动的、在 D 和 Y 之间产生虚假相关性的过程。

我们能从 DAG 中学到的最重要的东西就是后门路径的思想。它类似于遗漏变量偏差的概念,因为它代表了一个可以同时决定结果和处理变量的变量。就像在回归中不控制这样的变量会产生遗漏变量偏差一样,保持后门打开也会产生偏差。后门路径是 $D \leftarrow X \rightarrow Y$。因此,我们称 X 为**混杂因子**(confounder),因为它同时决定了 D 和 Y,所以在简单比较中,它混淆了我们辨别 D 对 Y 影响的能力。

可以认为后门路径是这样的:因为 D 导致 Y,所以当 D 取不同的值时,Y 也会取不同的值。但有时是因为 X 取不同的值,所以 D 和 Y 才会取不同的值,D 和 Y 这一部分的相关性就完全是虚假的。存在的两个因果路径都包含在 D 和 Y 之间的相关性中。

让我们来看看第二个 DAG,它与第一个 DAG 略有不同。在前面的例子中,X 可以被观测到。我们知道,它能被观测到的原因是从 X 到 D 和 Y 的直边(direct edge)都是实线。但有时会存在一个无法被观测到的混杂因子,这时,我们用虚线表示它的直边。考虑如下 DAG:

与之前一样,U 是沿着后门路径从 D 到 Y 的非对撞点(noncollider),但与之前不同的是,研究人员观测不到 U。它存在,但是可能从数据集中丢失了。在这种情况下,从 D 到 Y 有两条路径,一条是直接路径表示的因果效应,即 $D \rightarrow Y$,另一条是后门路径,即 $D \leftarrow U \rightarrow Y$。因为 U 是不能被观测到的,所以后门路径是**打开的**(open)。

现在让我们来看另一个更现实的例子。劳动经济学中的一个经典问题是大学教育是否会增加收入。根据 Becker 的人力资本模型〔Becker, 1994〕,教育增加了一个人的边际产出,因为工人在竞争性市场上根据他们的边际产出得到报酬,所以教育也增加了他们的收入。但是大学教育并不是随机的;它是根据个人的主观偏好和资源约束进行的最优选择。我们用下面的 DAG 表示这一情况。一如既往,设 D 为处理(例如,大学教育),而 Y 为感兴趣的结果(例如,收入)。此外,PE 为父母的受教育程度，I 为家庭收入，B 为观测不到的背景因素，如基因、家庭环境、智力等。

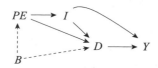

这个 DAG 讲了一个故事。我喜欢 DAG 的一点就是它会邀请所有人一起听故事。以下是我对这个故事的解读。每个人都有一些背景。几乎所有数据集中都不会包含这些内容，它衡量的是诸如智力、争议性、情绪稳定性、积极性、家庭动态以及其他环境因素——因此，它在图中是无法被观测到的。而这些环境因素很可能在父母与孩子之间相关，因此其被纳入了变量 B。

背景使孩子的父母选择了自己已有条件下最优的教育水平，而这种选择也通过多种渠道使孩子选择了他们自己的教育水平。第一是共同的背景因素 B。这些背景因素会导致孩子选择某个教育水平，就像他的父母一样。第二，还有一种直接的影响，可能是通过简单地塑造成就期望或设定期望（一种同群效应）来达成。第三，父母的教育水平对家庭收入 I 有影响，这反过来又会影响孩子能够接受多少学校教育。正如对孩子生产力的外部投资一样，家庭收入本身还可能会通过遗产以及其他转移形式影响孩子的未来收入。

这是一个讲起来很简单的故事，DAG 也讲得很好，但我想提醒大家注意这个 DAG 中包含的一些微妙之处。这个 DAG 实际上在讲两个故事。它讲述了正在发生什么，也讲述了没有发生什么。例如，可以注意到 B 除了通过影响学校教育程度外，对孩子的收入没有直接的影响。但这现实吗？长期以来，经济学家们一直认为，如果智力和进取心能够影响职业生涯，那么，未被观测到的能力不仅可以决定孩子的受教育程度，而且也会直接影响孩子未来的收入。但在这个 DAG 中，背景和收入之间没有关系，这本身就是一个**假设**（assumption）。如果你认为背景因素既会影响学校教育，也会影响孩子自身的生产力（生产力本身就会影响工资），那么你大可对这种假设提出质疑。所以你是否认为应该画一个从 B 到 Y 的箭头呢？当然你可以画一个，然后重新写出所有 D 和 Y 之间的后门路径。

现在有了 DAG 之后，我们该做些什么呢？我喜欢列出 D 和 Y 之间所有的直接和间接路径（即后门路径）。一旦知道了所有这些，我就能更好地意识到我的问题在哪里。所以有：

1. $D \rightarrow Y$（教育对收入的因果效应）

2. $D \leftarrow I \rightarrow Y$（后门路径 1）

3. $D \leftarrow PE \rightarrow I \rightarrow Y$（后门路径 2）

4. $D \leftarrow B \rightarrow PE \rightarrow I \rightarrow Y$（后门路径 3）

所以在 D 和 Y 之间有四条路径：一条直接的因果效应路径（如果我们想知道教育的回报，这可以说是很重要的一条）和三条后门路径。因为沿着后门路径的变量都不是对撞因子，所以每条后门路径都是打开的。然而，打开的后门路径也伴随着问题，那就是它们在 D 和 Y 之间产生了系统且独立的相关性。换句话说，存在打开的后门路径，使得在比较受教育程度高和受教育程度较低的员工时引入了偏差。

对撞（colliding）。但这个对撞因子是什么？这是一个不同寻常的术语，你可能从未见过，所以让我们用另一个例子来介绍它。因为对撞因子是一个很容易看到，但需要用稍微复杂一点的现象来解释的东西，所以我将用一个简单的 DAG 形象地展示什么是对撞因子。在新的 DAG 中，请仔细注意箭头的方向，它们已经发生了变化。

和前面一样，我们列出从 D 到 Y 的所有路径：

1. $D \rightarrow Y$（D 到 Y 的因果效应）

2. $D \rightarrow X \leftarrow Y$（后门路径 1）

像上个例子一样，这里从 D 到 Y 有两条路径。你可以选择从 D 到 Y 的直接（因果）路径，即 $D \rightarrow Y$，也可以选择后门路径，即 $D \rightarrow X \leftarrow Y$。但是请仔细观察，这个后门路径有些不同之处。这次的 X 有两个箭头指向它，而不是由它发出。当两个变量沿着某条路径导致出现了第三个变量时，我们称第三个变量为"对撞因子"。换句话说，因为 D 和 Y 的因果关系对撞于 X 处，所以 X 是沿着这条后门路径的对撞因子，但那又怎样？是什么让对撞因子如此特别？对撞因子之所以特别，部分是因为当它们在后门路径中出现时，后门路径就会因为它们的存在而**关闭**（close）。即，当对撞因子单独存在时，总是会关闭一条特定的后门路径。

后门准则（backdoor criterion）。我们比较关心打开的后门路径，因为

它们在感兴趣的因果变量和你要研究的结果之间创造了系统的且非因果的 *103*
相关性。在回归术语中，打开的后门路径引入了遗漏变量偏差，而且正如
你所知，偏差是如此严重，甚至可以完全颠倒符号。那么，我们的目标就
是关闭这些后门路径。如果我们可以关闭所有其他打开的后门路径，那么
我们就可以使用本书中讨论的某种研究设计和识别策略来分离 D 对 Y 的因
果效应。那么我们该如何关闭后门路径呢?

　　这里有两种方法可以关闭后门路径。第一种方法是，如果你需要面对
一个混杂因子，而且它已经创建了一条打开的后门路径，那么你可以通过
条件化（conditioning）* 混杂因子来关闭这条路径。通过使用子分类、匹
配、回归或其他方法，条件化需要保持这些变量固定。这相当于在回归中
"控制"（controlling for）变量。关闭后门路径的第二种方法是在后门路径
中呈现对撞因子。因为对撞因子总是会关闭后门路径，而条件化对撞因子
也总会打开后门路径，所以选择忽略对撞因子是你估计因果效应的整体策
略中的一部分。不对对撞因子进行条件化，你可以关闭后门路径，而这将
使你更接近于分离出某种因果效应这一更大的目标。

　　当所有的后门路径都关闭时，我们就说你已经提出了一个满足后门准
则的研究设计。如果你的设计满足了后门准则，那么你实际上就已经分离
出了某种因果效应。不过，且让我们对此做一个正式的表述:当且仅当一
组变量 X 阻断了每一条经过混杂因子，且含有从 D 到 Y 的箭头的路径时,
变量 X 就满足了后门准则。让我们回顾一下最初的 DAG，其中包括父母
受教育程度、背景和收入。

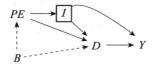

　　为达到后门准则，最必需的充分条件化策略是控制变量 I，因为 I 作
为非对撞因子出现在了每一条后门路径上（见上图）。从字面上看，这一 *104*
策略可能并不比运行下面的回归简单:

$$Y_i = \alpha + \delta D_i + \beta I_i + \epsilon_i$$

_____

* 这里"conditioning"有"控制"的意思，但为了和"controlling"相区分，我们姑且将其翻
译为"条件化"。——译者注

通过条件化变量 I，你对 $\hat{\delta}$ 的估计就有了一个因果解释。[①]

但也许当你听到这个故事，并通过查阅相关文献和经济理论来自己研究它时，你就对这个 DAG 持怀疑态度。也许从你看到我绘制的这个 DAG 的那一刻起你就感到困惑，因为你怀疑 B 和 Y 除了通过 D 或 PE 之外没有任何联系这一形式。这种怀疑使你相信从 B 到 Y 应该有**直接**（direct）的联系，而不仅仅是一种通过自己的教育程度介导的联系。

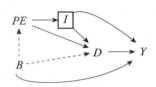

注意，引入这一新的后门路径带来了新的问题，因为我们的条件化策略无法再满足后门准则了。即使控制 I，由于后门路径 $D \leftarrow B \rightarrow Y$ 的存在，D 与 Y 之间仍然存在伪相关性。如果没有更多有关 $B \rightarrow Y$ 和 $B \rightarrow D$ 性质的信息，我们就无法更多地说明 D 和 Y 之间的部分相关性。我们也就无法再将回归中的 $\hat{\delta}$ 解释为 D 对 Y 的因果效应了。

更多对撞因子偏差的例子（more examples of collider bias）。条件化对撞因子很重要，所以我们要如何知道是否需要面对这个问题？没有数据集会直接标出"对撞因子"和"混杂因子"。相反，想知道你的研究设计是否满足后门准则的唯一方法是使用 DAG，而每一个 DAG 都依赖于一个模型。这需要深入了解 DAG 中变量的数据生成过程（data-generating process），但这也同样需要排除各种路径。而排除路径的唯一方法是依赖于逻辑和模型。所有的经验工作都需要理论来指导，这是无法避免的。否则，你又如何知道被你条件化的究竟是对撞因子还是非对撞因子？换句话说，如果不做假设，你就无法确定处理效应。

在我们早期的含有对撞因子偏差的 DAG 中，我们条件化了某个对撞因子 X——具体地说，它是 D 和 Y 的后代变量（descendent）。但这也是对撞因子的一个例子。通常，对撞因子会以非常微妙的方式进入系统。让我们考虑以下情景：和之前一样，设 D 和 Y 分别代表孩子的受教育程度和孩子的未来收入，但这次我们引入三个新变量——$U1$：父亲未被观测到的遗传能力；$U2$：母亲未被观测到的遗传能力；以及 I：家庭的全部收入。

---

① 后续章节将讨论其他的估计量，例如匹配（matching）。

假设 I 能被观测到，而 U_i 在双亲中都无法被观测到。

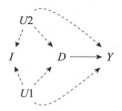

注意在这个 DAG 中，从 D 到 Y 存在若干个后门路径。分别如下：

1. $D \leftarrow U2 \rightarrow Y$
2. $D \leftarrow U1 \rightarrow Y$
3. $D \leftarrow U1 \rightarrow I \leftarrow U2 \rightarrow Y$
4. $D \leftarrow U2 \rightarrow I \leftarrow U1 \rightarrow Y$

注意，前两个是打开的后门路径，而且严格来说，它们无法被关闭，因为 U1 和 U2 是无法观测的。但如果我们控制了 I 呢？控制 I 只会让情况变得更糟，因为 I 是这些路径上的对撞因子，所以控制 I 会打开第三条和第四条后门路径。在这个 DAG 中，似乎没有**任何**条件化策略能够满足后门准则。任何试图控制 I 的策略实际上都会使事情变得更糟。对撞因子偏差一开始就是一个很难理解的概念，所以我举了几个例子来帮助你整理它。

歧视和对撞因子偏差（discrimination and collider bias）。让我们来看一个关于劳动力市场性别歧视问题的现实例子。人们经常听到这样的说法：一旦工作的职业或其他特征被条件化，两性间的工资差距就会缩小或消失。例如，批评人士曾声称，谷歌公司系统性地压低了给女性员工的薪酬。但谷歌回应称，其数据显示，如果考虑到"地点、任期、工作角色、水平和表现"，女性的薪酬与男性基本相同。换句话说，控制了工作特征，女性与男性获得的收入将是相同的。

但是，如果性别歧视造成性别间收入差异的一种方式就是职业分类呢？如果歧视是通过职业分类发生的，那么在控制职业特征后，简单地比较不同性别的工资很可能会低估市场上存在的歧视。让我用一个 DAG 来说明这一点，该 DAG 基于一个简单的含有未观测到的异质性的职业分类模型。

可以注意到实际上性别为女对收入没有影响：女性被认为与男性拥有相同的生产力。因此，如果我们能控制歧视，我们得到的系数就会像这个例子中一样是零，因为一开始女性和男性的生产力就是一样的。[1]

107   但在这个例子中，我们的兴趣不在于估计女性对收入的效应；我们真正感兴趣的是估计歧视本身的效应。现在你可以看到在歧视和收入之间有几条明显的路径。分别如下：

1. $D \to O \to Y$

2. $D \to O \gets A \to Y$

第一条路径不是后门路径。相反，这是一条在歧视对收入产生影响之前，通过职业来介导的路径。这意味着女性受到了歧视，而这又反过来影响了她们所从事的工作，由于从事的工作略差，女性的工资就会减少。第二条路径也与这一**渠道**有关，但稍微复杂一些。在这条路径上，未被观测到的能力会同时影响人们从事的工作和他们的收入。

让我们做一个 Y 对变量 D（歧视变量）的回归。这可以得到歧视的总效应，即歧视对收入的直接效应和通过职业分类的介导效应的加权总和。但是因为我们要比较男性和女性在类似工作中的差异，所以我们想要控制职业。在回归中对职业的控制关闭了介导渠道，但同时却打开了第二个渠道。为什么？因为 $D \to O \gets A \to Y$ 中存在一个对撞因子 O。所以当我们控制职业时，我们就打开了第二条路径。因为对撞因子会关闭后门路径，所以这里的后门路径起初是关闭的，但由于我们条件化了该变量，所以我们实际上又打开了它。这就是我们不能只控制职业的原因。讽刺的是，这样的控制带来了新的偏差模式。[2]

108   我们需要对职业和能力进行控制，但由于能力不能被观测到，我们无法控制它，因此我们无法拥有一个满足后门准则的识别策略。现在让我们看一看用来描述这个 DAG 的代码。[3]

---

① 然而，如果女性系统地选择了人力资本积累速度较低的低质量职业，性别间的生产率也可能会出现差异。

② Angrist 和 Pischke[2009] 用一种叫做"不良控制变量"（bad controls）的说法以另一种方式讨论了这个问题。不良控制变量不仅仅是对结果的条件化。相反，任意一种结果作为对撞因子连接了处理和我们感兴趣的结果的情况，均属于此，例如 $D \to O \gets A \to Y$。

③ 埃林·赫尼尔（Erin Hengel）是利物浦大学的经济学教授。有一天她和我在推特上讨论这个问题，我和她分别写了一份描述这个问题的代码。她的代码更好，所以在征得她的同意后，我在这里使用了她的代码。埃林的部分工作侧重于性别歧视。你可以在她的网站 http://www.erinhengel.com 上看到其中的一些成果。

STATA
collider_discrimination.do

```
1   clear all
2   set obs 10000
3
4   * Half of the population is female.
5   generate female = runiform()>=0.5
6
7   * Innate ability is independent of gender.
8   generate ability = rnormal()
9
10  * All women experience discrimination.
11  generate discrimination = female
12
13  * Data generating processes
14  generate occupation = (1) + (2)*ability + (0)*female + (-2)*discrimination +
    ↪  rnormal()
15  generate wage = (1) + (-1)*discrimination + (1)*occupation + 2*ability + rnormal()
16
17  * Regressions
18  regress wage female
19  regress wage female occupation
20  regress wage female occupation ability
21
22
```

R
collider_discrimination.R

```
1   library(tidyverse)
2   library(stargazer)
3
4   tb <- tibble(
5     female = ifelse(runif(10000)>=0.5,1,0),
6     ability = rnorm(10000),
7     discrimination = female,
8     occupation = 1 + 2*ability + 0*female - 2*discrimination + rnorm(10000),
9     wage = 1 - 1*discrimination + 1*occupation + 2*ability + rnorm(10000)
10  )
11
12  lm_1 <- lm(wage ~ female, tb)
```

(continued)

```
                        R (continued)
13   lm_2 <- lm(wage ~ female + occupation, tb)
14   lm_3 <- lm(wage ~ female + occupation + ability, tb)
15
16   stargazer(lm_1,lm_2,lm_3, type = "text",
17       column.labels = c("Biased Unconditional",
18                   "Biased",
19                   "Unbiased Conditional"))
```

　　这个模拟对上一个 DAG 所表示的数据生成过程进行了硬编码。我们要注意，这里的"能力"是从标准正态分布中随机抽取的。因此，其与女性偏好独立。然后我们有最后生成的两个变量：异质性职业和它们相应的工资。职业会因为不可观测的能力而更好，但也会因为歧视而变差。工资会因为歧视而减少，但也会因为高质量的工作和更高的能力而增加。这样一来，我们知道在这个模拟中存在歧视，因为我们在这样进行硬编码时，将职业和工资数据生成过程中歧视的系数定义为负。

　　代码末尾的那三次回归得到的回归系数见表 3-1。首先要注意的是，当我们简单地将工资对性别进行回归时，我们会得到一个很大的负向影响，这个负向影响是歧视对收入的直接影响和通过职业的间接影响的联合作用结果。但是如果我们运行的是更为常见的回归，并在其中控制了职业，那么性别系数的符号就会发生变化。性别的符号将会变成正的！我们确信这个结果是错误的，因为我们把性别的影响硬编码成了－1！出现这一情况的问题在于，职业是一个对撞因子。它是能力和歧视的共同结果。如果控制了职业，我们就在歧视和收入之间打开了一条虚假的后门路径，而且这条后门路径非常强势，以至于反转了整个关系。因此，只有当我们同时控制职业和能力时，我们才能分离出性别对工资的直接因果效应。

110

表 3-1　用模拟的性别差异来阐述混杂偏差的回归

协变量	有偏 未条件化	有偏 有偏	无偏 条件化
女性	－3.074 ***	0.601 ***	－0.994 ***
	(0.000)	(0.000)	(0.000)
职业	—	1.793 ***	0.991 ***
		(0.000)	(0.000)
能力	—	—	2.017 ***
			(0.000)

续表

协变量	有偏 未条件化	有偏 有偏	无偏 条件化
N	10 000	10 000	10 000
因变量的均值	0.45	0.45	0.45

　　样本选择和对撞因子偏差（sample selection and collider bias）。不良控制变量并不是唯一需要担心的对撞因子偏差。如果样本本身构成了一个对撞因子，那么对撞因子偏差也可能直接存在于样本中。这无疑是一个奇怪的概念，所以我用了一个有趣的示例来阐明我的意思。

　　2009 年美国有线电视新闻网的一篇博客报道称，在一项关于电影明星的调查中，主演《变形金刚》的梅根·福克斯（Megan Fox）被评为 2009 年最差和最具魅力的女演员［Piazza，2009］。这意味着才华（talent）和美貌（beauty）是负相关的。但真的是这样吗？为什么会如此呢？如果它们在现实中相互独立，但由于对撞因子偏差而在电影明星的样本中呈负相关呢？这可能吗？①

111

　　为了阐释这一例子，我们基于如下 DAG 生成了一些数据：

让我们用一个简单的程序来说明这一点。

```
                        STATA
                    moviestar.do
1   clear all
2   set seed 3444
3
4   * 2500 independent draws from standard normal distribution
5   set obs 2500
6   generate beauty=rnormal()
7   generate talent=rnormal()
8
9   * Creating the collider variable (star)
```

(continued)

――――――――

① 我真希望这个例子是我想到的，不过事实上其应该归功于社会学家加布里埃尔·罗斯曼（Gabriel Rossman）。

STATA *(continued)*

```
10   gen score=(beauty+talent)
11   egen c85=pctile(score), p(85)
12   gen star=(score>=c85)
13   label variable star "Movie star"
14
15   * Conditioning on the top 15\%
16   twoway (scatter beauty talent, mcolor(black) msize(small) msymbol(smx)),
     ↪  ytitle(Beauty) xtitle(Talent) subtitle(Aspiring actors and actresses) by(star,
     ↪  total)
```

R
moviestar.R

112

```
1    library(tidyverse)
2
3    set.seed(3444)
4
5    star_is_born <- tibble(
6      beauty = rnorm(2500),
7      talent = rnorm(2500),
8      score = beauty + talent,
9      c85 = quantile(score, .85),
10     star = ifelse(score>=c85,1,0)
11   )
12
13   star_is_born %>%
14     lm(beauty ~ talent, .) %>%
15     ggplot(aes(x = talent, y = beauty)) +
16     geom_point(size = 0.5, shape=23) + xlim(-4, 4) + ylim(-4, 4)
17
18   star_is_born %>%
19     filter(star == 1) %>%
20     lm(beauty ~ talent, .) %>%
21     ggplot(aes(x = talent, y = beauty)) +
22     geom_point(size = 0.5, shape=23) + xlim(-4, 4) + ylim(-4, 4)
23
24   star_is_born %>%
25     filter(star == 0) %>%
26     lm(beauty ~ talent, .) %>%
27     ggplot(aes(x = talent, y = beauty)) +
28     geom_point(size = 0.5, shape=23) + xlim(-4, 4) + ylim(-4, 4)
29
```

　　图 3-1 显示了该模拟的输出结果。左下角的那幅图展示了才华和美貌
之间的散点图。注意，这两个变量独立，并且是从标准正态分布中随机抽
取的，因此其散点图生成了一个长方形的数据云。但是，由于"电影明
星"处在才华和美貌的线性组合分布中的前 85 百分位，所以样本中所包含
的个体的综合得分也会位于联合分布的右上角。该边界有着负斜率，并且
位于数据云的右上方，从而使电影明星样本中的观测值之间形成了负相关
关系。同样地，非电影明星的样本中，对撞因子偏差也使才华和美貌产生
了负相关关系。然而，我们知道，实际上这两个变量之间并没有关系。是
这种样本选择产生了虚假的相关性。完整总体的随机样本足以表明两个变
量之间没有关系，但将样本仅限于电影明星，我们就在两个感兴趣的变量
之间引入了虚假的相关性。

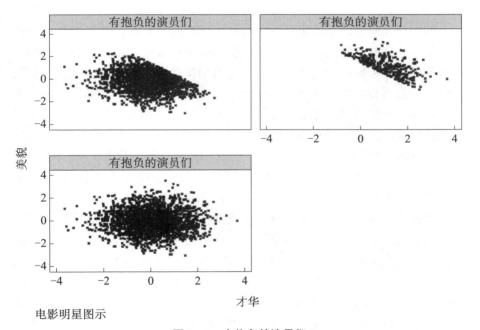

图 3-1　有抱负的演员们

　　注：左上：纵轴为美貌，横轴为才华的非明星样本散点图。右上：关于美貌和才华的明星样
本散点图。左下：关于美貌和才华的整体样本（明星和非明星合并）散点图。

　　对撞因子偏差和警察对暴力的使用（collider bias and police use of
force）。几十年前，我们就已经知道了非随机样本选择问题［Heckman，
1979］。但 DAG 可能仍然有助于我们发现其他条件化对撞因子的微妙情况

114　[Elwert and Winship，2014]。同时，鉴于越来越多的研究人员开始使用大型的行政管理数据库，我们也可能需要某种理论上的指导推理，来帮助我们确定现有的数据库是否本身就普遍存在对撞因子偏差。一场发生在现代的辩论可能有助于阐明我的意思。

公众对警察歧视少数群体的担忧已达到了极限，并导致出现了"黑人的命也是命"（Black Lives Matter）运动。"治安法官"（vigilante justice）般的片段不断上演，诸如乔治·齐默尔曼（George Zimmerman）枪杀少年特雷沃恩·马丁（Trayvon Martin），以及警察枪杀迈克尔·布朗（Michael Brown）、埃里克·加纳（Eric Garner）等无数的事件，都催化了人们对非裔美国人面临更多枪击风险的认知。Fryer［2019］试图确定警察使用暴力时存在种族偏见的程度。在本书出版的时候，这可能是治安管理中最重要的问题之一。

然而，在研究警察使用暴力时的种族偏见时，还存在几个严峻的经验性挑战。主要的问题是，警察—平民互动的所有数据都基于已经发生的互动行为。这些数据本身就是警察与平民前期互动产生的结果。从这个意义上说，我们可以认为数据本身是内生的。Fryer［2019］收集了几个数据库，他希望这些数据库能帮助我们更好地理解这些模式。其中两个是可以公开使用的数据集——纽约市拦截搜身数据库和警察—公众接触调查数据库。前者来自纽约警察局，包含警察拦截和询问行人的数据：在美国纽约，如果警察愿意，他们可以搜行人的身，看看有没有携带武器或违禁品。后者是对平民的调查，描述了其与警察的互动，包括警察使用暴力的数据。

但其中有两个数据集是行政管理数据。第一个是整个美国范围内若干主要城市和主要郡县的事件摘要汇编，其中记录了所有警员向平民开枪的事件。第二个是来自休斯敦警察局的警察与平民互动的随机样本数据。无论从什么角度来看，积累这些数据库都是一项庞大的经验任务。例如，Fryer［2019］指出，休斯敦的数据是从若干篇幅在 100 页到 200 页不等的逮捕记录中得来的。在这些逮捕记录中，研究人员收集了近 300 个与警察

115　在事件中选择使用暴力有关的变量。这就是我们现实生活的世界。行政管理数据库比以往任何时候都更容易访问，在它们的帮助下，大量不透明的社会过程中的"黑箱"得以被打开。

有一些结果需要注意。首先，利用拦截搜身数据，弗赖尔（Fryer）发现，在原始数据中，黑人和西班牙裔与警察出现互动的可能性要高出 50%以上。在条件化了 125 个基线特征、遭遇特征、平民表现、地区并考虑了

年份固定效应的前提下，种族差异仍然存在。在其完整模型中，黑人在与警察接触时拔出武器的可能性比白人高 21％（统计显著）。这些种族差异也出现在警察—公众接触调查中，只是这里的种族差异要大得多。在这些结果中首先值得注意的是，对于少数族裔来说，实际被拦截的可能性似乎更大，我一会儿会再回到这一点。

当弗赖尔使用他丰富的行政管理数据源时，事情变得令人诧异。他发现，在与警察存在互动的情况下，与警察有关的枪击事件没有显示出种族差异。事实上，控制了犯罪嫌疑人的人种学特征、警官的人种学特征、遭遇特征、犯罪武器等变量和年份固定效应后，黑人被警察射杀的可能性比非黑人非西班牙裔低 27％。这个系数并不显著，并且在数据的不同规格和不同部分中都会显示出来。通过这些数据，弗赖尔基本上找不到与警官有关的枪击事件中存在种族歧视的证据。

弗赖尔研究的主要长处之一是，他不辞辛劳地收集了所需的数据。没有数据，我们就无法研究警察射杀少数族裔是否多于射杀白人的问题。对叙述中的信息进行广泛编码也是一种长处，因为这使弗赖尔有能力控制可观测到的混杂因子。但这项研究并非没有问题，这可能会引起怀疑论者的质疑。例如，也许最愿意配合这类研究的警察部门是那些种族偏见最少的部门。换句话说，也许这些部门一开始就没有种族偏见。[①] 也许还存在一种更邪恶的解释，比如档案不可靠，因为行政人员在把数据全部交给弗赖尔之前，已经删除了有关出于种族动机的枪击事件的数据。

116

但我想讨论一种更善意的可能性，这种可能性并不基于阴谋论，但却是一个非常基本的、实际上更令人担忧的问题。因为条件化了对撞因子，也许行政管理数据源会存在内生性。如果是这样，那么行政管理数据本身可能从一开始就带有种族偏见。让我用 DAG 来解释这一点。

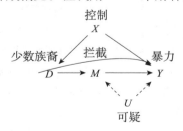

---

① 我不赞同这种说法。行政管理数据来自得克萨斯州的一些大城市、加利福尼亚州的一个大郡、佛罗里达州，以及其他几个存在种族偏见报道的城市和郡县。

弗赖尔使用拦截搜身数据和警察—公众接触调查数据，证明了少数族裔更有可能被警察拦截。所以我们已经知道了 $D \rightarrow M$ 路径的存在。事实上，基于大量的研究，这是一个非常可靠的相关性。少数族裔更有可能与警察正面遭遇。弗赖尔的研究针对互动的性质、一天中的时间以及数百个其他的因素（此处统称为 X）引入了广泛的控制。控制 X 使弗赖尔可以关闭这条后门路径。

但是请注意变量 M，即拦截（stop）本身。所有行政管理数据都基于拦截的发生。Fryer［2019］从一开始就承认这一点："除非另有说明，所有结果都基于互动的发生。由于警察在互动中存在偏见，故在警察数据集中理解其潜在选择是一个艰难的过程。"然而这个 DAG 显示，如果警察会拦截他们认为可疑的人，并使用暴力对待他们发现身上存有可疑之处的人，那么条件化变量 M 就相当于条件化了对撞因子。这就打开了介导路径 $D \rightarrow M \leftarrow U \rightarrow Y$，在数据中引入了伪模式（spurious patterns），基于这些因果关联的符号，这可能会扭曲警察与枪击事件中种族差异之间的真实关系。

迪恩·诺克斯（Dean Knox）、威尔·洛（Will Lowe）和乔纳森·穆莫洛（Jonathan Mummolo）组成了一支才华横溢的政治学家团队，除其他事项外，他们也研究治安管理问题。他们开展的一项研究重新审视了弗赖尔的问题，在我看来，二者都为研究种族偏见在警察使用暴力方面起到的作用，以及利用来自行政管理的数据开展这项研究工作所需面对的挑战提供了新的线索。对于我们理解这一问题，并尝试解决它方面，我认为 Knox 等［2020］的研究在方法论层面上更有帮助。对那些日常工作需要接触专有性行政管理数据集的研究者而言，Knox 等［2020］的研究值得被所有人广泛地阅读，因为这个 DAG 实际上可能表示了一个更为普遍的问题。毕竟，行政管理数据的来源是已经选定了的样本，并且根据研究问题，它们可能会产生类似上文 DAG 中描述的对撞因子问题。作者开发了一种偏差校正程序：对选择问题的严重性设置边界。当使用这一边界方法时，他们发现，针对警察对平民使用暴力发生率的问题，即使估计的下限也比完全忽略样本选择问题的传统方法得出的估计值高出 5 倍。

即使不依靠 DAG，我们对样本选择问题也已有所知晓。至少从 Heckman［1979］开始，我们就知道这些问题，也有了一些有限的解决方案。而我在这里试图展示的是更一般的解决方案。将理论方法应用于经验主义是不会成功的。即使是"大数据"也无法解决这个问题。我在下一章中将会论证，单纯地使用更多的数据不能解决因果推断问题。因果推断需要就在现实世界中构建均衡的行为过程予以认知。没有它们，人们就不可能设计出可信的识别策略。即使是数据也不能替代你对所研究现象的深层次的机制认知。这甚至还包括对生成一开始你使用的样本的行为过程的认知，这一点让人感到甚为诧异。如果你希望获得可信的因果效应估计，你就必须认真对待你研究的现象背后的行为理论。而 DAG 是一个很有帮助的工具，可以让你思考和表达这些问题。

结论（conclusion）。总之，DAG 是一种强大的工具。[①] 它有助于厘清变量之间的关系，并指导你进行一项试图确定因果关系的研究设计。我们在这一章中讨论的两个概念——后门准则和对撞因子偏差——是我想提醒你们要注意的两个概念。由于 DAG 本身是一种基于反事实的推理形式，所以它们很适合我们在下一章中讨论的潜在结果模型。

118

---

① DAG 的内容远比我在这里介绍的要多。如果你有兴趣了解更多，那么我鼓励你仔细阅读 Pearl［2009］，这是作者的代表作，也是他对因果理论的主要贡献。

第四章

潜在结果因果模型

可能得到的钱越多,我们遇到的麻烦事就越多。

——臭名昭著的 B. I. G. *

　　几个世纪以来,有关因果关系的实践问题一直是经济学家关注的焦点。亚当·斯密(Adam Smith)写过有关国民财富原因的著作[Smith,2003]。卡尔·马克思(Karl Marx)对从资本主义到社会主义的社会转型很感兴趣[Needleman and Needleman,1969]。在 20 世纪,考尔斯委员会寻求更好地理解如何识别因果参数[Heckman and Vytlacil,2007]。① 从一开始,经济学家就一直在努力研究有关因果关系的宏大思想,并为此开

---

　　* 克里斯托弗·华莱士(Christopher Wallace,1972 年 5 月 21 日—1997 年 3 月 9 日),绰号"臭名昭著的 B. I. G."(The Notorious B. I. G.),美国说唱歌手、嘻哈音乐人。——译者注

　　① 这段简短的历史介绍将侧重于潜在结果模型的发展。想要更全面地了解计量经济学思想史,请阅读 Morgan[1991]。

发有用的实证工具。

我们可以在几位哲学家的著作中看到现代因果概念的发展。Hume [1993] 将因果关系描述为一系列稍纵即逝的事件，其中，如果第一个事件没有发生，那么随后的事件也不会发生。例如，他说：

> 我们可以把原因定义为一个事件，其后面跟着另一个事件，所有 *120*
> 与第一个事件相似的事件，其后面都会跟着与第二个事件类似的事件。换句话说，如果第一个事件没有发生，那么第二个事件就不会存在。

Mill [2010] 设计了五种推断因果关系的方法。这些方法分别是 (1) 求同法；(2) 求异法；(3) 求同求异并用法；(4) 共变法；(5) 剩余法。其中第二种方法即求异法，作为反事实之间的比较，它与因果关系的概念最为相似。例如，他写道：

> 如果一个人吃了某道菜并因此而去世，也就是说，如果他没吃那道菜就不会去世，人们会倾向于认为吃了那道菜是导致他死亡的原因。[399]

统计推断（statistical inference）。随着现代统计学的发展，我们对因果关系的理解出现了重大飞跃。在 19 世纪，概率论和统计引发了一场科学的革命，并首先应用于天文学领域。19 世纪早期的天文学家朱塞佩·皮亚齐（Giuseppe Piazzi）于 1801 年发现了位于木星和火星之间的矮行星谷神星（Ceres）。在再次跟丢前，皮亚齐对它进行了 24 次观测。卡尔·弗里德里希·高斯（Carl Friedrich Gauss）提出了一种方法，可以利用谷神星之前的位置数据成功预测它下一次的位置。他的方法最小化了误差的平方和；他应用的方法也就是我们之前讨论过的普通最小二乘法。他在 18 岁时发现了 OLS，并在 1809 年，也就是他 24 岁时发表了对 OLS 的推导 [Gauss，1809]。[1] 另外两位科学家，皮埃尔-西蒙·拉普拉斯（Pierre-Simon LaPlace）和阿德里安-马里·勒让德（Adrien-Marie Legendre）也对我们理解 OLS 做出了贡献。

统计学家 G. 乌德尼·尤尔（G. Udny Yule）在社会科学中进行了回归分析的早期应用。Yule [1899] 对英格兰贫困的原因很感兴趣。穷人

---

[1]　20 岁时，我最终在索尼游戏机上通关了游戏《古墓丽影 2》。所以，我完全可以理解高斯在这么年轻的时候所取得的成就。

121 依靠救济院或地方当局的财政支持，而尤尔想知道公共援助是否增加了穷人的数量，这是一个因果问题。尤尔使用最小二乘回归估计了公共援助与贫困之间的偏相关性。他的数据来自 1871 年和 1881 年的英国人口普查，我已经在我的网站中列出了他所使用数据的 Stata 版，并在教学合集库（Mixtape library）中列出了 R 用户的版本。下面是一个使用这些数据运行回归的例子：

$$\text{Pauper} = \alpha + \delta\,\text{Outrelief} + \beta_1\,\text{Old} + \beta_2\,\text{Pop} + u$$

让我们使用数据来运行这个回归。

STATA
yule.do

```
1   use https://github.com/scunning1975/mixtape/raw/master/yule.dta, clear
2   regress paup outrelief old pop
```

R
yule.R

```
1    library(tidyverse)
2    library(haven)
3
4    read_data <- function(df)
5    {
6      full_path <- paste("https://raw.github.com/scunning1975/mixtape/master/",
7                  df, sep = "")
8      df <- read_dta(full_path)
9      return(df)
10   }
11
12   yule <- read_data("yule.dta") %>%
13     lm(paup ~ outrelief + old + pop, .)
14   summary(yule)
```

122 该数据集中的每一行都代表了英格兰的一个特定地区（例如，切尔西、斯特兰）。这个数据有 32 行，这意味着该数据集包含了 32 个英格兰的地区。每个变量都以年增长率表示。因此，每个回归系数都可以解释为弹性。额外说明一下——从技术上讲，正如我在本书的开头所解释的，弹性实际上是因果性目标（causal objects），而不仅仅是两个变量之间的相关性。而在尤尔的数据中，解释这些因果关系所需的条件不大可能被满足。尽管如此，还是让我们运行回归并看看得到的结果，我在表 4-1 中报告了该结果。

表 4-1　估计贫困增长率和公共援助之间的关联

协变量	因变量：贫困增长率
院外救济（out-relief）	0.752 (0.135)
年老（old）	0.056 (0.223)
救济院（pop）	−0.311 (0.067)

　　简而言之，院外救济（out-relief）增长率每增加 10 个百分点，贫困增长率就会增加 7.52 个百分点，或者说是一个 0.752 的弹性。尤尔利用他的回归分析得出了贫民救济和贫困者之间的相关性，由此他得出了公共援助提高了贫困增长率的结论。

　　但是这个推理有可能会存在什么问题呢？当你在全英格兰的横截面数据库中控制了两个协变量时，你是否可以确定贫困和院外救济之间的所有后门路径都被阻断了？是否存在未被观测到的贫穷和公共援助的共同决定因素？毕竟，他没有控制任何经济因素，而这些经济因素肯定会同时影响贫困和分配给院外救济的资源数量。同样，这里也可能存在逆向因果关系——也许是贫困的增加导致社会增加了院外救济，而不仅仅是反过来。那些最早采用新方法或技术的人往往是那些受到最多批评的人，尽管他们自己就是这些方法的先驱。要打败一个一百年前的研究者是一件非常容易的事，因为在那个时代，除了回归，人们只能对虚构的思想体系进行研究。更何况他也无法活过来给出回复。我只是想指出，人们长期以来都在简单地使用回归来估计相关性，并声称这就是因果关系，由此，就重要的政策问题给出方案，这样做已经成了惯例，而且很可能短期内也不会改变。

物理随机化

　　在 19 世纪和 20 世纪，作为因果推断基础的物理随机化概念就已经开始流行，但直到 Fisher [1935]，其才变得具体化。在这之前 50 年，在心理学领域出现了历史上第一个公认的随机实验 [Peirce and Jastrow, 1885]。但有趣的是，在那个实验中，使用随机化的原因**并不是**使其作为因果推断的基础。相反，研究人员提出了一种随机化的方法作为他们实验中的愚弄项目。Peirce 和 Jastrow [1885] 使用了若干种处理方法，他们使用了物理随机化，这样参与者就无法猜到接下来会发生什么。如果我没弄错的话，将处理的物理随机化作为因果推断的基础，这一建议是基于 Splawa-Neyman［1923］和 Fisher［1925］。更具体地说，Splawa-Neyman［1923］开发出了强大的潜在结果符号（我们很快就会讨论这一点），虽然他提出了随机化，但直到 Fisher［1925］，随机化才被认为是真正有必要的。Fisher［1925］提出在因果推断的实验设计中需要明确地使用随机化。[1]

直到 20 世纪 50 年代中期，物理随机化在很大程度上还停留在农业实验领域，并开始应用于医学试验。医学领域的第一批主要随机实验——事实上，之前也有过尝试——是沙克脊髓灰质炎疫苗实地实验。1954 年，公共卫生局着手探究沙克疫苗能否预防小儿麻痹症。参与研究的儿童被**随机地**（at random）分为两组，一组接种疫苗，另一组则接种安慰剂。[2] 而且，诊断小儿麻痹症的医生也不知道这个孩子究竟接种了疫苗还是安慰剂。因为患者和疫苗管理者都不知道接种的是安慰剂还是疫苗，所以脊髓灰质炎疫苗试验也被称为**双盲随机对照试验**（double-blind，randomized controlled trial）。因为脊髓灰质炎在人群中的发生率是 50/100 000，所以，实地的规模必须足够大。处理组中包含了 200 745 个个体，共发现了 33 例脊髓灰质炎病例。对照组包含了 201 229 个个体，共发现了 115 个病例。仅仅依靠巧合使脊髓灰质炎发病率出现如此显著差异的概率大约为十亿分之一。他们认为，唯一可信的解释是，脊髓灰质炎疫苗降低了接种者患脊髓灰质炎的风险。

20 世纪 70 年代，经济学领域也进行过类似的大规模随机实验。1971—1982 年间，兰德公司进行了一项大规模随机实验，研究医疗保险对医疗服务使用率的因果效应。为了这项研究，兰德公司招募了 7 700 名年龄在 65 岁以下的个体。这个实验有些复杂，有多个处理组。参与者被随机分配给五种健康保险计划（免费医疗、三种不同费用分担水平的计划和一种 HMO 计划）中的一种。与免费医疗的参与者相比，费用分担的参与者看医生和住院的次数更少。在费用分担处理组中也发现了其他类型医疗使用率的下降，例如看牙医的次数减少。总体而言，费用分担计划的参与者倾向于在医疗方面更少地消费，因为他们使用的服务更少。服务使用的减少主要是因为费用分担处理组的参与者更不愿意选择主动医疗。[3]

---

[1] 更多关于从 Splawa-Neyman［1923］到 Fisher［1925］转变的内容，见 Rubin［2005］。
[2] 在安慰剂组中，儿童被注射了生理盐水。
[3] 关于这个有趣实验的更多信息可以在 Newhouse［1993］中找到。

自这个医疗实验以来，随机实验的使用出现了爆炸式增长。使用这些方法的人有不少获得了诺贝尔奖：弗农·史密斯（Vernon Smith）在 2002 年因其率先开展实验室实验而获得诺贝尔奖，最近的是阿比吉特·班纳吉、埃斯特·迪弗洛和迈克尔·克莱默在 2019 年因其利用实地实验为减轻全球贫困服务而获得诺贝尔奖。① 实验设计已经成为应用微观经济学、政治学、社会学、心理学等领域的一个特征。但是为什么它被认为是重要的呢？为什么随机化是这一设计中分离纯化因果效应的关键元素？要理解这一点，我们需要更多地了解那个由 Splawa-Neyman［1923］开发的、被称为"潜在结果"的强大概念。

潜在结果（potential outcomes）。潜在结果这一概念可以追溯到 Splawa-Neyman［1923］，在更广泛的社会科学领域，它得到了 Rubin［1974］的大力推动。② 在写这本书的时候，潜在结果已经或多或少地成为思考和表达因果陈述的通用语（lingua franca）。关于这一点，我们和其他人一样将其归功于 Rubin［1974］。

在潜在结果传统中［Rubin，1974；Splawa-Neyman，1923］，因果效应的定义是世界上两种状态之间的比较。让我用一个简单的例子来说明。在第一种状态（有时也被称为"事实"状态）中，一个人服用阿司匹林治头痛，并在一小时后报告头痛的严重程度。在第二种状态（有时被称为"反事实"状态）中，同一个人面对头痛没有吃任何东西，同样也在一个小时后报告头痛的严重程度。阿司匹林的因果效应是什么？根据潜在结果传统，阿司匹林的因果效应就是在两种状态下［在其中一种状态下他服用了阿司匹林（"事实"状态），而在另一种状态下则没有服用阿司匹林（"反事实"状态）］，他头痛严重程度的差异。在相同的时间点测量，这两种状态下头痛严重程度的差异就是阿司匹林对他头痛的因果效应。这听起来倒是很简单！

即使是问出这样的问题都是在讲故事，更不用说试图去回答它们了。人类总是对探索反事实的故事感兴趣。如果布鲁斯·韦恩（Bruce Wayne）*

① 如果我是一个赌徒（我也确实是），我敢打赌，我们至少还会看到其他的为实验而颁发的诺贝尔奖。因为他使用实地实验进行的工作，最有可能的候选人是约翰·里斯特。

② 有趣的是，当鲁宾（Rubin）正在开展他的早期工作时，在哲学领域，伟大的形而上学哲学家大卫·刘易斯（David Lewis）也认真地思考了反事实［Lewis，1973］。这种东西显然是呼之欲出的了，这使得在确定因果效应科学观念的原创根源时变得更加困难。

* 布鲁斯·韦恩即蝙蝠侠（batman），是美国 DC 漫画旗下的超级英雄。——译者注的父母未被谋杀将会怎么样？如果那个服务员中了彩票将会怎么样？如果你高中的朋友从未喝过一杯酒将会怎么样？如果在《黑客帝国》（*The Matrix*）里，尼奥（Neo）吃了蓝色药丸将会怎么样？这些都是有趣的假设，但它们最终仍然是在讲故事。我们需要奇异博士的时间石才能回答这些问题。

你也许能看出这是怎么回事。潜在结果概念用反事实表示因果关系，由于反事实不存在，关于因果效应的置信程度，在某种程度上是无法得到答案的。想知道如果某一件事发生了改变，生活将会如何不同，这就沉浸在反事实推理之中了，而反事实在历史中是不会被实现的，因为它们是世界的假想状态。因此，如果这个答案需要那些反事实的数据，那么这个问题就无法被回答。历史是由一个接一个可观测到的真实事件组成的序列。我们不知道如果某一事件发生了改变会发生什么，因为我们缺少反事实结果的数据。[1] 潜在结果是事前存在的一系列可能性，但一旦做出决定，就只剩下一种结果了。[2]

为了使其更具体，让我们引入一些符号和更具体的概念。为简单起见，我们将假设一个**二元**（binary）变量，如果特定的个体 i 接受了处理，则该变量的值为 1，如果没有，则该变量的值为 0。[3] 每个个体都将有两个潜在结果，但只有一个结果可以被观测到。如果个体 i 接受了处理，潜在结果定义为 Y_i^1，而如果该个体没有接受处理，潜在结果定义为 Y_i^0。注意两种可能的结果都有相同的 i 下标——表示这是在我们的例子中，同一个个体在同一时间的两种不同状态。我们将没有发生处理的状态称为**控制**（control）状态。每个单位 i 有两个潜在的结果：一个是在发生了处理的状态下的潜在结果（Y^1），另一个是在未发生处理的状态下的潜在结果（Y^0）。

可观测的（或实际的）结果 Y_i 不同于潜在结果。首先，请注意实际结

---

[1] 反事实推理可能有益，也可能有害，尤其是没有后悔药的情况下更是如此。由于我们不可能确定地知晓，我们做出一个不一样的决策，将会产生什么样的后果，所以沉没成本谬论可能也存在一个反事实的版本，我们必须接受一定程度上必不可少的不确定性，然后跨越它，继续前行。最终，没有人能说另一个决定会有更好的结果。我们无从知道这些反事实推理有害还是有益，而有时做出反事实推理本身就很困难。至少对我来说，过去如此，将来也会如此。

[2] 据我所知，我之前提到的哲学家大卫·刘易斯相信潜在结果实际上是一个独立的世界——就像我们的世界一样真实。这意味着，根据刘易斯的说法，会存在一个非常真实但难以接近的世界，在这个世界里，坎耶（Kanye）发行了唱片 *Yandhi* 而不是 *Jesus is King*，我觉得非常沮丧。

[3] 说明几件事情。第一，这种分析可以扩展到两种以上的潜在结果，但由于本书的大部分内容都集中于项目评估，所以我只分析了两种。第二，此处的处理可以是任何可操作的特殊干预，比如服用阿司匹林或不服用阿司匹林。在潜在结果传统中，操作是因果关系概念的核心。

果没有上标。这是因为它们不是潜在结果——它们是已实现的、实际的、历史的、经验的（无论你想怎么描述它都可以），是个体 i 实际经历过的结果。在此处，潜在结果是一个在总体中会发生变化的假设的随机变量，而可观测结果是事实的随机变量。如何从潜在结果得到实际结果是一个重要的哲学进程，就像任何优秀的经济学家一样，我用一个方程让它看起来更简单。一个个体的可观测结果是由**转换方程**（switching equation）决定的，潜在结果函数为：

$$Y_i = D_i Y_i^1 + (1 - D_i) Y_i^0 \tag{4.1}$$

其中，如果个体接受了处理，D_i 等于 1，如果没有接受处理，D_i 等于 0。注意这个方程的逻辑。当 $D_i = 1$ 时，则 $Y_i = Y_i^1$，因为第二项是零。当 $D_i = 0$ 时，第一项为零，因此 $Y_i = Y_i^0$。使用这个符号，我们定义个体的特定处理效应（或因果效应）为两种状态之间的差异：

$$\delta_i = Y_i^1 - Y_i^0$$

如此一来，我们马上会面临一个问题。如果一个处理效应需要知道两种状态，Y_i^1 和 Y_i^0，但是通过转换方程我们只能观测到其中的一种，进而我们就无法计算出处理效应。这里存在着因果推断的基本问题——围绕因果效应的**确定性**（certainty）所需要使用的数据，永远都会存在缺失。

平均处理效应（average treatment effects）。从这个对处理效应的简单定义中可以得出三个互不相同，但通常都会使研究人员感兴趣的参数。它们都是总体均值。第一个被称为平均处理效应：

$$\begin{aligned} ATE &= E[\delta_i] \\ &= E[Y_i^1 - Y_i^0] \\ &= E[Y_i^1] - E[Y_i^0] \end{aligned} \tag{4.2}$$

注意，正如我们对个体层面处理效应的定义一样，平均处理效应（ATE）需要每个个体 i 的两种潜在结果。由于我们通过转换方程只知道其中之一，因此平均处理效应本质上是不可知的。也就是说，ATE 就像个体处理效应一样，不是一个可以计算的量，但是可以**被估计**（estimated）。

第二个感兴趣的参数是**处理组的平均处理效应**（average treatment effect for the treatment group）。这有点拗口，让我来解释一下。在这个讨论中有两组人：处理组和对照组。处理组的平均处理效应，简称 ATT，简单地说就是被分配到处理组的个体的总体平均处理效应，也就是转换方程

128

中的第一部分。由于在总体中 δ_i 不同，ATT 也可能与 ATE 不相同。在涉及人类的观测数据中，ATT 几乎总是不同于 ATE，这是因为个体会根据他们期望得到的收益，内在地对某些处理进行分类。和 ATE 一样，ATT 也是不可知的，因为它也需要关于每个处理个体 i 的两个观测值。我们可以把 ATT 写成：*

$$
\begin{aligned}
ATT &= E[\delta_i \mid D_i = 1] \\
&= E[Y_i^1 - Y_i^0 \mid D_i = 1] \\
&= E[Y_i^1 \mid D_i = 1] - E[Y_i^0 \mid D_i = 1]
\end{aligned} \tag{4.3}
$$

129　　　　最后一个感兴趣的参数是对照组（或未处理组）的平均处理效应。它的简写是 ATU，**代表未处理组的平均处理效应**（average treatment effect for the untreated）。和 ATT 一样，ATU 只是那些被归入对照组的个体的总体平均处理效应。[①] 考虑到处理效应的异质性，特别是在观测性的设定下，很可能会出现 ATT＝ATU 的情况。ATU 的公式如下：

$$
\begin{aligned}
ATU &= E[\delta_i \mid D_i = 0] \\
&= E[Y_i^1 - Y_i^0 \mid D_i = 0] \\
&= E[Y_i^1 \mid D_i = 0] - E[Y_i^0 \mid D_i = 0]
\end{aligned} \tag{4.4}
$$

根据研究问题的不同，人们会对这些参数中的某一个或所有三个都很感兴趣。但最常见的两个参数是 ATE 和 ATT。

简单均值差中的分解（simple difference in means decomposition）。这个讨论有些抽象，所以让我们具体一点。我们假设有 10 个患有癌症的患者 i 和两种治疗方法。其中手术处理 $D_i = 1$，化疗处理 $D_i = 0$。每个患者都有以下两种潜在结果，其中潜在结果被定义为治疗后的寿命（以年为单位）：一种是他们接受了手术的潜在结果，另一种是他们接受了化疗的潜在结果。对于这两种状态，我们分别用 Y^1 和 Y^0 表示。

如果我们得到了这个数据矩阵，我们就可以计算平均处理效应，因为平均处理效应就是表 4-2 中第 2 列和第 3 列之间均值的差。即 $E[Y^1] = 5.6$，$E[Y^0] = 5$，故 ATE＝0.6。换句话说，在这些特定的患者中，手术比化疗的平均处理效应增加了 0.6 年。

---

* 此处第 2 行的公式中，E_i^0 似乎应为 Y_i^0。——译者注

① 这可能是因为偏好，也可能是因为约束。请记住，效用最大化是一个受约束的最优化过程，因此价值和（约束的）阻碍都会在分类中发挥作用。

但这只是平均水平。请注意：并不是每个人都能从手术中获益。例如，7号患者在术后只多活了1年，而化疗后则多活了10年。ATE只是这些异质性处理效应的平均值。

表4-2 10例接受手术（Y^1）或化疗（Y^0）的患者的潜在结果

患者	Y^1	Y^0	δ
1	7	1	6
2	5	6	−1
3	5	1	4
4	7	8	−1
5	4	2	2
6	10	1	9
7	1	10	−9
8	5	6	−1
9	3	7	−4
10	9	8	1

130

为了维持这一设想，让我们假设存在一个全知全能的医生（perfect doctor），他知道每个人的潜在结果，并选择能够最大限度延长患者治疗后寿命的治疗方法。[1] 换句话说，医生选择让患者接受手术还是化疗，取决于哪种治疗方法的治疗后寿命更长。一旦确定了处理的分配，医生就可以根据前面提到的转换方程观测患者接受处理后的实际结果。

表4-3仅显示了处理组和对照组的观测结果。表4-3与表4-2不同，表4-2显示了每个个体的潜在结果。一旦确定了处理的分配方案，我们就可以计算出手术组（ATT）和化疗组（ATU）的平均处理效应。ATT等于4.4，ATU等于−3.2。这意味着手术组的术后平均寿命增加了4.4年，而化疗组的术后平均寿命减少了3.2年。[2]

表4-3 手术（$D=1$）与化疗（$D=0$）后观测到的干预后寿命

患者	Y	D
1	7	1
2	6	0

131

---

[1] 不妨把"全知全能的医生"想象成哈利·波特中的分院帽（Sorting Hat）。我从鲁宾本人那里第一次了解了这个关于"全知全能的医生"的阐释。

[2] ATU为负的原因是这里的处理是进行手术，而化疗（未处理）组内的个体并没有接受手术。如果他们接受化疗而不是手术，你可以很容易地把ATU解释为增加了3.2年寿命。

续表

患者	Y	D
3	5	1
4	8	0
5	4	1
6	10	1
7	10	0
8	6	0
9	7	0
10	9	1

现在 ATE 是 0.6，这是 ATT 和 ATU 之间的加权平均值。[1] 所以尽管有些效应是负的，但我们还是可以知道手术的总体效应为正。也就是说，存在异质性的处理效应，但净效应为正。如果我们简单地比较两组患者的术后平均寿命会怎样？这个简单估计量被称为简单均值差（simple difference in means），它是 ATE 的估计值，其计算如下：

$$E[Y^1 \mid D = 1] - E[Y^0 \mid D = 0]$$

可以通过数据的样本进行估计：

$$SDO = E[Y^1 \mid D = 1] - E[Y^0 \mid D = 0]$$
$$= \frac{1}{N_T} \sum_{i=1}^{N} (y_i \mid d_i = 1) - \frac{1}{N_C} \sum_{i=1}^{n} (y_i \mid d_i = 0) \quad (4.5)$$

在这种情况下该值为 $7 - 7.4 = -0.4$。这意味着，当全知全能的医生为每个个体分配最佳治疗方案时，手术组的术后寿命比化疗组少 0.4 年。虽然统计数字是真实的，但请注意它是多么具有误导性。这个未经适当条件限定的统计数据很容易被用来宣称：平均而言手术是有害的，虽然我们知道事实并非如此。这是有偏的，因为每个独立的个体被最佳地分配到了对他们而言最优的处理选项，这就使得处理组和对照组之间出现了根本性的差异，这一分组方式也成为潜在结果本身的一个直接函数。为了更清楚地说明这一点，我们将简单均值差分解为如下三个部分：

$$E[Y^1 \mid D = 1] - E[Y^0 \mid D = 0] = ATE$$
$$+ E[Y^0 \mid D = 1] - E[Y^0 \mid D = 0]$$

132

---

[1] ATE$= p \times$ATT$+ (1 - p) \times$ATU$= 0.5 \times 4.4 + 0.5 \times (-3.2) = 0.6$。

$$+(1-\pi)(ATT-ATU)\ (4.6)$$

要理解右侧这些部分是如何出现的，我们需要看看如何将感兴趣的参数 ATE 分解为其基本的组成部分。ATE 等于条件均值期望 ATT 和 ATU 的加权总和。

$$
\begin{aligned}
ATE &= \pi ATT + (1-\pi)ATU \\
&= \pi E[Y^1 \mid D=1] - \pi E[Y^0 \mid D=1] \\
&\quad + (1-\pi)E[Y^1 \mid D=0] - (1-\pi)E[Y^0 \mid D=0] \\
&= \{\pi E[Y^1 \mid D=1] + (1-\pi)E[Y^1 \mid D=0]\} \\
&\quad - \{\pi E[Y^0 \mid D=1] + (1-\pi)E[Y^0 \mid D=0]\}
\end{aligned}
$$

式中，π 是接受手术的患者所占的比例，$1-\pi$ 是接受化疗的患者所占的比例。因为条件期望符号看起来有点麻烦，我们不妨用一些字母替换左边、ATE 和右边的每一项。这样证明就不那么麻烦了：

$$
\begin{aligned}
E[Y^1 \mid D=1] &= a \\
E[Y^1 \mid D=0] &= b \\
E[Y^0 \mid D=1] &= c \\
E[Y^0 \mid D=0] &= d \\
ATE &= e
\end{aligned}
$$

现在我们已经做了这些替换，让我们重新定义 ATE 为所有条件期望的加权平均值，并重新排列这些字母： *133*

$$
\begin{aligned}
e &= \{\pi a + (1-\pi)b\} - \{\pi c + (1-\pi)d\} \\
e &= \pi a + b - \pi b - \pi c - d + \pi d \\
e &= \pi a + b - \pi b - \pi c - d + \pi d + (\mathbf{a}-\mathbf{a}) + (\mathbf{c}-\mathbf{c}) + (\mathbf{d}-\mathbf{d}) \\
0 &= e - \pi a - b + \pi b + \pi c + d - \pi d - \mathbf{a} + \mathbf{a} - \mathbf{c} + \mathbf{c} - \mathbf{d} + \mathbf{d} \\
\mathbf{a}-\mathbf{d} &= e - \pi a - b + \pi b + \pi c + d - \pi d + \mathbf{a} - \mathbf{c} + \mathbf{c} - \mathbf{d} \\
\mathbf{a}-\mathbf{d} &= e + (\mathbf{c}-\mathbf{d}) + \mathbf{a} - \pi a - b + \pi b - \mathbf{c} + \pi c + d - \pi d \\
\mathbf{a}-\mathbf{d} &= e + (\mathbf{c}-\mathbf{d}) + (1-\pi)a - (1-\pi)b + (1-\pi)d - (1-\pi)c \\
\mathbf{a}-\mathbf{d} &= e + (\mathbf{c}-\mathbf{d}) + (1-\pi)(a-c) - (1-\pi)(b-d)
\end{aligned}
$$

现在，代入定义，我们可以得到下式：

$$
\begin{aligned}
E[Y^1 \mid D=1] - E[Y^0 \mid D=0] = &\ ATE \\
&+ (E[Y^0 \mid D=1] - E[Y^0 \mid D=0]) \\
&+ (1-\pi)(ATT-ATU)\ (4.7)
\end{aligned}
$$

分解到此结束。现在开始一个有趣的部分——让我们想想我们刚刚做了什么！左边可以用数据样本来估计，因为在转换方程下，这两个潜在结果都变成了实际结果。这只是结果均值的简单差。右边的部分更有趣，因为它告诉了我们结果均值的简单差定义了什么。让我们给它做出标记。

$$\underbrace{\frac{1}{N_T}\sum_{i=1}^{n}(y_i\mid d_i=1)-\frac{1}{N_C}\sum_{i=1}^{n}(y_i\mid d_i=0)}_{结果均值的简单差}=\underbrace{E[Y^1]-E[Y^0]}_{平均处理效应}$$

$$+\underbrace{E[Y^0\mid D=1]-E[Y^0\mid D=0]}_{选择偏差}$$

$$+\underbrace{(1-\pi)(ATT-ATU)}_{异质性处理效应偏差}$$

134　　　让我们依次讨论这些部分。左边是结果均值的简单差，我们知道它等于 -0.4。因为这是一个分解，所以右边肯定也等于 -0.4。

第一项是平均处理效应，这是我们感兴趣的参数，我们知道它等于 0.6。因此，剩下的两项必然是导致均值的简单差为负的偏差的来源。

第二项被称为**选择偏差**（selection bias），我们来稍微解释一下。在这种情况下，如果两组患者都选择接受化疗，那么选择偏差就是两组之间固有的差异。但通常情况下，如果一开始都没有进行如此处理，那么这就只是对两组个体之间差异的一个描述。换句话说，现在有两个组：手术组和化疗组。如果他们都被分配到了控制（化疗）组，那么他们的潜在结果有什么不同？请注意，手术组的潜在结果是反事实的，而化疗组的则是根据转换方程可以观测到的结果。本例中，我们可以计算这一差异，因为我们在表 4-2 中得到了完整的潜在结果。这个差异等于 -4.8。

第三项是一种不太为人所知，但却很有趣的偏差形式，此外，如果关注的参数是 ATE，那么它又总是会存在。[1] **异质性处理效应偏差**（heterogeneous treatment effect bias）是两组个体接受手术的效应差异乘以化疗组的人数占总体被试的比例。最后一项是 $0.5\times[4.4-(-3.2)]=3.8$。注意 $\pi=0.5$ 是因为在数量为 10 的总体中，有 5 个个体在化疗组。

现在我们已经解释了等号右边的三个参数，我们也就可以明白为什么结果均值的简单差是 -0.4 了。

$$-0.4=0.6-4.8+3.8$$

---

　　① 请注意，Angrist 和 Pischke［2009］对"$SDO=ATT+$选择偏差"这一式子的分解和本书有一点不同，但那是因为他们感兴趣的参数是 ATT，因此根本没有出现第三项。

　　在这一分解中，我发现，其中的有趣之处（甚或让人很乐观的地方）在于，它表明，从技术上讲，处理组和控制组之间的对照"囊括"了我们所感兴趣的参数。我之所以给"囊括"加了一个引号，是因为尽管在分解中可以清楚地看到这一项，但结果的简单差值最终并不会呈现出三个部分之和这种结构。相反，结果的简单差值只不过是一个数字而已。这个数字是三个部分的总和，但我们并不能计算出每一部分的值，因为我们没有进行计算所必需的、基于反事实结果的数据。问题是，这个我们感兴趣的参数已经受到了两种形式的偏差（即选择偏差和异质性处理效应偏差）的干扰。如果我们知道它们，我们可以将其减去，但通常我们不知道它们。我们可以通过发展出相应的策略来消除这些偏差，但我们无法直接算出它们，就像我们不能直接算出 ATE 一样，因为这些偏差依赖于不可观测的反事实情况。

　　这个问题也不是假设存在异质性造成的。我们可以做一个强有力的假设，即处理效应是个常数，$\delta_i = \delta \, \forall i$，这将导致 $ATU = ATT$，并使 $SDO = ATE +$ 选择偏差。但我们仍然要面对令人讨厌的选择偏差，而这会把整件事情都搞砸。有人也许会说，整个因果推断就是在发展一种合理的策略，来消除选择偏差在估计因果效应时所造成的影响。

　　独立性假设（independence assumption）。让我们从使用 SDO 来估计 ATE 的最可信的情况开始：分配给患者处理（如手术）的这一过程**独立于**（independent）其潜在结果。但是这里的"独立"到底是什么意思呢？用符号表达就是：

$$(Y^1, Y^0) \perp D \tag{4.8}$$

　　这就意味着手术被分配给一个人的原因与手术可能带来的收益（gains）没有任何关系。[1] 在我们的例子中，我们已经知道这个假设被违反了，因为全知全能的医生会根据潜在结果选择手术或化疗。具体地说，$Y^1 > Y^0$ 时患者会被施予手术治疗，而 $Y^1 < Y^0$ 时患者会被施予化疗治疗。因此，在我们的例子中，全知全能的医生确保了 D **依赖于**（depended）Y^1 和 Y^0。说实话，所有形式的以人为基础的分类都有可能违反独立性，这正是单纯的观测性对照几乎总是不能揭示出因果效应的主要原因。[2]

---

　　① 为什么我在这里会使用"收益"？因为手术的收益是 $Y^1_i - Y^0_i$。因此，如果我们说它是独立于收益的，即是在说它与 Y^1 和 Y^0 无关。

　　② 在我看来，这正是经济学的有用之处。经济学强调观测到的值是基于进行约束最优化的参与者的均衡，这本质上就使得观测数据几乎一定不会满足独立性。至少，人类很少通过抛硬币来做出重要的人生选择。

但如果这位医生没有那么做呢？如果他选择是否进行手术不依赖于 Y^1 或 Y^0 呢？一个人如何在不考虑手术后预期寿命的情况下选择手术？例如，他可能按姓氏的字母顺序排列，前五名安排手术，后五名安排化疗。或者他用手表上的秒针位置给他们安排手术：如果秒针在 $1\sim30$ 秒之间，他给患者做手术；如果在 $31\sim60$ 秒之间，他给患者做化疗。[①] 换句话说，我们假设他选择了某种方法来安排治疗方式，而这种方法不依赖于在任何一种状态下的潜在结果的值。在这一情景下，这意味着什么呢？这意味着：

$$E[Y^1 \mid D = 1] - E[Y^1 \mid D = 0] = 0 \tag{4.9}$$
$$E[Y^0 \mid D = 1] - E[Y^0 \mid D = 0] = 0 \tag{4.10}$$

换句话说，这意味着，无论是在手术组还是化疗组，Y^1 或 Y^0 的潜在平均结果（在总体中）是相同的。这种治疗安排的**随机化**（randomization）将消除选择偏差和异质性处理效应偏差。让我们一个一个解释。选择偏差如下所示：

$$E[Y^0 \mid D = 1] - E[Y^0 \mid D = 0] = 0$$

因此，SDO 不再受到选择偏差的困扰。那么，随机化如何影响异质性处理偏差？

将 ATT 和 ATU 的定义重写如下：

$$ATT = E[Y^1 \mid D = 1] - E[Y^0 \mid D = 1]$$
$$ATU = E[Y^1 \mid D = 0] - E[Y^0 \mid D = 0]$$

将异质性偏差中 $1-\pi$ 后面的部分重写如下：

$$ATT - ATU = \mathbf{E}[\mathbf{Y^1} \mid \mathbf{D = 1}] - E[Y^0 \mid D = 1]$$
$$- \mathbf{E}[\mathbf{Y^1} \mid \mathbf{D = 0}] + E[Y^0 \mid D = 0]$$
$$= 0$$

如果处理是独立于潜在结果的，那么有：

$$\frac{1}{N_T}\sum_{i=1}^{n}(y_i \mid d_i = 1) - \frac{1}{N_C}\sum_{i=1}^{n}(y_i \mid d_i = 0) = E[Y^1] - E[Y^0]$$
$$SDO = ATE$$

在这种情况下，所需要的仅仅是：（a）可观测结果的数据；（b）处理

---

① 在 Craig［2006］中有一个例子，一位银行家在玩扑克时，如果自己手上的牌比较差，他就会用手表上的秒针作为随机数字生成器，随机地吓唬别人。

分配的数据，以及（c）（Y^1, Y^0）⊥ D。我们称（c）为独立性假设。为了说明以此即可得到 SDO，我们不妨使用如下的蒙特卡洛模拟。注意，本例中的 ATE 等于 0.6。

STATA

independence.do

```
1   clear all
2   program define gap, rclass
3
4       version 14.2
5       syntax [, obs(integer 1) mu(real 0) sigma(real 1) ]
6       clear
7       drop _all
8       set obs 10
9       gen      y1 = 7 in 1
10      replace y1 = 5 in 2
11      replace y1 = 5 in 3
12      replace y1 = 7 in 4
13      replace y1 = 4 in 5
14      replace y1 = 10 in 6
15      replace y1 = 1 in 7
16      replace y1 = 5 in 8
17      replace y1 = 3 in 9
18      replace y1 = 9 in 10
19
20      gen      y0 = 1 in 1
21      replace y0 = 6 in 2
22      replace y0 = 1 in 3
23      replace y0 = 8 in 4
24      replace y0 = 2 in 5
25      replace y0 = 1 in 6
26      replace y0 = 10 in 7
27      replace y0 = 6 in 8
28      replace y0 = 7 in 9
29      replace y0 = 8 in 10
30      drawnorm random
31      sort random
32
33      gen      d=1 in 1/5
34      replace d=0 in 6/10
35      gen      y=d*y1 + (1-d)*y0
```

(continued)

138

STATA *(continued)*
36   egen sy1 = mean(y) if d==1
37   egen sy0 = mean(y) if d==0
38   collapse (mean) sy1 sy0
39   gen sdo = sy1 - sy0
40   keep sdo
41   summarize sdo
42   gen mean = r(mean)
43   end
44
45   simulate mean, reps(10000): gap
46   su _sim_1
47

139

R
independence.R

```
1   library(tidyverse)
2
3   gap <- function()
4   {
5     sdo <- tibble(
6       y1 = c(7,5,5,7,4,10,1,5,3,9),
7       y0 = c(1,6,1,8,2,1,10,6,7,8),
8       random = rnorm(10)
9     ) %>%
10      arrange(random) %>%
11      mutate(
12        d = c(rep(1,5), rep(0,5)),
13        y = d * y1 + (1 - d) * y0
14      ) %>%
15      pull(y)
16
17    sdo <- mean(sdo[1:5]-sdo[6:10])
18
19    return(sdo)
20  }
21
22  sim <- replicate(10000, gap())
23  mean(sim)
```

这个蒙特卡洛模拟运行了 10 000 次，通过生成的随机数字排列，确保了每次都能计算独立情形下的平均 SDO。在我们运行的这个程序中，ATE 是 0.6，SDO 的均值为 0.590 88。[1]

在我们继续学习 SDO 之前，有必要先强调有些学生在第一次学习独立性的概念和符号时经常忽略的东西。独立性并不意味着 $E[Y^1 \mid D=1] - E[Y^0 \mid D=0] = 0$，也不意味着 $E[Y^1 \mid D=1] - E[Y^0 \mid D=1] = 0$。相反，在一个大的总体中[2]，它意味着：

$$E[Y^1 \mid D=1] - E[Y^1 \mid D=0] = 0$$

也就是说，独立性意味着两组个体（手术组和化疗组）在总体中具有相同的平均潜在结果。

140

观测数据的独立性有多可信？经济学——或许比任何其他科学更苛刻——认为独立性不太可能在观测数据中成立。经济参与者总是试图达到某种最优状态。例如，父母会把孩子送到他们认为对孩子最好的学校，而这一选择是基于潜在结果做出的。换句话说，人们在主动**选择**他们的干预措施，而他们的决定很可能与潜在结果有关，这使得简单地对结果进行比较变得不合适。理性选择总是与独立性假设背道而驰，因此，简单地对均值进行比较无法近似出真正的因果效应。我们需要在比较前进行个体层面的随机化，以帮助我们理解其中的因果效应。

SUTVA。鲁宾认为，这种计算背后存在一系列的假设，他把这些假设称为**稳定个体处理值假设**（stable unit treatment value assumption），简称 SUTVA。这有点拗口，它的意思是：潜在结果框架限制了我们对处理效应的计算。当这些限制在数据中无法可靠地被满足时，我们就必须想出一个新的解决方案。这些限制是说，每个个体都必须接受相同剂量的处理；当一个个体面对某种处理时，对其他个体没有溢出（外部性）的潜在结果；也没有一般均衡效应。

第一，这意味着所有个体都以相同的剂量接受处理。我们很容易找到违反这一假设的情况，例如，有些医生的技术比其他医生更好。在这种情况下，我们对于把什么定义为处理，以及不把什么定义为处理，需要小心谨慎。

---

[1]　因为其并不是一个 seed 函数，所以当你运行它时，得到的答案会很接近，但又会因为抽样的随机性而略有不同。

[2]　这里有一个简单的方法来记住独立意味着什么。那就是"竖线之前的项一样，但竖线之后的项不同"。独立性保证了总体 Y^1 对于每一组来说都是相同的。

第二，这意味着没有外部性，因为根据定义，外部性会溢出到其他未处理的个体。换句话说，如果个体1接受了处理，并且存在一定的外部性，那么个体2现在的 Y^0 值将不同于个体1没有接受处理时的 Y^0 值。我们假定不会出现这种溢出效应。然而，当存在这种溢出效应时，比如当我们处理社交网络数据时，我们将需要使用能够明确解释这种违反了 SUTVA 行为的模型，如 Goldsmith-Pinkham 和 Imbens［2013］的模型。

与这个溢出问题相关的是一般均衡问题。让我们重新回到估计学校教育收益的因果效应这一问题上。在一般均衡状态下，大学教育的增加会导致相关工资的变化，而这与部分均衡状态下产生的变化不同。当考虑从实验设计外推到对某些总体进行大规模干预时，这种放大所产生的问题就会引起普遍的关注。

复现"了解艾滋病毒（HIV）状况的需求"（replicating "demand for learning HIV status"）。丽贝卡·桑顿（Rebecca Thornton）是一位多产且富有创造力的发展经济学家。她的研究跨越了许多发展领域的主题，并评估了关于最优 HIV 政策、学习需求、割礼、教育等极其重要的问题。其中一些论文已成为相关领域的重大成果。她一丝不苟、仔细认真，已经成为撒哈拉以南非洲地区研究艾滋病的顶尖专家。我想讨论一下她在读研究生时，在马拉维（Malawi）* 的村庄内进行的一个雄心勃勃的项目，该项目涉及现金激励是否会导致人们更想要了解自己的 HIV 状况，以及这种了解对之后的危险性行为产生的层叠效应（cascading effect）［Thornton，2008］。

桑顿的研究是在"人们相信 HIV 检测可以用来对抗这种流行病"这一政策背景下出现的。这个想法很简单：如果人们知道了自己的 HIV 感染状况，那么他们可能会在得知自己被感染后采取预防措施，进而降低感染率。例如，他们可能会寻求医疗救治，从而延长他们的生命，提高他们所享受的生活质量。通过得知他们的 HIV 感染状况，也许发现是 HIV 阳性会让他们减少高危行为。如果确实如此，那么增加检测可能会在整个性行为网络（sexual network）中产生摩擦，从而减缓 HIV 的流行。这个政策是如此地贴近常识，以至于它所依据的假设都没有受到挑战，直到 Thornton［2008］在马拉维的农村做了一个巧妙的实地实验。和许多研究一样，她的结果喜忧参半。

---

* 马拉维，一般指马拉维共和国，位于非洲东南部，是世界上最不发达的国家之一。——译者注

如果不通过实验而试图了解人们对 HIV 感染状况的需求，或 HIV 感染状况对健康行为的影响，通常都是不可能的。如果每个人都以最佳的方式选择了解自己的类型或进行有益健康的行为，那么对 HIV 状况的了解就不太可能独立于潜在结果。几乎可以肯定的是，正是这些潜在结果塑造了人们获取信息和从事任何风险行为的决定。因此，如果我们要检验这一常识性政策背后的基本假设，进行实地实验是必不可少的。

她是怎么做到的呢？研究人员向马拉维村庄内的受访者提供了免费且逐门逐户的 HIV 检测，这些受访者们被随机分配到无代金券或有代金券（从 1 美元到 3 美元不等）的组内。一旦他们去了附近的自愿咨询和测试中心（VCT），这些代金券就可以兑换。最令人鼓舞的消息是，金钱奖励在促使人们获取检测结果方面非常有效。平均而言，与没有获得任何报酬的人相比，获得现金代金券的被调查者去 VCT 获取检测结果的可能性是前者的两倍。这种激励有多大？在她的实验中，平均激励值是一天的工资。但她发现，即使是最少的激励，也就是 1/10 天的工资，也可以使受访者出现积极寻求检测结果的行为。桑顿指出，即使是少量的金钱推动也可以用来鼓励人们了解自己的 HIV 类型，这具有明显的政策意义。

然而实验的第二部分给她第一次得出的结果泼了一盆冷水。在给予受访者现金激励几个月后，桑顿对他们进行了跟踪调查，并采访了他们随后的健康行为。受访者也有条件购买避孕套。利用对 HIV 状况认知的激励措施所做的随机分配，她可以分离出了解 HIV 状况本身对购买避孕套的因果效应，而是否购买避孕套则作为是否进行危险性行为的代理变量。她发现，在了解了个体 HIV 状况（通过随机分配的激励）的条件下，HIV 呈阳性的个体确实比那些不了解自己状况且 HIV 呈阳性的个体增加了避孕套的使用，但其购买的避孕套只比那些不了解自己状况的样本多了两个。这项研究表明，某些延伸类型的服务，如上门检测，可能会让人们了解他们的状况，当与激励措施捆绑在一起时更是如此。但是，仅仅是被鼓励去了解自己是否感染了 HIV，可能本身并不会导致 HIV 阳性患者减少高危性行为（比如不使用避孕套性交）。 *143*

桑顿的实验比我在这里所能描述的要复杂得多，而且，我们现在只关注实验中的现金转移（以代金券形式发放）方面。我们将重点关注她的激励结果。但在此之前，让我们先看看她发现了什么。表 4-4 展示了她的发现。

表 4 - 4　金钱激励和距离对了解 HIV 结果的影响 [Thornton，2008]

	1	2	3	4	5
是否得到激励	0.431*** (0.023)	0.309*** (0.026)	0.219*** (0.029)	0.220*** (0.029)	0.219*** (0.029)
激励的量		0.091*** (0.012)	0.274*** (0.036)	0.274*** (0.035)	0.273*** (0.036)
激励的量的平方			−0.063*** (0.011)	−0.063*** (0.011)	−0.063*** (0.011)
HIV	−0.055* (0.031)	−0.052 (0.032)	−0.05 (0.032)	−0.058* (0.031)	−0.055* (0.031)
距离（千米）				−0.076*** (0.027)	
距离的平方				0.010** (0.005)	
控制变量	是	是	是	是	是
样本规模	2 812	2 812	2 812	2 812	2 812
平均参与率	0.69	0.69	0.69	0.69	0.69

注：第 1~5 列表示 OLS 系数；括号中为聚类于村庄（共计 119 个村庄）且考虑了地区固定效应的稳健标准误。所有的技术指标同时包含了一个平方项。"是否得到激励"是一个描述被调查者是否收到了任意不为零的现金激励的指示变量。"HIV"是一个表示 HIV 呈阳性的指示变量。"距离"是指基于地理坐标，从被调查者的家到随机分配的 VCT 的直线球面距离，以千米为测量单位。*** 表示在 99% 的置信水平上与零显著不同。** 表示在 95% 的置信水平上与零显著不同。* 表示在 90% 的置信水平上与零显著不同。

　　由于她的项目使用随机分配的现金转移识别了了解自身 HIV 状况与否的因果效应，她创建了一个与所考虑的潜在结果相独立的处理分配。即使无法直接检验它（也就是说，潜在结果是看不见的），我们也可以确信这一点，因为我们知道科学是如何运作的。换句话说，随机化就是通过设计使得处理分配独立于潜在结果。因此，对均值简单作差就足以得到对因果效应的基本估计值。

　　基于若干原因，桑顿想要估计一个含有控制变量的线性回归模型，而不是使用均值的简单差。第一，这样做允许她引入各种控制变量，而这可以减小残差方差，从而提高估计的精度。其价值也正在于此，在提高精度后，她能够排除更广泛的处理效应，从技术上讲，这些处理效应包含在她的置信区间内。虽然在这种情况下仍然存在可能性，但这并不重要，因为如我们所见，她得到的标准误很小。

引入控制变量还有其他价值。例如，如果分配是基于某些观测变量进行的，或者分配是在不同的时间进行的，那么为了分离出这些变量自身的因果效应，从技术上来说，包含这些控制变量（如地区固定效应）就是十分有必要的。最后，回归生成了恰切的标准误，也许就这一点而言，我们也应该给它一个机会。[①]

那么桑顿发现了什么呢？她使用最小二乘作为其主要模型，结果展示在第1~5列中。她发现的这一效应的大小可以被描述为"巨大"的。因为只有34%的对照组参与者去了中心，以了解其HIV状况。而令人印象深刻的是，收到任何数量的钱都会使想了解自己HIV状况的人数增加43个百分点。金钱激励——即使是非常小的激励——都可以促使许多人克服困难去收集健康数据。

第2~5列也很有趣，但我就不在这里过多赘述了。简而言之，第2列包括激励金额的控制，激励金额从0美元到3美元不等。这让我们能够估计每增加1美元对了解自己HIV状况的人数的线性影响，这一线性函数是相对陡峭的。第3列和第5列包含了一个二次项，结果我们看到，虽然每增加1美元，了解自己HIV状况的人数就会增加，但增长速度是递减的。第4列和第5列包含了对VCT距离的控制，与其他研究一样，距离本身就是一些类型的医疗保健的障碍 [Lindo et al. , 2019]。

桑顿还制作了一个简单的结果图（见图4-1），该图是一个显示了处理组与对照组的平均值和置信区间的柱状图。正如我们在整本书中不断看到的，那些在因果效应估计上表现最好的论文，总是会用聪明而有效的图片来总结他们的主要结果，这项研究也不例外。如图4-1所示，该效应是巨大的。

了解自己的HIV状况很重要，特别是如果这能促使他们更注重卫生健康的话，如果推进了解自己HIV状况的政策能改变HIV呈阳性个体的高危性行为，那么这些政策的收益将非常高。事实上，考虑到通过降低风险的行为将阻碍引入性行为网络所带来的乘数效应（特别是如果它破坏了同时存在的伙伴关系的情况），这些努力可能会非常有益，以至它们证明了许多其他类型的计划是不划算的。

桑顿在她的后续调查中调查了现金转移对他们（不管他们是否了解了

144
145
146

---

①　她选择把标准误聚类于村庄（共119个）。在这样做的过程中，她解决了我们之前在概率和回归章节讨论聚类时发现的过度拒绝（over-rejection）问题。

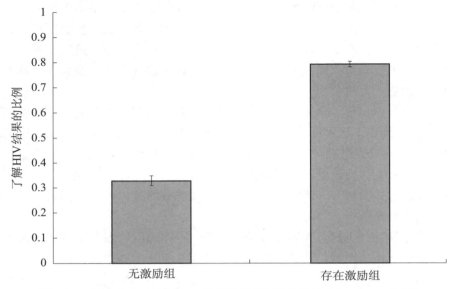

图 4 - 1 现金转移对了解 HIV 检测结果的可视化表示 [Thornton, 2008]

自己的 HIV 状况) 购买避孕套的影响。让我们首先在图 4 - 2 中看看她的
主要结果。

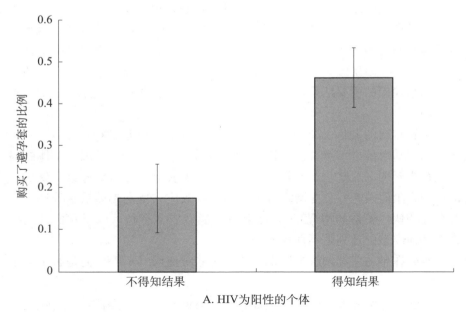

A. HIV为阳性的个体

图 4 - 2 现金转移对 HIV 阳性个体购买避孕套影响的可视化表示 [Thornton, 2008]

最开始得到的发现是令人鼓舞的：作为这一激励的结果，他们发现对HIV 阳性的个体而言，这一激励对避孕套的购买有很显著的效应。在任意激励手段下，购买了避孕套的人数都从基线水平的 30% 多一点上升到了80%。但当我们检查这实际上意味着购买了多少额外的避孕套时，事情变得令人沮丧。在表 4-5 的第 4 列和第 5 列中，我们发现了问题。

表 4-5　性行为活跃的人群中的个体了解 HIV 结果后的反应〔Thornton，2008〕

自变量	购买避孕套		避孕套的购买量	
	OLS	IV	OLS	IV
得知结果	−0.022 (0.025)	−0.069 (0.062)	−0.193 (0.148)	−0.303 (0.285)
得知结果与 HIV 的交互项	0.418*** (0.143)	0.248 (0.169)	1.778*** (0.564)	1.689** (0.784)
HIV	−0.175** (0.085)	−0.073 (0.123)	−0.873 (0.275)	−0.831 (0.375)
控制变量	是	是	是	是
样本规模	1 008	1 008	1 008	1 008
均值	0.26	0.26	0.95	0.95

注：样本包含那些既接受了 HIV 检测又存在于人口统计数据中的个体。

为了方便读者，也为了准确起见，桑顿以两种方式明智地处理了这个问题。她想知道"得知结果"的效应，但结果只对（1）那些想了解自己HIV 状况的人以及（2）那些 HIV 呈阳性的人有影响。如果他们是 HIV呈阴性的个体，那么这一效应就不应该显著了。这就是她最终的发现，那么，她是如何回答第一个问题的呢？在这里，她通过交互项研究了那些得知结果和 HIV 呈阳性的人的效应。表 4-5 中的第 2 列：那些得知 HIV 检测结果，并且得知自己感染了 HIV 的人，在之后的几个月内购买避孕套的可能性增加了 41.8%。然而，一旦她在工具变量框架中**随机化**（randomization）了激励，这个结果就会缩小，我们将在本书后面讨论这个工具变量框架。交互项的系数几乎被削减了一半，而且她的置信区间也变得很大，以至我们不能确定这一效应是否存在。

不过，让我们做出如下认定：她之所以没有找到对任意购买行为的影响，是因为样本规模小到无法提取出相应的影响，而工具变量法（IV）需要更多的数据。如果我们用一些包含更多信息的指标（比如买了多少个避孕套）会怎么样呢？而这就是事情变得开始令人悲观的地方。确实，桑顿

148 发现，证据表明，HIV 呈阳性的个体会购买更多的避孕套。但是当我们看到具体数量时，我们会发现，在随机访问中的被试仅仅多购买了大约两个避孕套（列 4—列 5）。而且其对性行为本身的影响（未列出）是负向的、很小（减少了 4%），并且均没有足够的可信度。

总之，桑顿的研究是一种我们在因果推断中会经常遇到的研究类型，她的研究结论既有积极的一面，也有消极的一面。积极的一面是：用小的激励措施就可以推动人们去收集有关自己 HIV 状况的信息。但是，当我们了解到这对实际风险行为的影响不是很大时，我们的热情就又被削弱了。结果显示，几个月后，HIV 呈阳性的个体仅仅多购买了两个额外的避孕套，除非这一结果发生在了高危 HIV 阳性个体的身上，否则很难产生较为明显的正外部性。

随机化推断

在 Athey 和 Imbens［2017a］关于随机实验的章节中，他们指出，"在基于随机化的推断中，估计的不确定性来自处理的随机分配，而不是来自假设样本抽样自一个大型总体"（73）。包括阿西（Athey）和因本斯（Imbens）在内，越来越多的经济学家们开始使用基于随机化的方法，推断某个估计出的参数不仅仅是偶然变动的结果的概率。这一趋势使用基于随机化的方法构建精确的 p 值，以反映在多大程度上，单纯依靠偶然性无法生成这一估计值。

为什么现在随机化推断变得如此普遍？为什么其在 20 年前或更久之前没有流行呢？目前我们还无法准确地说明为什么近年来基于随机化的推断如此流行，但有几种可能性可以解释这一趋势。可能是因为在经济学中对随机对照试验使用的增加；大型行政管理数据库（比起"基于更大总体的抽样"，这类数据库更应该被称为"全部数据"）可获取性的增加，或者也

149 可能是因为计算能力得到了很大的提升，使得在处理数以千计的观测数据时，可以非常轻松地实现随机化推断。但不管原因是什么，使用随机化推断来谈论围绕估计值的不确定性已经成为一种非常普遍的方式。

我们至少有三个选择进行随机化推断的原因。首先，这可能是因为我们的工作对象不再是样本而是总体数据，由于标准误通常是基于它们反映了抽样的不确定性而被证明是合理的，所以此时传统方法可能不再具有意义。而在因果研究中，其核心的不确定性不是基于抽样的不确定性，而是基于我们不知道的反事实［Abadie et al.，2020，2010］。其次，在特定的

环境中，比如当我们只有少量接受处理的个体时，我们可能会对诉诸估计量的大样本特征感到不大自在。在这种情况下，可能假设个体数量大至无限会增加可信度［Buchmueller et al., 2011］。在实践中，这个问题尤其大。Young［2019］的研究表明，在有限样本中，一些观测结果通常会经历集中杠杆（concentrated leverage）。而这会导致标准误和估计值发生波动，并可能导致过度拒绝问题。随机化推断可以使这些离群值更加稳健。最后，因为有些人是凭直觉发现它们的，这类基于安慰剂的推断似乎还存在某种审美偏好。虽然据此并不足以让我们采用方法论的程序（methodological procedure），但是我们还是常听人说，只是因为易于理解，他们就使用了随机化推断。我认为这是很值得注意的，因为你的研究可能也会收到类似的评论。但在我们深入下去之前，不妨先来讨论一下它的历史，其可以追溯到 20 世纪早期的罗纳德·弗希尔（Ronald Fisher）。

女士品茶（lady tasting tea）。费希尔［Fisher, 1935］描述了一个思想实验，在这个实验中，一位女士声称她能分辨出在一杯奶茶中，先倒进杯子里的是牛奶还是茶。虽然费希尔没有透露她的名字，但我们现在知道这个思想实验中的女士是 Muriel Bristol，而且这个思想实验也确实发生过。[①] Muriel Bristol 是一个拿到了博士学位的科学家，在那个时候，女性很少能成为博士科学家。一天，在喝下午茶时，Muriel 说她有能力分辨出，在一杯奶茶中，茶和牛奶加入杯子里的顺序。出于对这一论断的怀疑，费希尔现场设计了一个实验来检验她自称拥有的这一能力。

对这一假设更为恰当的陈述是：给定一杯奶茶，该女士可以分辨出这杯奶茶里首先加入的是茶还是牛奶。为了验证她的说法，费希尔准备了 8 杯奶茶：其中 4 杯先加入牛奶，再加入茶，另外 4 杯则先加入茶，再加入牛奶。她需要正确识别出多少杯，才能让我们相信她确有这一神奇能力呢？

Fisher［1935］提出了一种基于排列的推断方法——我们现在称这种方法为费希尔精确检验（Fisher's exact test）。如果她只依靠猜测，正确地选择出全部 4 杯的可能性足够低的话，那么我们就可以认为这位女士有很大的概率（而不是确定地）掌握了这一品鉴奶茶的能力。按顺序选择出 4 杯奶茶的方法总共有 $8 \times 7 \times 6 \times 5 = 1\ 680$ 种。而排列这 4 杯奶茶的方法有 $4 \times 3 \times 2 \times 1 = 24$ 种。所以从 8 杯奶茶中选择 4 杯，共有 $1\ 680/24 = 70$ 种可能性。注意，在这一实验中，这位女士需要从 8 杯奶茶中选出 4 杯。所以，

---

① 显然，Bristol 猜对了 4 杯茶。

她纯粹依靠猜测，正确识别出全部 4 杯的概率是 1/70，即 $p=0.014$。

不过，如果你能看到一个模拟，你可能会对这个方法更有信心。所以，让我们来做一个简单的组合练习。你可以使用如下代码。

STATA
tea.do

```
1    clear
2    capture log close
3
4    * Create the data. 4 cups with tea, 4 cups with milk.
5
6    set obs 8
7    gen cup = _n
8
9    * Assume she guesses the first cup (1), then the second cup (2), and so forth
10   gen       guess = 1 in 1
11   replace guess = 2 in 2
12   replace guess = 3 in 3
13   replace guess = 4 in 4
14   replace guess = 0 in 5
15   replace guess = 0 in 6
16   replace guess = 0 in 7
17   replace guess = 0 in 8
18   label variable guess "1: she guesses tea before milk then stops"
19
20   tempfile correct
21   save "`correct'", replace
22
23   * ssc install percom
24   combin cup, k(4)
25   gen permutation = _n
26   tempfile combo
27   save "`combo'", replace
28
29   destring cup*, replace
30   cross using `correct'
31   sort permutation cup
32
33   gen       correct = 0
34   replace correct = 1 if cup_1 == 1 & cup_2 == 2 & cup_3 == 3 & cup_4 == 4
35
```

(continued)

151

STATA *(continued)*

```
36   * Calculation p-value
37   count if correct==1
38   local correct `r(N)'
39   count
40   local total `r(N)'
41   di 'correct'/`total'
42   gen pvalue = (`correct')/(`total')
43   su pvalue
44
45   * pvalue equals 0.014
46
47   capture log close
48   exit
```

R

tea.R

152

```
1    library(tidyverse)
2    library(utils)
3
4    correct <- tibble(
5      cup   = c(1:8),
6      guess = c(1:4,rep(0,4))
7    )
8
9    combo <- correct %$% as_tibble(t(combn(cup, 4))) %>%
10     transmute(
11       cup_1 = V1, cup_2 = V2,
12       cup_3 = V3, cup_4 = V4) %>%
13     mutate(permutation = 1:70) %>%
14     crossing(., correct) %>%
15     arrange(permutation, cup) %>%
16     mutate(correct = case_when(cup_1 == 1 & cup_2 == 2 &
17                     cup_3 == 3 & cup_4 == 4 ~ 1,
18                     TRUE ~ 0))
19   sum(combo$correct == 1)
20   p_value <- sum(combo$correct == 1)/nrow(combo)
```

可以注意到，这两种方法得到的答案是一样的——0.014。那么，让我们回到布里斯托尔博士的例子中来。在这个例子中，要么她没有能力区分茶和牛奶倒入的先后顺序，但纯粹出于运气选出了正确的 4 杯，要么就是她（如她所说的）确实有能力区分茶和牛奶倒入的先后顺序。由于出于运气得到正确答案的可能性极低（1/70），我们有理由相信她确实拥有这一天赋。

所以，我们到底做了什么呢？我们所做的只是提供了一个精确的概率值，该概率值说明了观测到的现象只是偶然产物的可能性。你永远不能把因果推断的基本问题抛在脑后：我们永远无法知道一个因果效应。我们只能估计它。然后，我们依靠其他程序来给出理由，使我们相信计算出的数字可能就是因果效应。就像所有的推断一样，随机化推断是关于一种特定信念的认识论框架——具体而言，就是机运（chance）通过某种特定的程序，创造出这一观测值的似然性。

这个例子虽然激励费希尔发展出了这个方法，但却并不是一个可以估计因果效应的实验设计。所以现在我想更进一步。我希望在做出可信的因果陈述方面，随机化推断过程可以成为一个更加有趣而强大的工具。

费希尔尖锐零假设方法论（methodology of Fisher's sharp null）。让我们在一个更容易理解的背景（简单实验或准实验）下，讨论更多关于随机化推断的含义，并以阐述我们如何实现它的代码来结束对它的讨论。随机化推断的主要优点是：它允许我们进行概率计算，以揭示数据是否可能来自真正的随机分布。

如果不先理解**费希尔尖锐零假设**（Fisher's sharp null）这一概念，我们就很难理解这一方法论。费希尔尖锐零假设是说"在我们的数据中，没有任何个体在处理时具有因果效应"。虽然这是一个微妙且不是很清楚的概念，但只需通过一些例子，它就会变得清晰很多。费希尔尖锐零假设的价值在于，它允许我们做出一个"精确的"推断，而无须依赖于假设的分布（例如，高斯分布）或大样本近似。从这个意义上说，它是**非参数化的**（nonparametric）。[①]

有些人在第一次面对随机化推断的概念时会想："哦，这听起来像是一个重置随机抽样实验"（bootstrapping），但实际上，这两者是完全不同的。重置随机抽样的 p 值是从样本中随机抽取的，并进一步用于进行推断。这意味着重置随机抽样实验主要是关于样本中观测值的不确定性。但随机化推断的 p 值与样本中的不确定性无关；相反，它是基于一个样本中

①　简单来说，我的意思是，这一推断不依赖于数据生成过程中的渐近性或某种特定类型的分布。

的**某个个体**被分配到的处理值的不确定性。

为了帮助大家理解随机推断，我们将其分解为几个方法论的步骤。我 *154*
们可以认为随机化推断共有六个步骤：（1）尖锐零假设的选择；（2）零假
设的构建；（3）不同处理向量（treatment vector）的选择；（4）新处理向
量相应的检验统计量的计算；（5）对许多新的处理向量（理想情况下，所
有可能的组合）循环步骤（3）的随机化；以及（6）计算出确切的 p 值。

得到 p 值的步骤（steps to a p value）。费希尔和奈曼（Neyman）就
第（1）步进行了讨论。一方面，费希尔的尖锐零假设是说**每个单独的个
体**（single unit）的处理效应为零，这也可以导致 ATE 为零。而另一方
面，奈曼从另一个方向开始，他的说法是没有**平均**处理效应，并不是每个
个体的处理效应均为零。这是一个重要的区别。为了看清这一点，假设你
的处理效应是 5，我的处理效应是 -5。那么此时就有 $ATE=0$，这体现了
奈曼的思想。但费希尔的思想是我的处理效应是零，你的处理效应也是零。
这就是"尖锐"的意思——字面上的意思是，任何单独的个体都没有处理效
应。我们不妨用潜在结果符号来表示这一点，它可以帮助阐明我的意思。

$$H_0: \delta_i = Y_i^1 - Y_i^0 = 0, \ \forall i$$

这种讨论对我们有什么帮助，可能看起来不是那么显而易见，我们不妨
考虑一下这一点——由于我们知道所有的观测值，如果不存在处理效应，那么
我们也将知道每个个体的反事实。让我用表 4-6 中的例子来说明我的观点。

如果仔细看过表 4-6，你就会发现对于每个个体，我们只能观测到一 *155*
个潜在结果。但在这个尖锐零假设下，我们可以推断出另一个缺失的反事
实结果。我们只有（基于转换方程的）观测结果的信息。如果一个个体接
受了处理，那么我们可以知道其 Y^1，但却无法知道其 Y^0。

表 4-6 缺失反事实情况下的 8 人数据示例

姓名	D	Y	Y^0	Y^1
Andy	1	10	.	10
Ben	1	5	.	5
Chad	1	16	.	16
Daniel	1	3	.	3
Edith	0	5	5	.
Frank	0	7	7	.
George	0	8	8	.
Hank	0	10	10	.

第（2）步是构建所谓的"检验统计量"。这又是什么东西？检验统计量 $t(D, Y)$ 是一个已知的**标量**（scalar），我们可以通过处理分配和观测结果计算出它。通常而言，它不过是通过 D 来度量 Y 值之间的关系。在本节的余下部分，我们将构建出各种各样的方法，人们正是依靠这些方法构造出了形形色色的检验统计量，不过，我们将从一种相当直接的测量方法开始——结果均值的简单作差。

检验统计量最终可以帮助我们区分开尖锐零假设和其他一些假设。如果你想要你的检验统计量具有很高的统计功效（statistical power），那么你需要在零假设不成立时对检验统计量取"极端"值（即，取值的绝对值很大），并且你需要让这些巨大的取值不太可能在零假设为真时出现。[①]

就像我们所说的，有很多方法可以估计出一个检验统计量，我们将讨论其中的几种，让我们先从结果均值的简单差开始。处理组的均值为 34/4，对照组的均值为 30/4，两者之间的差为 1。因此，基于我们样本中给出的这个**特定的**（particular）处理分配——注意，是真实的分配——有一个对应的等于 1 的检验统计量（结果均值的简单差）。

费希尔尖锐零假设所蕴含的是这种方法中更有趣的部分。虽然从历史上看，我们不知道每个个体的反事实结果，但在尖锐零假设下，我们就**可以**知道每个个体的反事实结果了。这怎么可能呢？因为如果所有个体都不存在非零的处理效应，那么每个反事实的结果就必定等于其观测到的结果。这意味着我们可以用观测值来填补那些缺失的反事实值（见表 4-7）。

表 4-7　根据费希尔尖锐零假设为 8 人示例补充了反事实结果

姓名	D	Y	Y^0	Y^1
Andy	1	10	**10**	10
Ben	1	5	**5**	5
Chad	1	16	**16**	16
Daniel	1	3	**3**	3
Edith	0	5	5	**5**

① 有趣的是，这种方法的核心是什么——它实际上不是被设计用来收集细微处理效应的，因为那些过小的值通常会被随机化过程所淹没。不过从哲学上讲，我们没有理由相信，平均处理效应一定会相对够大。这只是随机化推断的要求，以便从尖锐零假设中区分出真实效应。

续表

姓名	D	Y	Y^0	Y^1
Frank	0	7	7	**7**
George	0	8	8	**8**
Hank	0	10	10	**10**

注：在尖锐零假设下，我们可以推断出缺失的反事实结果，表中我用加粗字体表示。

　　这些缺失的反事实结果被相应的观测结果所取代，在个体水平上没有处理效应，因此 ATE 为零。如果实际上不存在平均处理效应，为什么我们之前发现结果均值的简单差却为 1 呢？很简单——这一差值只是噪声，原因就是如此的单纯而简单。它只是在费希尔尖锐零假设下对任意的处理分配的一个反映，通过纯粹的机缘巧合，这个分配产生了一个值为 1 的检验统计量。

　　让我们来总结一下。我们有一个特定的处理分配和一个对应的检验统计量。如果我们假设费希尔尖锐零假设成立，那么这个检验统计量就只是从某个随机过程中抽取出来的值。如果确是如此，那么我们就可以重新进行处理分配，计算一个新的检验统计量，并最终将这个"假的"检验统计量与真实的进行比较。

　　随机化推断的核心洞识在于，在尖锐零假设之下，处理分配最终并不重要。它明确地假设，当我们从一种处理状态转换到另一种时，反事实结果不会改变——它们总是等于观测到的结果。因此，对任意可能的处理分配向量，所有可能的检验统计量的集合就会服从随机分布。第（3）步和第（4）步即是通过**简单地**（literally）重新分配处理状态，并计算每种状态下独特的检验统计量，拓展了这一思路。当你重复这样做〔第（5）步〕时，你最终会遍历循环到所有可能的组合，而这些组合就会生成一个在尖锐零假设下检验统计量的分布。

157

　　得到检验统计量的整个分布后，就可以计算出精确的 p 值。那么该如何计算呢？简单地说，你需要对这些检验统计量进行排序，将真正的效应与排序相匹配，计算假的检验统计量占真实检验统计量的比例，然后用这个数字除以所有可能的组合。形式上是这样的：

$$\Pr(t(D,\,Y) \geq t(D,\,Y \mid \delta = 0)) = \frac{\sum_{D \in \Omega} I(t(D,\,Y)) \geq t(D,\,Y)}{K}$$

我们再一次看到了"精确"（exact）的含义。这些 p 值是精确的，而不是近似值。如果拒绝阈为 α（例如为 0.05），那么随机推断检验将错误地拒绝小于百分点为 $100 \times \alpha$ 的尖锐零假设。

例子（example）。我认为这个内容有点抽象，因为当事物比较抽象时，我们很容易混淆它们，所以我们不妨举一个带有一些新数据的例子。假设你在一个无家可归者收容所工作，那里有一个治疗精神疾病和药物滥用的认知行为疗法（CBT）项目。你只有足够招募 4 个人参加研究的资金，但是此时收容所内有 8 个人，因此，我们可以让 4 个人作为处理组、4 个人作为控制组。在 CBT 结束后，所有人都会接受访谈，以确定他们精神疾病症状的严重程度。治疗师将他们的心理健康状况按 0 到 20 分进行记录。利用以下信息，我们既可以填补缺失的反事实以满足费希尔尖锐零假设，又可以根据这个处理分配计算出相应的检验统计量。为了简单起见，我们假设检验统计量是结果均值的简单差。使用表 4-8 中的数据，这个特定处理分配的检验统计量仅为 $|34/4 - 30/4| = 8.5 - 7.5 = 1$。

表 4-8　无家可归者收容所中 8 个居住者的自我心理健康报告
（处理状态和控制状态）

姓名	D_1（15 美元）	Y（健康状况）	Y^0	Y^1
Andy	1	10	**10**	10
Ben	1	5	**5**	5
Chad	1	16	**16**	16
Daniel	1	3	**3**	3
Edith	0	5	5	**5**
Frank	0	7	7	**7**
George	0	8	8	**8**
Hank	0	10	10	**10**

现在我们进入随机化阶段。让我们重新进行处理分配，并对新的处理向量计算新的检验统计量。表 4-9 给出了这种排列方式。但首先，有一件事需要说明。在这个例子中，我们将保持受处理个体的数量不变。但是如果处理分配遵循一些随机过程〔如伯努利（Bernoulli）方程〕，那么受处理个体的数量就会是随机的，且随机的处理分配就会比我们现在做的要大。所以哪个做法是正确的呢？其实两者本身都不对。保持处理个体数量固定，最终会反映出在最初的处理分配中是否固定了处理个体的数量。这意味着你

需要知道你的数据以及每个个体被分配到的过程，从而知道如何进行随机推断。

表 4-9 第一次排列（保持接受处理的个体数量固定）

姓名	$\widetilde{D}_2$	Y	Y^0	Y^1
Andy	1	10	**10**	10
Ben	0	5	**5**	5
Chad	1	16	**16**	16
Daniel	1	3	**3**	3
Edith	0	5	5	**5**
Frank	1	7	7	**7**
George	0	8	8	**8**
Hank	0	10	10	**10**

通过对处理分配的随机化，我们可以计算出一个新的检验统计量 $|36/4-28/4|=9-7=2$。现在，在我们继续下面的内容之前，看看这个检验统计量：这一值为 2 的检验统计量是"假的"（fake），因为它不是通过真实的处理分配得到的。但是在零假设下，处理分配已经没有意义了，因为那样的话就没有非零的处理效应了。关键是，即使零效应假设成立，因为有限样本的性质，它通常也会产生非零效应。

我们且记下数字 2，并进行另外一种排列，通过这种排列，让我们再次对处理分配进行随机化。表 4-10 展示了这第二次排列，同样保持处理组和控制组的个体数量固定在 4:4。

与这一处理分配相关的检验统计量为 $|36/4-27/4|=9-6.75=2.25$。

159

表 4-10 第二次排列（保持接受处理的个体数量固定）

姓名	$\widetilde{D}_3$	Y	Y^0	Y^1
Andy	1	10	**10**	10
Ben	0	5	**5**	5
Chad	1	16	**16**	16
Daniel	1	3	**3**	3
Edith	0	5	5	**5**
Frank	0	7	7	**7**
George	1	8	8	**8**
Hank	0	10	10	**10**

同样，2.25 也是随机处理分配的一个抽样，因为其中的每个个体都没有处理效应。

每次随机化处理分配时，我们都可以计算出一个检验统计量，将该检验统计量存储起来，然后进行下一个组合。我们一遍又一遍地重复这个过程，直到遍历了所有可能的处理分配。让我们看看表 4 - 11 中的第一次迭代。

表 4 - 11　随机化处理分配中的几次排列

分配	D_1	D_2	D_3	D_4	D_5	D_6	D_7	D_8	$|T_i|$
真实的 D	1	1	1	1	0	0	0	0	1
$\widetilde{D}_2$	1	0	1	1	0	1	0	0	2
$\widetilde{D}_3$	1	0	1	1	0	0	1	0	2.25
...									

最后一步是计算精确的 p 值。要做到这一点，我们有两种方法。我们可以用软件来完成，这是一种很好的方法，或者我们也可以自己动手完成。出于教学方面的原因，我更倾向于自己动手。下面让我们开始吧。

STATA

ri.do

```
1   use https://github.com/scunning1975/mixtape/raw/master/ri.dta, clear
2
3   tempfile ri
4   gen id = _n
5   save "`ri'", replace
6
7   * Create combinations
8   * ssc install percom
9   combin id, k(4)
10  gen permutation = _n
11  tempfile combo
12  save "`combo'", replace
13
14  forvalue i =1/4 {
15      ren id_`i' treated`i'
16  }
17
```

(continued)

STATA *(continued)*

```
18
19   destring treated*, replace
20   cross using `ri'
21   sort permutation name
22   replace d = 1 if id == treated1 | id == treated2 | id == treated3 | id == treated4
23   replace d = 0 if ~(id == treated1 | id == treated2 | id == treated3 | id == treated4)
24
25   * Calculate true effect using absolute value of SDO
26   egen     te1 = mean(y) if d==1, by(permutation)
27   egen     te0 = mean(y) if d==0, by(permutation)
28
29   collapse (mean) te1 te0, by(permutation)
30   gen      ate = te1 - te0
31   keep     ate permutation
32
33   sort ate
34   gen rank = _n
35   su rank if permutation==1
36   gen pvalue = (`r(mean)'/70)
37   list pvalue if permutation==1
38   * pvalue equals 0.6
```

R
ri.R

```
1    library(tidyverse)
2    library(magrittr)
3    library(haven)
4
5    read_data <- function(df)
6    {
7    full_path <- paste("https://raw.github.com/scunning1975/mixtape/master/",
8              df, sep = "")
9    df <- read_dta(full_path)
10   return(df)
11   }
12
13   ri <- read_data("ri.dta") %>%
14     mutate(id = c(1:8))
15
```

(continued)

```
                              R (continued)
16    treated <- c(1:4)
17
18    combo <- ri %$% as_tibble(t(combn(id, 4))) %>%
19      transmute(
20        treated1 = V1, treated2 = V2,
21        treated3 = V3, treated4 = V4) %>%
22      mutate(permutation = 1:70) %>%
23      crossing(., ri) %>%
24      arrange(permutation, name) %>%
25      mutate(d = case_when(id == treated1 | id == treated2 |
26                    id == treated3 | id == treated4 ~ 1,
27                    TRUE ~ 0))
28
29    te1 <- combo %>%
30      group_by(permutation) %>%
31      filter(d == 1) %>%
32      summarize(te1 = mean(y, na.rm = TRUE))
33
34    te0 <- combo %>%
35      group_by(permutation) %>%
36      filter(d == 0) %>%
37      summarize(te0 = mean(y, na.rm = TRUE))
38
39    n <- nrow(inner_join(te1, te0, by = "permutation"))
40
41    p_value <- inner_join(te1, te0, by = "permutation") %>%
42      mutate(ate = te1 - te0) %>%
43      select(permutation, ate) %>%
44      arrange(ate) %>%
45      mutate(rank = 1:nrow(.)) %>%
46      filter(permutation == 1) %>%
47      pull(rank)/n
```

162

因为可能出现的组合的数量非常少，所以这个程序相当简单。在 8 个观测值中随意选择 4 个，共有 70 种选法。我们只需要对数据进行操作就可以完成这一点，不过一旦我们这样做了，实际的计算就会变得很简单。所以我们可以看到，估计出的 ATE 不能拒绝安慰剂分配中的原假设。

但通常我们使用的数据集要比只有 8 个观测值的数据集大得多。在这些情况下，我们不能使用这种推断方法，因为组合的数量会随着 n 的增加而增长得非常快。当 n 太大时，我们暂时不使用这种推断方法，直到以后有机会学习更多的内容时再考虑使用它。

其他的检验统计量（other test statistics）。回想一下，这种方法的第（2）步是选择检验统计量。[①] 当效应是可加的且数据中只有少量异常值时，结果均值的简单差（或其绝对值）是一个好的选择。但因为随机化分布会引入变动性，随之而来的异常值会给这一检验统计量带来问题，所以其他的检验统计量就变得更具有吸引力了。

在处理异常值和偏度方面，一个更普遍的转换是对数转换。Imbens 和 Rubin［2015］将其定义为根据处理状态在对数尺度（log scale）上的平均差异，或：

$$T_{\log} = \left| \frac{1}{N_T} \sum_{i=1}^{N} D_i \ln(Y_i) - \frac{1}{N_C} \sum_{i=1}^{N} (1 - D_i) \ln(Y_i) \right|$$

163

当原始数据存在偏度时，在取值为正（例如收益）的情况下，以及处理效应是可乘性而不是可加性的情况下，这是有意义的。

我们看到的另一个检验统计量是分位数作差的绝对值。这一统计量也能防止异常值，可以表示为：

$$T_{\text{中位数}} = \left| \text{中位数}(Y_T) - \text{中位数}(Y_C) \right|$$

我们可以看中位数、第 25 分位数、第 75 分位数，或者个体区间内的任意值。

异常值的问题也让我们考虑使用秩（rank）而不是差（difference）。当存在大量异常值、结果是连续的或者数据集很小的时候，这一考虑是有价值的。秩统计量将结果转化为秩，然后对秩本身进行分析。其基本的思想是对结果进行排序，然后比较处理组和控制组的平均排序。让我们先用一个例子来说明这一点（见表 4-12）。

表 4-12 用示例数据说明秩

姓名	D	Y	Y^0	Y^1	秩	R_i
Andy	1	10	**10**	10	6.5	2
Ben	1	5	**5**	5	2.5	-2
Chad	1	16	**16**	16	8	3.5

[①] 为了更深入地讨论以下问题，我强烈推荐 Imbens 和 Rubin［2015］这本优秀的书，特别是其中的第 5 章。

续表

姓名	D	Y	Y^0	Y^1	秩	R_i
Daniel	1	3	**3**	3	1	-3.5
Edith	0	5	5	**5**	2.5	-1
Frank	0	7	7	**7**	4	-0.5
George	0	8	8	**8**	5	0.5
Hank	0	10	10	**10**	6.5	2

如前所述，基于将潜在结果分配给实际结果的转换方程，我们只能观测到一半的潜在结果。但在费希尔尖锐零假设下，为了确保没有处理效应，我们可以插补出缺失的反事实。要计算秩，我们只需计算包括讨论的个体在内，拥有更高 Y 值的个体的数量。在考虑取值相等的情况下，我们会对所有相等个体取平均值。

以 Andy 为例。Andy 的值是 10。Andy 的值和他自己的值一样大（1）；比 Ben（2）、Daniel（3）、Edith（4）、Frank（5）和 George（6）的大；和 Hank 的一样大（7）。由于 Andy 和 Hank 的值一样大，我们取两者的平均值，因此它的秩是 6.5。现在来考虑 Ben。Ben 的值是 5。和他自己的值一样大（1），比 Daniel 的值大（2），和 Edith 的值一样（3）。因此，我们取 Edith 和他自己的平均值是 0.5，可以得到一个值为 2 的秩*。

不过，将秩标准化以使其均值为 0 也是很常见的，标准化的过程可以根据以下公式进行：

$$\tilde{R}_i = \tilde{R}_i(Y_1, \cdots, Y_N) = \sum_{j=1}^{N} I(Y_j \leqslant Y_i) - \frac{N+1}{2}$$

通过这一公式即可计算出表 4-12 中的最后一列，我们现在用它来计算检验统计量。让我们对秩标准化后的结果均值的简单差取绝对值，这里是：

$$T_{\text{rank}} = |0 - 1/4| = 1/4$$

为了计算精确的 p 值，我们将进行和前面一样的随机化过程，只是我们不计算结果均值的简单差，而是计算秩均值（mean rank）的简单差。

但是我们讨论过的所有这些检验统计量都是不同处理状态下的结果之差。我们考虑了结果均值的简单差、对数均值的简单差、分位数的差和秩的

---

* 此处疑似笔误，无论是计算，还是上文的表，我们得到的秩都是 2.5。——译者注

差。Imbens 和 Rubin［2015］指出，如果只关注数据的某些特征（例如偏度），会导致我们忽略其他方面的差异。如果处理组的潜在结果差异与控制组不同，尤其可能出现这一问题。仅仅关注我们讨论过的简单的平均差值可能不会产生"极端"到足以拒绝原假设的 p 值，即使原假设实际上并不成立。因此，我们可能对可以检验处理个体和控制个体之间**分布**（distributions）差异的检验统计量感兴趣。一个满足这一条件的检验统计量是科尔莫戈罗夫–斯米尔诺夫（Kolmogorov-Smirnov）检验统计量（见图 4–3）。

165

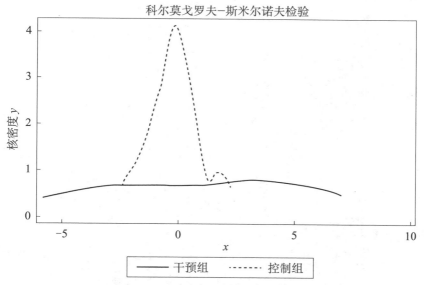

图 4-3　使用核密度的处理状态分布的可视化

我们首先定义经验累积分布函数（CDF）为：

$$\widehat{F}_C(Y) = \frac{1}{N_C} \sum_{i:D_i=0} 1(Y_i \leqslant Y)$$

$$\widehat{F}_T(Y) = \frac{1}{N_T} \sum_{i:D_i=1} 1(Y_i \leqslant Y)$$

如果两个分布相同，那么它们的经验 CDF 是相同的。但是请注意，经验 CDF 是函数，而检验统计量是**标量**（scalar）。那么我们如何将两个函数的差值转化为一个标量呢？很容易——我们可以使用两个经验 CDF 之间的**最大**差值。从视觉上看，它就是两个经验 CDF 之间最大的垂直距离。垂直距离就是我们的检验统计量，形式上可以表述为：

$$T_{KS} = \max |\widehat{F}_T(Y_i) - \widehat{F}_C(Y_i)|$$

STATA
ks.do

```
1   clear
2   input d y
3   0    0.22
4   0   -0.87
5   0   -2.39
6   0   -1.79
7   0    0.37
8   0   -1.54
9   0    1.28
10  0   -0.31
11  0   -0.74
12  0    1.72
13  0    0.38
14  0   -0.17
15  0   -0.62
16  0   -1.10
17  0    0.30
18  0    0.15
19  0    2.30
20  0    0.19
21  0   -0.50
22  0   -0.09
23  1   -5.13
24  1   -2.19
25  1   -2.43
26  1   -3.83
27  1    0.50
28  1   -3.25
29  1    4.32
30  1    1.63
31  1    5.18
32  1   -0.43
33  1    7.11
34  1    4.87
35  1   -3.10
36  1   -5.81
```

(continued)

167

STATA *(continued)*

```
37   1      3.76
38   1      6.31
39   1      2.58
40   1      0.07
41   1      5.76
42   1      3.50
43   end
44
45   twoway (kdensity y if d==1) (kdensity y if d==0, lcolor(blue) lwidth(medium)
     ↪    lpattern(dash)), \\\
46   title(Kolmogorov-Smirnov test) legend(order(1 ``Treatment'' 2 ``Control''))
```

R

ks.R

```
1    library(tidyverse)
2    library(stats)
3
4    tb <- tibble(
5      d = c(rep(0, 20), rep(1, 20)),
6      y = c(0.22, -0.87, -2.39, -1.79, 0.37, -1.54,
7           1.28, -0.31, -0.74, 1.72,
8           0.38, -0.17, -0.62, -1.10, 0.30,
9           0.15, 2.30, 0.19, -0.50, -0.9,
10          -5.13, -2.19, 2.43, -3.83, 0.5,
11          -3.25, 4.32, 1.63, 5.18, -0.43,
12          7.11, 4.87, -3.10, -5.81, 3.76,
13          6.31, 2.58, 0.07, 5.76, 3.50)
14   )
15
16   kdensity_d1 <- tb %>%
17     filter(d == 1) %>%
18     pull(y)
19   kdensity_d1 <- density(kdensity_d1)
20
21   kdensity_d0 <- tb %>%
22     filter(d == 0) %>%
23     pull(y)
24   kdensity_d0 <- density(kdensity_d0)
25
```

(continued)

R *(continued)*

```
26   kdensity_d0 <- tibble(x = kdensity_d0$x, y = kdensity_d0$y, d = 0)
27   kdensity_d1 <- tibble(x = kdensity_d1$x, y = kdensity_d1$y, d = 1)
28
29   kdensity <- full_join(kdensity_d1, kdensity_d0)
30   kdensity$d <- as_factor(kdensity$d)
31
32   ggplot(kdensity)+
33     geom_point(size = 0.3, aes(x,y, color = d))+
34     xlim(-7, 8)+
35     labs(title = "Kolmogorov-Smirnov Test")+
36     scale_color_discrete(labels = c("Control", "Treatment"))
```

为了计算 p 值，我们重复之前的例子。具体地说，我们会删掉处理变量，重新归类数据，重新分配新的（固定的）处理值，计算 T_{KS}，保存其系数，并重复 1 000 次或更多次，直到获得一个可以用来计算经验 p 值的分布。

n 值很大时的随机推断（randomization inference with large *n*）。当观测值的数量很大时，我们该怎么做呢？例如，桑顿的总样本是 2 901 名参与者。其中 2 222 人都得到了激励。Wolfram Alpha 是一个易于使用的在线计算器，其在可以用于更复杂的计算的同时，还有着易于使用的界面。如果你访问这个网站并输入 "2901choose2222"，你会得到如下截断数（truncated number）的组合：

6150566109498251513699280333307718471623795043419269261826403
1826638575892109580799569314255435267978378517415493374384524
5116605236515180505177864028242897940877670928487172011882232
188859425157359913561442831209350174382774646921558498587901123
688111563011540267646207996405072248645607065160780040934113065
554454001631215117700075033917909996216719688553972596860031228
6876803647309364809330746653307···

祝你在计算这些组合时好运。显然，用所有的组合来精确得到 p 值是行不通的。所以，我们要估算近似的 p 值。要在样本中估计一个满足尖锐零假设的检验统计量，我们需要随机分配处理，并重复这个过程数千次，然后我们就可以根据秩在分布中的位置计算与该处理分配相关的 p 值。

STATA

thornton_ri.do

```
1    use https://github.com/scunning1975/mixtape/raw/master/thornton_hiv.dta,
   ↪  clear
2
3    tempfile hiv
4    save "`hiv'", replace
5
6    * Calculate true effect using absolute value of SDO
7    egen      te1 = mean(got) if any==1
8    egen      te0 = mean(got) if any==0
9
10   collapse (mean) te1 te0
11   gen       ate = te1 - te0
12   keep      ate
13   gen iteration = 1
14
15   tempfile permute1
16   save "`permute1'", replace
17
18   * Create a hundred datasets
19
20   forvalues i = 2/1000 {
21
22   use "`hiv'", replace
23
24   drop any
25   set seed `i'
26   gen random_`i' = runiform()
27   sort random_`i'
28   gen one=_n
29   drop random*
30   sort one
31
32   gen       any = 0
33   replace any = 1 in 1/2222
34
```

(continued)

170

STATA *(continued)*

```
35   * Calculate test statistic using absolute value of SDO
36   egen      te1 = mean(got) if any==1
37   egen      te0 = mean(got) if any==0
38
39   collapse (mean) te1 te0
40   gen       ate = te1 - te0
41   keep      ate
42
43   gen       iteration = `i'
44   tempfile permute`i'
45   save "`permute`i''", replace
46
47   }
48
49   use "`permute1'", replace
50   forvalues i = 2/1000 {
51      append using "`permute`i''"
52   }
53
54   tempfile final
55   save "`final'", replace
56
57   * Calculate exact p-value
58   gsort -ate
59   gen rank = _n
60   su rank if iteration==1
61   gen pvalue = (`r(mean)'/1000)
62   list if iteration==1
63
```

R
thornton_ri.R

```
1   library(tidyverse)
2   library(haven)
3
4   read_data <- function(df)
5   {
6     full_path <- paste("https://raw.github.com/scunning1975/mixtape/master/",
7                 df, sep = "")
```

(continued)

	R *(continued)*

```
8    df <- read_dta(full_path)
9    return(df)
10   }
11
12   hiv <- read_data("thornton_hiv.dta")
13
14
15   # creating the permutations
16
17   tb <- NULL
18
19   permuteHIV <- function(df, random = TRUE){
20     tb <- df
21     first_half <- ceiling(nrow(tb)/2)
22     second_half <- nrow(tb) - first_half
23
24     if(random == TRUE){
25       tb <- tb %>%
26         sample_frac(1) %>%
27         mutate(any = c(rep(1, first_half), rep(0, second_half)))
28     }
29
30     te1 <- tb %>%
31       filter(any == 1) %>%
32       pull(got) %>%
33       mean(na.rm = TRUE)
34
35     te0 <- tb %>%
36       filter(any == 0) %>%
37       pull(got) %>%
38       mean(na.rm = TRUE)
39
40     ate <- te1 - te0
41     return(ate)
42   }
43
44   permuteHIV(hiv, random = FALSE)
45
```

(continued)

R *(continued)*

172

```
46  iterations <- 1000
47
48  permutation <- tibble(
49    iteration = c(seq(iterations)),
50    ate = as.numeric(
51      c(permuteHIV(hiv, random = FALSE), map(seq(iterations-1), ~permuteHIV(hiv,
         ↪ random = TRUE)))
52    )
53  )
54
55  #calculating the p-value
56
57  permutation <- permutation %>%
58    arrange(-ate) %>%
59    mutate(rank = seq(iterations))
60
61  p_value <- permutation %>%
62    filter(iteration == 1) %>%
63    pull(rank)/iterations
```

令人印象深刻的是，表 4 - 13 表明，在费希尔尖锐零假设下，桑顿实验在 100～1 000 次重复抽取时得到了非常显著的 p 值。事实上，在单边检验中，它总是排序最高的 ATE。

表 4 - 13　使用不同的试验次数估计 p 值

ATE	迭代	秩	p	试验次数
0.45	1	1	0.01	100
0.45	1	1	0.002	500
0.45	1	1	0.001	1 000

所以我们在这里做的是，得到与我们的检验统计量和尖锐零假设相关的 p 值的近似值。在实践中，如果抽取次数较多，基于这一随机样本的 p 值就会比较准确 [Imbens and Rubin，2015]。我之所以想要说明这种随机化方法，是因为在现实生活中，绝大多数情况下你都会使用随机化方法，因为任何合理类型的数据集所能产生的组合数量都是无法被投入计算的。

173

在某种程度上，现在的这个随机操作并没有揭示出太多，这可能是因为桑顿最初的发现一开始就太精确了（值为 0.4，标准误为 0.02）。我们可以对这个结果提出强烈的质疑，但这不会有任何结果。这里的目的主要是证明它在不同的方式下生成这些宝贵的 p 值时的稳健性，以及提供给你一幅自己动手进行编程时的导引图，并且可以使你用一种独立的、可论证的、直观的方式来思考显著性本身。

杠杆值（leverage）。在我们结束这一章之前，我想回到我之前说过的关于杠杆作用的问题。Young［2019］最近的一项引发广泛讨论的研究让我们意识到，当使用传统推断来估计某些不确定的点估计值（如稳健标准误）时，我们可能面临的挑战。他发现了这些传统推断形式的实际问题，虽然这些问题早前就被一些研究者所知道，但他们并没有像扬（Young）的研究那样突出这些问题。他强调的问题是一种**集中杠杆值**（concentrated leverage）。杠杆值是对右边变量的单个观测值出现极值的程度的度量指标，它对估计回归线的斜率有影响。即使只有少数几个观测值，集中杠杆值也可以使系数和标准误产生极大的偏离，甚至使稳健标准误产生向零的偏差，从而导致更高的拒绝率。

为了说明这个问题，Young［2019］做了一个简单的研究。他从美国经济学会的一流期刊《美国经济评论》（*American Economic Review*）、《美国经济学杂志：应用经济学》（*American Economic Journal：Applied*）和《美国经济学杂志：经济政策》（*American Economic Journal：Economic Policy*）中收集了 50 多篇有关（实验室和实地）实验的文章。然后，他使用作者们的模型重新分析了这些论文，通过删除一个观测值或聚类，重新估计整个模型。他的发现令人震惊：

> 仅仅剔除一些观测值，在 0.01 显著性水平下显著的结果中，平均每篇文章都有 35% 的结果在这个水平下变得不显著了。与之相反，在 0.01 的显著性水平下不显著的结果中，又有 16% 的结果在该水平下变得显著了。［567］

由于证据是如此依赖于少量观测值，这不禁会让人对我们工作的明确性产生怀疑，那么我们还有什么其他选择吗？本节讨论的基于费希尔尖锐零假设的随机化推断方法，除了上述考虑的理由外，还可以改善这些由杠杆值带来的问题。在代表性论文中，通过随机化推断发现，个体处理效应比作者自己的分析发现的显著性少了 13～22 个百分点。当少量观测值存在杠杆作用时，随机推断在某些情况下似乎表现得更为稳健。

结　论

　　总之，我们在本章略加推进。我们引入了潜在结果符号，并使用它来定义了各种因果效应。我们证明了结果均值的简单差等于平均处理效应、选择偏差和加权异质性处理效应偏差的总和。因此，除非第二项和第三项为零，否则结果均值的简单差这一估计量就是有偏的。在处理是独立的情况下，即当处理的分配独立于潜在结果时，第二项和第三项就为零。独立会在什么情况下发生呢？最常见的情况是处理被物理随机化地分配给每个个体。由于物理随机化分配的处理独立于潜在结果，所以选择偏差和异质性处理效应偏差均为零。现在我们转过来讨论这两项都为零的第二种情况：**条件独立**（conditional independence）。

第五章

匹配和子分类

子分类

在有向无环图模型那一章中，我想介绍的主要内容之一就是后门准则
的概念。具体来说，只要存在满足后门准则的**条件化策略**（conditioning
strategy），你就可以使用该策略来识别某些因果效应。我们现在讨论三种
不同的条件化策略，它们分别是子分类、精确匹配和近似匹配。[①]

子分类是一种基于特定分层的权重对均值之差进行加权来满足后门准则
的方法。这些特定分层的权重又会反过来调整均值之差，使它们在每个分层
的分布与反事实中每个分层的分布相同。就已知的、可观测的混杂因子而

---

① 我所知道的关于匹配的一切都是我在计量经济学家阿尔贝托·阿巴迪（Alberto Abadie）
讲授的美国西北地区因果推断研讨会上学到的。我想对他表示感谢，因为他和他的那些讲座对我
这一章的写作带来了很大的帮助。

言，这种方法达到了处理和控制之间的分配**平衡**（balance）。这个方法是由 Cochran［1968］等一些统计学家发明的，他们试图分析抽烟对肺癌的因果效应，虽然今天我们掌握的方法已经超越了它，但我们仍将它囊括进本书，因为子分类这一方法中暗含的一些技术方法将贯穿全书的其他部分。

贯穿本章的一个概念是**条件独立假设**（conditional independence assumption），即 CIA。有时我们知道，只有条件化了某些可观测的特征，才能实现随机化。例如，在 Krueger［1999］中，田纳西州随机地将幼儿园学生和他们的老师分配到小教室、大教室和有助手的大教室三个组中。但是州政府做这项实验是有条件的——参与实验的学校是被特定选择的，然后其中的学生被随机分配。克鲁格（Krueger）因此估计了包含学校固定效应的回归模型，因为他知道处理的分配只满足**条件性**（conditionally）随机化。

这个假设可以写成

$$(Y^1, Y^0) \perp D \mid X \tag{5.1}$$

在这里，$\perp$ 是统计独立性的符号，X 是我们条件化的变量。也就是说，**对于 X 的每一个取值**（for each value of X），处理组和控制组的 Y^1 和 Y^0 的期望值是相等的。

$$E[Y^1 \mid D=1, X] = E[Y^1 \mid D=0, X] \tag{5.2}$$

$$E[Y^0 \mid D=1, X] = E[Y^0 \mid D=0, X] \tag{5.3}$$

让我们把这些概念联系起来。首先，只要 CIA 是可信的，那么 CIA 就意味着你找到了一个满足后门准则的条件化策略。其次，当处理分配以某些可观测变量为条件时，这就是**基于可观测变量进行选择**（selection on observables）的情况。变量 X 可以被认为是一个 $n \times k$ 的协变量矩阵，整体来看，其满足 CIA。

一些背景知识（some background）。20 世纪中后期的一个主要公共卫生问题是肺癌率的上升。例如，在 1980 年，在加拿大、英格兰和威尔士，每 10 万人中有 80～100 人死于肺癌。从 1860 年到 1950 年，在尸体解剖中发现的肺癌发病率从 0 增长到高达 7%。肺癌的发病率似乎在增加。

由于抽烟与肺癌发病率高度相关，研究开始表明，抽烟是导致肺癌的原因。例如，研究发现，在男性中，日常抽烟和肺癌之间的关系是：肺癌发病率随着每天抽烟的数量单调增加。但一些统计学家认为，科学家无法据此得出因果结论，因为抽烟可能与潜在的健康后果无关。具体来说，抽烟者与不抽烟者有可能在与肺癌发病率直接相关的其他方面存在差异。毕竟，没有人会通过抛硬币来决定自己是否抽烟。

考虑到之前对均值简单差的分解，我们知道，如果独立性假设不成立，直接在观测数据中对比抽烟者和不抽烟者的肺癌发病率将存在偏差。而且，由于抽烟是内生的——也就是说，人们是主动选择抽烟的——抽烟者与不抽烟者完全有可能在与肺癌发病率直接相关的其他方面存在差异。

当时的批评来自约瑟夫·伯克森（Joseph Berkson）、杰西·奈曼（Jerzy Neyman）和罗纳德·费希尔等著名的统计学家。他们提出了几个令人信服的论点。首先，他们认为这种相关性是虚假的，因为对被试的选择并不随机。针对函数形式的抱怨也很常见。这与人们使用**风险比**（risk ratios）和**概率比**（odds ratios）有关。他们认为，这种相关性对那些函数形式的选择很敏感，而这是一个相当公正的批评。当人们对在某些观测数据集中发现的统计相关性持怀疑态度时，这些观点和你今天可能看到的那些观点并没有太大的不同。

然而，最令人发指的可能是这样一种假说：存在一种不可见的基因因素，既可以导致人们抽烟，又独立地导致人们患上肺癌。这一混杂因子意味着抽烟者和非抽烟者在与潜在结果直接相关的方面存在差异，因此独立性不成立。有大量证据表明，这两组人是不同的。例如，抽烟者比不抽烟者更外向，而且他们在年龄、收入、教育等方面也存在差异。

反对吸烟的理由越来越多。其他的批评包括：吸烟和肺癌的相关程度大得令人难以置信。此外，对观测性研究始终存在的批评是：没有任何实验证据可以证明吸烟是导致肺癌的一个原因。[1]

抽烟导致肺癌的理论现在是广为人所接受的科学结论。如果相信地球是平的人比相信抽烟会导致肺癌的人多，我丝毫不会感到惊讶。*事实上，我想不出比这更广为人知、更被广泛接受的因果理论了。那么为什么费希

178

---

[1]　但想想最后的批评在现实中存在的障碍。想象一下这个假设的实验：一大批拥有不同潜在结果的人被分配到处理组（吸烟者）和控制组（非吸烟者）中。这些人必须接受足够长时间的处理（可能是多年的大量吸烟），才能让我们观测到肺癌的发展。怎么会有人做这样的实验？又有哪个头脑正常的人会参与这一实验!? 仅仅是描述这一理想化的实验就让人觉得不可思议。但如果独立性（即随机化）不被满足，我们又该如何回答因果问题呢？

*　在美国，由于宗教信仰自由，有许多教派迄今为止仍然认为地球是平的，并且他们把科学视为另外一种意识形态，具有欺骗性。——译者注

尔和其他人没有看到这一点呢？费希尔的辩护是，他的论点是建立在合理的因果逻辑上的。抽烟是内生的，而且没有来自实验的证据。这两组个体在观测结果上有很大的不同。而对均值简单差的分解表明，如果存在选择偏差，这一对比将是有偏的。尽管如此，费希尔仍然是错误的，他的对手们说的是对的。他们说是说对了，但他们给出的理由却是错的。

为了激发在研究子分类方面的积极性，我们不妨去探究 Cochran [1968] 这篇文章，这是一项通过调整混杂因子而试图在抽烟数据中找出一些不为人知的模式的研究。科克伦（Cochran）按国家和抽烟类型列出了死亡率（见表 5 - 1）。

表 5 - 1   每千人的年死亡率 [Cochran, 1968]

抽烟类型分组	加拿大	英国	美国
不抽烟	20.2	11.3	13.5
抽香烟	20.5	14.1	13.5
抽雪茄/烟斗	35.5	20.7	17.4

如你所见，加拿大抽雪茄和烟斗的人死亡率是最高的，比不抽烟或抽香烟的人要高得多。表 5 - 1 中的另外两个国家也呈现出了相似的死亡率模式，尽管其死亡率比我们在加拿大看到的小。

表 5 - 1 表明，抽雪茄和烟斗比抽香烟更危险，对现代读者来说，这听起来很荒谬。这听起来荒谬的原因是：抽雪茄和烟斗的人通常不过肺，因此积累在肺里的焦油比香烟少。由于焦油是导致肺癌的原因，我们有理由看到，抽香烟者的死亡率更高。

但是，回想一下独立性假设。我们实际上相信：

$$E[Y^1 \mid 抽香烟] = E[Y^1 \mid 抽烟斗] = E[Y^1 \mid 抽雪茄]$$
$$E[Y^0 \mid 抽香烟] = E[Y^0 \mid 抽烟斗] = E[Y^0 \mid 抽雪茄]$$

与世界上这三个国家有关的因素真的独立于决定死亡率的因素吗？为了便于讨论，让我们假设这些独立性假设成立。在这三组中还有什么是真正成立的呢？如果每种抽烟类型的平均潜在结果都是相同的，那么我们就应该认为抽烟者自身的可观测变量也是一样的。这种独立性假设和群组特征之间的联系被称为平衡。如果每组协变量的均值都是相同的，那么我们说这些协变量是平衡的，并且基于这些协变量，两个分组是可替换的。

有一个变量似乎很重要，那就是个体的年龄。在这个时候，老年人更

有可能抽雪茄和烟斗，不用说，老年人也更有可能死亡。在表 5-2 中我们　*180*
可以看到不同组的平均年龄。

表 5-2　平均年龄 [Cochran, 1968]　　　　　单位：年

抽烟类型分组	加拿大	英国	美国
不抽烟	54.9	49.1	57.0
抽香烟	50.5	49.8	53.2
抽雪茄/烟斗	65.9	55.7	59.7

　　对于抽雪茄和烟斗的人来说，其年龄的均值更高可能并不令人感到惊讶。抽雪茄和烟斗的人通常比抽香烟的人年纪大，至少在 1968 年科克伦写作的时候是这样。而且，老年人的死亡率较高（原因不仅仅是抽雪茄），也许抽雪茄的人的死亡率较高是因为他们平均年龄更大。此外，可能根据同样的逻辑，抽香烟者的死亡率如此之低也是因为其平均年龄更小。注意，使用 DAG 表示法，这意味着我们有如下 DAG：

其中 D 表示抽烟，Y 表示死亡率，A 表示抽烟者的年龄。在违反 CIA 的情况下，图中存在一个打开的后门路径，这也意味着我们忽略了变量偏差。无论我们如何描述，每个群组的年龄分布都是不同的——这就是所谓的**协变量不平衡**（covariate imbalance）。我们解决这个协变量不平衡问题的第一个策略是：以年龄为条件，使年龄的分布在处理组和控制组中具有可比性。[1]

　　那么，子分类如何实现协变量平衡呢？我们的第一步是把年龄分成不　*181*
同的层次：20～40 岁、41～70 岁、71 岁及以上。然后我们可以按层次（这里是年龄）计算一些处理组（抽烟者）的死亡率。接下来，用与控制组相对应的特定层次（或特定年龄）的权重对处理组的死亡率进行加权。这给出了处理组经过年龄调整后的死亡率。让我们通过表 5-3 中的一个例子来进行解释。假定年龄是抽烟和死亡之间唯一相关的混杂因子。[2]

---

[1]　有趣的是，这个协变量平衡的问题贯穿了我们将要讨论的几乎每一个识别策略。
[2]　这是一个非常滑稽的假设，但这只是我们为了说明而举的例子。

表 5 - 3　子分类的例子

	抽香烟者的死亡率	抽香烟者的数量	抽雪茄和烟斗者的数量
20～40 岁	20	65	10
41～70 岁	40	25	25
71 岁及以上	60	10	65
总计		100	100

没有进行子分类的抽香烟者*的平均死亡率是多少呢？它是死亡率一栏的加权平均值，每个权重均等于 $\frac{N_t}{N}$，N_t 和 N 分别是每组的人数和总人数。在这个例子中就是：

$$20 \times \frac{65}{100} + 40 \times \frac{25}{100} + 60 \times \frac{10}{100} = 29$$

也就是说，抽香烟者的死亡率是 29/100 000。

但请注意，抽香烟者的年龄分布（按结构）与抽烟斗和雪茄的人正好相反。因此，年龄分布是不平衡的。子分类则可以调整抽香烟者的死亡率，使其具有与对照组相同的年龄分布。换句话说，我们将把每一特定年龄的死亡率乘以对照组在该年龄层的人数比例。而这将得到结果：

$$20 \times \frac{10}{100} + 40 \times \frac{25}{100} + 60 \times \frac{65}{100} = 51$$

182

也就是说，当我们调整年龄分布后，得到的年龄调整后抽香烟者（此时他们与抽雪茄和烟斗的人有相同的年龄分布）的死亡率将变成 51/100 000——几乎是我们在对年龄混杂因子进行调整前得到的值的两倍。

科克伦在他的论文中使用了这种子分类方法的一个版本，并重新计算了三个国家和三个不同抽烟类型分组的死亡率（见表 5 - 4）。可以看到，一旦我们调整了年龄分布，在任何群组之中死亡率最高的都是抽香烟组。

表 5 - 4　使用三个年龄组时的调整后死亡率 [Cochran, 1968]

抽烟类型分组	加拿大	英国	美国
不抽烟	20.2	11.3	13.5

---

*　原书为 pipe smokers，结合上下文，此处疑为笔误。——译者注

续表

抽烟类型分组	加拿大	英国	美国
抽香烟	29.5	14.8	21.2
抽雪茄/烟斗	19.8	11.0	13.7

这种类型的调整提出了一个问题——我们应该对哪个变量进行调整？首先，回想一下我们反复强调的内容。后门准则和 CIA 都准确地告诉了我们需要做什么。我们需要选择一组满足后门准则的变量。如果满足后门准则，则所有后门路径都将被关闭，如果所有后门路径都被关闭，那就满足了 CIA。我们称这样的变量为**协变量**（covariate）。协变量通常是在处理发生前就随机分配给了每个个体。其有时也被称为外生变量。回到我们讲DAG 的章节，可以知道这个变量一定不是一个对撞变量。如果 X 的值不依赖于 D 的值，那么这个变量是关于 D 的外生变量。虽然不尽如此，也不必须如此，但通常而言，这个变量是不随时间推移而改变的，例如种族等。因此，当试图使用子分类来调整混杂因子时，不妨依赖可信的 DAG来帮助指导变量的选择。请记住——我们的目标是满足后门准则。

识别假设（identifying assumptions）。现在让我们把所学的内容正式化。为了估计存在混杂因子时的因果效应，我们需要（1）CIA 和（2）每个分层的处理概率都在 0 到 1 之间。正式写法为：

1. $(Y^1, Y^0) \perp D \mid X$（条件独立性）

2. $0 < \Pr(D = 1 \mid X) < 1$ 存在一个概率（共同支撑），满足 $0 < \Pr(D = 1 \mid X) < 1$

由这两个假设可以得出如下等式：

$$
\begin{aligned}
E[Y^1 - Y^0 \mid X] &= E[Y^1 - Y^0 \mid X, D = 1] \\
&= E[Y^1 \mid X, D = 1] - E[Y^0 \mid X, D = 0] \\
&= E[Y \mid X, D = 1] - E[Y \mid X, D = 0]
\end{aligned}
$$

其中 Y 的每一个值都由转换方程决定。基于共同支撑假设，我们可以得到如下估计量：

$$
\hat{\delta}_{ATE} = \int (E[Y \mid X, D = 1] - E[Y \mid X, D = 0]) \, \mathrm{d} \Pr(X)
$$

有别于为了识别 ATE，我们需要处理同时条件独立于这两种潜在结果，在这里我们只需要使处理条件独立于 Y^0 以确定 ATT，以及在每个处理分层中都有个体位于控制组这一事实。注意，共同支撑假设需成立的原因是我们需要给数据加权；如果没有共同支撑，我们就无法计算相关的权重。

子分类的练习：泰坦尼克号数据集（subclassification exercise：Titanic data set）。对于我们接下来要做的事情，我发现使用实际数据可能会更有用。我们将使用一个有趣的数据集来帮助我们更好地理解子分类。众所周知，泰坦尼克号游轮在首航时撞上冰山沉没了。船上 2 200 人中，仅有 700 多名乘客和机组人员幸存。这是一场可怕的灾难。其中值得注意的一点是，财富和社会规范在乘客生存中所扮演的作用。

想象一下，我们想知道坐头等舱是否会让一个人更有可能存活。鉴于这艘游轮提供多种级别的座位，而财富高度集中在上层甲板，似乎很容易理解为什么财富可能有助于乘客的幸存。但问题是，当时女性和儿童显然被给予了优先登上救生艇的权利。如果女性和儿童更有可能坐头等舱，那么头等舱对存活率的影响可能只有社会规范的影响。也许用一个 DAG 可以有所帮助，因为 DAG 可以帮助我们概括出识别头等舱对生存概率的因果效应的充分条件。

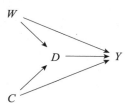

在开始之前，让我们先回顾一下 DAG 要告诉我们什么。它告诉我们，一个女性不仅更有可能是头等舱的乘客，而且因为救生艇更有可能被分配给女性，她也更有可能存活下来。此外，儿童的情况也是类似的。最后，这里没有其他的混杂因子，无论是观测到还是未观测到的。[1]

在头等舱（D）和存活率（Y）之间只有一条直接路径（因果效应），即 $D \rightarrow Y$。但是，我们有两条后门路径。一条通过变量"儿童"（C）：$D \leftarrow C \rightarrow Y$；另一条通过变量"女性"（$W$）：$D \leftarrow W \rightarrow Y$。幸运的是，我们的数据包括年龄和性别，所以能够阻断每一条后门路径，从而满足后门准则。我们将使用子分类来实现这一点，但在此之前，让我们计算一个结果的简

---

① 我相信你可以想到其他的混杂因子，在这种情况下，这个 DAG 是具有误导性的。

单差（SDO），对该样本而言，就是：

$$E[Y \mid D = 1] - E[Y \mid D = 0]$$

185

STATA
titanic.do

```
1   use https://github.com/scunning1975/mixtape/raw/master/titanic.dta, clear
2   gen female=(sex==0)
3   label variable female "Female"
4   gen male=(sex==1)
5   label variable male "Male"
6   gen       s=1 if (female==1 & age==1)
7   replace s=2 if (female==1 & age==0)
8   replace s=3 if (female==0 & age==1)
9   replace s=4 if (female==0 & age==0)
10  gen       d=1 if class==1
11  replace d=0 if class!=1
12  summarize survived if d==1
13  gen ey1=r(mean)
14  summarize survived if d==0
15  gen ey0=r(mean)
16  gen sdo=ey1-ey0
17  su sdo
```

R
titanic.R

```
1   library(tidyverse)
2   library(haven)
3
4   read_data <- function(df)
5   {
6    full_path <- paste("https://raw.github.com/scunning1975/mixtape/master/",
7              df, sep = "")
8    df <- read_dta(full_path)
9    return(df)
10  }
11
12  titanic <- read_data("titanic.dta") %>%
13   mutate(d = case_when(class == 1 ~ 1, TRUE ~ 0))
14
```

(continued)

R *(continued)*

```
15   ey1 <- titanic %>%
16     filter(d == 1) %>%
17     pull(survived) %>%
18     mean()
19
20   ey0 <- titanic %>%
21     filter(d == 0) %>%
22     pull(survived) %>%
23     mean()
24
25   sdo <- ey1 - ey0
```

使用泰坦尼克号数据集, 我们计算了一个结果均值的简单差, 发现坐头等舱的生还概率提高了 35.4%。但请注意, 由于这一过程并没有对可观测的混杂因子 (年龄和性别) 进行调整, 因此这是对 ATE 的有偏估计。所以, 接下来我们使用子分类加权来控制这些混杂因子。需要采取的步骤如下:

1. 将数据分为四组: 年轻男性, 年轻女性, 老年男性, 老年女性。

2. 计算各组存活概率的差异。

3. 计算各组中没坐头等舱的人数除以没坐头等舱的总人数。这些值就是我们的特定分层的权重。

4. 利用分层权重计算加权平均存活率。

让我们回顾一下这些代码, 以便更好地理解刚刚的四个步骤涉及了什么。

STATA
titanic_subclassification.do

```
1    * Subclassification
2    cap n drop ey1 ey0
3    su survived if s==1 & d==1
4    gen ey11=r(mean)
5    label variable ey11 "Average survival for male child in treatment"
6    su survived if s==1 & d==0
7    gen ey10=r(mean)
8    label variable ey10 "Average survival for male child in control"
9    gen diff1=ey11-ey10
10   label variable diff1 "Difference in survival for male children"
```

(continued)

STATA *(continued)*

```
11   su survived if s==2 & d==1
12   gen ey21=r(mean)
13   su survived if s==2 & d==0
14   gen ey20=r(mean)
15   gen diff2=ey21-ey20
16   su survived if s==3 & d==1
17   gen ey31=r(mean)
18   su survived if s==3 & d==0
19   gen ey30=r(mean)
20   gen diff3=ey31-ey30
21   su survived if s==4 & d==1
22   gen ey41=r(mean)
23   su survived if s==4 & d==0
24   gen ey40=r(mean)
25   gen diff4=ey41-ey40
26   count if s==1 & d==0
27   count if s==2 & d==0
28   count if s==3 & d==0
29   count if s==4 & d==0
30   count
31   gen wt1=425/2201
32   gen wt2=45/2201
33   gen wt3=1667/2201
34   gen wt4=64/2201
35   gen wate=diff1*wt1 + diff2*wt2 + diff3*wt3 + diff4*wt4
36   sum wate sdo
```

R

titanic_subclassification.R

```
1    library(stargazer)
2    library(magrittr) # for %$% pipes
3    library(tidyverse)
4    library(haven)
5
6    titanic <- read_data("titanic.dta") %>%
7      mutate(d = case_when(class == 1 ~ 1, TRUE ~ 0))
8
9
10   titanic %<>%
```

188

(continued)

R *(continued)*

```
11    mutate(s = case_when(sex == 0 & age == 1 ~ 1,
12             sex == 0 & age == 0 ~ 2,
13             sex == 1 & age == 1 ~ 3,
14             sex == 1 & age == 0 ~ 4,
15             TRUE ~ 0))
16
17  ey11 <- titanic %>%
18    filter(s == 1 & d == 1) %$%
19    mean(survived)
20
21  ey10 <- titanic %>%
22    filter(s == 1 & d == 0) %$%
23    mean(survived)
24
25  ey21 <- titanic %>%
26    filter(s == 2 & d == 1) %$%
27    mean(survived)
28
29  ey20 <- titanic %>%
30    filter(s == 2 & d == 0) %$%
31    mean(survived)
32
33  ey31 <- titanic %>%
34    filter(s == 3 & d == 1) %$%
35    mean(survived)
36
37  ey30 <- titanic %>%
38    filter(s == 3 & d == 0) %$%
39    mean(survived)
40
41  ey41 <- titanic %>%
42    filter(s == 4 & d == 1) %$%
43    mean(survived)
44
45  ey40 <- titanic %>%
46    filter(s == 4 & d == 0) %$%
47    mean(survived)
48
49  diff1 = ey11 - ey10
50  diff2 = ey21 - ey20
```

189

(continued)

R (continued)

```
51  diff3 = ey31 - ey30
52  diff4 = ey41 - ey40
53
54  obs = nrow(titanic)
55
56  wt1 <- titanic %>%
57    filter(s == 1 & d == 0) %$%
58    nrow(.)/obs
59
60  wt2 <- titanic %>%
61    filter(s == 2 & d == 0) %$%
62    nrow(.)/obs
63
64  wt3 <- titanic %>%
65    filter(s == 3 & d == 0) %$%
66    nrow(.)/obs
67
68  wt4 <- titanic %>%
69    filter(s == 4 & d == 0) %$%
70    nrow(.)/obs
71
72  wate = diff1*wt1 + diff2*wt2 + diff3*wt3 + diff4*wt4
73
74  stargazer(wate, sdo, type = "text")
75
```

此时，我们发现，一旦我们以混杂因子（性别和年龄）作为条件，与之前相比，头等舱座位的存活概率会变得低得多（见表 5-5，不过坦率地说，这一值仍然很大）。加权后的 ATE 为 16.1%，而 SDO 为 35.4%。 *190*

表 5-5　协变量数量（K）较多时泰坦尼克号幸存者子分类的示例

年龄和性别	幸存概率			总人数	
	头等舱	控制组	差值	头等舱	控制组
男性 11 岁	1.0	0	1	1	2
男性 12 岁	—	1	—	0	1
男性 13 岁	1.0	0	1	1	2
男性 14 岁	—	0.25	—	0	4
...					

维度的诅咒（curse of dimensionality）*。在这个例子中我们假设有两个协变量，每个协变量有两组可能的值。但这只是为了方便。例如，我们的数据集中对年龄只有两种取值——儿童和成人。如果其有多个年龄值可取，比如每个人的准确年龄，又会怎样呢？一旦我们以个人的年龄和性别为条件，很可能我们就无法得到必要的信息来计算分层内的差值，因此我们也将无法为子分类计算我们所需要的特定分层的权重。

接下来，假设我们得到了泰坦尼克号幸存者年龄的精确数据。但是因为寻找全部的数据将会极为费力，因此我们只关注其中的一些。

这里我们看到了一个共同支撑假设被违背的例子。共同支撑假设是说，对每个分层而言，在处理组和控制组中都存在可以被观测到的数据，但是正如你所看到的，这一数据集中没有任何一个 12 岁的男性乘客在头等舱，也没有 14 岁的男性乘客在头等舱。如果我们对所有年龄和性别的人都这样进行分层，我们就会发现这个问题很常见。因此，我们也就无法用子分类来估计 ATE。出现这种问题是因为我们的分层变量有太多的维度，由于样本太小，我们就看到了在某些表格中数据较为稀疏。

191
但我们假设问题总是存在于处理组，而不是控制组。也就是说，我们假设控制组中**总有人**符合给定的性别和年龄的组合，但在处理组中并不一定。然后我们就可以据此计算 ATT，因为正如你在表 5-5 中所看到的，对于 11 岁和 13 岁这两个年龄的儿童，处理组和控制组中都有数据。只要对于给定的处理层，控制组中都存在样本，我们就可以计算 ATT。计算公式可以简洁地写为：

$$\widehat{\delta}_{ATT} = \sum_{k=1}^{K} (\bar{Y}^{1,k} - \bar{Y}^{0,k}) \times \frac{N_T^k}{N_T}$$

我们已经看到了一个关于子分类的问题——在有限样本中，随着协变量数量的增加，子分类变得不太可行，因为随着 K 的增长，数据变得稀疏。这很可能是因为我们的样本相对于我们的协变量矩阵来说太小了。在某一时刻，我们会缺失所需的值，换句话说，对于 K 的这些类型，数据中存在缺失值。想象一下，如果我们尝试添加第三个分层，比如种族（黑人和白人）。那么我们就有两个年龄类别、两个性别类别、两个种族类别，也就是八种可能性。在这个小样本中，我们可能会发现表中很多单元格缺失了数据。这一

---

* 这一名词通常是指在涉及向量计算的问题中，随着维数的增加，计算量呈指数倍增的一种现象。——译者注

现象被称为维度的诅咒。如果表中出现了数据稀疏现象，这就意味着许多单元格可能只包含了处理组个体或控制组个体，但却没有同时包含两种类型的个体。如果发生这种情况，我们就不能使用子分类，因为此时共同支撑假设无法得到满足。因此，我们需要寻找另一种方法来满足后门准则。

精确匹配

子分类利用处理组个体与控制组个体的差异，通过 K 个概率权重对平均值进行加权来平衡协变量。这是一种简单的方法，但它有着前面提到的维度诅咒的问题。而且，在我们进行的任意一项研究中，这可能都是需要面临的一个问题，因为我们所担心的很可能不仅仅是一个变量，而是若干个变量——在这种情况下，你就已经遇到了"诅咒"。这里要强调的是，子分类方法是使用原始数据，对其加权以达到平衡。我们对差值进行加权，然后加总这些加权后的差值。

但是还有其他的方法。例如，如果我们条件化可观测的、会导致混杂的协变量，通过插补（imputing）缺失的潜在结果来估算 $\hat{\delta}_{ATT}$ 会怎样呢？准确地说，如果对于某个混杂因子 X，我们找到一个与处理组个体"最接近"的控制组个体，并用控制组的值为其对应的处理组个体补上缺失的潜在结果会怎样呢？这样我们就可以估算出所有的反事实，然后就可以对差值取平均。正如我们接下来要看到的，这也可以实现协变量平衡。这个方法叫做**匹配**（matching）。

我们将考虑两种广泛使用的匹配类型：精确匹配和近似匹配。我们首先从描述精确匹配开始。在这里我将要讨论的大部分内容都基于 Abadie 和 Imbens［2006］。

一个简单的匹配估计量如下：

$$\widehat{\delta}_{ATT} = \frac{1}{N_T} \sum_{D_i=1} (Y_i - Y_{j(i)})$$

式中，$Y_{j(i)}$ 为与第 i 个个体匹配的第 j 个个体，其中，对于某些协变量 X，第 j 个个体的取值与第 i 个个体的取值"最接近"。例如，我们假设处理组中某一个体协变量的取值为 2，我们发现控制组中的另一个个体（且只有一个个体），其协变量的取值也是 2，那么我们就可以通过匹配到的个体的值来插补处理组中缺失的反事实结果，并取相应的差值。

192

　　但是，如果"最接近"第 i 个个体的变量不止一个呢？例如，第 i 个个体的协变量值为 2，与此同时，我们发现了两个 j 个体，其取值也均为 2。我们该怎么做呢？一种方法是取这两个个体结果（Y）的均值。如果我们找到三个、四个或者更多"最接近"的个体呢？无论我们发现了多少（此处记为 M）匹配的个体，我们都将其平均结果 $\left(\dfrac{1}{M}\right)$ 作为处理组个体的反事实。

　　用符号来表达，我们可以把这个估计量描述为：

$$\hat{\delta}_{ATT} = \frac{1}{N_T}\sum_{D_i=1}\Big[Y_i - \Big(\frac{1}{M}\sum_{m=1}^{M}Y_{j_m(i)}\Big)\Big]$$

　　这个估计量和之前的估计量没有太大区别；其主要的区别是：这个估计量是对若干个"接近"的匹配值所取的均值，而不是随便挑选一个了事。当我们可以为每个处理组的个体找到许多良好的匹配值时，这种方法就很有效。我们通常定义 M 很小，比如 $M=2$。如果 M 大于 2，那么我们可以从中简单地随机挑选两个个体来求得平均结果。

　　它们都是 ATT 的估计量。因为对处理组进行了求和，你也可以说这是 $\hat{\delta}_{ATT}$ 的估计量。[1] 我们也可以估计 ATE。但是请注意，在估计 ATE 时，像之前一样，我们要同时填写缺失的控制组个体和缺失的处理组个体。如果观测值 i 是一个处理组个体，那么我们需要用控制组的匹配项来填补缺失的Y_i^0，如果观测值 i 是一个控制组的个体，那么我们需要用处理组的匹配项来填补缺失的 Y_i^1。ATE 估计量如以下公式所述。它看起来挺吓人的，但实际上并非如此。这是一个非常紧凑而且严整的估计量方程。

$$\hat{\delta}_{ATE} = \frac{1}{N}\sum_{i=1}^{N}(2D_i-1)\Big[Y_i - \Big(\frac{1}{M}\sum_{m=1}^{M}Y_{j_m(i)}\Big)\Big]$$

　　$2D_i-1$ 是一个不错的处理技法。当 $D_i=1$ 时，首项为 1。[2] 当 $D_i=0$ 时，首项为 -1，这可以改变中括号内两项的符号，以便插补处理观测值。这是一个很好的数学形式。

　　让我们通过一个例子来看看其是如何运行的。表 5-6 展示了两个样本：一列是职业培训项目的参与者（受训个体），另一列是非参与者或非学员（未受训个体）。左边的组是处理组，右边的组是控制组。我们前面

---

① 注意在求和运算中带有下标的 $D_i=1$。
② $2\times1-1=1$。

定义的匹配算法将创建被称为**匹配样本**（matched sample）的第三组，这个组由每个处理组个体匹配到的反事实结果组成。在这里我们将匹配参与者的年龄。

194

表 5-6 职业培训的精确匹配示例

受训个体			未受训个体		
个体	年龄（岁）	收入（美元）	个体	年龄（岁）	收入（美元）
1	18	9 500	1	20	8 500
2	29	12 250	2	27	10 075
3	24	11 000	3	21	8 725
4	27	11 750	4	39	12 775
5	33	13 250	5	38	12 550
6	22	10 500	6	29	10 525
7	19	9 750	7	39	12 775
8	20	10 000	8	33	11 425
9	21	10 250	9	24	9 400
10	30	12 500	10	30	10 750
			11	33	11 425
			12	36	12 100
			13	22	8 950
			14	18	8 050
			15	43	13 675
			16	39	12 775
			17	19	8 275
			18	30	9 000
			19	51	15 475
			20	48	14 800
均值	24.3	11 075		31.95	11 101.25

在此之前，我想先展示一下受训个体的平均年龄与未受训个体的年龄有何不同。从表 5-6 中我们可以看出——受训个体的平均年龄为 24.3 岁，而未受训个体的平均年龄为 31.95 岁。因此，控制组的人年龄更大，而且由于工资通常会随着年龄的增长而增长，我们可能会怀疑他们平均收入更高（11 075 美元，处理组为 11 101.25 美元）的部分原因是，控制组的年龄更大。我们说现在这两个组是不可互换的（not exchangeable），因为协变量是不平衡的。让我们来看看年龄分布。为了说明这一点，我们需要首先下

载这些数据。我们将创建两个直方图——处理组和控制（非受训）组的年龄分布——以及每个组的收入汇总。该信息也展示在图 5 - 1 中。

STATA

training_example.do

```
1  use
   ↪  https://github.com/scunning1975/mixtape/raw/master/training_example.dta,
   ↪  clear
2  histogram age_treat, bin(10) frequency
3  histogram age_control, bin(10) frequency
4  su age_treat age_control
5  su earnings_treat earnings_control
6
7  histogram age_treat, bin(10) frequency
8  histogram age_matched, bin(10) frequency
9  su age_treat age_control
10 su earnings_matched earnings_matched
```

R

training_example.R

```
1  library(tidyverse)
2  library(haven)
3
4  read_data <- function(df)
5  {
6  full_path <- paste("https://raw.github.com/scunning1975/mixtape/master/",
7             df, sep = "")
8   df <- read_dta(full_path)
9   return(df)
10 }
11
12 training_example <- read_data("training_example.dta") %>%
13   slice(1:20)
14
15 ggplot(training_example, aes(x=age_treat)) +
16   stat_bin(bins = 10, na.rm = TRUE)
17
18 ggplot(training_example, aes(x=age_control)) +
19   geom_histogram(bins = 10, na.rm = TRUE)
```

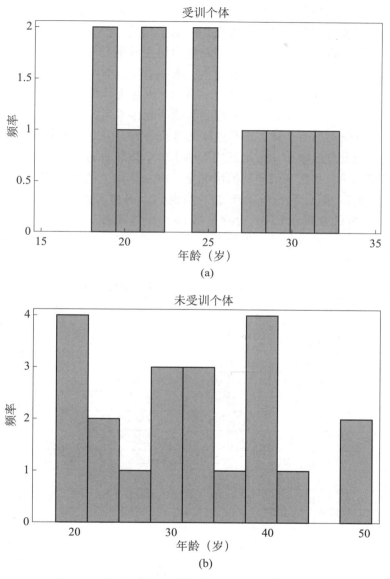

图 5-1　处理（职业培训）组和控制组的协变量分布

从图 5-1 中我们可以看出，这两个总体不仅均值不同（见表 5-6），而且样本中年龄的整体分布也是不同的。因此，我们不妨使用匹配算法，为每个处理组个体都创建出缺失的反事实。因为这一方法只可以插补出每个处理组个体的缺失值，因此，其将产生 $\hat{\delta}_{ATT}$ 的估计值。

197

现在让我们来创建匹配样本。由于这是精确匹配，到达最近的"邻近值"的距离将是整数零。虽然情况并非总是如此，但是随着控制组样本量的增加，我们在处理组中找到与控制组中协变量值相同的个体的可能性也在增加。我创建了一个这样的数据集。第一个受训个体的年龄为18岁。在所有的未受训个体中，我们找到了一个18岁的人，那就是第14个个体。因此，我们将其年龄和收入信息移到新的匹配样本列。

我们继续对所有个体都进行这样的匹配，并且总是移动控制组中在 X 的取值上与处理组中个体最接近的那些个体，以填补每个处理组个体缺失的反事实结果。如果我们遇到的情况是，有一个以上的控制组个体同时满足"最接近"，那么我们就简单地平均他们。例如，在未受训个体组中，年龄是30岁的有两个个体，分别是第10个个体和第18个个体。我们取他们的平均收入并将其与处理组中的第10个个体相匹配。这一行为也展现在了表5-7中。

表5-7 职业培训的精确匹配示例（包含匹配样本）

\	受训个体			未受训个体			匹配样本	
个体	年龄（岁）	收入（美元）	个体	年龄（岁）	收入（美元）	个体	年龄（岁）	收入（美元）
1	18	9 500	1	20	8 500	14	18	8 050
2	29	12 250	2	27	10 075	6	29	10 525
3	24	11 000	3	21	8 725	9	24	9 400
4	27	11 750	4	39	12 775	8	27	10 075
5	33	13 250	5	38	12 550	11	33	11 425
6	22	10 500	6	29	10 525	13	22	8 950
7	19	9 750	7	39	12 775	17	19	8 275
8	20	10 000	8	33	11 425	1	20	8 500
9	21	10 250	9	24	9 400	3	21	8 725
10	30	12 500	10	30	10 750	10, 18	30	9 875
			11	33	11 425			
			12	36	12 100			
			13	22	8 950			
			14	18	8 050			
			15	43	13 675			
			16	39	12 775			
			17	19	8 275			

续表

受训个体			未受训个体			匹配样本		
个体	年龄（岁）	收入（美元）	个体	年龄（岁）	收入（美元）	个体	年龄（岁）	收入（美元）
			18	30	9 000			
			19	51	15 475			
			20	48	14 800			
均值	24.3	11 075		31.95	11 101.25		24.3	9 380

现在我们看到两组的平均年龄是一样的。我们还可以检查总体年龄分布（见图 5-2）。如你所见，两组人在年龄这一变量上达到了**精确的平衡**（exactly balanced）。我们可以说这两个组是**可互换的**（exchangeable）。处理组和控制组的收入相差 1 695 美元。也就是说，我们估计出该项目的因果效应是使收入提升了 1 695 美元。

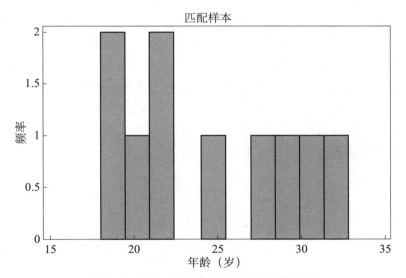

图 5-2　职业培训和匹配样本的协变量分布

让我们总结一下我们学到了什么。我们使用了很多不同的术语，这些术语来自不同的作者和不同的统计传统，所以我想让它们彼此映照予以呈现。这两组可能在潜在结果的方向函数（direction function）上有所不同。这意味着独立性假设被违背了。假设处理分配是条件随机的，那么基于 X 进行匹配就产生了一组可互换的观测值——匹配样本——且这个匹配样本的特征是**平衡的**。

198

近似匹配

前面的匹配例子比较简单——找到一个或一组与某个协变量 X 具有相同值的个体，并将它们的结果替换为某个个体 j 的反事实结果。一旦你这样做了，就是在为求 ATE 的估计值而对这些差求平均。

199　　　但如果找不到另一个具有同样值的个体呢？那你就来到了近似匹配的世界。

近邻协变量匹配（nearest neighbor covariate matching）。当协变量 K 的数量变大时，精确匹配就会失效。当我们必须匹配多个变量但又不使用子分类方法时，我们首先要面对的事情之一就是**距离**（distance）的概念。一个个体的协变量与另一个个体的协变量"接近"是什么意思？此外，在多维度中存在多个协变量的测度值，这意味着什么？

匹配一个协变量是很简单的，因为距离就是用协变量本身的值来测度的。例如，年龄上的距离就是一个人与另一个人在几年、几个月或几天内的距离。但是如果我们有几个协变量来匹配呢？比如，年龄和收入对数。年龄上的 1 点变化与收入对数上的 1 点变化是非常不同的，更不用说我们现在是在两个维度上测量距离，而不是一个维度。当匹配协变量的数目大于一个时，我们需要一个新的距离定义来衡量接近度。我们从最简单的距离测度**欧氏距离**（Euclidean distance）开始：

$$\| X_i - X_j \| = \sqrt{(X_i - X_j)'(X_i - X_j)}$$

$$= \sqrt{\sum_{n=1}^{k} (X_{ni} - X_{nj})^2}$$

这个距离指标的问题是，该距离指标本身即依赖于变量自身的刻度。因此，研究人员通常会使用一些欧氏距离的修正，例如**标准化的欧氏距离**（normalized Euclidean distance），或者与之完全不同的其他距离测度。标准化的欧氏距离是一种常用的距离，它的不同之处在于，每个变量的距离由变量的方差进行缩放。该距离测算如下：

$$\| X_i - X_j \| = \sqrt{(X_i - X_j)'\widehat{V}^{-1}(X_i - X_j)}$$

200　　　其中

$$\widehat{V}^{-1} = \begin{bmatrix} \widehat{\sigma}_1^2 & 0 & \cdots & 0 \\ 0 & \widehat{\sigma}_2^2 & \cdots & 0 \\ \vdots & \vdots & & \vdots \\ 0 & 0 & \cdots & \widehat{\sigma}_k^2 \end{bmatrix}$$

注意，标准化的欧氏距离等于：

$$\| X_i - X_j \| = \sqrt{\sum_{n=1}^{k} \frac{X_{ni} - X_{nj}}{\widehat{\sigma}_n^2}}$$

因此，如果 X 的刻度发生了变化，这些变化也会影响其方差，但是标准化的欧氏距离不会发生变化。

最后是**马氏距离**（Mahalanobis），它与标准化的欧氏距离指标一样，是一个**不随刻度变化**（scale-invariant）的距离指标。它是：

$$\| X_i - X_j \| = \sqrt{(X_i - X_j)' \widehat{\sum}_X^{-1} (X_i - X_j)}$$

式中，$\widehat{\sum}_X$ 为 X 的样本方差—协方差矩阵。

基本上来说，超过一个协变量会带来很多麻烦。这些协变量不仅造成了维度诅咒的问题，而且也使得测度距离变得更加困难。所有这些都为在数据中找到合适的匹配带来了一些挑战。正如你在这些距离公式中所看到的，有时匹配项之间会存在差异。有时又会有 $X_i \neq X_j$。这是什么意思呢？它的意思是：基于协变量的某个相似取值 $X = x$，某些个体 i 与某些个体 j 完成了匹配。也许个体 i 的年龄是 25 岁，但个体 j 的年龄是 26 岁。它们的差值是 1。有时这一差异很小，有时为 0，有时又很大。当这些差异远不为零时，其对我们的估计就会产生更大的问题，并且会带来偏差。

这种偏差有多严重呢？首先是好消息。据我们所知，随着样本容量的增加，匹配差异趋于收敛，并且收敛于 0 处——这也是近似匹配如此渴望大量数据的主要原因之一。近似匹配需要大样本量，这样匹配时的差异就会变得微不足道。但如果有很多协变量呢？协变量越多，收敛到 0 处所需要的样本容量就会越大。基本上，如果很难找到与多维度 X 匹配的好对象，那么你将需要大量的观测值。**维度越大，匹配存在差异的可能性就越大，需要的数据就会越多**。所以你可以记住这一结论——很有可能，你所面对的匹配问题需要大型数据集来最小化匹配差异。

偏差修正（bias correction）。说到匹配差异，除了寻找含有大量控制变量的大型数据集外，我们还有哪些选择呢？现在，让我们进入这个新的领域，在有限样本中存在匹配差异时，Abadie 和 Imbens［2011］引入了使用匹配估计量的偏差修正技术。让我们更仔细地了解一下这一技术，因为在你的研究工作中可能会用到它。

我们所得到的一切都表明，由于糟糕的匹配差异，这一匹配存在偏差。所以，我们先来推导这个偏差。首先，我们写出样本 ATT 估计值，然后减去真实 ATT。形式如下：

$$\hat{\delta}_{ATT} = \frac{1}{N_T} \sum_{D_i=1} (Y_i - Y_{j(i)})$$

当每个 i 和 $j(i)$ 个体匹配时，$X_i \approx X_{j(i)}$，$D_{j(i)} = 0$。接下来我们定义条件期望结果：

$$\mu^0(x) = E[Y \mid X=x, D=0] = E[Y^0 \mid X=x]$$
$$\mu^1(x) = E[Y \mid X=x, D=1] = E[Y^1 \mid X=x]$$

注意，这些只是基于控制组和处理组的转换方程得到的条件期望结果函数。

像通常一样，我们将观测值写成条件期望结果和一些随机元素的函数：

$$Y_i = \mu^{D_i}(X_i) + \varepsilon_i$$

现在用上述 μ 项重写 ATT 的估计量：

$$\hat{\delta}_{ATT} = \frac{1}{N_T} \sum_{D_i=1} (\mu^1(X_i) + \varepsilon_i) - (\mu^0(X_{j(i)}) + \varepsilon_{j(i)})$$
$$= \frac{1}{N_T} \sum_{D_i=1} (\mu^1(X_i) - \mu^0(X_{j(i)})) + \frac{1}{N_T} \sum_{D_i=1} (\varepsilon_i - \varepsilon_{j(i)})$$

注意，第一行就是 ATT 包含了前一行中的随机元素。将第二行重新排列，得到两项：估计的 ATT 和匹配样本中随机项的平均差值。

现在我们比较一下这个估计值和 ATT 的真实值。

$$\hat{\delta}_{ATT} - \delta_{ATT} = \frac{1}{N_T} \sum_{D_i=1} \left(\mu^1(X_i) - \mu^0(X_{j(i)}) - \delta_{ATT} \right) + \frac{1}{N_T} \sum_{D_i=1} (\varepsilon_i - \varepsilon_{j(i)})$$

通过一些简单的代数运算可得：

$$\hat{\delta}_{ATT} - \delta_{ATT} = \frac{1}{N_T} \sum_{D_i=1} (\mu^1(X_i) - \mu^0(X_i) - \delta_{ATT})$$

$$+ \frac{1}{N_T} \sum_{D_i=1} (\varepsilon_i - \varepsilon_{j(i)})$$

$$+ \frac{1}{N_T} \sum_{D_i=1} (\mu^0(X_i) - \mu^0(X_{j(i)}))$$

应用中心极限定理和作差，$\sqrt{N_T}(\hat{\delta}_{ATT} - \delta_{ATT})$ 收敛于均值为零的正态分布。但是：

$$E[\sqrt{N_T}(\hat{\delta}_{ATT} - \delta_{ATT})] = E[\sqrt{N_T}(\mu^0(X_i) - \mu^0(X_{j(i)})) \mid D=1]$$

现在考虑协变量数目很多可能带来的影响。第一，X_i 和 $X_{j(i)}$ 的差收敛到 0 的速度会变慢。第二，使得 $\mu^0(X_i) - \mu^0(X_{j(i)})$* 的差收敛到 0 的速度会非常缓慢。第三，$E[\sqrt{N_T}(\mu^0(X_i) - \mu^0(X_{j(i)})) \mid D=1]$ 可能不收敛于 0。第四，$E[\sqrt{N_T}(\hat{\delta}_{ATT} - \delta_{ATT})]$ 可能不收敛于 0。

如你所见，匹配估计量的偏差可能会非常严重，这取决于这些**匹配不一致**（matching discrepancies）的大小。然而，第一，一个好消息是，这些不一致是可以观测到的。我们可以看到，每个个体和与其匹配的样本在协变量上存在严重不匹配的程度。第二，我们通过使用大量未被处理的个体来选择匹配对象，而这总是可以使匹配的不一致性变小。回忆之前的内容可知，找到合适的匹配对象的可能性会随着样本容量的变大而变大，因此，如果我们仅满足于估算 ATT，那增加样本量的规模就能使我们摆脱这一混乱局面。但假设我们无法这么做，而匹配的不一致性又很严重，那么我们可以使用偏差修正方法使偏差最小化。下面我们来看看偏差修正方法是什么样的。这一部分的内容基于 Abadie 和 Imbens [2011]。

注意，总偏差是由与每个个体 i 相关的偏差构成的。因此，每个处理的观测值都对总偏差有所贡献：$\mu^0(X_i) - \mu^0(X_{j(i)})$。基于偏差修正后的匹配可得到如下估计量：

$$\hat{\delta}_{ATT}^{BC} = \frac{1}{N_T} \sum_{D_i=1} [(Y_i - Y_{j(i)}) - (\hat{\mu^0}(X_i) - \hat{\mu^0}(X_{j(i)}))]$$

式中，$\hat{\mu^0}(X)$ 是使用 OLS 获得的 $E[Y \mid X=x, D=0]$ 的估计值。和之前一样，如果我们用具体的数据来构造这些估计量，总是很有帮助的。表 5-8 包含了 8 个个体的假想数据，其中 4 个个体接受了处理，其余的

此处原书为 $\mu^0(X_i) - \mu(X_{j(i)})$，疑误，已酌改。——译者注

个体作为控制组。根据转换方程，我们只能观测到与处理或控制下的潜在结果相联系的实际结果，这意味着我们无法得到处理组的控制值。

表 5-8　另一个匹配的示例（这次是为了说明偏差修正）

个体	Y^1	Y^0	D	X
1	5		1	11
2	2		1	7
3	10		1	5
4	6		1	3
5		4	0	10
6		0	0	8
7		5	0	4
8		1	0	1

　　注意，在这个例子中，我们无法实现精确匹配，因为在控制组中不存在对处理组个体的精确匹配项。值得强调的是，这是有限样本产生的结果：当控制组的样本量比处理组的样本量增长得快时，找到精确匹配项的可能性就会增加。取而代之的是，我们使用近邻匹配法，即：每个处理组中个体得到的匹配值，都是简单地将控制组中与其协变量值最接近的个体进行匹配得到的。但是，当进行这种匹配时，我们必然会造成**匹配不一致**，换句话说，协变量不是在每个个体中都得到了完美匹配。尽管如此，我们还是按照近邻"算法"创建了表 5-9。

　　由表 5-9 可得：

表 5-9　近邻匹配样本

个体	Y^1	Y^0	D	X
1	5	**4**	1	11
2	2	**0**	1	7
3	10	**5**	1	5
4	6	**1**	1	3
5		4	0	10
6		0	0	8
7		5	0	4
8		1	0	1

$$\hat{\delta}_{ATT} = \frac{5-4}{4} + \frac{2-0}{4} + \frac{10-5}{4} + \frac{6-1}{4} = 3.25$$

通过偏差修正，我们需要估计 $\hat{\mu}^0(X)$。我们将使用 OLS 来估计。$\hat{\mu}^0(X)$ 的值应能由该方法更清楚地估计出来。它是 Y 对 X 回归的拟合值。我们使用如表 5 - 9 所示的数据集来说明这一点。

当我们将 Y 对 X 和 D 进行回归时，可以得到如下估计系数：

STATA
training_bias_reduction.do

```
1  use
   ↪ https://github.com/scunning1975/mixtape/raw/master/training_bias_reduction.dta,
   ↪ clear
2  reg Y X
3  gen muhat = _b[_cons] + _b[X]*X
4  list
```

R
training_bias_reduction.R

205

```
1  library(tidyverse)
2  library(haven)
3
4  read_data <- function(df)
5  {
6  full_path <- paste("https://raw.github.com/scunning1975/mixtape/master/",
7            df, sep = "")
8  df <- read_dta(full_path)
9  return(df)
10 }
11
12 training_bias_reduction <- read_data("training_bias_reduction.dta") %>%
13  mutate(
14    Y1 = case_when(Unit %in% c(1,2,3,4) ~ Y),
15    Y0 = c(4,0,5,1,4,0,5,1))
16
17 train_reg <- lm(Y ~ X, training_bias_reduction)
18
19 training_bias_reduction <- training_bias_reduction %>%
20  mutate(u_hat0 = predict(train_reg))
```

$$\widehat{\mu^0}(X) = \widehat{\beta_0} + \widehat{\beta_1} X$$
$$= 4.42 - 0.049X$$

各个结果、处理状态和预测值见表 5 - 10。

表 5 - 10　具有拟合值的近邻匹配样本的偏差修正

个体	Y^1	Y^0	Y	D	X	$\widehat{\mu^0}(X)$
1	5	4	5	1	11	3.89
2	2	0	2	1	7	4.08
3	10	5	10	1	5	4.18
4	6	1	6	1	3	4.28
5		**4**	4	0	**10**	**3.94**
6		**0**	0	0	**8**	**4.03**
7		**5**	5	0	**4**	**4.23**
8		**1**	1	0	**1**	**4.37**

然后对其他三个简单差值都进行这样的处理，所得出的每一个拟合值都会被添加到相应的基于协变量的拟合值偏差修正项中。

现在，在使用拟合值进行偏差修正时必须小心，让我来解释一下。我们仍然会取简单差值（例如，第 2 行就是 5－4），但是现在你还要减去与每个观测值的对应协变量关联的拟合值。例如，在第 2 行，结果 5 的协变量为 11，它的拟合值为 3.89，而反事实协变量的值为 10，它的预测值为 3.94。因此，我们将使用如下的偏差修正：

$$\widehat{\delta_{ATT}^{BC}} = \frac{5 - 4 - (3.89 - 3.94)}{4} + \cdots$$

现在我们知道了特定的拟合值是如何计算的，以及它对 ATT 的计算有何贡献，现在让我们看看整个计算过程。

$$\widehat{\delta_{ATT}^{BC}} = \frac{(5-4) - (\widehat{\mu^0}(11) - \widehat{\mu^0}(10))}{4} + \frac{(2-0) - (\widehat{\mu^0}(7) - \widehat{\mu^0}(8))}{4}$$
$$+ \frac{(10-5) - (\widehat{\mu^0}(5) - \widehat{\mu^0}(4))}{4} + \frac{(6-1) - (\widehat{\mu^0}(3) - \widehat{\mu^0}(1))}{4}$$
$$= 3.28$$

这略高于未经调整的值（$ATE = 3.25$）。请注意，当匹配不一致性变得很常见时，这种偏差修正调整就变得尤为重要。但是，如果匹配不一致性一开始就不是很常见，那么根据定义，偏差调整不会对估计参数产生很大的改变。

之所以会产生这样的偏差，其原因在于明显存在的匹配不一致。第一，为了最小化这些差异，我们需要使 M 的数量尽量地小（例如 $M=1$）。M 的值越大，就会产生越明显的匹配不一致。第二，我们需要有放回地匹配。由于有放回地匹配可以多次使用同一个未经处理的个体作为匹配项，该匹配方法可以降低不一致性。第三，尝试匹配对 $\mu^0(\cdot)$ 影响较大的协变量。

在偏差较小的情况下，匹配估计量在大样本中具有正态分布。对于不放回匹配，通常的方差估计是有效的。即：

$$\widehat{\sigma}^2_{ATT} = \frac{1}{N_T}\sum_{D_i=1}\left(Y_i - \frac{1}{M}\sum_{m=1}^{M}Y_{j_m(i)} - \widehat{\delta}_{ATT}\right)^2$$

有放回匹配：

$$\widehat{\sigma}^2_{ATT} = \frac{1}{N_T}\sum_{D_i=1}\left(Y_i - \frac{1}{M}\sum_{m=1}^{M}Y_{j_m(i)} - \widehat{\delta}_{ATT}\right)^2$$
$$+ \frac{1}{N_T}\sum_{D_i=0}\left(\frac{K_i(K_i-1)}{M^2}\right)\widehat{var}(\varepsilon \mid X_i, D_i=0)$$

式中，K_i 为观测值 i 被用作匹配项的次数。那么 $\widehat{var}(Y_i \mid X_i, D_i=0)$ 可以通过匹配来估计。例如，取两个观测值，$D_i=D_j=0$ 和 $X_i\approx X_j$：

$$\widehat{var}(Y_i \mid X_i, D_i=0) = \frac{(Y_i-Y_j)^2}{2}$$

这个式子是 $\widehat{var}(\varepsilon_i \mid X_i, D_i=0)$ 的无偏估计量。但是，这一自抽样并没有产生有效的标准误 [Abadie and Imbens，2008]。

倾向得分法（propensity score methods）。有若干种方法可以实现后门准则所隐含的条件化策略，我们之前也已经讨论了几种。在 20 世纪 70 年代中期到 80 年代初，唐纳德·鲁宾开发出了一种很流行的方法，叫做倾向得分法 [Rosenbaum and Rubin，1983；Rubin，1977]。倾向得分法在许多方面与 Abadie 和 Imbens [2006] 的近邻协变量匹配法以及子分类法都很相似。在处理基于可观测变量的选择方面，这是一种非常流行的方法，特别是在医学领域，除此之外，它也在经济学家中得到了一些应用 [Dehejia and Wahba，2002]。

不过，在我们深入研究之前，有几个词可以帮助我们合理调整预期。

208 尽管 Dehejia 和 Wahba［2002］的工作在早期引起了一些兴奋，但随后关于该方法的意兴就缓和多了［King and Nielsen，2019；Smith and Todd，2001，2005］。因此，倾向得分匹配并没有像其他非实验方法（如断点回归或双重差分）那样被经济学家广泛采用。最常见的原因是，经济学家们经常怀疑这一像信条一样的假设：给定任意的数据集，CIA 都可以被实现。这是因为对于许多应用来说，经济学家群体通常更关心基于不可观测变量的选择，而不是基于可观测变量的选择，因此，他们很少用到匹配方法。但我对 CIA 在特定的应用中是否成立持不可知论的观点。理论上，我们没有理由因为某个靠直觉成立的特定原理，就拒绝考虑这样一种用于估计因果效应的程序。只有预先的知识和你对该实际应用的构造细节的深入了解，才能告诉你适当的识别策略是什么。而且，在后门准则可以被满足时，匹配方法可能是非常合适的。如果后门准则不能被满足，那么匹配就是不合适的。在这种情况下，简单的多元回归也是如此。

我们已经提到，当条件化策略可以满足后门准则时，倾向得分匹配是一个可以被使用的应用程序。但其具体是如何实现的呢？倾向得分匹配需要知道那些必要的协变量，对**处理**（treatment）的条件概率的最大似然模型（通常用 logit 或 probit 模型，以确保拟合值在 0 和 1 之间）进行估计，并使用估计的预测值将这些协变量分解为一个标量，这一标量就被称为**倾向得分**（propensity score）。处理组和控制组之间所有的比较都是基于这个值。

然而，在实践中，倾向得分还存在一些微妙之处。考虑这样一种情况：两个个体——A 和 B，分别被分配到了处理组和控制组。而他们的倾向得分是 0.6。因此，他们都有 60% 的概率被分配到处理组，但在随机选择下，A 被分配到了处理组，B 被分配到了控制组。倾向得分法的思想是：
209 比较那些在观测到的特征下，被分配到处理组的概率非常相似的个体，尽管这些个体实际的处理分配并不相同。如果以 X 为条件，A 和 B 两个个体有相同的概率得到处理，那么我们就可以说他们有相似的倾向得分，处理分配中剩下的所有变化都是随机的。如果两个个体 A 和 B 有相同的倾向得分（0.6），但一个在处理组、一个不在，并且在数据中**条件独立假设**非常稳健地成立，那么他们观测结果的差异就可以被归因于处理。

在这个例子中，我们看到了这个过程需要的另一个假设，那就是**共同支撑**（common support）假设。共同支撑假设要求，就所估计的倾向得分而言，处理组和控制组中都有其个体存在。在倾向得分为 0.6 的例子中，共同支撑假设是成立的，因为在处理组（A）和控制组（B）中各有一个个体。与此相关的是，倾向得分可以用来检验处理组和控制组之间的协变量平衡性，从而使两组在可观测的特征上达到平衡。在讨论使用真实数据的例子之前，让我们回顾一下使用倾向得分方法进行研究的一些论文。[①]

示例：NSW 职业培训计划（the NSW job training program）。国家支持下的工作示范（NSW）职业培训计划是由人力示范研究公司（MDRC）在 20 世纪 70 年代中期运作的。NSW 是一个临时就业方案，旨在帮助缺乏基本工作技能的弱势工人进入劳动力市场，为他们提供受保护环境下的工作经验和咨询。它的独特之处在于，它随机分配那些合格的申请人到培训岗位。处理组获得了 NSW 项目的所有福利，而控制组基本上只能靠自己。该项目允许接收正在接受养育子女援助的家庭妇女、正在戒毒的瘾君子、获释的罪犯以及没有完成高中学业的男性和女性。

210

根据不同的目标分组和地点，处理组成员得到了 9～18 个月的工作保证。然后，他们被分到 3～5 名参与者中与他们一起工作，且经常与 NSW 的顾问会面，讨论对项目和绩效的申诉。最后，他们得到了报酬。NSW 为学员提供的工资比他们在正常工作中得到的要低，但允许他们通过令人满意的绩效和出勤率增加收入。在参与者的工作到期后，他们被迫寻找一份正常的工作。这些工作的类型和地点也不尽相同——有些人在加油站工作，有些人在打印店工作。此外，男性和女性从事的工作种类也经常有所不同。

MDRC 在基准实验及之后的每 9 个月都会收集处理组和控制组的收入和人口学信息。MDRC 还进行了多达四次的基准实验后访谈。不同研究的样本量不同，这可能会产生混杂。

NSW 是一个随机的职业培训项目，因此，其满足独立性假设。所以，计算平均处理效应是很简单的——其就是我们在潜在结果那一章中讨论过的均值估计量的简单差。[②]

---

① 我对这种方法再怎么强调也不过分，它就像回归一样普遍。如果你可以通过以 X 为条件来满足后门准则，这个方法对你的研究项目就是有价值的。如果你的数据不能满足后门准则，那么倾向得分就不能帮助你识别因果效应。在最好的情况下，它可以帮助你更好地理解与可观测变量（而不是不可观测变量）的平衡性相关的问题。换句话说，你的 DAG 的可信性、可捍卫性和精确性是至关重要的，因为你要依赖那些理论关系来设计恰当的识别策略。

② 记住，随机化意味着处理是独立于潜在结果的，所以均值的简单差就等于平均处理效应。

$$\frac{1}{N_T}\sum_{D_i=1}Y_i - \frac{1}{N_C}\sum_{D_i=0}Y_i \approx E[Y^1 - Y^0] \approx ATE$$

对 MDRC 和处理组来说，好消息是处理可以使工人受益。[1] 根据研究人员所使用的样本可知，在 1978 年，处理组中的个体在接受处理后的实际收入比控制组多 900 [Lalonde，1986]～1 800 美元 [Dehejia and Wahba，2002]。

211   Lalonde [1986] 进行了一项有趣的研究，他不仅评估了 NSW 项目，还评估了从那时起常用的计量经济学方法。他用从全体美国公民中抽取出的控制组（非实验控制组）替换了实验控制组，来评估计量经济学估计量的表现。他使用了来自当前人口调查（CPS）的三个样本和来自收入动态调查小组（PSID）的三个样本作为非实验控制组的数据，但我们在这里仅在每个调查数据中挑一个。毕竟，非实验性数据是经济学家使用最多的典型情况。但 NSW 的不同之处在于，它是一个随机实验，因此我们可以知道平均处理效应。由于我们知道平均处理效应，我们就可以看到各种计量经济学模型的表现如何。如果 NSW 项目增加了大约 900 美元的收入，那么我们就可以探究其他的计量经济学估计量是否表现得很好。

Lalonde [1986] 以 PSID 和 CPS 样本作为非实验比较组，评估了他同时代的学者们经常使用的一些计量经济学方法，而他取得的成果总是**骇人听闻**（horrible）。他的估计结果不仅在大小上非常不同，而且在符号上总是出现不一样的方向！这篇论文及其悲观的结论在政策圈产生了一定的影响，并促使了更多的实验性评估得以进行。[2] 我们可以从来自 Lalonde [1986] 这篇论文的表中看到这些结果。表 5-11 显示了处理组与实验控制组的处理效应。两组之间实际收入的基准差异可以忽略不计。在实验处理进行之前，处理组比控制组多赚 39 美元；在多元变量回归模型中，处理组比控制组少赚 21 美元，但两者均在统计意义上不显著。但处理后的平均收入差异在 798 美元和 886 美元之间。[3]

表 5-11 还显示了他用非实验数据作为控制组的结果。虽然在他最初的论文中，他在每个数据集中都使用了三个样本，但这里，我只报告了 PSID

---

① Lalonde [1986] 列举了几个讨论该项目发现的研究。

② 自那以后，这篇文章被引用了 1 700 多次。

③ 拉洛德（Lalonde）报告了几个不同的双重差分模型，但是为了简单起见，我只报告了一个。

和 CPS 这两个数据集中各一个样本的结果。在几乎每个点估计中，得到的效应都是负的。唯一的例外是使用双重差分模型，它得到的效应是正的，但系数值很小而且不显著。

表 5 - 11　使用来自 PSID 和 CPS-SSA 的比较组比较 NSW 男性
参与者的收入和估计的培训效应

单位：美元

| 对照组的名称 | NSW 处理组的值减去控制组的值 | | | | 双重差分 |
| | 处理前 | | 处理后 | | |
	未调整	调整	未调整	调整	
实验控制组	39 (383)	−21 (378)	886 (476)	798 (472)	856 (558)
PSID-1	−15 997 (795)	−7 624 (851)	−15 578 (913)	−8 067 (990)	−749 (692)
CPS-SSA-1	−10 585 (539)	−4 654 (509)	−8 870 (562)	−4 416 (557)	195 (441)

注：每一列代表不同的对照组在某种计量估计手段下估计出的处理效应。因变量为 1978 年的收入。基于实验处理组和控制组，估计出培训的效应是 886 美元。括号中为标准误。回归调整方程中使用的外生协变量是年龄、年龄的平方、受教育年限、高中毕业情况和种族。

那么为什么当我们从 NSW 中的控制组转向 PSID 或 CPS（作为非实验控制组）时，会有如此明显的差异呢？原因是选择偏差：

$$E[Y^0 \mid D=1] \neq E[Y^0 \mid D=0]$$

换句话说，NSW 参与者的实际收入极有可能远低于非实验控制组的收入。回想一下我们对均值估计量的简单差值的分解，第二种形式的偏差就是选择偏差，如果 $E[Y^0 \mid D=1] < E[Y^0 \mid D=0]$，这将使 ATE 的估计值产生向下的偏差（例如，估计值显示出负的效应）。

但正如我们很快就要展示的，违反独立性也意味着协变量在倾向得分上是不平衡的——我们称之为**平衡属性**（balancing property）。表 5 - 12 给出了处理组和控制组中各协变量的均值，其中控制组是 CPS 的 15 992 个观测值。正如你所看到的，在几乎列出的所有协变量上，处理组与控制组 CPS 样本的平均差异似乎都非常大。NSW 的参与者更多的是非裔、西班牙裔、年轻人、不太可能是已婚人士，这些参与者更有可能没有学位，或受教育程度较低，更有可能在 1975 年失业，同时更有可能在 1975 年取得较低的收入水平。简而言之，这两组在可观测的特征上是不可替换的，而且很可能在不可观测的特征上也是不可替换的。

213

表 5 - 12　考虑单个协变量的完整匹配示例

协变量	全部		CPS 控制组（样本量＝15 992）	NSW 培训者（样本量＝297）	t 统计量	差值
	均值	标准差	均值	均值		
Black	0.09	0.28	0.07	0.80	47.04	−0.73
Hispanic	0.07	0.26	0.07	0.94	1.47	−0.02
Age	33.07	11.04	33.2	24.63	13.37	8.6
Married	0.70	0.46	0.71	0.17	20.54	0.54
No degree	0.30	0.46	0.30	0.73	16.27	−0.43
Education	12.0	2.86	12.03	10.38	9.85	1.65
1975 Earnings	13.51	9.31	13.65	3.1	19.63	10.6
1975 Unemp.	0.11	0.32	0.11	0.37	14.29	−0.26

　　第一个使用倾向得分法重新评估 Lalonde［1986］论文的是 Dehejia 和 Wahba［1999］。他们的兴趣主要在两个方面。首先，他们想检验倾向得分匹配是否可以改进使用非实验数据估计得出的处理效应。其次，他们想展示倾向得分匹配的诊断价值。作者使用了与 Lalonde［1986］相同的来自 CPS 和 PSID 的非实验控制组数据集。

　　让我们回顾这一论文，并探究他们从每一步中得到了什么。首先，作者使用了最大似然模型估计倾向得分。一旦估计出了倾向得分值，他们就在倾向得分本身的区间内比较处理组的个体和控制组的个体。这种检查倾向得分区间内是否同时存在处理组和控制组个体的过程被称为共同支撑的检查。

　　检查共同支撑的一种简单方法是用倾向得分直方图分别绘制出处理组和控制组的观测指标值。Dehejia 和 Wahba［1999］同时使用了 PSID 和 CPS 样本，发现几乎不存在重叠，但这里我将重点讨论他们使用的 CPS 样本。我们可以发现，两组样本的重叠状况非常不理想，以至于他们选择在控制组中剔除 12 611 个观测结果，因为这些结果的倾向得分值超出了处理组的范围。此外，大量观测结果显示倾向得分很低，图中的第一个柱体中包含 2 969 个比较个体就是证据。一旦这个"整理"完成，重叠状况就改善了，尽管改善的效果仍然不是很明显。

　　不过，我们从这一诊断中也了解到了一些东西。首先，我们了解到，对于给定的倾向得分值，在处理组和控制组中都只有如此少的个体，如果没有其他原因可用于解释这一现象，那么对于可观测的特征，选择偏差可能会相当严重。当倾向得分分布的两端都存在相当多的样本聚集时，这就表明你使用的个体在影响处理变量本身的可观测变量上存在显著的差异。当使用传统的倾向得分调整方法时，围绕这些极端值进行微调是解决这个问题的一种方法。

Dehejia 和 Wahba［1999］在评估倾向得分的基础上，用实验处理组与非实验控制组进行比较，对1978年实际收入的处理效应进行了估计。由于 Dehejia 和 Wahba［1999］使用的样本略有不同，所以这里的处理效应与我们在 Lalonde* 中发现的不同。利用其样本，他们发现，根据回归中是否包含外生协变量，NSW 项目导致个体的收入增加了1 672～1 794 美元。这两项估计都非常显著。

标记为"未被调整"和"调整"的前两列，代表含有和没有控制变量的 OLS 回归。如果没有控制变量，PSID 和 CPS 的估计都是负向且显著的。这是因为在 NSW 项目中，选择偏差非常严重。当回归中包含控制变量时，PSID 样本的效应是正的，但不显著，而 CPS 样本在5％的水平下几乎是显著的。但是每个效应的大小都只有其真实值大小的一半。

215

表5-13显示了使用倾向得分加权或匹配的结果。① 可以看出，与 Lalonde［1986］相比，这一结果有了相当大的改进。我不会过多关注作者计算出的每一种处理效应，但我们注意到，它们都是正的，并且在大小上与他们在第2列和第3列仅使用实验数据发现的结果相似。

表5-13 使用倾向得分估计培训效应

对照组	NSW 中处理组与控制组收入之差			倾向得分匹配			
	未被调整	调整	平方得分	分层		匹配	
				未被调整	调整	未被调整	调整
实验控制组	1 794 (633)	1 672 (638)					
PSID-1	−15 205 (1 154)	731 (886)	294 (1 389)	1 608 (1 571)	1 494 (1 581)	1 691 (2 209)	1 473 (809)
CPS-1	−8 498 (712)	972 (550)	1 117 (747)	1 713 (1 115)	1 774 (1 152)	1 582 (1 069)	1 616 (751)

注：第3列（调整后的）OLS 回归中的变量是处理与否、年龄和年龄的平方、受教育程度、有无学位、西班牙裔、黑人、1974年和1975年的实际收入。第4列的 OLS 回归中的变量则是倾向得分和处理与否，并得到了平方得分。最后一列标记为"调整"的是加权最小二乘。

---

* 此处当为 Lalonde［1986］。——译者注
① 我们先不深入研究他们是如何使用倾向得分来得出这些估计值的。

最后，作者在表 5 - 14 中检查了处理组样本（NSW）和各种非实验（匹配）样本的协变量之间的平衡。在下一节中，我将解释为什么我们期望协变量值在从数据中剔除倾向得分值异常的个体后，沿着处理组和控制组的倾向得分进行平衡。表 5 - 14 显示了匹配控制样本相对于实验 NSW 样本（第 2 行）的特征均值。实际上，调整倾向得分有助于平衡样本。协变量的均值与 NSW 样本在倾向得分上进行微调后的结果更接近。

216

表 5 - 14　匹配控制样本的特征均值

匹配样本	N	年龄	受教育年限	黑人	西班牙裔	是否未得到学位	是否已婚	RE74	RE75
NSW	185	25.81	10.335	0.84	0.06	0.71	0.19	2 096	1 532
PSID	56	26.39 (2.56)	10.62 (0.63)	0.86 (0.13)	0.02 (0.06)	0.55 (0.13)	0.15 (0.13)	1 794 (0.12)	1 126 (1 406)
CPS	119	26.91 (1.25)	10.52 (0.32)	0.86 (0.06)	0.04 (0.04)	0.64 (0.07)	0.19 (0.06)	2 110 (841)	1 396 (563)

注：括号中为与 NSW 样本均值之差的标准误。RE74 代表 1974 年的实际收入。

对倾向得分最好的解释是使用真实数据。我们将使用 Dehejia 和 Wahba［2002］的数据进行下面的练习。在使用倾向得分法估计处理效应之前，我们先计算一下实际实验的平均处理效应。使用下面的代码，我们计算出 NSW 职业培训计划在 1978 年使实际收入增加了 1 794.343 美元。

```
STATA
nsw_experimental.do
1  use https://github.com/scunning1975/mixtape/raw/master/nsw_mixtape.dta,
   ↪    clear
2  su re78 if treat
3  gen y1 = r(mean)
4  su re78 if treat==0
5  gen y0 = r(mean)
6  gen ate = y1-y0
7  su ate
8  di 6349.144 - 4554.801
9  * ATE is 1794.34
10 drop if treat==0
11 drop y1 y0 ate
12 compress
```

217

R
n s w _ e x p e r i m e n t a l . R

```
1   library(tidyverse)
2   library(haven)
3
4   read_data <- function(df)
5   {
6    full_path <- paste("https://raw.github.com/scunning1975/mixtape/master/",
7              df, sep = "")
8    df <- read_dta(full_path)
9    return(df)
10  }
11
12  nsw_dw <- read_data("nsw_mixtape.dta")
13
14  nsw_dw %>%
15   filter(treat == 1) %>%
16   summary(re78)
17
18  mean1 <- nsw_dw %>%
19   filter(treat == 1) %>%
20   pull(re78) %>%
21   mean()
22
23  nsw_dw$y1 <- mean1
24
25  nsw_dw %>%
26   filter(treat == 0) %>%
27   summary(re78)
28
29  mean0 <- nsw_dw %>%
30   filter(treat == 0) %>%
31   pull(re78) %>%
32   mean()
33
34  nsw_dw$y0 <- mean0
35
36  ate <- unique(nsw_dw$y1 - nsw_dw$y0)
37
38  nsw_dw <- nsw_dw %>%
39   filter(treat == 1) %>%
40   select(-y1, -y0)
```

218　　接下来我们要看几个例子，在这些例子中我们可以估计平均处理效应或与其类似的其他效应，比如处理组的平均处理效应或未处理组的平均处理效应。这里，我们不使用最初随机实验中的实验控制组，而是使用当前人口调查中的非实验控制组。需要强调的是，虽然处理组是一个实验组，但控制组是由当时随机抽取的美国人组成的样本。因为大多数美国人不会作为反事实情况下的工人被试而被选择进 NSW 项目，所以控制组在很大程度上存在选择偏差。为了与 Dehejia 和 Wahba［2002］一致，下面我们将把 CPS 数据增补到实验数据中，并使用 logit 估计倾向得分。

STATA
nsw_pscore.do

```
1   * Reload experimental group data
2   use https://github.com/scunning1975/mixtape/raw/master/nsw_mixtape.dta,
      ↪  clear
3   drop if treat==0
4
5   * Now merge in the CPS controls from footnote 2 of Table 2 (Dehejia and Wahba
      ↪  2002)
6   append using
      ↪  https://github.com/scunning1975/mixtape/raw/master/cps_mixtape.dta
7   gen agesq=age*age
8   gen agecube=age*age*age
9   gen edusq=educ*edu
10  gen u74 = 0 if re74!=.
11  replace u74 = 1 if re74==0
12  gen u75 = 0 if re75!=.
13  replace u75 = 1 if re75==0
14  gen interaction1 = educ*re74
15  gen re74sq=re74^2
16  gen re75sq=re75^2
17  gen interaction2 = u74*hisp
18
19  * Now estimate the propensity score
20  logit treat age agesq agecube educ edusq marr nodegree black hisp re74 re75
      ↪  u74 u75 interaction1
21  predict pscore
22
```

219

(continued)

STATA *(continued)*

```
23    * Checking mean propensity scores for treatment and control groups
24    su pscore if treat==1, detail
25    su pscore if treat==0, detail
26
27    * Now look at the propensity score distribution for treatment and control groups
28    histogram pscore, by(treat) binrescale
```

R

nsw_pscore.R

```
1    library(tidyverse)
2    library(haven)
3
4    read_data <- function(df)
5    {
6      full_path <- paste("https://raw.github.com/scunning1975/mixtape/master/",
7                  df, sep = "")
8      df <- read_dta(full_path)
9      return(df)
10   }
11
12   nsw_dw_cpscontrol <- read_data("cps_mixtape.dta") %>%
13     bind_rows(nsw_dw) %>%
14     mutate(agesq = age^2,
15           agecube = age^3,
16           educsq = educ*educ,
17           u74 = case_when(re74 == 0 ~ 1, TRUE ~ 0),
18           u75 = case_when(re75 == 0 ~ 1, TRUE ~ 0),
19           interaction1 = educ*re74,
20           re74sq = re74^2,
21           re75sq = re75^2,
22           interaction2 = u74*hisp)
23
24   # estimating
25   logit_nsw <- glm(treat ~ age + agesq + agecube + educ + educsq +
26             marr + nodegree + black + hisp + re74 + re75 + u74 +
27             u75 + interaction1, family = binomial(link = "logit"),
28           data = nsw_dw_cpscontrol)
29
```

220

(continued)

R *(continued)*
30 nsw_dw_cpscontrol <- nsw_dw_cpscontrol %>%
31   mutate(pscore = logit_nsw$fitted.values)
32
33 # mean pscore
34 pscore_control <- nsw_dw_cpscontrol %>%
35   filter(treat == 0) %>%
36   pull(pscore) %>%
37   mean()
38
39 pscore_treated <- nsw_dw_cpscontrol %>%
40   filter(treat == 1) %>%
41   pull(pscore) %>%
42   mean()
43
44 # histogram
45 nsw_dw_cpscontrol %>%
46   filter(treat == 0) %>%
47   ggplot() +
48   geom_histogram(aes(x = pscore))
49
50 nsw_dw_cpscontrol %>%
51   filter(treat == 1) %>%
52   ggplot() +
53   geom_histogram(aes(x = pscore))
54

倾向得分是 logit 模型的拟合值。换句话说，我们使用该 logit 回归的估计系数来估计个体受到处理的条件概率，假设这个概率是基于累积 logistic 分布的：

$$\Pr(D = 1 \mid X) = F(\beta_0 + \gamma \, 处理 + \alpha X)$$

在这个模型中，X 是包含在 $F(\cdot) = \dfrac{e}{1 + e}$ 中的外生协变量。

正如我前面所说的，倾向得分使用最大似然回归的拟合值来计算每个个体受到处理的条件概率，**而不考虑实际的处理状态**。倾向得分只是每个个体受到处理的条件概率的预测值，或者说是每个个体的一个拟合值。在估计倾向得分时，建议使用最大似然法，以便将拟合值固定在范围 $[0, 1]$ 内。我们可以使用线性概率模型，但线性概率模型通常会带来低于 0 和高于 1 的拟合值，而这不是真实的概率，因为 $0 \leqslant p \leqslant 1$。

倾向得分的定义是以混杂因子为条件的选择概率：$p(X) = \Pr(D = 1 \mid X)$。回想一下，我们说过倾向得分法有两个确定的假设。第一个假设是 CIA。也就是说，$(Y^0, Y^1) \perp D \mid X$。它是不可检验的，因为这一假设是基于不可观测的潜在结果。第二个假设被称为共同支撑假设。即 $0 < \Pr(D = 1 \mid X) < 1$。这仅仅意味着，对于任何概率值，处理组和控制组都必须有对应的个体。简单地说，条件独立假设就是通过条件化向量 X 使数据满足后门准则。或者换句话说，在以 X 为条件时，对受处理个体的分配是完全随机的。[①]

共同支撑假设是计算任何特定类型的平均处理效应所必需的假设，如果不存在普遍的共同支撑，仅针对那些存在共同支撑的区域，你将只会得到一些怪异的加权平均处理效应。它"怪异"的原因是，这一平均处理效应与政策制定者所需要的任意一个处理效应都不一致。共同支撑要求对于每一个 X 值，在处理组和控制组中都存在可以被观测到的数据，或写为 $0 < \Pr(D_i = 1 \mid X_i) < 1$。这意味着对向量 X 的每个值，接受处理的概率将严格限于单位区间内。共同支撑可确保已处理个体和未处理个体的特征有足够多的重叠，以获得足够的匹配。与 CIA 不同，共同支撑假设可以通过简单地绘制直方图或汇总数据来进行检验。这里我们有两种方法：查看汇总统计数据以及查看直方图。在查看直方图（见图 5-3）之前，让我们先看看表格形式的分布（见表 5-15 和表 5-16）。

222

表 5-15 处理组倾向得分的分布

处理组		
分位数	取值	最小值
1%	0.001 175 7	0.001 061 4
5%	0.007 264 1	0.001 175 7
10%	0.026 014 7	0.001 846 3
25%	0.132 217 4	0.002 098 1
50%	0.400 199 2	
分位数	取值	最大值
75%	0.670 616 4	0.935 645

---

① 根据计量经济学或统计学的传统，CIA 有不同的表达方式。Rosenbaum 和 Rubin [1983] 称其为"可忽略的处理分配"或"不混淆"。Barnow 等 [1981] 及 Dale 和 Krueger [2002] 称其为基于可观测变量的选择。在传统的计量经济学教学中，我们之前讨论过，它被称为零条件均值假设。

续表

90%	0.886 602 6	0.937 18
95%	0.902 138 6	0.937 460 8
99%	0.937 460 8	0.938 455 4

表 5-16　CPS 控制组倾向得分的分布

CPS 控制组		
分位数	取值	最小值
1%	5.90e-07	1.18e-09
5%	1.72e-06	4.07e-09
10%	3.58e-06	4.24e-09
25%	0.000 019 3	1.55e-08
50%	0.000 118 7	
50%*	0.000 354 4	
分位数	取值	最大值
75%	0.000 963 5	0.878 667 7
90%	0.006 631 9	0.889 338 9
95%	0.016 310 9	0.909 902 2
99%	0.155 154 8	0.923 978 7

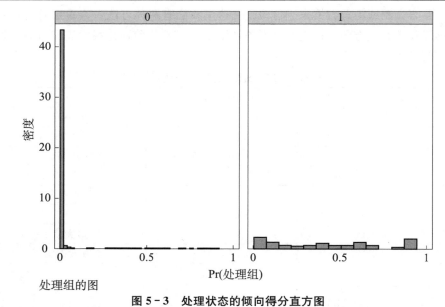

处理组的图

图 5-3　处理状态的倾向得分直方图

———————————

* 表中有两个 50%，原书如此。——译者注

处理组的得分均值为 0.43，CPS 控制组的均值为 0.007。处理组的第 50 分位数是 0.4，但控制组直到第 99 分位数也未达到那么高的数字。现在让我们用直方图来看看这两组倾向得分的分布情况。

这两个简单的诊断检验说明了，当我们使用逆概率加权时，将会出现哪些问题。接受处理的概率分散在处理组的各个个体中，但是在 CPS 中有一个非常大的接近零的倾向得分。我们该如何解释呢？这意味着处理组的个体特征在 CPS 样本中很少见。考虑到处理中强烈的负向选择（negative selection），这并不奇怪。这些个体是比较年轻的人、是已婚可能性比较低的人、是更可能未受过教育和少数族裔的人。教训是：如果两个组在背景特征上存在严重的差异，那么倾向得分将根据处理状态有明显不同的分布。稍后我们将对此进行更详细的讨论。

现在，让我们看看在这两个假设下的处理参数。

$$E[\delta_i(X_i)] = E[Y_i^1 - Y_i^0 \mid X_i = x] = E[Y_i^1 \mid X_i = x] - E[Y_i^0 \mid X_i = x]$$

条件独立假设允许我们做如下替换：

$$E[Y_i^1 \mid D_i = 1, X_i = x] = E[Y_i \mid D_i = 1, X_i = x]$$

另一项也是一样。共同支撑假设意味着我们可以估计出这两项。因此，在这两种假设下：

$$\delta = E[\delta(X_i)]$$

从这些假设中我们得到了**倾向得分定理**（propensity score theorem），它表明在 CIA 下，

$$(Y^1, Y^0) \perp D \mid X$$

而这意味着：

$$(Y^1, Y^0) \perp D \mid p(X)$$

其中，$p(X) = \Pr(D = 1 \mid X)$ 为倾向得分。用文字表述就是，为了满足独立性，即满足 CIA 假设，我们所要做的不过是以倾向得分值为条件。根据倾向得分值予以条件化，足以使处理和潜在结果之间具有独立性。

这是一个非常有用的定理，因为在有限样本中，即使协变量数目适度，在 X 上进行分层也会遇到**与稀疏性相关**（sparseness-related）的问题（即有些分层中处理组或控制组的数据不存在）。但是倾向得分只是一个标量。因此，在概率大小之间进行分层可以减轻维度带来的问题。

倾向得分定理的证明相当简单，因为它只是带有**嵌套条件化**（nested conditioning）的迭代期望定律的一个应用。[①] 如果我们能说明一个人接受处理的概率取决于潜在结果，以及倾向得分不是潜在结果的函数，那么我们就证明了潜在结果和以 X 为条件的处理之间存在独立性。在深入证明之前，我们首先需要认识到这一点：

$$\Pr(D = 1 \mid Y^0, Y^1, p(X)) = E[D \mid Y^0, Y^1, p(X)]$$

因为

$$E[D \mid Y^0, Y^1, p(X)] = 1 \times \Pr(D = 1 \mid Y^0, Y^1, p(X))$$
$$+ 0 \times \Pr(D = 0 \mid Y^0, Y^1, p(X))$$

因为第二项与 0 相乘，所以它被消掉了。正式证明如下：

$$\Pr(D = 1 \mid Y^1, Y^0, p(X)) = \underbrace{E[D \mid Y^1, Y^0, p(X)]}_{\text{参见前一个方程}}$$
$$= \underbrace{E[E[D \mid Y^1, Y^0, p(X), X] \mid Y^1, Y^0, p(X)]}_{\text{由迭代期望律(LIE)可得}}$$
$$= \underbrace{E[E[D \mid Y^1, Y^0, X] \mid Y^1, Y^0, p(X)]}_{\text{给定}X\text{，我们可知}p(X)}$$
$$= \underbrace{E[E[D \mid X] \mid Y^1, Y^0, p(X)]}_{\text{根据条件独立性可得}}$$
$$= \underbrace{E[p(X) \mid Y^1, Y^0, p(X)]}_{\text{根据倾向得分定义可得}}$$
$$= p(X)$$

通过类似论证，我们可以得到：

$$\Pr(D = 1 \mid p(X)) = \underbrace{E[D \mid p(X)]}_{\text{参见前面的论证}}$$
$$= \underbrace{E[E[D \mid X] \mid p(X)]}_{\text{根据迭代期望律(LIE)可得}}$$
$$= \underbrace{E[p(X) \mid p(X)]}_{\text{定义}}$$
$$= p(X)$$

---

① 参见 Angrist 和 Pischke [2009，80 - 81]。

根据 CIA 可得，$\Pr(D=1 \mid Y^1, Y^0, p(X)) = \Pr(D=1 \mid p(X))$。

就像回归中的遗漏变量偏差公式一样，倾向得分定理说，你只需要控制这些决定个体接受处理的概率的协变量。但它也说明了更多的东西。严格来说，你需要以之为条件的**唯一**协变量就是倾向得分。X 矩阵中的所有信息都浓缩成了一个数字：倾向得分。

因此，倾向得分定理的一个推论表明，在给定 CIA 的情况下，我们可以通过对均值的简单差进行适当加权来估计平均处理效应。[①]

因为倾向得分是 X 的函数，所以我们可知：

$$\Pr(D = 1 \mid X, p(X)) = \Pr(D = 1 \mid X)$$
$$= p(X)$$

所以，以倾向得分为条件，$D=1$ 的概率不再依赖于 X。也就是说，D 和 X 在以倾向得分为条件时是相互独立的，或写为：

$$D \perp \mid p(X)$$

由此，我们也得到了倾向得分的**平衡性质**（balancing property）：

$$\Pr(X \mid\mid D = 1, p(X)) = \Pr(X \mid D = 0, p(X))$$

这表明，以倾向得分为条件，处理组和控制组个体的协变量分布相同。在下面的 DAG 中即可看出这一点：

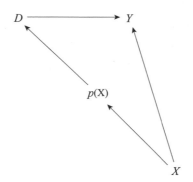

---

① 如果我们匹配了倾向得分，并计算均值之差，这些都是可行的办法。直接倾向得分匹配的原理与我们前面讨论的协变量匹配（例如，近邻匹配法）相同，除了我们是基于**得分**而非**协变量**进行的匹配这一点之外。

注意，X 和 D 之间存在两条路径，一条是直接路径 $X \rightarrow p(X) \rightarrow D$，另一条是后门路径 $X \rightarrow Y \leftarrow D$。后门路径被对撞变量阻断，因此，在 X 和 D 之间，没有系统的相关性通过该路径传递。但是通过第一条的直接路径，X 和 D 之间仍然存在系统的相关性。当我们以 $p(X)$（即倾向得分）为条件时，可以注意到 D 和 X 在统计上是独立的。这意味着 $D \perp X \mid p(X)$，也就是说：

$$\Pr(X \mid D = 1, \hat{p}(X) = \Pr(X \mid D = 0, \hat{p}(X))$$

这是我们可以直接检验的，但请注意其中的含义：在倾向得分的条件下，对于给定的 X，其在处理组和控制组中的均值应该是相同的。换句话说，倾向得分定理就意味着**平衡的**可观测协变量。[①]

倾向得分加权（weighting on the propensity score）。使用估计出的倾向得分，研究者们有几种方法可以估计平均处理效应。Busso 等 [2014] 研究了各种方法的特征，发现在几种模拟中，逆概率加权最具竞争力。由于在加权设计中纳入权重的方法不同，在此我讨论了几种经典的逆概率加权方法以及与之相联的推断方法。因为这是因果推断计量经济学中一个广阔的领域，所以这里仅仅是对其中的主要概念进行综览和介绍。

假设我们的数据满足 CIA，那么我们估计处理效应的一种可行方法就是使用加权程序，其中每个个体的倾向得分都是其结果的权重 [Imbens, 2000]。当其合计在一起时，就有可能识别出一些平均处理效应。这个估计值基于调查方法领域的一些早期工作，并由 Horvitz 和 Thompson [1952] 首次提出。根据每个个体的处理状态，权重会以不同的形式进入表达式中，并根据目标参数是 ATE 还是 ATT（或 ATU，这里没有展示出来）采取两种不同的形式：

$$\delta_{ATE} = E[Y^1 - Y^0]$$

$$= E\left[Y \cdot \frac{D - p(X)}{p(X) \cdot (1 - p(X))}\right] \tag{5.4}$$

$$\delta_{ATT} = E[Y^1 - Y^0 \mid D = 1]$$

$$= \frac{1}{\Pr(D = 1)} \cdot E\left[Y \cdot \frac{D - p(X)}{1 - p(X)}\right] \tag{5.5}$$

---

① 因为在可观测变量上存在可交换性并不意味着在不可观测变量上也存在可交换性。倾向得分定理并不意味着平衡的不可观测协变量。具体请参见 Brooks 和 Ohsfeldt [2013]。

针对 ATE 的一个证明如下：

$$E\Big[Y\frac{D-p(X)}{p(X)(1-p(X))} \mid X\Big] = E\Big[\frac{Y}{p(X)} \mid X, D=1\Big]p(X)$$

$$+ E\Big[\frac{-Y}{1-p(X)} \mid X, D=0\Big](1-p(X))$$

$$= E[Y \mid X, D=1] - E[Y \mid X, D=0] \tag{5.6}$$

这个结果是对 $P(X)$ 和 $P(X \mid D=1)$ 进行整合得到的。

通过两步估计程序即可得到 ATE 和 ATT 的抽样版本。在第一步中，研究人员使用 logit 或 probit 模型来估计倾向得分。在第二步中，研究人员使用估计出的分数来生成上述平均处理效应估计量的抽样版本。这些抽样版本可以写成如下形式：

$$\widehat{\delta}_{ATE} = \frac{1}{N}\sum_{i=1}^{N}Y_i \cdot \frac{D_i - \widehat{p}(X_i)}{\widehat{p}(X_i) \cdot (1-\widehat{p}(X_i))} \tag{5.7}$$

$$\widehat{\delta}_{ATT} = \frac{1}{N_T}\sum_{i=1}^{N}Y_i \cdot \frac{D_i - \widehat{p}(X_i)}{1-\widehat{p}(X_i)} \tag{5.8}$$

我们有几种不同的方法来估计这一估计量的方差，其中一种简单的方法是使用自助抽样（bootstrapping）。自助抽样是用来估计一个估计量方差的程序，最初由 Efron［1979］创建。在逆概率加权的情况下，我们会重复地从我们的原始数据中（"可置换地"）抽取一个随机样本，然后使用较小的样本来计算 ATE 或 ATT 的样本对应值（sample analogs）。更具体地说，使用较小的自助抽样数据，我们会首先估计倾向得分，然后使用估计出的倾向得分反复计算 ATE 或 ATT 的样本对应值，以获得对应于数据本身不同切面的处理效应的分布。[①] 如此做 1 000 或 10 000 次，我们就能得到一个估计参数的分布，从而计算出标准差。这个标准差就像标准误，它

---

① 自助抽样和随机推断在机制上是相似的。反复随机化一些样本，在每次随机化中，重新估计处理效应，以获得处理效应的分布。这就是它们的相似之处。自助抽样是一种计算估计量方差的方法，其中我们把处理分配视为给定的。自助抽样中的不确定性来自样本，而不是处理分配。因此，每个自助抽样样本中，我们使用的观测值都比实际样本中的少。然而，这不是随机推断中不确定性的来源。正如在前面的章节中提到的，在随机推断中，不确定性是关于处理分配的，而不是样本。因此，在随机推断中，我们随机分配处理是为了拒绝或接受不存在个体处理效应的费希尔尖锐零假设。

给我们提供了一种度量方式，以确定在样本本身不确定的情况下参数估计的离散程度。[1] Adudumilli [2018] 和 Bodory 等 [2020] 讨论了各种自助抽样程序的性能，例如 standard bootstrap 或 wild bootstrap。我建议你在选择更适合自己题目的自助抽样方法时先仔细地阅读这些论文。

逆概率加权对倾向得分的极端值比较敏感，这使得一些研究人员提出了一种可以更好地处理极端值的替代方法。Hirano 和 Imbens [2001] 提出了一个对平均处理效应进行逆概率加权的估计量，该估计量对由控制组和处理组的倾向得分总和予以标准化（normalized）的权重进行分配，而不是为每个观测值分配 $1/N$ 的均等权重。这一方法有时也可与 Hájek [1971] 联系起来。Millimet 和 Tchernis [2009] 将该估计量称为标准化估计量。在每一个分组中，其权重之和均为 1，这使它更稳定。这个标准化估计量的表达式如下：

$$\hat{\delta}_{ATT} = \Big[\sum_{i=1}^{N} \frac{Y_i D_i}{\hat{p}} \Big] \Big/ \Big[\sum_{i=1}^{N} \frac{D_i}{\hat{p}} \Big] - \Big[\sum_{i=1}^{N} \frac{Y_i(1-D_i)}{1-\hat{p}} \Big] \Big/ \Big[\sum_{i=1}^{N} \frac{1-D_i}{1-\hat{p}} \Big]$$

$$(5.9)$$

大多数软件包都有程序来估计这些逆概率加权参数的样本对应值，它们使用带有标准化权重的第二种方法。例如，Stata 的-teffects-和 R 的-ipw-都是如此。这些软件包还将生成标准误。但在这里我将手动计算这些点估计值，以便更清楚地看到如何使用倾向得分来构建非标准化或标准化权重，然后估计 ATT。

STATA
ipw.do
1 * Manual with non-normalized weights using all the data
2 gen d1=treat/pscore
3 gen d0=(1-treat)/(1-pscore)
4 egen s1=sum(d1)
5 egen s0=sum(d0)
6

(continued)

---

[1] Abadie 和 Imbens [2008] 表明自助抽样不适用于匹配，不过逆概率加权不是匹配。这似乎是一个微妙的点，根据我的经验，许多人将基于倾向得分的匹配与其他使用倾向得分的方法混为一谈，都称它们为"匹配"。但逆概率加权不是一个匹配程序。相反，它是一个加权程序，其性质不同于使用插补法的程序，而且通常来说，自助抽样还是可行的。

STATA *(continued)*

231

```
7   gen y1=treat*re78/pscore
8   gen y0=(1-treat)*re78/(1-pscore)
9   gen ht=y1-y0
10
11  * Manual with normalized weights
12  replace y1=(treat*re78/pscore)/(s1/_N)
13  replace y0=((1-treat)*re78/(1-pscore))/(s0/_N)
14  gen norm=y1-y0
15  su ht norm
16
17  * ATT under non-normalized weights is -$11,876
18  * ATT under normalized weights is -$7,238
19
20  drop d1 d0 s1 s0 y1 y0 ht norm
21
22  * Trimming the propensity score
23  drop if pscore <= 0.1
24  drop if pscore >= 0.9
25
26  * Manual with non-normalized weights using trimmed data
27  gen d1=treat/pscore
28  gen d0=(1-treat)/(1-pscore)
29  egen s1=sum(d1)
30  egen s0=sum(d0)
31
32  gen y1=treat*re78/pscore
33  gen y0=(1-treat)*re78/(1-pscore)
34  gen ht=y1-y0
35
36  * Manual with normalized weights using trimmed data
37  replace y1=(treat*re78/pscore)/(s1/_N)
38  replace y0=((1-treat)*re78/(1-pscore))/(s0/_N)
39  gen norm=y1-y0
40  su ht norm
41
42  * ATT under non-normalized weights is $2,006
43  * ATT under normalized weights is $1,806
```

232

R

ipw.R

```r
1   library(tidyverse)
2   library(haven)
3
4   #continuation
5   N <- nrow(nsw_dw_cpscontrol)
6   #- Manual with non-normalized weights using all data
7   nsw_dw_cpscontrol <- nsw_dw_cpscontrol %>%
8     mutate(d1 = treat/pscore,
9            d0 = (1-treat)/(1-pscore))
10
11  s1 <- sum(nsw_dw_cpscontrol$d1)
12  s0 <- sum(nsw_dw_cpscontrol$d0)
13
14
15  nsw_dw_cpscontrol <- nsw_dw_cpscontrol %>%
16    mutate(y1 = treat * re78/pscore,
17           y0 = (1-treat) * re78/(1-pscore),
18           ht = y1 - y0)
19
20  #- Manual with normalized weights
21  nsw_dw_cpscontrol <- nsw_dw_cpscontrol %>%
22    mutate(y1 = (treat*re78/pscore)/(s1/N),
23           y0 = ((1-treat)*re78/(1-pscore))/(s0/N),
24           norm = y1 - y0)
25
26  nsw_dw_cpscontrol %>%
27    pull(ht) %>%
28    mean()
29
30  nsw_dw_cpscontrol %>%
31    pull(norm) %>%
32    mean()
33
34  #-- trimming propensity score
35  nsw_dw_cpscontrol <- nsw_dw_cpscontrol %>%
36    select(-d1, -d0, -y1, -y0, -ht, -norm) %>%
37    filter(!(pscore >= 0.9)) %>%
38    filter(!(pscore <= 0.1))
39
40  N <- nrow(nsw_dw_cpscontrol)
```

(continued)

233

```
R (continued)

41
42   #- Manual with non-normalized weights using trimmed data
43   nsw_dw_cpscontrol <- nsw_dw_cpscontrol %>%
44    mutate(d1 = treat/pscore,
45        d0 = (1-treat)/(1-pscore))
46
47   s1 <- sum(nsw_dw_cpscontrol$d1)
48   s0 <- sum(nsw_dw_cpscontrol$d0)
49
50   nsw_dw_cpscontrol <- nsw_dw_cpscontrol %>%
51    mutate(y1 = treat * re78/pscore,
52        y0 = (1-treat) * re78/(1-pscore),
53        ht = y1 - y0)
54
55   #- Manual with normalized weights with trimmed data
56   nsw_dw_cpscontrol <- nsw_dw_cpscontrol %>%
57    mutate(y1 = (treat*re78/pscore)/(s1/N),
58        y0 = ((1-treat)*re78/(1-pscore))/(s0/N),
59        norm = y1 - y0)
60
61   nsw_dw_cpscontrol %>%
62    pull(ht) %>%
63    mean()
64
65   nsw_dw_cpscontrol %>%
66    pull(norm) %>%
67    mean()
```

当我们使用前面描述的非标准化加权程序，使用逆概率加权估计处理效应时，我们发现估计的 ATT 为 $-11\,876$ 美元。使用标准化的权重，我们得到的结果为 $-7\,238$ 美元。为什么这和我们用实验数据得到的结果有如此大的不同呢？

回顾一下逆概率加权的作用。这是根据 $\hat{p}(X)$ 对处理和控制个体进行加权，导致倾向得分值非常小的个体在 ATT 的计算中被放大，变得非常有影响力。因此，我们需要对数据进行清理（trim）。在这里，我们将做一个非常小的清理，以消除堆叠在最左边尾部的值。Crump 等［2009］提出了一种原则性方法来解决缺乏重叠的问题。他们指出，一个很好的经验法则是只保留在区间［0.1，0.9］上的观测值，这一步骤将会在程序结束时

234

被执行。

现在，让我们在清理了倾向得分后重复之前的分析，只保留得分在0.1和0.9之间的值。现在，我们发现使用非标准化权重得到的结果为2 006美元，使用标准化权重得到的结果为1 806美元。这与我们用实验数据得出的真实因果效应（即1 794美元）非常相似。我们可以看到，标准化权重的结果更接近。我们仍然需要计算标准误，例如基于自助抽样方法，但我把这个问题留给你，请你通过阅读 Adudumilli [2018] 和Bodory 等 [2020] 来更仔细地研究这个问题，我以前曾提到过这些论文，它们讨论了各种自助抽样程序，如 standard bootstrap 或 wild bootstrap 的性能。

近邻匹配法（nearest-neighbor matching）。另外一种非常流行的逆概率加权法是倾向得分匹配法。通常的做法是通过从控制个体样本池中找到若干个具有可比较的倾向得分的个体，这些个体的倾向得分都位于处理个体倾向得分的某个给定的半径范围内。研究者将结果取平均值，然后将平均值插补给原始的处理个体，作为其反事实控制组中潜在结果的代理值。最后通过清理来强化共同支撑假设。

但这种方法受到了 King 和 Nielsen [2019] 的批评。King 和 Nielsen [2019] 批评的不是倾向得分本身。例如，该批评并不适用基于倾向得分 [Rosenbaum and Rubin，1983]、回归调整或逆概率加权的分层。这个问题只存在于近邻匹配法中，并且与通过清理而强制达到平衡有关，也与无数其他在项目进程中常见的研究选择有关，这些选择最终都扩大了偏差。King 和 Nielsen 写道："数据越均衡，或者通过匹配 [清理] 使一些观测数据变得越均衡，倾向得分匹配法就越有可能降低推断的可信度" [2019，1]。

然而，近邻匹配法和逆概率加权法可能是估计倾向得分模型最常见的方法。近邻匹配法使用倾向得分将每个处理组个体 i 与一个或多个可比较的控制组个体 j 配对，其中相似性是由到最接近的倾向得分的距离来衡量的。这个控制组个体的结果会被插入一个匹配样本中。一旦得到了匹配的样本，我们就可以计算 ATT。公式如下：

$$\widehat{ATT} = \frac{1}{N_T}(Y_i - Y_{i(j)})$$

式中，$Y_{i(j)}$ 为与 i 匹配的控制组个体。由于前面讨论过重叠问题，所以我们将重点讨论 ATT。

STATA

teffects_nn.do

```
1   teffects psmatch (re78) (treat age agesq agecube educ edusq marr nodegree
↪      black hisp re74 re75 u74 u75 interaction1, logit), atet gen(pstub_cps) nn(5)
```

R

teffects_nn.R

```
1   library(MatchIt)
2   library(Zelig)
3
4   m_out <- matchit(treat ~ age + agesq + agecube + educ +
5                educsq + marr + nodegree +
6                black + hisp + re74 + re75 + u74 + u75 + interaction1,
7                data = nsw_dw_cpscontrol, method = "nearest",
8                distance = "logit", ratio =5)
9
10  m_data <- match.data(m_out)
11
12  z_out <- zelig(re78 ~ treat + age + agesq + agecube + educ +
13                educsq + marr + nodegree +
14                black + hisp + re74 + re75 + u74 + u75 + interaction1,
15                model = "ls", data = m_data)
16
17  x_out <- setx(z_out, treat = 0)
18  x1_out <- setx(z_out, treat = 1)
19
20  s_out <- sim(z_out, x = x_out, x1 = x1_out)
21
22  summary(s_out)
```

　　我选择用 5 个近邻来匹配。换句话说，我们将在控制组中找到 5 个最近的个体，其中"近"是用倾向得分本身来衡量的。与协变量匹配不同，这里的距离是很直观的，因为倾向得分降低了维度。然后我们将取实际结果的平均值，并将结果均值与每个处理组个体相匹配。一旦我们得到了这些相匹配的值，我们就可以用处理组的值减去匹配控制组的值，然后除以处理组个体的数目 N_T。当我们在 Stata 中这样做的时候，我们得到的ATT 是 1 725 美元，并且有 $p < 0.05$。因此，它既做到了相对精确，又与我们在实验中发现的结果相似。

　　广义精确匹配（coarsened exact matching）。到目前为止，我们已经回

236

顾了两种匹配。精确匹配将一个受处理个体与所有具有相同协变量值的控制个体进行匹配。但有时这是不可能的，因为存在匹配差异。例如，假设我们正在匹配年龄和收入，而这两个变量都是连续的。我们发现另一个人的这两个值与我们选定个体完全相同的概率即使不是零，也会非常小。因此，这会导致协变量间的不匹配，从而引入了偏差。

我们讨论的第二种匹配是近似匹配法，它会指定一个度量指标来寻找与受处理个体"接近"的控制个体。这需要一个对距离的度量指标，比如欧氏距离、马氏距离或倾向得分。所有这些都可以在 Stata 或 R 中得到实现。

Iacus 等［2012］引入了一种称为广义精确匹配（coarsened exact matching，CEM）的精确匹配方法。这个想法很简单。它基于这样一种理念，即一旦我们足够地粗化（coarsen）了数据，有时就可以进行精确匹配了。如果我们对数据进行粗化，就意味着我们创建了分类变量（例如，0～10 岁、11～20 岁等），那么我们通常就可以找到精确的匹配项了。一旦我们找到了这些匹配项，我们就可以根据一个人在某些分层上的拟合度来计算权重，而这些权重会用在一个简单的加权回归中。

首先，我们从协变量 X 开始，创建一个名为 X^* 的副本。接下来，我们根据用户定义的临界值（cutpoints）或 CEM 的自动内置算法对 X^* 进行粗化。例如，将学校教育分为没读高中、高中、大学肄业、大学毕业、职业学院等几种。然后，我们为 X^* 的每个可能观测值都创建一个分层，并将每个观测值都置于一个分层中。接着，将这些分层赋值给原始（未粗化的）数据 X，并删除那些不能同时包含处理组个体和控制组个体的分层所对应的观测值。最后，为分层的规模添加权重，并在不考虑匹配的情况下进行分析。

但这是有代价的。更大的容纳范围意味着更多的数据粗化，从而导致更少的分层。分层越少，同一分层内的观测结果就越多样化，因此协变量的不平衡性也就越高。CEM 对处理组和控制组个体都进行了清理，而这也会改变我们感兴趣的参数，但只要你对此开诚布公，读者们也许会愿意相信你说的话。[①] 你要知道，当你开始清理数据时，你并不是在估计 ATE 或 ATT（就像你在清理倾向得分时也不是在估计 ATE 或 ATT 一样）。

CEM 的主要优点是：它是一类被称为单调不平衡边界（monotonic imbalance bounding，MIB）的匹配方法。MIB 方法通过研究者事前所做的决策，在经验分布的某种特征上限定最大不平衡性的边界。在 CEM 中，这种事前选择就是粗化决策。通过预先选择的粗化方案，研究者可以控制

---

① 他们也可能不会相信。这些方法是简单的，困难的是使读者们相信。

匹配中不平衡性的大小。这一匹配过程也会非常快。

有若干种测算不平衡性的方法，但在这里我们只关注 $L1(f, g)$ 测量指标，即

$$L1(f, g) = \frac{1}{2} \sum_{l_1 \cdots l_k} | f_{l_1 \cdots l_k} - g_{l_1 \cdots l_k} |$$

式中，f 和 g 分别为处理组和控制组的相对频率。完美的全局平衡可以用 $L1=0$ 表示。该数值越大，表示组间不平衡越严重，其最大值为 $L1=1$。因此，"不平衡边界"的值就在 0 和 1 之间。

现在让我们进入"估计"（estimation）这个有趣的环节。我们将使用在这些估计中一直使用的职业培训数据。

```
STATA
cem.do
1   ssc install cem
2
3   * Reload experimental group data
4   use https://github.com/scunning1975/mixtape/raw/master/nsw_mixtape.dta,
    ↪   clear
5   drop if treat==0
6
7   * Now merge in the CPS controls from footnote 2 of Table 2 (Dehejia and Wahba
    ↪   2002)
8   append using
    ↪   https://github.com/scunning1975/mixtape/raw/master/cps_mixtape.dta
9   gen agesq=age*age
10  gen agecube=age*age*age
11  gen edusq=educ*edu
12  gen u74 = 0 if re74!=.
13  replace u74 = 1 if re74==0
14  gen u75 = 0 if re75!=.
15  replace u75 = 1 if re75==0
16  gen interaction1 = educ*re74
17  gen re74sq=re74^2
18  gen re75sq=re75^2
19  gen interaction2 = u74*hisp
20
21  cem age (10 20 30 40 60) age agesq agecube educ edusq marr nodegree black
    ↪   hisp re74 re75 u74 u75 interaction1, treatment(treat)
22  reg re78 treat [iweight=cem_weights], robust
```

239

```R
                              R
                           cem.R
1    library(cem)
2    library(MatchIt)
3    library(Zelig)
4    library(tidyverse)
5    library(estimatr)
6
7
8    m_out <- matchit(treat ~ age + agesq + agecube + educ +
9                     educsq + marr + nodegree +
10                    black + hisp + re74 + re75 +
11                    u74 + u75 + interaction1,
12                    data = nsw_dw_cpscontrol,
13                    method = "cem",
14                    distance = "logit")
15
16   m_data <- match.data(m_out)
17
18   m_ate <- lm_robust(re78 ~ treat,
19                      data = m_data,
20                      weights = m_data$weights)
```

估计出 ATE 是 2 152 美元，这比我们估计出的实验效应要大。但广义精确匹配确保了协变量的高度平衡，这可以从 cem 命令本身输出的结果中看出。

从表 5－17 中可以我们看出，$L1$ 的值在大多数情况下接近于零。最大的 $L1$ 出现在年龄的平方这一项，其值为 0.12。

表 5－17　广义精确匹配后协变量的平衡性

协变量	$L1$	均值	最小值	25%分位数	50%分位数	75%分位数	最大值
age	0.089 18	0.553 37	1	1	0	1	0
agesq	0.115 5	21.351	33	35	0	49	0
agecube	0.052 63	626.9	817	919	0	1 801	0
school	6.0e－16	－2.3e－14	0	0	0	0	0
schoolsq	5.4e－16	－2.8e－13	0	0	0	0	0
married	1.1e－16	－1.1e－16	0	0	0	0	0
nodegree	4.7e－16	－3.3e－16	0	0	0	0	0
black	4.7e－16	－8.9e－16	0	0	0	0	0

续表

协变量	L1	均值	最小值	25%分位数	50%分位数	75%分位数	最大值
hispanic	7.1e-17	−3.1e-17	0	0	0	0	0
re74	0.060 96	42.399	0	0	0	0	−94.801
re75	0.037 56	−73.999	0	0	0	−222.85	−545.65
u74	1.9e-16	−2.2e-16	0	0	0	0	0
u75	2.5e-16	−1.1e-16	0	0	0	0	0
interaction1	0.065 35	425.68	0	0	0	0	−853.21

结论（conclusion）。匹配方法是因果推断的重要组成部分。倾向得分是检查协变量的平衡性和重叠性的一个很好的工具。这是一个被低估的诊断方法（diagnostic），如果只做回归分析，你可能会忽略它。我们还有对两种或更多处理的扩展方法，比如多项式模型，但我在这里不介绍它们。倾向得分可以使不同的组具有可比性，但这仅限于那些最初用来估计倾向得分的变量。这是一个不断发展的领域，包括协变量平衡［Imai and Ratkovic，2013；Zhao，2019；Zubizarreta，2015］和双重稳健估计量［Band and Robins，2005］。当你面对精确或近似匹配的情况时，可以更多地考虑本章中关于匹配的机制。

　　了解倾向得分是非常有用的，因为它看起来还会流行很长一段时间。例如，倾向得分也可以出现在其他当代设计中，如双重差分模型［Sant'Anna and Zhao，2018］。因此，在对这些思想和方法的基本理解上下一番工夫，可能是很值得的。你永远不知道这些方法作为完美的解决方案，在什么时候会遇到恰当的研究项目，所以忽略它们是不明智的。

　　但请记住，每一个因果关系问题中用到的匹配方案都基于一个可靠的信念，即后门准则可以通过条件化某些矩阵 X 来实现，我们也称之为 CIA。这明确要求，不能存在不可观测的变量作为混杂因子，从而打开后门路径的情况，对于许多研究人员来说，这需要很大程度上改变他们的信仰，以至他们不愿意这样做。在某些方面，CIA 是高深的，因为它需要细致入微的制度知识，才能使研究者自信地断言不存在这种未被观测到的混杂因子。与这些特定领域的知识相比，这一方法显得很容易。因此，如果你有充分的理由相信存在不可观测的重要变量，那么你将需要另外的方法。但如果你相信不存在不可观测的重要变量，那么这些以及其他类似的方法，对你的研究项目来说会很有用。

240

第六章

断点回归

跳起来!
跳起来!
跳上跳下，做个大波浪!
跳!

————House of Pain 乐队

断点回归非常常见

241　　**等待开花结果**（waiting for life）。在过去的 20 年里，人们对断点回归设计（regression-discontinuity design，RDD）的兴趣不断增加（见图 6 - 1）。不过，它并不总是像现在这样受欢迎。这一方法最早可以追溯到大约 60 年前的一位教育心理学家唐纳德·坎贝尔（Donald Campbell），从 Thistlehwaite 和 Campbell［1960］开始，他写了几篇使用这一方法的研究。① 在一

---

①　Thistlehwaite 和 Campbell［1960］研究了是否获得优等奖（merit awards）对未来学术成果的影响。优等奖是根据分数颁发给学生的，任何分数高于某一分数线的学生都可以获得优秀奖，而低于该分数线的学生则不能。了解这一处理分配可以使作者仔细地评估优等奖对未来学术表现的因果效应。

篇精彩的关于 RDD 思想史的文章中，Cook［2008］记录了这一方法在为人所接受方面的波折。尽管坎贝尔努力推动 RDD 的应用，并让人们理解它的性质，但 RDD 也仅仅是在少数几个博士生以及一些零散的论文中被使用。最终，坎贝尔也放弃了它。

　　为了看到它究竟有多受欢迎，我们可以看看谷歌学术搜索中每年提到"断点回归设计"这一词条的论文数量（见图 6-1）。[①] Thistlehwaite 和 Campbell［1960］对于他们这一设计的广泛使用几乎没有影响，这证实了 Cook［2008］所写的内容。RDD 在经济学领域的首次应用存在于一篇未发表的计量经济学论文［Goldberger，1972］中。从 1976 年开始，RDD 的年使用量首次达到了两位数，之后开始缓慢上升。但在大多数情况下，人们对它的接受是极为缓慢的。

242

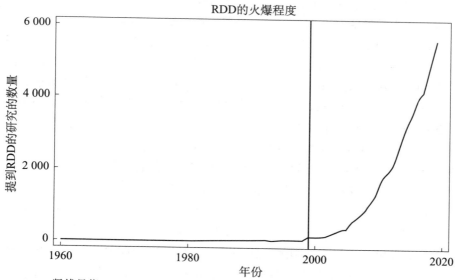

竖线是指 Angrist 和 Lavy(1999) 以及 Black(1999)。

图 6-1　不同时间上的断点回归

　　但从 1999 年开始，情况发生了变化。就在那一年，在著名期刊《经济学季刊》（*Quarterly Journal of Economics*）上刊登了几篇值得注意的论文，这些论文重新启用了这一方法，分别是 Angrist 和 Lavy［1999］、Black［1999］，两年后又有 Hahn 等［2001］跟进。Angrist 和 Lavy

---

① 向约翰·霍尔拜因（John Holbein）表示感谢，是他给了我这些数据。

[1999] 研究了班级规模对学生成绩的影响，他们使用了以色列公立学校一个不寻常的特征，即当学生人数超过特定阈值时，学校就会创建出更小的班级，我们稍后会详细讨论这一设计。Black [1999] 也使用了一种 RDD 方法，她创造性地利用了学区分区造成的地理层面的不连续性来估计人们为更好的学校支付费用的意愿。1999 年是该设计被广泛采用的分水岭。李（Lee）和勒米厄（Lemieux）2010 年在《经济学文献杂志》（*Journal of Economic Literature*）上发表的一篇文章被引用了近 4 000 次。这篇文章显示，每年有近 1 500 篇新论文提到了这种方法。到 2019 年，包含 RDD 的研究论文超过了 5 600 篇。如今，这种设计非常流行，而且丝毫没有放缓的迹象。

现在断点回归被认为是针对观测性数据的最为可信的研究设计之一，但是从 1972 年到 1999 年这一相当长的时间内，对于这一研究设计来说，它连一个为其说话的人都没有，这是怎么回事呢？Cook [2008] 说，在这段时间里，RDD 一直在"等待开花结果"。在实证微观经济学中，"开花结果"的条件可能和微观经济学家对潜在结果框架接受程度提高的条件一样 [即，由约书亚·安格里斯特、戴维·卡德、艾伦·克鲁格（Alan Krueger）、史蒂文·莱维特（Steven Levitt）等人领导的所谓"可信性革命"（credibility revolution）]。也许更重要的是，大型数字化的行政管理数据集变得越来越具有可用性，其中许多数据集往往可以捕捉到对处理分配的不寻常的管理规则。这些不寻常的规则，以及庞大的行政管理数据集，为坎贝尔的原创设计"开花结果"提供了迫切需要的必要条件。

RDD 的图形表示（graphical representation of RDD）。那么，这个方法了不起在什么地方？为什么 RDD 如此特别？RDD 之所以如此吸引人，是因为它能够令人信服地消除选择偏差。这种吸引力部分来源于，它的基本识别假设对许多人来说更容易被接受和评估。因为可以使选择偏差无效，所以对于给定个体的子集，该程序能够得出平均处理效应。该方法基于一个简单、直观的思想。Steiner 等 [2017] 提出了如下 DAG，它很好地说明了这种方法。

在第一幅图中，X 是一个连续变量，决定个体是否被分配接受处理 D（$X \to D$）。个体是否被分配接受处理基于一个"临界"（cutoff）分数 c_0，这样任何分数高于"临界"分数的个体都会被放入处理组，而低于这个分数的个体则不会。一个可能的例子是对醉酒驾车（driving while intoxicated，DWI）或危险驾驶的指控。血液中酒精含量为 0.08 或更高的人会被逮捕并被指控醉酒驾车，而血液中酒精含量低于 0.08 的人则不会被逮捕〔Hansen，2015〕。分配变量本身可能通过 $X \to Y$ 路径独立地影响结果，甚至可能与一组独立影响 Y 的变量 U 相关。注意，一个个体的处理状态仅由分配规则决定。U 无法影响处理的分配。

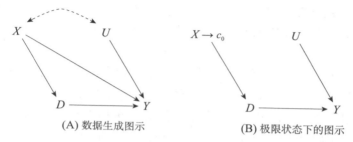

(A) 数据生成图示　　　　　　　(B) 极限状态下的图示

　　这个 DAG 清楚地表明，通常被称为"驱动变量"的分配变量 X 是一个可观测的混杂因子，因为它同时影响了 D 和 Y。此外，由于分配变量是基于一个断点来分配处理手段的，所以我们无法在一个 X 值下同时观测到处理组个体和控制组个体。回顾一下匹配这一章的内容，这意味着在这种情况下，使用匹配方法所需的重叠条件无法得到满足，因此后门准则也无法被满足。[①]

　　不过，我们可以使用 RDD 来识别因果效应，这一方法在极限图 DAG 中得到了说明。我们可以通过那些得分接近 c_0 的被试确定因果效应。具体来说，正如我们将展示的，当在极限上 $X \to c_0$ 时，我们就可以识别这个子集内的平均因果效应。这是可能的，因为断点是处理和控制对象在极限范围内重叠的唯一点。

245

　　这幅图中埋伏了各种明确的假设，为了使我们接下来讨论的这些找回平均因果效应的方法可行，这些假设必须成立。但我在这里主要想讨论的一点是，断点本身不可能内生于某些竞争性干预（competing intervention），而这些干预恰恰发生在断点使个体 D 进入处理组的同一时刻。这个假设被称为**连续性**，它的正式含义是：期望的潜在结果在断点处是连续的。如果期望的潜在结果是连续的，那么它必然排除了同时发生的竞争性干预。

---

　　① 想想看，后门准则计算给定 X 值下处理组和控制组之间期望结果的差异。但是，如果分配变量只是在 X 的取值越过某个断点时才将个体移动到处理组中，那么这样的计算是不可能的，因为对于 X 的任何给定值，处理组和控制组中至少有一个不包含任何个体。

连续性假设可以通过第二幅图中缺少了从 $X \to Y$ 的箭头来反映，因为断点 c_0 将其界分开了。在 c_0 处，分配变量 X 不再对 Y 有直接影响。理解连续性是本章的主要目标之一。我个人认为，原假设应该始终是连续的，任何不连续都必然意味着存在某个原因，因为事物总是逐渐变化的趋势是我们对自然的合理预期。跳跃是如此地不自然，以至当我们看到跳跃发生时，往往需要给出相应的解释。达尔文在他的《物种起源》（*On the Origin of Species*）一书中总结道：**自然从不飞跃**（Natura non facit saltum），或"自然不会跳跃"。或者可用我在密西西比长大时最喜欢的一句话来形容："如果你看到一只乌龟站在围栏上，你应该知道它不是自己爬上去的。"

这是 RDD 的核心和灵魂。我们利用关于选择处理的知识来估计平均处理效应。由于我们知道在 c_0 处处理分配的概率是不连续变化的，因此我们的工作就是简单地比较 c_0 以上和以下的人，来估计一种特定的平均处理效应，即**局部平均处理效应**（local average treatment effect），或 LATE [Imbens and Angrist，1994]。因为重叠或"共同支撑"假设不成立，所以我们必须依赖外推法，这意味着我们需要用驱动变量的不同值来比较个体。只有当 X 从任意方向接近断点时，它们才会在极限中重叠。所有用于RDD 的方法都是尽可能干净地处理来自外推偏差的方法。**一图胜千言**。就像我之前说过，并且也将会反复强调的那样——作为主要结果的图片，包括你的识别策略，对于任何试图说服读者相信其中存在因果效应的研究来说，都是绝对必要的。RDD 也不例外。事实上，图片是 RDD 的一个比较优势。像许多现代设计一样，RDD 是一种视觉密集型设计。事实上，它和合成控制可能是你所见过的视觉密集型程度最高的两个设计。因此，为了使 RDD 更加具体，让我们先看几幅图片。下面的讨论源自 Hoekstra [2009]。①

几十年来，劳动经济学家一直对估计大学教育对收入的因果效应很感兴趣。霍克斯特拉（Hoekstra）想通过检验大学教育是否存在异质性回报来打开大学教育回报的"黑箱"。他的方法是估计州立"旗舰"大学教育对收入的因果效应。州立"旗舰"大学在招生时往往比同在一个州的其他公立大学更挑剔。在得克萨斯州，排名前 7% 的高中毕业生可以自己选择去哪所州立大学，而他们的第一选择往往是得克萨斯大学奥斯汀分校。这

① 马克·霍克斯特拉（Mark Hoekstra）是我见过的最有创意的微观经济学家之一，他设计了令人信服的策略来识别观测数据中的因果效应，这篇论文在他所写的论文中，属于我最欣赏之列。

些"旗舰"大学通常具有更好的研究环境、拥有更多的资源和更强的正向同群效应。因此，人们自然会怀疑公立大学是否存在异质性回报。

我们很容易看到对这类问题的质疑。假设我们想比较上过佛罗里达大学和上过南佛罗里达大学的人。就州立"旗舰"大学的真实选拔策略而言，我们可能会预期那些拥有更高（可观测或不可观测）能力的人更有可能进入"旗舰"大学。而这种能力同时也可以增加个体的边际产出，在这种情况下，无论他们是否上过州立"旗舰"大学，我们都会预期这些人在劳动力市场中挣得更多。这种基本形式的选择偏差导致我们无法估计州立"旗舰"大学的教育对收入的因果效应。但 Hoekstra［2009］有一个巧妙的策略，可以利用 RDD 将因果效应与选择偏差分开。为了说明这一点，让我们看两幅与这个有趣的研究相关的图片。

在谈论这幅图之前，我想先谈谈数据。霍克斯特拉掌握了所有州立 247"旗舰"大学的申请数据。为了得到这些数据，他必须和招生办公室建立联系。这包括进行项目介绍，召开会议详细解释他的项目，说服管理人员这个项目对学校和研究者都有价值，并最终获得他们的批准，以合作共享数据。学校的法务总监可能会涉足其中，对数据的保密性和所签署的数据存储协议进行一番周密的审视，此外还会采取其他措施，确保学生姓名和身份不会被泄露出去和得到识别。要做这样的项目，必须构建起大量的信任和社会资本，这也是大多数 RDD 设计的秘密武器——获取数据需要的软技能，例如友谊、尊重和建立联盟等，可能远比我们日常接触到的要多。这并不像从 IPUMS* 上下载 CPS 那么简单，它需要真诚的微笑、努力和运气。鉴于这些机构在向谁发布数据方面拥有相当大的决定权，某些机构在获取数据方面可能会比其他机构遇到更多麻烦。所以，最重要的是，你要以谦卑、诚恳的好奇心，以及最重要的科学诚信的态度来对待这些人。如果数据不是公开使用的，他们最终会是决定你能否得到数据的那个人，所以尽量不要做傻事。[1]

再回到图片上。图 6-2 中有很多内容，值得仔细地为读者分析其中的每个元素。这幅图有四个不同的元素，我想重点讲一下：

首先，注意横轴。它的范围从图像左边的负数到图像右边的正数，其中心为零。横轴标题写着"SAT 分数高于或低于录取分数线"。霍克斯特

---

* IPUMS，即 https://ipums.org，是一个包含多个普查数据的集成网站。——译者注

[1] 在不寻求非公开数据时，"别做傻事"同样也是适用的。

拉通过从学生的实际分数中减去录取分值，"重新调整"了大学的录取标准，我将在本章后面详细讨论这个问题。这条垂直的线为零，表示"断点"，也就是这所大学的 SAT 最低录取分数。它似乎有约束力，但不是决定性的，因为有一些注册登记的学生并没有达到 SAT 的最低要求。这些人可能有其他资格来弥补他们较低的 SAT 分数。这个重新调整后的 SAT 分数用今天的说法就是"驱动变量"。

248

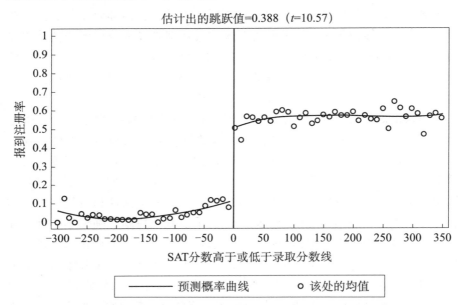

估计出的跳跃值=0.388（t=10.57）

图6-2　进入州立"旗舰"大学的概率是重新调整后 SAT 分数的函数

资料来源：转载自 Mark Hoekstra，"The Effect of Attending the Flagship State University on Earnings: A Discontinuity-Based Approach," *The Review of Economics and Statistics*，91：4（November，2009），pp. 717－724。版权 2009 年归哈佛学院（Harvard College）和麻省理工学院校董会所有。

　　其次，注意图中这些圆点。霍克斯特拉在重新调整后的 SAT 变量上使用了等距间隔的空心点。这些点代表了每一次重新调整过的 SAT 分数对应的条件平均入学率。虽然他的数据集包含了成千上万的观测数据，但他只在间隔均匀的重新调整的 SAT 分数档上显示录取率的条件均值。

　　再次，注意拟合数据的曲线。图中有两条这样的线：一条曲线拟合到零的左边，另一条曲线拟合到右边。这些线是驱动变量的最小二乘拟合值，其中驱动变量允许取高阶项。通过在回归中加入高阶项，拟合值可以更灵活地跟踪数据本身的中心趋势。但我真正想让你们注意的是这里有两条线，而不是一条。作者把两条线分别放在了断点的左边和右边。

249

最后，也可能是这幅图中最生动的一条信息——重新调整的驱动变量在零点处有巨大的跳跃。这是怎么回事呢？我想你可能已经猜出来了，但还是让我说出来吧。当学生刚刚达到学校要求的 SAT 最低分数时，被这所州立"旗舰"大学录取的概率会出现一个飞跃。假设录取分数是 1 250。这意味着 1 240 分的学生被录取的机会比 1 250 分的学生要低。微不足道的 10 分差异，可能就会使他们走上一条不同的道路。

不妨想象两个学生——第一个学生得了 1 240 分，第二个得了 1 250 分。这两个学生真的有那么不同吗？当然，这两个学生可能非常不同。但是如果我们有几百个学生得了 1 240 分，还有另外几百个学生得了 1 250 分，那么这两组学生在可观测和不可观测的特征上将会非常相似。毕竟在大样本中，为什么学生的特征会在 SAT 分数为 1 250 分时突然出现一个大的差异呢？那是你应该思考的问题。如果这所大学只是随意地选择了一个合理的分数线，那么是否有理由相信，它也选择了一个学生天资能力的断点呢？

我之前说过，霍克斯特拉在估计就读州立"旗舰"大学对未来收入的影响。这就是这项研究更加有趣的地方。每个州都会通过各种方式收集有关工人的数据。其中一种是失业保险纳税报告。霍克斯特拉的合作伙伴——州立"旗舰"大学，直接将大学录取数据发送到每个州内雇主提交失业保险税务报告的办公室。大学都会提供社会保险号，所以学生和未来工人的匹配工作做得很好，因为社会保险号可以唯一地标识一个工人。社会保险号被用来匹配 1998—2005 年第二季度的季度收入记录与大学录取记录。然后，作者估计了如下收入：

$$\ln(Earnings) = \psi_{Year} + \omega_{Experience} + \theta_{Cohort} + \varepsilon$$

式中，ψ 为年份虚拟变量的向量；ω 为高中毕业后被观测到有过收入的年份的虚拟值；θ 为控制学生申请大学类型的虚拟变量向量（例如，1988）。接着，对于每一个申请人，对这一回归所得到的残差进行平均，根据 FWL 定理（Frisch-Waugh-Lovell theorem），其中最终的平均剩余收入指标被用来作为一个未来收入变量而分离出来。然后，霍克斯特拉从收入的自然对数回归中提取出每个学生的残差，并将其分解为重新调整过的驱动变量的不同区间内的条件均值。让我们在图 6-3 中看一下。

在图 6-3 中，我们可以看到许多与图 6-2 中相同的元素。例如，我们可以看到沿横轴分布的驱动变量、代表条件均值的空心圆点、分别拟合了断点（调整后的驱动变量取值为0）左右两侧值的曲线，以及在0处这条有用的垂线。但现在我们还有一个有趣的题目："估计出的跳跃值＝0.095(z＝3.01)"。这是什么意思呢？

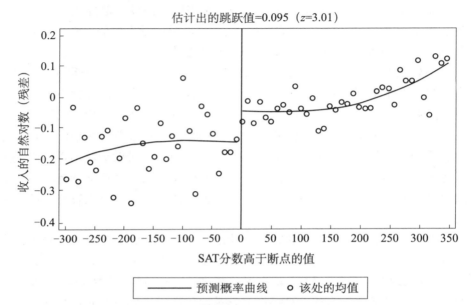

图6-3　未来收入是重新调整后标准化考试成绩的函数

资料来源：转载自 Mark Hoekstra，"The Effect of Attending the Flagship State University on Earnings：A Discontinuity-Based Approach," *The Review of Economics and Statistics*，91：4（November，2009），pp. 717-724。版权 2009 年归哈佛学院和麻省理工学院校董会所有。

251　　　　收入在零处出现的不连续跳跃并不像前面的图那样令人信服，因此霍克斯特拉进行了假设检验，以确定下面和上面两组的平均值是否相同。他发现事实并非如此：从长远来看，那些刚好高于断点的人比略微低于断点的人多挣 9.5% 的工资。在他的论文中，他对各种数据取值范围（他称之为"带宽"）都进行了实验，估计的范围在 7.4% 和 11.1% 之间。

　　　现在让我们思考一下霍克斯特拉的发现。霍克斯特拉发现了那些越过了州立"旗舰"大学录取概率断点的工人，10～15 年后，他们的收入会比没越过该断点的工人出现大约 10% 的增长。那些勉强考上州立"旗舰"大学的人的长期收入要比那些差点达到录取标准的人高出 10% 左右。

　　　这再次印证了 RDD 的核心和灵魂。利用有关学生如何被州立"旗舰"大学预录取（以及随后被录取）的制度知识，霍克斯特拉精心打造了一项巧妙的自然实验。如果我们假设实验中在断点附近的两组申请人都没有上过州立"旗舰"大学，那么他们的未来收入是可比较的，所以这一实验中的比较不存在选择偏差。我们可以在一幅简单但有说服力的图中看到这个结果。这项研究很早就表明，对长期收入而言，不仅仅是否读过大学很重要，而且你上的大学类型——即使是公立大学的不同类型——也很重要。

RDD 的数据要求（data requirements for RDD）。RDD 的核心就在于，我们沿着驱动变量 X 移动时，寻找受处理概率的"跳跃"处。那么我们在哪里可以找到这些跳跃呢？我们在哪里可以找到这些不连续点（discontinuities）呢？答案是，人类经常在规则中嵌入跳跃。有时，如果我们足够幸运的话，有人会向我们提供数据，让我们可以在研究中使用这些规则。

我确信，公司和政府机构已经不知不觉地坐在了一座潜在的基于 RDD 的"项目山"上。正在寻找论文以及学位论文主题的学生们可能会试图去寻找它们。我鼓励大家找到一个你感兴趣的话题，并开始与这个话题对应的当地雇主和政府官员建立关系。带他们出去喝杯咖啡，了解他们，了解他们的工作，并询问他们是如何进行处理分配的。密切关注在项目中每个个体是如何被分配的。是随机分配的，还是遵循某些规则？通常他们会描述一个过程，其中有一个驱动变量被用于处理分配，但他们不会这样称呼它。虽然我不能保证这将带来好处，但我（部分基于经验）的直觉告诉我，他们最终会向你描述一些驱动变量，即当这一变量超过阈值时，人们会转向某种干预。与当地公司和机构建立联盟可以为寻找好的研究思路带来好处。

RDD 的有效性不要求分配规则是任意的，只要求它是已知、精确且不受操纵的。最有效的 RDD 研究包含一些项目，其中的 X 往往与所研究的结果联系不是那么紧密，并且存在"一触即发"的跳跃。例如，当血液中酒精含量超过 0.08 时，因 DWI 跳跃性升高而被捕的可能性［Hansen，2015］；人到 65 岁后，获得医疗保险的概率跳跃性增加［Card et al.，2008］；当出生体重低于 1 500 克时，接受医疗护理的概率跳跃性增加［Almond et al.，2010；Barreca et al.，2011］；当成绩低于某一最低水平时，参加暑期学校的概率跳跃性增加［Jacob and Lefgen，2004］，以及我们刚刚看到的，当申请人的考试成绩超过某一最低要求时，进入州立"旗舰"大学学习的概率跳跃性增加［Hoekstra，2009］。

在所有这些研究中，我们都需要数据。具体来说，我们需要大量在不连续点周围的数据，这本身就意味着对 RDD 有用的数据集可能非常大。

事实上，大样本量是 RDD 的特征之一。这也是因为面对驱动变量的强趋势（strong trends），对样本量的需求变得更大。研究人员通常使用行政管理数据，如出生记录等，其中含有大量观测值。

使用 RDD 进行评估

253 **清晰断点回归设计**（sharp RD design）。目前普遍接受的 RDD 研究分为两种。一种设计是在断点处，受处理的概率从 0 跃升到 1，这种设计又被称为"清晰"设计。还有一种设计，在断点处受处理的概率不连续地增加。这通常被称为"模糊"设计。但是，在所有这些设计中，都有一些驱动变量 X，在达到断点 c_0 时，受处理的可能性快速地发生变化。让我们看一看图 6-4，它说明了两种设计之间的相似性和差异性。

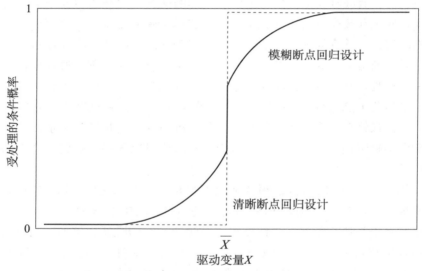

图 6-4 清晰 RDD 与模糊 RDD 的对比

清晰 RDD 是指处理是驱动变量 X 的一个确定函数。[①] 一个可能的例子是医疗保险登记，刨除残疾的情况外，人们在 65 岁时登记保险的情况非常明显。模糊 RDD 表示当 $X>c_0$ 时，受处理概率存在不连续的"跳跃"。

---

① Van der Klaauw［2002］将驱动变量（running variable）称为"选择变量"（selection variable）。这是因为 Van der Klaauw［2002］是这一领域中的一篇早期论文，当时相关的术语还没有敲定。但在这里它们的意思是一样的。

在这些模糊设计中，断点被视作处理的工具变量，如 Angrist 和 Lavy [1999]，他们利用以色列学校用于构建班级规模的规则创建了班级规模函数，并把班级规模视作工具变量。

更正式地说，在清晰 RDD 中，处理状态是驱动变量X_i的确定不连续 *254* 函数，我们有：

$$D_i = \begin{cases} 1, \text{如果 } X_i \geqslant c_0 \\ 0, \text{如果 } X_i < c_0 \end{cases}$$

其中 c_0 是已知的阈值（或称其为断点值）。如果你知道个体 i 的 X_i 值，那么你就可以确定地知道个体 i 的处理分配。但是，如果对于每一个 X 值，你都可以完美地预测处理分配，那么这必然意味着沿驱动变量不存在重叠性。

如果我们假设的是常规的处理效应，那么在潜在结果方面，我们可以得到：

$$Y_i^0 = \alpha + \beta X_i$$
$$Y_i^1 = Y_i^0 + \delta$$

利用转换方程可得：

$$Y_i = Y_i^0 + (Y_i^1 - Y_i^0) D_i$$
$$Y_i = \alpha + \beta X_i + \delta D_i + \varepsilon_i$$

其中，条件期望函数中的处理效应参数 δ 是不连续的：

$$\delta = \lim_{X_i \to X_0} E[Y_i^1 \mid X_i = X_0] - \lim_{X_0 \leftarrow X_i} E[Y_i^0 \mid X_i = X_0] \tag{6.1}$$

$$= \lim_{X_i \to X_0} E[Y_i \mid X_i = X_0] - \lim_{X_0 \leftarrow X_i} E[Y_i \mid X_i = X_0] \tag{6.2}$$

只有在极限内我们才有重叠性存在，因此当驱动变量在极限中趋向于断点值时，清晰 RDD 估计可以被解释为处理的平均因果效应。这种平均因果效应被称为局部平均处理效应（local average treatment effect，LATE）。我们稍后在介绍工具变量时会更详细地讨论局部平均处理效应，但在这里我要说一件事：由于在 RDD 中的识别是一种极限下的情况，我们在技术上只能识别那些位于断点附近的个体的平均因果效应。如果这些个体的处理效应不同于样本中其他的个体，那么我们就只是估计了一个在断点附近范围内的平均处理效应。我们将这一局部平均处理效应定义如下：

$$\delta_{SRD} = E[Y_i^1 - Y_i^0 \mid X_i = c_0] \tag{6.3}$$

255

请注意**外推法**（extrapolation）在使用清晰 RDD 估计处理效应时所起的作用。如果个体 i 刚好低于 c_0，那么 $D_i = 0$。但如果个体 i 刚好大于 c_0，那么 $D_i = 1$。但对于任何 X_i 值，其要么是处理组的个体，要么是控制组的个体，而不可能是两者兼有。因此，RDD 中没有共同支撑域，这也是我们依赖外推法进行估计的原因之一（如图 6-5 所示）。

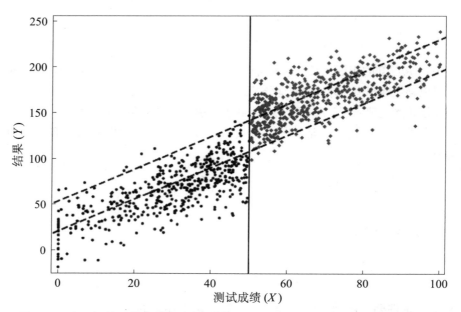

图 6-5 表示沿着驱动变量在某个断点以下和以上分布的观测数据点的模拟数据

注：虚线由外推得出。

连续性假设（continuity assumption）。RDD 中的关键识别假设被称为连续性假设。它可以描述为 $E[Y_i^0 \mid X = c_0]$ 和 $E[Y_i^1 \mid X = c_0]$ 是跨越 c_0 阈值的 X 的连续（平滑）函数。换句话说，如果不存在处理，那么预期的潜在结果就不会发生跳跃：它们仍然是 X 的光滑函数。想想这意味着什么。如果预期的潜在结果在 c_0 上没有跳跃，那么在 c_0 上必然没有竞争性干预发生。换句话说，连续性明确地排除了断点本身的遗漏变量偏差。Y 的所有其他未观察到的决定因素都与驱动变量 X 连续相关。那么，是否存在一些遗漏变量，在这些变量中，**即使我们完全不考虑处理的影响**，结果也会在 c_0 处发生跳跃呢？如果是这样，那么就违背了连续性假设，我们的方法也就不再需要局部平均处理效应（LATE）了。

我还是要多唠叨几句，因为连续性是一个微妙的假设，值得多讨论一下。连续性假设意味着 $E[Y^1 \mid X]$ 不会在 c_0 处发生跳跃。如果发生了跳跃，那么就意味着处理之外的其他因素导致了跳跃的发生，因为 Y_i 是已经受到处理的状态下的结果。一个可能的例子是一项发现 21 岁时机动车事故大幅增加的研究。我在一项关于不同死因死亡率的有趣研究中复制了一组数据［Carpenter and Dobkin，2009］，并将其中的一个重要数据展示在了图 6-6 中。请注意，21 岁时机动车事故死亡率出现了巨大的不连续跳跃。最有可能的解释是：21 岁的人喝酒更多，有时他们甚至会酒后驾驶。

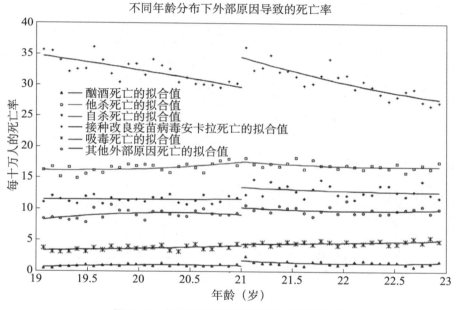

图 6-6　年龄作为驱动变量时死亡率的变化

资料来源：Carpenter and Dobkin［2009］.

　　但只有在 21 岁时，其他可能影响机动车事故的原因没有发生跳跃，这才是一个因果效应。正式地说，这正是连续性所暗示的——在断点处没有同时进行的其他处理。例如，也许是一些发生在 21 岁的人身上的生理因素导致他们突然变成了糟糕的司机。或者，人们会在 21 岁时从大学毕业，在庆祝活动结束后，他们发生了事故。为了验证这一点，我们可以借鉴 Carpenter 和 Dobkin［2009］的思路，使用乌拉圭的数据，那里的合法饮酒年龄是 18 岁。如果我们看到乌拉圭 21 岁司机的机动车事故增加，那么我们可能有理由相信连续性假设在美国并不成立。合理定义的安慰剂有助于证明连续性假设成立，即使它本身不是一个直接的检验。

有时候，这些抽象的思想通过数据可以变得更容易理解，所以在这里，我们模拟了一个例子。

STATA

rdd_simulate1.do

```
1    clear
2    capture log close
3    set obs 1000
4    set seed 1234567
5
6    * Generate running variable.Stata code attributed to Marcelo Perraillon.
7    gen x = rnormal(50, 25)
8    replace x=0 if x < 0
9    drop if x > 100
10   sum x, det
11
12   * Set the cutoff at X=50. Treated if X > 50
13   gen D = 0
14   replace D = 1 if x > 50
15   gen y1 = 25 + 0*D + 1.5*x + rnormal(0, 20)
16
17   * Potential outcome Y1 not jumping at cutoff (continuity)
18   twoway (scatter y1 x if D==0, msize(vsmall) msymbol(circle_hollow)) (scatter y1
     ↪   x if D==1, sort mcolor(blue) msize(vsmall) msymbol(circle_hollow)) (lfit y1 x
     ↪   if D==0, lcolor(red) msize(small) lwidth(medthin) lpattern(solid)) (lfit y1 x,
     ↪   lcolor(dknavy) msize(small) lwidth(medthin) lpattern(solid)), xtitle(Test
     ↪   score (X)) xline(50) legend(off)
19
```

R

rdd_simulate1.R

258

```
1    library(tidyverse)
2
3    # simulate the data
4    dat <- tibble(
5      x = rnorm(1000, 50, 25)
6    ) %>%
7      mutate(
8        x = if_else(x < 0, 0, x)
9      ) %>%
10     filter(x < 100)
```

(continued)

R *(continued)*

```
11
12   # cutoff at x = 50
13   dat <- dat %>%
14    mutate(
15      D = if_else(x > 50, 1, 0),
16      y1 = 25 + 0 * D + 1.5 * x + rnorm(n(), 0, 20)
17    )
18
19   ggplot(aes(x, y1, colour = factor(D)), data = dat) +
20    geom_point(alpha = 0.5) +
21    geom_vline(xintercept = 50, colour = "grey", linetype = 2)+
22    stat_smooth(method = "lm", se = F) +
23    labs(x = "Test score (X)", y = "Potential Outcome (Y1)")
```

图 6-7 展示了该模拟的结果。注意，$E[Y^1 \mid X]$ 的值是穿过 c_0 在 X 上连续变化的。这是连续性假设的一个例子。这意味着如果没有处理本身，预期的潜在结果将仍然是 X（即使跨过了 c_0 点）的平滑函数。因此，如果要保持连续性，则只有在 c_0 处发生的处理才可能导致 $E[Y \mid X]$ 的不连续跳跃。

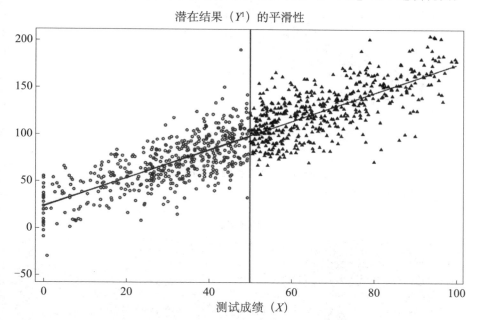

图 6-7 通过模拟数据说明 Y^1 在断点处的平滑性

资料来源：Marcelo Perraillon.

259　　　模拟的好处在于，我们实际上可以看到潜在结果，因为这些结果是我们自己创造的。但在现实世界中，我们无法得到潜在结果的数据。如果我们可以得到潜在结果，那么我们可以直接检验连续性假设。但是记住——通过转换方程，我们只能观测到实际结果，而不是潜在结果。因此，由于 c_0 处的个体从 Y_0 切换到 Y_1，我们实际上无法直接评估连续性假设。这就是制度知识发挥作用的地方，因为它可以帮助建立这样一种观点，即在断点处没有任何其他可能改变潜在结果的变化。

　　让我们用模拟数据来说明这一点。注意，虽然 Y^1 没有在驱动变量 X 为 50 时发生跳跃，但 Y 发生了跳跃。让我们看看图 6-8 中的结果。注意在结果不连续处的跳跃，我把它标记为 LATE，即局部平均处理效应。

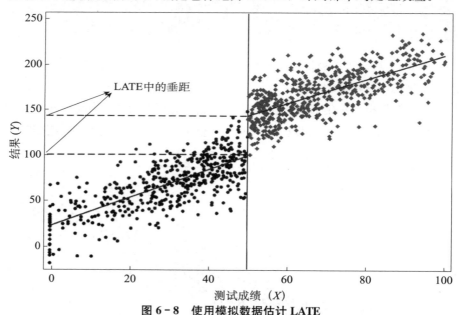

图 6-8　使用模拟数据估计 LATE

资料来源：Marcelo Perraillon.

STATA

rdd_simulate2.do

```
1    * Stata code attributed to Marcelo Perraillon.
2    gen y = 25 + 40*D + 1.5*x + rnormal(0, 20)
3    scatter y x if D==0, msize(vsmall) || scatter y x if D==1, msize(vsmall) legend(off)
  ↪  xline(50, lstyle(foreground)) || lfit y x if D ==0, color(red) || lfit y x if D ==1,
  ↪  color(red) ytitle("Outcome (Y)") xtitle("Test Score (X)")
4
```

```
                                    R
                            rdd_simulate2.R                                    260
1   # simulate the discontinuity
2   dat <- dat %>%
3    mutate(
4      y2 = 25 + 40 * D + 1.5 * x + rnorm(n(), 0, 20)
5    )
6
7   # figure 36
8   ggplot(aes(x, y2, colour = factor(D)), data = dat) +
9    geom_point(alpha = 0.5) +
10   geom_vline(xintercept = 50, colour = "grey", linetype = 2) +
11   stat_smooth(method = "lm", se = F) +
12   labs(x = "Test score (X)", y = "Potential Outcome (Y)")
```

　　使用局部和全局最小二乘回归估计（estimation using local and global least squares regressions）。现在，我们要深入研究用于估计 RDD 中 LATE 参数的实际回归模型。我们将首先讨论研究人员经常需要做的一些基本的模型选择——有些微不足道，而有些则很重要。本节将主要关注基于回归的估计。

　　虽然没有必要，但作者以 c_0 值为中心来转换驱动变量 X 的操作是很常见的：　　261

$$Y_i = \alpha + \beta(X_i - c_0) + \delta D_i + \varepsilon_i$$

　　这不会改变对处理效应的解释，只会改变对截距的解释。让我们以 Card 等 [2008] 为例。当一个人年满 65 岁时，就会满足享受医疗保险的条件。因此，我们可以通过年龄减去 65 来重新转换驱动变量：

$$\begin{aligned} Y &= \beta_0 + \beta_1(Age - 65) + \beta_2 Edu + \varepsilon \\ &= \beta_0 + \beta_1 Age - \beta_1 65 + \beta_2 Edu + \varepsilon \\ &= (\beta_0 - \beta_1 65) + \beta_1 Age + \beta_2 Edu + \varepsilon \\ &= \alpha + \beta_1 Age + \beta_2 Edu + \varepsilon \end{aligned}$$

式中，$\alpha = \beta_0 - \beta_1 65$。注意，除了截距之外，其他系数的解释都是一样的。

　　另一个实际问题涉及非线性数据的生成过程。如果我们不仔细地处理设定模型，非线性数据生成过程就很容易产生错误的正数。因为有时我们在断点附近拟合局部线性回归，所以我们可能仅仅因为对模型强行设定了线性，从而得到了一个虚假的效应。但如果底层的数据生成过程是非线性的，那么我们拟合出的结果可能就是由于模型的错误设定而产生的虚假结果。考虑图 6 - 9 中的一个非线性示例。

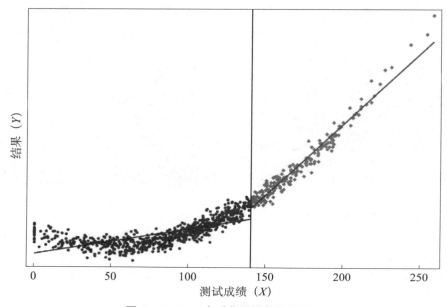

图 6 - 9   **Stata** 中对非线性数据的模拟

资料来源：Marcelo Perraillon.

```
                              STATA
                      rdd_simulate3.do
1    * Stata code attributed to Marcelo Perraillon.
2    drop y y1 x* D
3    set obs 1000
4    gen x = rnormal(100, 50)
5    replace x=0 if x < 0
6    drop if x > 280
7    sum x, det
8
9    * Set the cutoff at X=140. Treated if X > 140
10   gen D = 0
11   replace D = 1 if x > 140
12   gen x2 = x*x
13   gen x3 = x*x*x
14   gen y = 10000 + 0*D - 100*x +x2 + rnormal(0, 1000)
```

(continued)

STATA *(continued)*

```
15   reg y D x
16
17   scatter y x if D==0, msize(vsmall) || scatter y x ///
18     if D==1, msize(vsmall) legend(off) xline(140, ///
19     lstyle(foreground)) ylabel(none) || lfit y x ///
20     if D ==0, color(red) || lfit y x if D ==1, ///
21     color(red) xtitle("Test Score (X)") ///
22     ytitle("Outcome (Y)")
23
24   * Polynomial estimation
25   capture drop y
26   gen y = 10000 + 0*D - 100*x +x2 + rnormal(0, 1000)
27   reg y D x x2 x3
28   predict yhat
29
30   scatter y x if D==0, msize(vsmall) || scatter y x ///
31     if D==1, msize(vsmall) legend(off) xline(140, ///
32     lstyle(foreground)) ylabel(none) || line yhat x ///
33     if D ==0, color(red) sort || line yhat x if D==1, ///
34     sort color(red) xtitle("Test Score (X)") ///
35     ytitle("Outcome (Y)")
```

R

rdd_simulate3.R

```
1    # simultate nonlinearity
2    dat <- tibble(
3      x = rnorm(1000, 100, 50)
4    ) %>%
5      mutate(
6      x = case_when(x < 0 ~ 0, TRUE ~ x),
7      D = case_when(x > 140 ~ 1, TRUE ~ 0),
8      x2 = x*x,
9      x3 = x*x*x,
10     y3 = 10000 + 0 * D - 100 * x + x2 + rnorm(1000, 0, 1000)
11   ) %>%
12     filter(x < 280)
13
14
```

263

(continued)

R (continued) .
15 ggplot(aes(x, y3, colour = factor(D)), data = dat) +
16   geom_point(alpha = 0.2) +
17   geom_vline(xintercept = 140, colour = "grey", linetype = 2) +
18   stat_smooth(method = "lm", se = F) +
19   labs(x = "Test score (X)", y = "Potential Outcome (Y)")
20
21 ggplot(aes(x, y3, colour = factor(D)), data = dat) +
22   geom_point(alpha = 0.2) +
23   geom_vline(xintercept = 140, colour = "grey", linetype = 2) +
24   stat_smooth(method = "loess", se = F) +
25   labs(x = "Test score (X)", y = "Potential Outcome (Y)")
26

　　我们用图像的方式和回归的方法分别展示这一点。如图 6 - 9 所示，数据生成过程是非线性的，但当在断点左右有直线时，驱动变量的趋势会在断点处产生虚假的不连续。这在回归中也会显示出来。当我们使用最小二乘回归控制驱动变量来拟合模型时，我们可以估计出因果效应，尽管这里实际上并没有因果效应。在表 6 - 1 中，虽然真实效应为零，但 D 对 Y 的估计效应却很大且非常显著。在这种情况下，我们需要一些方法来构建在断点以下和以上的非线性模型，以检查即使给定非线性，在不连续点的结果中是否仍然有一个跳跃。

表 6 - 1　使用控制了线性驱动变量的 OLS 估计出的 D 对 Y 的效应

因变量	Y
处理（D）	6 580.16*** (305.88)

对于某个还算平滑的函数 $f(X_i)$，我们假设其非线性关系为：

$$E[Y_i^0 \mid X_i] = f(X_i)$$

在这种情况下，我们会将其拟合为如下回归模型：

$$Y_i = f(X_i) + \delta D_i + \eta_i$$

由于 $f(X_i)$ 是关于 $X_i > c_0$ 的反事实值，我们将如何构建非线性模型呢？有两种近似 $f(X_i)$ 的方法。传统的方法是设 $f(X_{Bei})$ 等于一个 p 阶多项式：

$$Y_i = \alpha + \beta_1 X_i + \beta_2 X_i^2 + \cdots + \beta_p X_i^p + \delta D_i + \eta_i$$

高阶多项式会导致过度拟合的问题，而且还被发现会带来偏差 [Gelman and Imbens，2019]。这些作者推荐只使用线性和二次形式的局部线性回归。此外，另一种近似 $f(X_i)$ 的方法是使用非参数核（nonparametric kernel），我们稍后会讨论。

虽然 Gelman 和 Imbens [2019] 警告我们要小心高阶多项式，但我还是想展示一个关于 p 阶多项式的例子，主要是因为今天这种情况并不少见。我也想让大家了解一些这种方法的历史，并更好地理解之前的论文在做什么。我们可以生成这样一个函数 $f(X_i)$，通过允许 X_i 项在断点的两边不同，从而可以分别将其包含进来，并通过 D_i 使它们进行交互。在这种情况下，我们有：

$$E[Y_i^0 \mid X_i] = \alpha + \beta_{01} \widetilde{X}_i + \cdots + \beta_{0p} \widetilde{X}_i^p$$
$$E[Y_i^1 \mid X_i] = \alpha + \delta + \beta_{11} \widetilde{X}_i + \cdots + \beta_{1p} \widetilde{X}_i^p$$

式中，$\widetilde{X}_i$ 是重新调整后的驱动变量（即 $X_i = c_0$）。以 c_0 为中心保证了 $X_i = X_0$ 处的处理效应是有交互项回归模型中 D_i 的系数。正如 Lee 和 Lemieux [2010] 所指出的，在不连续点的两边允许出现不同的函数应该是 RDD 论文的主要结果。

要推导回归模型，首先要注意，必须用观测值来替代潜在结果：

$$E[Y \mid X] = E[Y^0 \mid X] + (E[Y^1 \mid X] - E[Y^0 \mid X])D$$

最终，得到回归模型：

$$Y_i = \alpha + \beta_{01} \widetilde{X}_i + \cdots + \beta_{0p} \widetilde{X}_i^p + \delta D_i + \beta_1^* D_i \widetilde{X}_i + \cdots$$
$$+ \beta_p^* D_i \widetilde{X}_i^p + \varepsilon_i$$

式中，$\beta_1^* = \beta_{11} - \beta_{01}$，$\beta_p^* = \beta_{1p} - \beta_{0p}$。我们前面看到的方程只是上述方程中 $\beta_1^* = \beta_p^* = 0$ 时的一个特例，在 c_0 处的处理效应为 δ。而在 $X_i - c_0 > 0$ 处的处理效应是 $\delta + \beta_1^* c + \cdots + \beta_p^* c^p$。现在，让我们用另一个模拟来看看效果。

STATA

rdd_simulate4.do

```
1   *Stata code attributed to Marcelo Perraillon.
2   capture drop y
3   gen y = 10000 + 0*D - 100*x +x2 + rnormal(0, 1000)
4   reg y D##c.(x x2 x3)
5   predict yhat
6
7   scatter y x if D==0, msize(vsmall) || scatter y x ///
8    if D==1, msize(vsmall) legend(off) xline(140, ///
9    lstyle(foreground)) ylabel(none) || line yhat x ///
10   if D ==0, color(red) sort || line yhat x if D==1, ///
11   sort color(red) xtitle("Test Score (X)") ///
12   ytitle("Outcome (Y)")
```

R

rdd_simulate4.R

```
1   library(stargazer)
2
3   dat <- tibble(
4    x = rnorm(1000, 100, 50)
5   ) %>%
6    mutate(
7     x = case_when(x < 0 ~ 0, TRUE ~ x),
8     D = case_when(x > 140 ~ 1, TRUE ~ 0),
9     x2 = x*x,
10    x3 = x*x*x,
11    y3 = 10000 + 0 * D - 100 * x + x2 + rnorm(1000, 0, 1000)
12   ) %>%
13   filter(x < 280)
14
15  regression <- lm(y3 ~ D*., data = dat)
16
17  stargazer(regression, type = "text")
18
19  ggplot(aes(x, y3, colour = factor(D)), data = dat) +
20   geom_point(alpha = 0.2) +
21   geom_vline(xintercept = 140, colour = "grey", linetype = 2) +
22   stat_smooth(method = "loess", se = F) +
23   labs(x = "Test score (X)", y = "Potential Outcome (Y)")
```

让我们看看图6-10和表6-2中这个操作的输出结果。如你所见，一旦我们使用了构建出的二次型（在本例中没有必要使用三次），在断点处就不存在估计出的处理效应了，在最小二乘回归中也没有处理效应。

非参数核（nonparametric kernels）。正如我们前面提到的，Gelman和Imbens［2019］在估计局部线性回归时不鼓励研究者使用高阶多项式。另一种选择是使用核回归。非参数核方法也存在问题，因为你试图在断点处估计回归，这可能会导致边界问题（参见图6-11）。在这幅图中，偏差是由驱动变量的预期潜在结果的强趋势造成的。

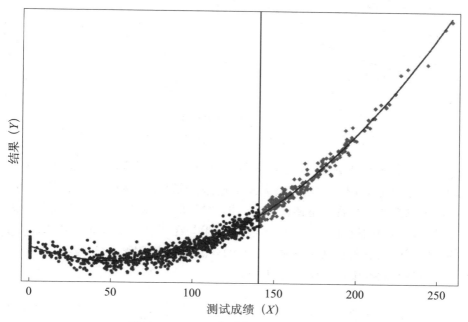

图6-10 Stata中对非线性数据的模拟

资料来源：Marcelo Perraillon.

表6-2 使用控制了线性和二次型驱动变量的OLS估计出 D 对 Y 的效应

因变量	Y
处理（D）	-43.24 (147.29)

虽然在这幅图中真正的效应是 AB，但在一定的带宽下，矩形核将估计出大小为 $A'B'$ 的效应，如你所见，这是一个有偏估计量。如果潜在的非线性函数 $f(X)$ 存在向上或向下的斜率，那么核方法就会存在系统性偏差。

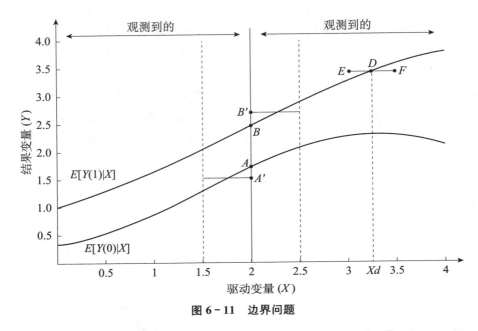

图 6-11　边界问题

该问题的标准解决方案是进行局部线性非参数回归 [Hahn et al.，2001]。在上述情况下，这将大大减少偏差。那么，这种方法是怎样的呢？我们可以把核回归看作是特定区间（即"局部"区间）内的加权回归。核提供了该回归的权重。[①] 矩形核得到的结果与在 X 上的给定范围内取 $E[Y]$ 的结果相同。三角核则对更靠近中心的观测值更为重视。

在某些版本中，该模型可以写作：

$$(\hat{a},\hat{b}) =_{a,b} \sum_{i=1}^{n}(y_i - a - b(x_i - c_0))^2 K\left(\frac{x_i - c_0}{h}\right) 1(x_i > c_0) \quad (6.4)$$

虽然在一个给定的宽度为 h 的区间内估计这个值是很容易的，但不容易的是如何确定带宽的大小。这种方法对带宽的选择很敏感，但最近的研究工作可以使研究人员估计出最佳带宽 [Calonico et al.，2014；Imbens and Kalyanaraman，2011]，甚至允许带宽在断点左右不同。

医疗保险和全民医疗保险（Medicare and universal health care）。Card 等 [2008] 的研究是一个清晰 RDD 的例子，因为这一研究集中于为老年人提供全面医疗保险的规定——只要年满 65 岁即可享受医疗保险。是什么

[①] Stata 中的 poly 命令可以估计核加权局部多项式回归。

使这成为一个与政策相关的问题呢？由于围绕《合理医疗费用法案》（Affordable Care Act）的争论，以及几名民主党参议员表态支持全民医疗保险，全民保险已经变得非常有价值。它庞大的规模也很重要。2014 年，医疗保险占联邦预算的 14%，达到了 5 050 亿美元。

2005 年，美国大约 20% 的非老年成年人没有缴纳保险。其中大多数来自低收入家庭，近一半是非裔美国人或西裔美国人。许多分析人士认为，不平等的保险项目导致了不同社会经济地位的人对卫生服务利用的不平等，同时也导致了在健康领域结果的不平等。但是，即使是这些政策，也在共同支付率、免赔额和其他影响利用率的特征方面存在异质性。由于医疗保险深深地受到选择偏差的影响，证明更好的保险可以导致更好的健康结果，所得到的结论是很有限的。保险的供给和需求都取决于医疗状况，这混杂了具有不同保险特征的人之间在观测性数据上的比较。

然而，老年人的情况却截然不同。只有不到 1% 的老年人没有保险。他们大多数都有按服务收费的医疗保险。而这种医疗保险缴纳率的过度在 65 岁时会发生急剧的变化——因为这是获得医疗保险资格的临界值。

作者估计了一个简化模型以衡量医疗保险状况对医疗服务使用率的因果效应：

$$y_{ija} = X_{ija}\alpha + f_k(\alpha; \beta) + \sum_k C_{ija}^k \delta^k + u_{ija}$$

式中，i 代表个人，j 代表一个社会经济团体，a 代表年龄，u_{ija} 代表未被观测到的误差，y_{ija} 代表医疗服务利用率，X_{ija} 代表一组协变量（例如，性别和地区），$f_k(\alpha; \beta)$ 是一个平滑函数，代表了 k 组结果 y 的年龄结构，C_{ija}^k（$k = 1, 2, \cdots, K$）是由个人持有的保险费用的特征，如共同支付率。然而，估计该模型的问题是，保险费用是内生的：$\text{cov}(u, C) \neq 0$。因此，作者们将 65 岁作为获得医疗保险资格的年龄门槛，他们认为这是针对缴纳保险状况的一个可信的外生性变化。

270

假设医疗保险费用可以由两个虚拟变量概括：C_{ija}^1（保险范围）和 C_{ija}^2（免费医保）。Card 等［2008］的研究估计了如下线性概率模型：

$$C_{ija}^1 = X_{ija}\beta_j^1 + g_j^1(a) + D_a\pi_j^1 + v_{ija}^1$$
$$C_{ija}^2 = X_{ija}\beta_j^2 + g_j^2(a) + D_a\pi_j^2 + v_{ija}^2$$

式中，β_j^1 和 β_j^2 是特定群体的系数，$g_j^1(a)$ 和 $g_j^2(a)$ 是 j 组平滑的年龄结构，D_a 是"被调查者等于或超过 65 岁"的虚拟变量。回想一下简化模型：

$$y_{ija} = X_{ija}\alpha + f_k(\alpha; \beta) + \sum_k C_{ija}^k \delta^k + u_{ija}$$

结合 C_{ija} 方程，重写简化模型，可得：

$$y_{ija} = X_{ija}(\alpha_j + \beta_j^1\delta_j^1 + \beta_j^2\delta_j^2)h_j(a) + D_a\pi_j^y + \upsilon_{ija}^y$$

式中，$h(a) = f_j(a) + \delta^1 g_j^1(a) + \delta^2 g_j^2(a)$ 是 j 组年龄结构的简化形式，$\pi_j^y = \pi_j^1\delta^1 + \pi_j^2\delta^2$ 和 $\upsilon_{ija}^y = u_{ija} + \upsilon_{ija}^1\delta^1 + \upsilon_{ija}^2\delta^2$ 是误差项。假设结构 $f_j(a)$、$g_j(a)$ 和 $g_j^2(a)$ 在 65 岁时是连续的（即识别所必需的连续性假设），那么 y 中的任何不连续都是由保险造成的。其数量将取决于 65 岁时保险规模变化的大小（π_j^1 和 π_j^2）以及相关的因果效应（δ^1 和 δ^2）。

对于一些基本的医疗保健服务，例如定期看医生，可能唯一重要的就是保险。但是，在这些情况下，对于 j 组来说，Y 在 65 岁时的隐含不连续将与该组经历的保险状况的变化成比例。对于更昂贵或非必需的服务，免费医保的覆盖范围的大小可能很重要——例如，当病人不愿意支付所需的费用，或者管理式护理计划不包括这些服务时。这在解释任意一组的 y 不连续时产生了一个潜在的识别问题。由于 π_j^y 是保险范围和免费医保覆盖面的不连续性的线性组合，δ^1 和 δ^2 可以用跨组回归进行估计：

$$\pi_j^y = \delta^0 + \delta^1\pi_j^1 + \delta_j^2\pi_j^2 + e_j$$

式中，e_j 是一个误差项，反映了 π_j^y、π_j^1 和 π_j^2 的抽样误差的组合。

Card 等［2008］使用了几个不同的数据集——一个是标准调查数据，其他则是来自三个州的医院管理记录。首先，他们使用了 1992—2003 年的全国健康访谈调查（NHIS）数据。NHIS 报告了受访者的出生年、出生月和采访发生的季度。作者利用这一点，从采访之日起，以季度来估计年龄。在采访季中达到 65 岁的人被编码为 65 岁 0 季。假设采访日期均匀分布，其中一半的人年龄小于 65 岁，另一半的人年龄大于 65 岁。该分析仅限于 55 岁和 75 岁之间的个体。最后得到的样本共有 160 821 个观测值。

第二个数据集是加利福尼亚州、佛罗里达州和纽约州的出院记录。这些记录代表了三个州除联邦监管机构外所有医院出院人数的完整普查。数据文件包括入院时的年龄信息（以月为单位）。他们的样本选择标准是删除从其他机构转来的人的记录，且入院时年龄限制在 60 岁和 70 岁之间。样本容量分别为 4 017 325（加利福尼亚州）、2 793 547（佛罗里达州）和 3 121 721（纽约州）。

了解关于医保计划中的一些制度细节可能会有所帮助。老年医疗保险适用于那些年龄至少达到了 65 岁，并且工作了超过 40 个季度，或者有配偶满足此条件的人。有严重肾脏疾病的年轻人和社会保障残疾保险的受助者也都可以获得保险。符合条件的个人可以免费获得医疗保险（A 部分），以及每月支付少量保费的医疗保险（B 部分）。在年满 65 岁前不久，每个人就都会收到即将获得医疗保险资格的通知，并被告知他们必须注册并选择是否接受 B 部分的保险。保险从年满 65 岁的当月第一天开始生效。

有五个与保险相关的变量：获得老年医疗保险的概率，健康保险的覆盖范围，私人商业保险，两种或两种以上形式的保险，以及个人的基本健康保险是否为管理式保险（managed care）*。数据来自 1999—2003 年的 NHIS，对于每一个特征，作者都基于 C_K 方程的一个版本给出了 63～64 岁的发病率和 65 岁时的变化，其中包括了年龄的平方项，并使其与虚拟变量（年龄大于 65 岁）以及控制变量中的性别、教育、种族、地区和样本年份交互。此外，这一研究也使用了其他方法，如适合较窄年龄区间（63～67 岁）的参数模型和使用选定带宽的特定局部线性回归。两者对 65 岁时发生的变化都有相似的估计。

作者在表 6-3 中展示了他们的发现。在这个表中，每个小单元格都展示了 65 岁时总体接受处理的平均处理效应。毫不奇怪，我们可以看到，获得老年医疗保险所产生的效应是医疗保险的大幅增加，同时缩小了私人和管理式医疗保险的覆盖范围。

表 6-3 65 岁之前的保险特征以及 65 岁时的估计不连续性

	老年医疗保险	健康保险	私人保险	两种以上形式的保险	管理式保险
总体样本	59.7 (4.1)	9.5 (0.6)	−2.9 (1.1)	44.1 (2.8)	−28.4 (2.1)
非西班牙裔白人					
受教育程度低于高中	58.5 (4.6)	13.0 (2.7)	−6.2 (3.3)	44.5 (4.0)	−25.0 (4.5)
高中毕业	64.7 (5.0)	7.6 (0.7)	−1.9 (1.6)	51.8 (3.8)	−30.3 (2.6)
读过大学	68.4 (4.7)	4.4 (0.5)	−2.3 (1.8)	55.1 (4.0)	−40.1 (2.6)

---

* 管理式保险是把提供医疗服务与提供医疗服务所需资金（保险保障）结合起来，通过保险机构与医疗服务提供者达成的协议向投保者提供医疗服务的一种模式。——译者注

272

273

续表

	老年医疗保险	健康保险	私人保险	两种以上形式的保险	管理式保险
少数族裔					
受教育程度低于高中	44.5	21.5	−1.2	19.4	−8.3
	(3.1)	(2.1)	(2.5)	(1.9)	(3.1)
高中毕业	44.6	8.9	−5.8	23.4	−15.4
	(4.7)	(2.8)	(5.1)	(4.8)	(3.5)
读过大学	52.1	5.8	−5.4	38.4	−22.3
	(4.9)	(2.0)	(4.3)	(3.8)	(7.2)
只根据种族进行分类					
非西班牙裔白人	65.2	7.3	−2.8	51.9	−33.6
	(4.6)	(0.5)	(1.4)	(3.5)	(2.3)
非西班牙裔黑人	48.5	11.9	−4.2	27.8	−13.5
	(3.6)	(2.0)	(2.8)	(3.7)	(3.7)
西班牙裔	44.4	17.3	−2.0	21.7	−12.1
	(3.7)	(3.0)	(1.7)	(2.1)	(3.7)

注：每个小单元格中的值是根据年龄的二次方与虚拟变量（年龄大于等于 65 岁）交互估计的 65 岁时（精确到季度）回归的不连续程度。其他控制因素如性别、种族、教育、地区和样本年份也包括在内。数据来自 1999—2003 年的 NHIS 汇总数据。

RDD 中与处理（老年人医疗保险的年龄限制）的结果（保险范围）相关的正式识别机制，其本身依赖于某个驱动变量，例如年龄，此时，我们必须依赖我们前面讨论的连续性假设。也就是说，我们必须假设两种潜在结果的条件期望函数在年龄等于 65 岁时是连续的。这意味着 $E[Y^0 \mid a]$ 和 $E[Y^1 \mid a]$ 在 65 岁时都是连续的。如果这个假设是可信的，那么 65 岁时的平均处理效应可以被确定为：

$$\lim_{65 \leftarrow a} E[y^1 \mid a] - \lim_{a \to 65} E[y^0 \mid a]$$

连续性假设要求影响保险覆盖范围的所有其他因素，除了老年医疗保险资格之外，无论是观测到的还是未观测到的，都要在断点处趋势平稳。那么，65 岁时还有什么别的变化吗？答案是就业情况发生了变化。一般来说，人们习惯于在 65 岁时选择从就业岗位上退休。如果我们假设非工作人员有更多的时间去看医生，就业方面的任何突然变化都可能导致医疗保健利用情况方面的差异。

因此，作者需要研究这种可能存在的混杂因子。他们使用了第三组数据集——1996—2004 年 3 月的 CPS 数据——来检验 65 岁时混杂变量是否 *274* 存在潜在的不连续性。事实上，他们最终没有发现 65 岁时就业不连续的证据（见图 6 - 12）。

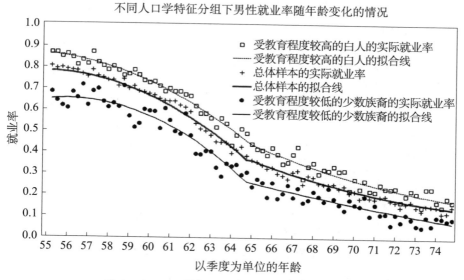

图 6 - 12 CPS 数据对在 65 岁时不连续性的研究

资料来源：Card et al.［2008］.

接下来，作者利用 NHIS 数据研究了医疗保险对获得医疗服务以及医疗服务利用情况的影响。自 1997 年以来，NHIS 都会在问卷中提出四个问题。它们是：

"在过去的 12 个月里，受访者是否因为担心费用而延误了医疗护理？"

"在过去的 12 个月里，受访者是否曾经因为负担不起费用，而在需要医疗护理时却没有得到护理？"

"在过去一年中，受访者是否至少看过一次医生？"

"在过去一年中，受访者是否有过一次或多次住院过夜的经历？"

这项分析的估计结果呈现在表 6 - 4 中。每个小单元格都是在不连续处 *275* 对相关总体的平均处理效应的测算。括号中的值是标准误。从这张表中可以看到一些令人振奋的发现。首先，上一年中延误治疗的样本比例下降了 1.8 个百分点，上一年根本没有得到治疗的样本比例也下降了 1.8 个百分点。看医生的比例略有上升，住院的比例也略有上升。值得注意的是，这些影响的大小不是很大，但它们的估计是相对精确的。注意这些效应因种族、民族以及教育的不同而有很大的差异。

表 6-4 65 岁之前获得护理概率的测算和 65 岁时估计出的不连续性

	上一年中出现过延误	上一年中没有得到医疗护理	上一年中去看过医生	上一年中住过院
总体样本	−1.8 (0.4)	−1.3 (0.3)	1.3 (0.7)	1.2 (0.4)
非西班牙裔白人				
受教育程度低于高中	−1.5 (1.1)	−0.2 (1.0)	3.1 (1.3)	1.6 (1.3)
高中毕业	0.3 (2.8)	−1.3 (2.8)	−0.4 (1.5)	0.3 (0.7)
读过大学	−1.5 (0.4)	−1.4 (0.3)	0.0 (1.3)	2.1 (0.7)
少数族裔				
受教育程度低于高中	−5.3 (1.0)	−4.2 (0.9)	5.0 (2.2)	0.0 (1.4)
高中毕业	−3.8 (3.2)	1.5 (3.7)	1.9 (2.7)	1.8 (1.4)
读过大学	−0.6 (1.1)	−0.2 (0.8)	3.7 (3.9)	0.7 (2.0)
只根据种族进行分类				
非西班牙裔白人	−1.6 (0.4)	−1.2 (0.3)	0.6 (0.8)	1.3 (0.5)
非西班牙裔黑人	−1.9 (1.1)	−0.3 (1.1)	3.6 (1.9)	0.5 (1.1)
西班牙裔	−4.9 (0.8)	−3.8 (0.7)	8.2 (0.8)	11.8 (1.6)

注：每个单元格中的值都是根据年龄的二次方与虚拟变量（65 岁及以上）交互估计出的 65 岁的不连续回归。其他控制因素如性别、种族、教育、地区和样本年份也包括在内。前两列为1997—2003 年 NHIS 数据的结果，后两列为 1992—2003 年 NHIS 数据的结果。

在该处理对医疗护理和利用情况显示出适度的影响后，作者开始通过检查住院病人的具体变化来检查他们所接受护理的种类。图 6-13 展示了老年医疗保险对不同种族膝髋关节置换的影响。其对白人的影响最大。

总之，两位作者发现，为老年人提供的全民医疗保险提高了医疗护理的利用情况以及保险的覆盖范围。在随后的一项研究 [Card et al.，2009] 中，作者们检验了老年医疗保险对死亡率的影响，他们发现死亡率略有下

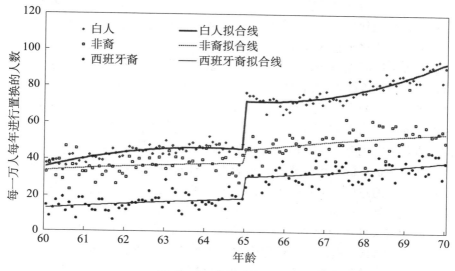

图 6-13 住院治疗的变化

资料来源：Card et al. [2008].

降（见表 6-5）。

表 6-5 估计死亡率变化的不连续性回归

	7 天内的死亡率	14 天内的死亡率	28 天内的死亡率	90 天内的死亡率	180 天内的死亡率	365 天内的死亡率
二次的	−1.1	−1.0	−1.1	−1.2	−1.0	
未加入控制变量	(0.2)	(0.2)	(0.3)	(0.3)	(0.4)	(0.4)
二次的	−1.0	−0.8	−0.9	−0.9	−0.8	−0.7
加入控制变量	(0.2)	(0.2)	(0.3)	(0.3)	(0.3)	(0.4)
三次的	−0.7	−0.7	−0.6	−0.9	−0.9	−0.4
加入控制变量	(0.3)	(0.2)	(0.4)	(0.4)	(0.5)	(0.5)
给定带宽下的	−0.8	−0.8	−0.8	−0.9	−1.1	−0.8
局部 OLS	(0.2)	(0.2)	(0.2)	(0.2)	(0.3)	(0.3)

注：列中展示的是指定时间段内死亡的因变量。在 65 岁时存在不连续性的回归估计是一个灵活的回归模型。括号中为标准误。

推断过程（inference）。正如我们在上文所提到的，使用局部多项式回归估计因果效应是 RDD 的标准做法。在最简单的形式中，这相当于使用最小二乘回归在断点的每一侧分别拟合一个线性方程。但是，当这样做的时候，你只能使用一些预先指定的区间（因此是"局部的"）内的观测结果。由于真实的条件期望函数在这个区间内可能不是线性的，因此结果估计量可能会受到特定偏差的影响。但如果你能使这一区间足够窄，那么估计量的偏差相对于它的标准差可能是很小的。

但如果区间无法被缩小到足够的范围呢？如果驱动变量只取了几个值，或者最接近断点的值之间差距很大，就会发生这种情况。这一情况的结果可能是在断点附近没有足够的观测数据，以进行局部多项式回归。这也可以导致异方差稳健置信区间隐藏了平均因果效应，因为它不是居中的。真正的坏消息是这种情况可能在实践中经常发生。

在一项被广泛引用且非常有影响力的研究中，Lee 和 Card［2008］建议研究人员通过驱动变量来聚类他们的标准误。这一建议已经在实证文献中被普遍接受。例如，Lee 和 Lemieux［2010］在一篇关于正确使用 RDD 方法的调查文章中就推荐了这种做法。但在最近的一项研究中，Kolesár 和 Rothe［2018］提供了大量理论和基于模拟的证据，阐述了对驱动变量进行聚类可能是**最糟糕**的方法之一的原因所在。事实上，在驱动变量上进行聚类会比异方差稳健标准误更糟糕。

作为聚类和稳健标准误的替代方案，在条件期望函数的各种限制条件下，作者提出了两种可以保证覆盖率性质的替代置信区间。这两个置信区间都是"坦率无隐的"（honest），这意味着在大样本中，它们对所有条件期望函数都能得出正确的覆盖范围。截至本书撰写时，这些置信区间在 Stata 中还无法求得，但是它们可以在 R 中通过执行 RDHonest 包获得。① R 的用户可以得到这一置信区间，同时，我们鼓励 Stata 用户（不情愿地）切换到 R 软件，以便使用这些置信区间。如果不用 R 软件的话，Stata 用户就只能使用异方差稳健标准误。但是无论你想怎么做，都不要在驱动变量上进行聚类，因为这几乎毫无疑问是一个坏主意。

可能还有一种方法，那就是使用随机化推断。正如我们注意到的，Hahn 等［2001］强调，为了确定局部平均处理效应，断点回归设计的条件期望潜在结果必须在断点处连续。但是 Cattaneo 等［2015］提出了一个对这一推断有影响的替代假设。他们让我们考虑这样一种情况：在断点附近一个足够小的区间内，处理是被随机分配到每个个体的。这实际上是一个抛硬币的问题，在断点附近一个非常小的范围内，每个个体落在断点的哪一边是随机的。假设围绕断点存在一个区间，在这个区间中这个随机化类

---

① RDHonest 软件包可在 https://github.com/kolesarm/RDHonest 上下载。

型的条件成立，那么这个假设可以被看作是在一个断点附近一定区间内对随机实验情境的逼近。假设这是合理的，我们可以继续往下进行，那些最接近不连续点的观测值是随机分配的，这自然导致随机推断作为一种可行方法来估计精确或近似的 p 值。

模糊 RD 设计（fuzzy RD design）。在清晰 RDD 中，当 $X_i \geqslant c_0$ 时，处理状态是给定的，但在现实中并不总是会发生这种确定性分配。有时会存在不连续性，尽管它与处理分配中的不连续有关，但它不是完全给定的。当受处理的概率增加时，我们就可以设计一个模糊 RDD。Hoekstra ［2009］的早期论文就涉及了这一特点，Angrist 和 Lavy ［1999］也是如此。受处理概率不连续的正式定义是：

$$\lim_{X_i \to c_0} \Pr(D_i = 1 \mid X_i = c_0) \neq \lim_{c_0 \leftarrow X_i} \Pr(D_i = 1 \mid X_i = c_0) \quad (6.5)$$

换句话说，当 X 的极限趋向于 c_0 时，条件概率是不连续的。Imbens 和 Lemieux ［2008］在图 6-14 中给出了关于这一点的可视化表述。

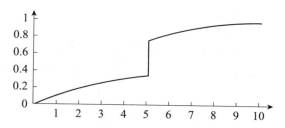

图 6-14　纵轴是驱动变量的每个值受到处理的概率

在模糊设计下的识别假设与在清晰设计下的识别假设是一样的：都是连续性假设。为了可以识别，我们必须假设潜在结果的条件期望（例如，$E[Y^0 \mid X < c_0]$）在 c_0 左右平稳地变化。在 c_0 处改变的是受处理的概率。图 6-15 展示了这个识别假设。

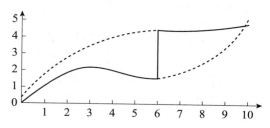

图 6-15　在模糊设计下的潜在结果与观测到的结果

280 　　在模糊 RDD 下估计一些平均处理效应与我们用工具变量估计局部平均处理效应非常相似。我将在本书后面的章节中更详细地介绍工具变量，但现在让我告诉你使用 IV 的模糊设计下的估计。人们可以用几种不同的方法来估计。一种简单的方法是**瓦尔德估计量**（Wald estimator），在这种方法中，你可以用断点附近的结果均值差值和断点附近的受处理概率的均值之差的比值估计出一些因果效应。

$$\delta_{\text{Fuzzy RDD}} = \frac{\lim_{X \to c_0} E[Y \mid X = c_0] - \lim_{X_0 \leftarrow X} E[Y \mid X = c_0]}{\lim_{X \to c_0} E[D \mid X = c_0] - \lim_{X_0 \leftarrow X} E[D \mid X = c_0]} \quad (6.6)$$

　　这里的识别假设与工具变量设计的假设相同：这都是关于排他性限制、单调性、稳定个体处理值假设（SUTVA）和第一阶段强度的说明。[①]

　　我们也可以使用两阶段最小二乘模型或类似的适当模型，如有限信息极大似然模型。回想一下，现在有两个事件：第一个事件是驱动变量越过断点，第二个事件是一个个体被放置到处理组中。设 Z_i 为 X 大于 c_0 的指示变量。人们可以使用 Z_i 和交互项作为处理 D_i 的工具变量。如果只使用 Z_i 作为工具变量，那么它是一个"恰好识别"的模型，通常具有良好的有限样本性质。

281 　　让我们来看看在工具变量方法中涉及的一些回归。有三种可能的回归：第一阶段、简化形式和第二阶段。让我们按顺序来看看。在刚刚给定的情况下（这意味着一个内生变量只有一个工具变量），第一阶段将是：

$$D_i = \gamma_0 + \gamma_1 X_i + \gamma_2 X_i^2 + \cdots + \gamma_p X_i^p + \pi Z_i + \xi_{1i}$$

式中，π 为 Z_i 对受处理的条件概率的因果效应。然后在第二阶段中使用这个回归的拟合值。我们也可以使用 Z_i 和交互项作为 D_i 的工具。如果我们使用 Z_i 和它的所有交互项，估计的第一阶段是：

$$D_i = \gamma_{00} + \gamma_{01} \widetilde{X}_i + \gamma_{02} \widetilde{X}_i^2 + \cdots + \gamma_{0p} \widetilde{X}_i^p + \pi Z_i + \gamma_1^* \widetilde{X}_i Z_i$$
$$+ \gamma_2^* \widetilde{X}_i Z_i + \cdots + \gamma_p^* Z_i + \xi_{1i}$$

我们也将为 $\widetilde{X}_i D_i$，$\cdots$，$\widetilde{X}_i^p D_i$ 构造类似的第一阶段。

　　如果不想估计完整的 IV 模型，我们也可以只估计简化形式。你会惊讶于有那么多应用型研究人员更喜欢简单地报告简化形式，而不是完全的工具变量模型。例如，如果你读过 Hoekstra [2009] 的文章，你会发现他倾

---

① 我将在稍后介绍工具变量的章节中更详细地讨论这些假设和判断。

向于报告简化形式——事实上，第二幅图就是简化形式的图片。简化形式会将结果 Y 对工具变量和驱动变量进行回归。这种模糊 RDD 的简化形式为：

$$Y_i = \mu + \kappa_1 X_i + \kappa_2 X_i^2 + \cdots + \kappa_p X_i^p + \delta\pi Z_i + \xi_{2i}$$

在清晰 RDD 的情况下，通过 Z_i 与驱动变量的交互，可以允许平滑函数在不连续点的两侧不同。该回归的简化形式为：

$$Y_i = \mu + \kappa_{01} X_i \widetilde{X}_i + \kappa_{02} X_i \widetilde{X}_i^2 + \cdots + \kappa_{0p} X_i \widetilde{X}_i^p + \delta\pi Z_i + \kappa_{01} X_i^* \widetilde{X}_i Z_i$$
$$+ \kappa_{02} X_i^* \widetilde{X}_i Z_i + \cdots + \kappa_{0p} X_i^* Z_i + \xi_{1i}$$

假设你想呈现出处理对某些结果的估计效应。这需要估计第一阶段，使用回归中拟合的值，然后根据这些拟合的值估计第二阶段。只有这样，才能确定处理对感兴趣结果的因果效应。简化形式仅估计工具变量对结果的因果效应。包含交互项的第二阶段模型与之前相同：

282

$$Y_i = \alpha + \beta_{01}\tilde{x}_i + \beta_{02}\tilde{x}_i^2 + \cdots + \beta_{0p}\tilde{x}_i^p$$
$$+ \delta\widehat{D}_i + \beta_1^* \widehat{D}_i \tilde{x}_i + \beta_2^* \widehat{D}_i \tilde{x}_i^2 + \cdots + \beta_p^* \widehat{D}_i \tilde{x}_i^p + \eta_i$$

式中，$\tilde{x}$ 现在不仅是对 c_0 的标准化，也是第一阶段回归得到的拟合值。

正如 Hahn 等 [2001] 所指出的，这里的识别需要的假设与 IV 需要的假设相同。与其他二元工具变量一样，模糊 RDD 估计的是局部平均处理效应（LATE）[Imbens and Angrist, 1994]，即依从组的平均处理效应。在 RDD 中，依从组是当我们将 X_i 的值从 c_0 的左边移到 c_0 的右边时，其处理状态发生变化的组。

对识别的挑战

RDD 估计因果效应时需要满足连续性假设。也就是说，作为驱动变量函数的预期潜在结果在越过断点时需要平稳地变化。换句话说，这意味着导致结果在 c_0 处突然改变的唯一因素是受处理与否。但是，如果出现下列任何一项的情况，那么这一假设在实践中都有可能被违反：

1. 处理的分配规则事先已知。
2. 行为人对调整感兴趣。
3. 行为人有时间进行调整。
4. 断点内生于某些导致潜在结果改变的因素。

5. 在驱动变量的某些取值下数据存在非随机堆置（nonrandom heaping）。

283 诸如重新参加考试、自我报告收入等都是其例。在阈值处一些不可观测的其他特征可能会发生变化，而这对结果有直接影响。换句话说，这一断点是内生的。政策中使用的年龄阈值就是一个例子，比如一个人在年满18岁后就会面临更严厉的犯罪惩罚。这个年龄阈值触发了处理（即对犯罪的更高惩罚），但也与影响结果的其他变量相关，如高中毕业和是否享有投票权。接下来，让我们一起解决这些问题吧。

麦克拉里密度检验（McCrary's density test）。由于这些对识别方面的质疑，计量经济学家和应用微观经济学家进行了大量工作，试图找出这些问题的解决方案。其中最有影响力的是由贾斯廷·麦克拉里（Justin McCrary）提出的密度检验，现在一般被称为麦克拉里密度检验［McCrary, 2008］。麦克拉里密度检验用于检验个体是否在驱动变量上进行了分类。想象一下，现在有两间病房，病人正在排队接受足以挽救生命的治疗。在 A 房间的病人将接受挽救生命的治疗，而在 B 房间的病人在知情的情况下将得不到任何治疗。如果你在 B 房间，你会怎么做呢？像我一样，你可能会站起来，打开门，穿过大厅走到 A 房间。B 房间内的人是有自然动机进入 A 房间的，唯一能阻止 B 房间内的人进入 A 房间的方法是他们无法主动进入 A 房间。

让我们想象一下，B 房间的人已经成功地让自己进入了 A 房间，那么在一个局外人看来，这是什么样子的呢？如果他们成功了，那么 A 房间会比 B 房间有更多的病人。事实上，在极端情况下，A 房间会很拥挤，而 B 房间却空着。这就是麦克拉里密度检验的核心，当我们在断点处看到类似的景象时，就有一些暗示性证据表明人们对驱动变量进行了分类。这有时也被称为操纵（manipulation）。

之前说过，我们应该把连续性看作原假设（the null），因为自然不会发生跳跃。如果你看到一只乌龟站在围栏上，那它很可能不是自己爬上去的。密度也是如此。如果原假设是断点左右的密度连续，那么在断点处密度聚集就意味着有人正在移动到断点处——很可能是为了利用这里的某些优势。在原假设为连续密度的情况下，对分类变量进行分类是一个可检验的预测。假设个体是连续分布的，对驱动变量进行分类意味着个体在断点284 的另一边移动。正式地说，如果我们假设一个受欢迎的处理方法 D 和分配规则 $X \geqslant c_0$，那么我们可以预期，只要他们有能力，每个个体都将通过选择 X 的值（如 $X \geqslant c_0$）对 D 进行选择。如果他们这样做了，那么这就意味着存在选择偏差，因为他们的分类本身就是潜在结果的函数。

调查操纵是否发生所需的检验类型是检验在断点处是否存在个体的聚集。换句话说，我们需要进行一个密度检验。McCrary［2008］提出了一个正式的检验，在原假设下，密度应该在断点处连续。在备择假设下，密度应在结点（kink）处增加。① 我一直很喜欢这个检验，因为基于人类会在约束条件下进行优化这一理论，它是一个非常简单的统计检验。如果人类进行了优化，就会产生可检验的预测——比如在断点处出现密度的不连续跳跃。建立在行为理论基础上的统计学可以让我们走得更远。

为了实现麦克拉里密度检验，我们需要将分配变量分成若干段，并计算每一段中的频率（即观测次数）。将频率计数作为局部线性回归中的因变量。如果你可以估计条件期望，你就有了基于驱动变量的数据，所以从原理上来说，密度检验总是可以做的。我个人推荐 rddensity 软件包②，你也可以在 R 中安装它。③ 这些安装包改编自 Cattaneo 等［2019］的论文，该项研究基于在边界区域有较少偏差的局部多项式回归。

这是一个高效力的检验。我们需要在 c_0 附近获取大量的观测值来区分密度的不连续和噪声。

协变量平衡和其他安慰剂（covariate balance and other placebos）。在这类文献中，为潜在识别假设的可信性提供证据已经变得很常见，至少在某种程度上是这样。虽然这些假设无法直接验证，但间接证据可能也很具有说服力。我们已经提到过一个这样的检验——麦克拉里密度检验。第二个检验是协变量平衡检验。为了使 RDD 在我们的研究中有效，在断点附近合理选择的协变量的平均值中一定不能存在一个可观测到的不连续的变化。由于这些是处理之前（pretreatment）的特征，所以它们在分配处理状态时应该是不变的。这方面的一个例子是 Lee 等［2004］，他们评估了民主党得票率在 50% 附近的变化对各种人口特征的影响。

还有一种检验通常被称为**安慰剂**检验。也就是说，你正在寻找一个没有效应且不应该存在任何效应的地方。所以第三种检验是它的延伸——就像在处理之前的值在断点处不应该有效应一样，在任意选择的断点上，也不应该存在对我们感兴趣结果的效应。Imbens 和 Lemieux［2008］建议观察不连续点的一侧，取这一段驱动变量的中值，且假装这个点 c_0' 是不连续

285

① 在这些情况下，无论如何，对每个个体来说，处理都是受欢迎的。
② https://sites.google.com/site/rdpackages/rddensity.
③ http://cran.r-project.org/web/packages/rdd/rdd.eps.

点。然后检验在 c_0' 处是否有不连续的结果。在这个检验中，我们不希望找到任何不连续的结果。

驱动变量上的非随机堆置（nonrandom heaping on the running variable）。Almond 等［2010］的研究令人着迷。作者们感兴趣的是估计医疗支出对健康状况的因果效应，部分原因是许多医疗技术虽然有效，但可能无法证明与其使用相关的成本是合理的。我们预期，医疗资源是根据病人的潜在结果来优化分配给病人的，因此确定它们的效果非常具有挑战性。换句话说，如果医生认为对病人实施治疗会得到最好的结果，那么他们才可能将这种处理方式分配给病人。这违反了独立性，如果处理的内生性足够深，很有可能直接对选择进行控制都将是难以实现的。正如我们在前面的全知全能医生的例子中所看到的一样，这种非随机的干预会导致令人困惑的相关性。违反直觉的关系可能只不过是选择偏差。

但是 Almond 等［2010］有一个独到的见解——在美国，出生体重很低的婴儿通常会得到高度的医疗关注。这种分类被称为"极低出生体重"范围，这种低出生体重对孩子来说是相当危险的。通过使用与死亡率数据相关的医院管理记录，作者发现，当婴儿出生时的体重刚好低于 1 500 克阈值时，1 岁婴儿的死亡率会比刚出生时的体重略高于 1 500 克阈值的婴儿下降约 1 个百分点。鉴于 1 岁时的平均死亡率为 5.5%，这一估计值相当大，表明"极低出生体重"分类对应的医疗干预所带来的好处远远超过其成本。

Barreca 等［2011］和 Barreca 等［2016］强调了与他们所谓的在驱动变量上的"堆置"有关的一些计量经济学问题。堆置是指在驱动变量的某些点上存在过多的个体。在这里，似乎每间隔固定的 100 克，就会出现堆置，而这很可能是由于医院倾向于将新生儿体重四舍五入到最接近的整数。这个问题的可视化表示可以在 Almond 等［2010］中看到，本书在图 6-16 中重现了这一问题。在出生体重分布上有规律地出现的长黑线即表明在这些数字下出生的孩子数量过多。这类事件在自然中不太可能自发地出现，我们几乎可以肯定它是由排序或舍入引起的。这可能是由于磅秤不够精密，也可能是其他更麻烦的原因，工作人员有可能为了使孩子有资格得到更多的医疗照顾，将新生儿的出生体重登记为 1 500 克。

Almond 等［2010］试图使用传统的麦克拉里密度检验对此进行更仔细的研究，他们并没有发现以 1 500 克为断点对驱动变量进行分类的明确的、具有统计学意义的证据。但令人欣慰的是，在他们的主要分析中，发现了 1 岁时死亡率下降约 1 个百分点的因果效应。

286

287

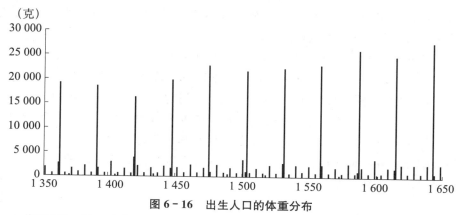

图 6 - 16 出生人口的体重分布

资料来源：Almond, D., Doyle, J. J., Kowalski, A. and Williams, H. (2010). "Estimating Returns to Medical Care: Evidence from at-risk Newborns," *The Quarterly Journal of Economics*, 125 (2)：591 - 634. 获牛津大学出版社许可。

Barreca 等 ［2011］ 和 Barreca 等 ［2016］ 关注的重点是如图 6 - 16 所示的堆置现象。不过，他们工作的部分优势在于，他们展示了传统麦克拉里密度检验的一些缺点。在这种情况下，1 500 克处的数据堆置呈现出婴儿死亡率异常高的现象。这些孩子的死亡率与相邻的左、右区间内的个体相比都是异常值。重要的是，我们要注意，这种事件不会自发地出现：我们没有理由相信，自然界中出生的孩子重量间隔 100 克就会出现一堆存在健康缺陷的孩子。作者对可能发生的情况进行了讨论：

> 这（重达 1 500 克）可能是一个信号，表明低质量的医院对出生体重进行四舍五入的偏好相对较高，但这也与医生、护士或父母篡改出生体重记录以获得对孩子有利的待遇相一致。Barreca 等 ［2011］ 表明，这种非随机堆置导致人们得出这样的结论，即在 1 000 克和 3 000 克之间任意一个严格小于 100 克的断点都是 "好"的。

由于在 RDD 中，当我们从任意一边接近阈值时，估计都需要比较平均值，因此估计不应该对阈值本身的观测结果敏感。他们的解决方案是所谓的 "甜甜圈" RDD （ "donut hole" RDD），即移除邻近 1 500 克的个体，并重新估计模型。在个体减少的情况下，我们在断点处估计的参数已经变成了一种更不寻常的局部平均处理效应，对于决策者迫切想知道的平均处理效应，其可以提供的信息更少。但这一规则的优势在于，它允许了一种可能性，即由于选择偏差，堆置处的个体与周围区域的个体有显著差异。

减少这些个体只会使样本量减少约 2％，但对 1 岁时死亡率的影响非常大，比 Almond 等［2010］发现的死亡率低约 50％。

这些类型的论文可以帮助我们更好地理解选择偏差在 RDD 中出现的一些方式。堆置并不是世界末日，这对面临这一问题的研究人员来说是个好消息。"甜甜圈" RDD 可以用来规避一些问题。但最终这个解决方案涉及删除观测值，如果你的样本容量相对于堆置个体的数量较小，甜甜圈方法可能是不可行的。这一方法还改变了我们感兴趣的参数，以可能难以理解或解释的方式对这些参数进行了估计。对沿着驱动变量的非随机堆置保持警惕，可能是一件好事情。

复刻一个流行设计：势均力敌的选举

在 RDD 中，有一种特别的设计非常流行，那就是有关势均力敌的选举的设计。从本质上说，这种设计利用了美国民主的一个特点，即当候选人获得了所需选票的最低份额时，就宣布其在政治竞选中获胜。如果非常接近的选举代表的是政党胜利的外生分配（我将在下面讨论），那么我们就可以使用这些势均力敌的选举来识别获胜者对各种后续结果的因果效应。我们还可以检验那些很难进行估计的政治经济学理论。

在下面的部分中，我们有两个目标。首先，使用 Lee 等［2004］这一经典研究来详细讨论势均力敌的选举设计。其次，演示如何通过复刻 Lee 等［2004］的几个部分来实现势均力敌的选举设计。

是政客还是选民决定了政策？（Do politicians or voters pick policies?）这个大的问题激励着 Lee 等［2004］去研究选民是否会影响政策，以及以何种方式影响政策。对于选举在代议制民主中的作用，有两种截然不同的观点：趋同理论和发散理论。

290   趋同理论指出，异质性的选民意识形态迫使每个候选人缓和自己的立场（例如，类似于中间选民定理）：

> 为了争取选票，即使是最具各自党派色彩的共和党人和民主党人也会被迫缓和他们的政策选择。在极端情况下，竞争可能会非常激烈，以至导致"完全的政策趋同"：对立的政党被迫采取相同的政策。［Lee et al.，2004，807］

发散理论是对政治行为者的一种更为常识性的观点。当党派政客不能令人信服地致力于某些政策时，趋同就会被削弱，结果可能是彻底的政策"发散"。发散是指获胜的候选人在就职后，仅仅奉行自己最喜欢的政策。在这种极端情况下，选民无法迫使候选人达成任何形式的政策妥协，具体表现为两名对立的候选人在不同的反事实（即各自获胜）情境下选择了非常不同的政策。

Lee 等［2004］提出了一个模型，本书在此稍作简化。设 R 和 D 为国会竞选的候选人。政策空间是一个一维空间，其中 D 和 R 在一个时期内的政策偏好是平方损失函数（quadratic loss functions）* $u(l)$ 和 $v(l)$，l 是政策变量。每个候选人都有某个满意点，这是他或她在一维策略空间中最喜欢的位置。对民主党来说，有 $l^* = c(>0)$，对共和党来说有 $l_* = 0$。这就是对这一模型的简要介绍。

在事前，选民期望候选人选择某一政策，他们期望候选人以 $P(x^e, y^e)$ 的概率获胜，其中 x^e 和 y^e 分别是民主党和共和党所选择的政策。当 $x > y^e$ 时，则 $\frac{\partial P}{\partial x^e} > 0$，$\frac{\partial P}{\partial y^e} < 0$。

P^* 代表民主党潜在的受欢迎程度，或者换一种说法，如果选择的政策 x 等于民主党的满足点 c，那么 P^* 就是 D 获胜的概率。

这个博弈存在多个纳什均衡解，我们现在来分析一下。

1. 部分/完全趋同：选民影响政策。

291

- 在这个均衡下的关键结果是 $\frac{\partial x^*}{\partial P^*} > 0$。

- 解释：如果我们从直升机上投下更多的民主党选民到这个地区，它将外生地增加 P^*，这将导致候选人改变他们的政策立场，即 $\frac{\partial x^*}{\partial P^*} > 0$。

2. 完全发散：选民选出的政治家有固定的政策，他们想做什么就做什么。①

- 关键结果是，更受选民欢迎对政策没有影响。也就是说，$\frac{\partial x^*}{\partial P^*} = 0$。

- 对 P^* 的外生冲击（即把民主党选民扔进该选区）对均衡政策毫无作用。选民选出政客，然后他们就会因为他们已有的固定的政策偏好而随心所欲。

---

* 即最小二乘回归中最小化的函数。——译者注

① 蜜獾才不在乎呢。它只会做它想要做的。见 https://www.youtube.com/watch?v=4r7w HMg5Yjg。

某次选举后候选人的潜在唱名投票（roll-call voting）* 记录结果是

$$RC_t = D_t x_t + (1 - D_t) y_t$$

式中，D_t 在这里表示民主党人是否赢得了选举。也就是说，只有获胜候选人的政策是可被观测到的。该表达式可转化为回归方程：

$$RC_t = \alpha_0 + \pi_0 P_t^* + \pi_1 D_t + \varepsilon_t$$
$$RC_{t+1} = \beta_0 + \pi_0 P_{t+1}^* + \pi_1 D_{t+1} + \varepsilon_{t+1}$$

式中，α_0 和 β_0 为常数。

这个方程不能被直接估计，因为我们从来没有观测到过 P^*。假设我们可以随机化 D_t。那么 D_t 将与 P_t^* 和 ε_t 独立。然后对 D_t 取条件期望，可得：

$$\underbrace{E[RC_{t+1} \mid D_t = 1] - E[RC_{t+1} \mid D_t = 0]}_{\text{可观测}} = \pi_0 \left[P_{t+1}^{*D} - P_{t+1}^{*R} \right]$$

$$+ \pi_1 \underbrace{\left[P_{t+1}^D - P_{t+1}^R \right]}_{\text{可观测}}$$

$$= \underbrace{\gamma}_{\text{选举获胜在之后唱名投票中的总效应}} \tag{6.7}$$

$$\underbrace{E[RC_t \mid D_t = 1] - E[RC_t \mid D_t = 0]}_{\text{可观测}} = \pi_1 \tag{6.8}$$

$$\underbrace{E[D_{t+1} \mid D_t = 1] - E[D_{t+1} \mid D_t = 0]}_{\text{可观测}} = P_{t+1}^D - P_{t+1}^R \tag{6.9}$$

"选举"的部分是 $\pi_1 \left[P_{t+1}^D - P_{t+1}^R \right]$，即 t 时刻各党派之间平均投票记录差值的估计值。民主党在 $t+1$ 时刻选举中可以获胜的选区的比例估计为 $\left[P_{t+1}^D - P_{t+1}^R \right]$。因为我们可以估计出民主党在 t 时刻中获胜对 RC_{t+1} 的总效应 γ，我们可以将选举的部分抵消，从而确定地得到"效应"部分。

但是 D_t 的随机分配是至关重要的。因为如果不满足随机分配，这个等式就反映了 π_1 和选择［即民主党选区有更多的自由满意点（liberal bliss points）］的共同作用。因此，作者的目标是使用 RDD 对 D_t 进行随机化，我们现在将详细讨论这个问题。

---

* 唱名投票，由秘书点出每位投票者的姓名，然后该投票者大声投票。——译者注

复刻练习（replication exercise）。在这个项目中有两个主要的数据集。第一个数据集是衡量经由投票选出的官员其自由派倾向的指标。这一数据收集自美国民主行动（the Americans for Democratic Action，ADA）中与1946—1995年间众议院选举结果有关的部分。作者使用1946—1995年间所有美国众议院议员的 ADA 得分作为他们的投票记录指数。对于每一届国会，ADA 选择了大约 25 场备受瞩目的唱名投票，并为每一位众议员创建了一个从 0 到 100 不等的指数。分数越高，投票记录越"自由"。这项研究的驱动变量是投票份额，也就是民主党人获得的选票份额。然后，将ADA 得分与那段时间的选举反馈数据联系起来。

回想一下，我们需要对 D_t 进行随机化。作者有一个巧妙的解决方案。他们将利用民主党获胜过程中可能存在的外生变化来检验趋同假设和发散假设是否正确。如果趋同假设为真，那么险胜的共和党人和民主党人的投票倾向应该几乎相同；而如果发散假设为真，那么他们应该在一场势均力敌的竞选中投不同的票。"在势均力敌的竞选中"这一点至关重要，因为此时，选民的偏好分布是相同的。如果选民的偏好是相同的，但政策在分界处出现不一致，那么这就表明，推动政策制定的是政客，而不是选民。

外生性冲击来自驱动变量的不连续。民主党候选人以略高于 0.5 的得票率获胜。他们认为，就在这个断点附近，随机的机会决定了民主党的胜利——因此随机分配 D_t [Cattaneo et al.，2015]。表 6-6 复述了卡坦洛（Cattaneo）等的主要结果。民主党的胜利会使下一阶段的自由派投票增加 21 个百分点的效应，当前阶段增加 48 个百分点，连任的可能性增加 48%。作者利用这种设计找到了发散和在位优势的证据。现在让我们深入分析这些数据，看看我们能否找到作者从哪里得到的这些结果。我们将通过处理数据和不同的设定来检测关于表 6-6 的结果。

表 6-6 基于 ADA 得分的原始结果——势均力敌的选举样本

因变量	ADA_{t+1}	ADA_t	DEM_{t+1}
估计出的差值	21.2 (1.9)	47.6 (1.3)	0.48 (0.02)

注：括号中为标准误。观测的个体是地区议会会议。该样本只包括在 t 时刻民主党的选票份额严格在 48% 到 52% 之间的观测值。估计的差值是相关变量的观测值的平均值之差，在 t 时刻，其中一边的民主党选票份额严格位于 50% 和 52% 之间，而在另一边，民主党的选票份额严格位于 48% 和 50% 之间。t 时刻和 $t+1$ 时刻表示国会会议。ADA_t 是调整后的 ADA 投票得分。更高的 ADA 得分对应着更自由的实名投票记录。样本量为 915。

294

```
                          STATA
                         lmb_1.do
1   use https://github.com/scunning1975/mixtape/raw/master/lmb-data.dta, clear
2   * Stata code attributed to Marcelo Perraillon.
3   * Replicating Table 1 of Lee, Moretti and Butler (2004)
4   reg score lagdemocrat   if lagdemvoteshare>.48 & lagdemvoteshare<.52,
    ↪   cluster(id)
5   reg score democrat      if lagdemvoteshare>.48 & lagdemvoteshare<.52,
    ↪   cluster(id)
6   reg democrat lagdemocrat if lagdemvoteshare>.48 & lagdemvoteshare<.52,
    ↪   cluster(id)
```

```
                             R
                          lmb_1.R
1   library(tidyverse)
2   library(haven)
3   library(estimatr)
4
5   read_data <- function(df)
6   {
7    full_path <- paste("https://raw.github.com/scunning1975/mixtape/master/",
8            df, sep = "")
9    df <- read_dta(full_path)
10   return(df)
11  }
12
13  lmb_data <- read_data("lmb-data.dta")
14
15  lmb_subset <- lmb_data %>%
16    filter(lagdemvoteshare>.48 & lagdemvoteshare<.52)
17
18  lm_1 <- lm_robust(score ~ lagdemocrat, data = lmb_subset, clusters = id)
19  lm_2 <- lm_robust(score ~ democrat, data = lmb_subset, clusters = id)
20  lm_3 <- lm_robust(democrat ~ lagdemocrat, data = lmb_subset, clusters = id)
21
22  summary(lm_1)
23  summary(lm_2)
24  summary(lm_3)
```

295

　　我们重现了表 6 - 7 中李、莫雷蒂（Moretti）和巴特勒（Butler）的回归结果。虽然结果接近李、莫雷蒂和巴特勒的原始结果，但还是略有不同。现在我们先忽略这些不同。要看到的主要事情是，我们使用回归限制围绕断点附近的范围来估计效应。这些是局部回归，因为它们使用的数据是断点附近的。注意我们选择的范围——我们只使用了 0.48～0.52 的投票份额的观测值。所以这个回归估计的是在断点附近的 D_t 的系数。如果我们使用所有的数据会发生什么呢？

表 6-7　基于 ADA 得分的复刻结果——势均力敌的选举样本

因变量	ADA_{t+1}	ADA_t	DEM_{t+1}
估计出的差值	21.28***	47.71***	0.48***
	(1.95)	(1.36)	(0.03)
N	915	915	915

注：括号中为聚类稳健标准误。* 表示在 10% 的水平上显著，** 表示在 5% 的水平上显著，*** 表示在 1% 的水平上显著。

STATA

lmb_2.do

```
1   *Stata code attributed to Marcelo Perraillon.
2   reg score lagdemocrat, cluster(id)
3   reg score democrat, cluster(id)
4   reg democrat lagdemocrat, cluster(id)
```

R

lmb_2.R

```
1   #using all data (note data used is lmb_data, not lmb_subset)
2
3   lm_1 <- lm_robust(score ~ lagdemocrat, data = lmb_data, clusters = id)
4   lm_2 <- lm_robust(score ~ democrat, data = lmb_data, clusters = id)
5   lm_3 <- lm_robust(democrat ~ lagdemocrat, data = lmb_data, clusters = id)
6
7   summary(lm_1)
8   summary(lm_2)
9   summary(lm_3)
```

注意，当使用全部数据时，我们会得到一些不同的效应（见表 6-8）。对未来 ADA 得分的影响增大了 10 分，但同时性效应变小了。不过，这对在任者（incumbency）的影响显著增加。因此，在这里我们可以看到，当我们包含远离断点本身的数据时，简单地进行回归会产生不同的估计。

296

表 6-8　基于 ADA 得分的结果——完整的样本

因变量	ADA_{t+1}	ADA_t	DEM_{t+1}
估计出的差值	31.50***	40.76***	0.82***
	(0.48)	(0.42)	(0.01)
N	13 588	13 588	13 588

注：括号中为聚类稳健标准误。* 表示在 10% 的水平上显著，** 表示在 5% 的水平上显著，*** 表示在 1% 的水平上显著。

不过，这两种回归都不包括对驱动变量的控制。它也不使用重新调整的驱动变量。我们把这两个都尝试做一下。我们将简单地从驱动变量中减去 0.5，这样一来，当调整后的驱动变量值为 0 时，选票份额等于 0.5，负值是民主党选票份额小于 0.5，正值是民主党选票份额大于 0.5。要做到这一点，我们可以输入以下程序：

```
                            STATA
                          lmb_3.do
1  * Re-center the running variable.Stata code attributed to Marcelo Perraillon.
2  gen demvoteshare_c = demvoteshare - 0.5
3  reg score lagdemocrat demvoteshare_c, cluster(id)
4  reg score democrat demvoteshare_c, cluster(id)
5  reg democrat lagdemocrat demvoteshare_c, cluster(id)
```

```
                              R
                           lmb_3.R
1  lmb_data <- lmb_data %>%
2    mutate(demvoteshare_c = demvoteshare - 0.5)
3
4  lm_1 <- lm_robust(score ~ lagdemocrat + demvoteshare_c, data = lmb_data,
   ↪  clusters = id)
5  lm_2 <- lm_robust(score ~ democrat + demvoteshare_c, data = lmb_data, clusters
   ↪  = id)
6  lm_3 <- lm_robust(democrat ~ lagdemocrat + demvoteshare_c, data = lmb_data,
   ↪  clusters = id)
7
8  summary(lm_1)
9  summary(lm_2)
10 summary(lm_3)
11
```

我们在表 6-9 中报告了对这一程序的分析。尽管对在任者的效应更接近 Lee 等 [2004] 的发现，但其效应仍然相当不同。

表 6-9　基于 ADA 得分的结果——完整的样本

因变量	ADA_{t+1}	ADA_t	DEM_{t+1}
估计出的差值	33.45 ***	58.50 ***	0.55 ***
	(0.85)	(0.66)	(0.01)
N	13 577	13 577	13 577

注：括号中为聚类稳健标准误。* 表示在 10% 的水平上显著，** 表示在 5% 的水平上显著，*** 表示在 1% 的水平上显著。

尽管驱动变量在不连续点的两边有所不同是很常见的，但是我们如何确切地实现它呢？想想看，我们需要在不连续点的每一边都有一条回归线，这就意味着我们在不连续点的左边和右边有两条线。为此，我们需要进行一个交互——特别是驱动变量与处理变量的交互。要在 Stata 中实现这一点，我们可以使用 lmb_4.do 中展示的编码。

STATA

lmb_4.do

```
1  * Stata code attributed to Marcelo Perraillon.
2  xi: reg score i.lagdemocrat*demvoteshare_c, cluster(id)
3  xi: reg score i.democrat*demvoteshare_c, cluster(id)
4  xi: reg democrat i.lagdemocrat*demvoteshare_c, cluster(id)
```

R

lmb_4.R

```
1  lm_1 <- lm_robust(score ~ lagdemocrat*demvoteshare_c,
2         data = lmb_data, clusters = id)
3  lm_2 <- lm_robust(score ~ democrat*demvoteshare_c,
4         data = lmb_data, clusters = id)
5  lm_3 <- lm_robust(democrat ~ lagdemocrat*demvoteshare_c,
6         data = lmb_data, clusters = id)
7
8  summary(lm_1)
9  summary(lm_2)
10 summary(lm_3)
11
```

在表6-10中，我们报告了驱动变量与处理变量存在交互的全局回归分析。这在一定程度上拉低了这些系数，但它们仍然比我们仅使用那些在0.5的±0.02点范围内的观测值得出的结果大。最后，让我们用二次方程来估计模型。

表6-10　基于 ADA 得分的结果——全样本线性交互

因变量	ADA_{t+1}	ADA_t	DEM_{t+1}
估计出的差值	30.51***	55.43***	0.53***
	(0.82)	(0.64)	(0.01)
N	13 577	13 577	13 577

注：括号中为聚类稳健标准误。* 表示在10%的水平上显著，** 表示在5%的水平上显著，*** 表示在1%的水平上显著。

STATA
lmb_5.do

```
1  * Stata code attributed to Marcelo Perraillon.
2  gen demvoteshare_sq = demvoteshare_c^2
3  xi: reg score lagdemocrat##c.(demvoteshare_c demvoteshare_sq), cluster(id)
4  xi: reg score democrat##c.(demvoteshare_c demvoteshare_sq), cluster(id)
5  xi: reg democrat lagdemocrat##c.(demvoteshare_c demvoteshare_sq),
   ↪ cluster(id)
```

R
lmb_5.R

```
1  lmb_data %>%
2    mutate(demvoteshare_sq = demvoteshare_c^2)
3
4  lm_1 <- lm_robust(score ~ lagdemocrat*demvoteshare_c +
   ↪ lagdemocrat*demvoteshare_sq,
5          data = lmb_data, clusters = id)
6  lm_2 <- lm_robust(score ~ democrat*demvoteshare_c +
   ↪ democrat*demvoteshare_sq,
7          data = lmb_data, clusters = id)
8  lm_3 <- lm_robust(democrat ~ lagdemocrat*demvoteshare_c +
   ↪ lagdemocrat*demvoteshare_sq,
9          data = lmb_data, clusters = id)
10
11 summary(lm_1)
12 summary(lm_2)
13 summary(lm_3)
14
```

如果包含二次项，则民主党胜利对未来投票的估计效应将大幅下降（见表6-11）。对同期投票的效应也比Lee等［2004］发现的要小，在任者效应也是如此。但是这里的目的仅仅是说明使用全局回归的标准步骤。

表6-11　基于ADA得分的结果——全样本线性和二次交互

因变量	ADA_{t+1}	ADA_t	DEM_{t+1}
估计出的差值	13.03***	44.40***	0.32***
	(1.27)	(0.91)	(1.74)
N	13 577	13 577	13 577

注：括号中为聚类稳健标准误。* 表示在10%的水平上显著，** 表示在5%的水平上显著，*** 表示在1%的水平上显著。

请注意，我们仍然在估计全局回归。也是因为这个原因，系数更大。这表明数据中存在非常严重的异常值问题，导致距离c_0处的分布更广泛。因此，一个自然的解决方案是再次将我们的分析限制在一个较小的范围内。这样做的目的是删除那些远离c_0的观测值，并在断点处忽略异常值对我们估计的影响。因为我们上次用的是±0.02，这次我们用±0.05来操作一下。

```
STATA
lmb_6.do
1  * Use 5 points from the cutoff.Stata code attributed to Marcelo Perraillon.
2  xi: reg score lagdemocrat##c.(demvoteshare_c demvoteshare_sq) if
   ↪ lagdemvoteshare>.45 & lagdemvoteshare<.55, cluster(id)
3  xi: reg score democrat##c.(demvoteshare_c demvoteshare_sq) if
   ↪ lagdemvoteshare>.45 & lagdemvoteshare<.55, cluster(id)
4  xi: reg democrat lagdemocrat##c.(demvoteshare_c demvoteshare_sq) if
   ↪ lagdemvoteshare>.45 & lagdemvoteshare<.55, cluster(id)
```

```
R
lmb_6.R
1  lmb_data %>%
2    filter(demvoteshare > .45 & demvoteshare < .55) %>%
3    mutate(demvoteshare_sq = demvoteshare_c^2)
4
```

(continued)

R *(continued)*

```
5    lm_1 <- lm_robust(score ~ lagdemocrat*demvoteshare_c +
     ↪  lagdemocrat*demvoteshare_sq,
6            data = lmb_data, clusters = id)
7    lm_2 <- lm_robust(score ~ democrat*demvoteshare_c +
     ↪  democrat*demvoteshare_sq,
8            data = lmb_data, clusters = id)
9    lm_3 <- lm_robust(democrat ~ lagdemocrat*demvoteshare_c +
     ↪  lagdemocrat*demvoteshare_sq,
10           data = lmb_data, clusters = id)
11
12   summary(lm_1)
13   summary(lm_2)
14   summary(lm_3)
15
```

从表 6 - 12 中可以看出，当我们将分析限制在断点附近的 ±0.05 时，我们使用了比最初分析中更多远离断点的观测值。这就是为什么我们现在有 2 441 个观测值可以进行分析，而不是最初分析中的 915 个。但我们也可以看到，二次项的交互作用大大降低了对未来投票影响估计值的大小，即使在较小的样本下也是如此。

表 6 - 12　基于 ADA 得分的结果——线性和二次交互下势均力敌的选举样本

因变量	ADA_{t+1}	ADA_t	DEM_{t+1}
估计出的差值	3.97 ***	46.88 ***	0.12 ***
	(1.49)	(1.54)	(0.02)
N	2 441	2 441	2 441

注：括号中为聚类稳健标准误。 * 表示在 10% 的水平上显著， ** 表示在 5% 的水平上显著，*** 表示在 1% 的水平上显著。

暂且将这一结论按下不表，我们先来谈谈刚才做了什么。首先，我们拟合了一个没有控制驱动变量的模型。然后我们在模型中通过各种方式引入了驱动变量。例如，我们将民主党人的选票份额变量与是否为民主党人这一虚拟变量进行交互，并包含一个二次变量。在所有这些分析中，我们从数据支持之外的驱动变量中推断出趋势线，以估计断点处的局部平均处理效应。

我们也可以看到，以任何形式加入驱动变量都倾向于减弱民主党获胜对未来民主党投票模式的效应，这很有趣。当我们为驱动变量引入控制变量时，Lee 等 [2004] 的研究中那个大约为 21 的最初估计值被大大削弱了，即使当我们回过头去估计灵活的局部回归时，情况也是如此。虽然效应仍然显著，但它的大小要小得多，然而直接效应仍然相当大。

我们还有其他方法来探索在这个断点处施加处理的影响。例如，当 Hahn 等［2001］阐明了关于 RDD 的假设时——具体地说，条件期望潜在结果中的连续性假设——他们也将估计认定为一个非参数问题，并强调应使用局部多项式回归。这在实践中到底意味着什么呢？

302

在统计学中，非参数方法对不同的人意味着很多不同的东西，但在 RDD 环境中，其理念是估计一个模型，该模型不预先假设结果变量（Y）和驱动变量（X）关系的函数形式。该模型可能是这样的：

$$Y = f(X) + \varepsilon$$

一个非常基本的方法是在 X 的每个区间上都计算出 $E[Y]$，最终呈现出的结果就像一个直方图。Stata 有一个由克里斯托弗·罗伯特（Christopher Robert）发明的插件叫做 cmogram。这一程序中有很多非常有用的插件，我们可以借此重新创建来自 Lee 等［2004］的重要数据。图 6-17 展示了民主党获胜［作为驱动变量（民主党获得选票份额）的函数］和相应的候选人第二阶段 ADA 得分之间的关系。

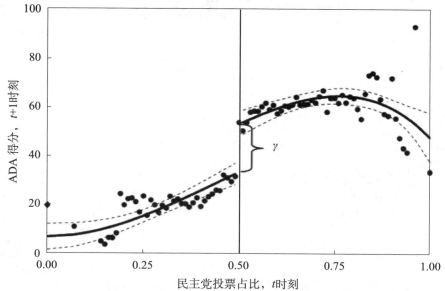

图 6-17 显示选举获胜对未来 ADA 得分的总效应

资料来源：转载自 Lee, D. S., Moretti, E., and Butler, M. J.（2004）."Do Voters Affect or Elect Policies: Evidence from the U. S. House," *Quarterly Journal of Economics*，119 (3)：807-859。获牛津大学出版社许可。

303 有几种方法可以复刻这一过程。我们可以使用 Stata 中的"twoway"命令或 R 中的"ggplot"自己手动创建此图。但本书将向你展示使用集成插件 cmogram 的方法，因为这是一种快速而粗略（quick-and-dirty）的从数据中获取信息的方法。

STATA

lmb_7.do

```
1  * Stata code attributed to Marcelo Perraillon.
2  ssc install cmogram
3  cmogram score lagdemvoteshare, cut(0.5) scatter line(0.5) qfitci
4  cmogram score lagdemvoteshare, cut(0.5) scatter line(0.5) lfit
5  cmogram score lagdemvoteshare, cut(0.5) scatter line(0.5) lowess
```

R

lmb_7.R

```
1  #aggregating the data
2  categories <- lmb_data$lagdemvoteshare
3
4  demmeans <- split(lmb_data$score, cut(lmb_data$lagdemvoteshare, 100)) %>%
5   lapply(mean) %>%
6   unlist()
7
8  agg_lmb_data <- data.frame(score = demmeans, lagdemvoteshare = seq(0.01,1,
   ↪   by = 0.01))
9
10 #plotting
11 lmb_data <- lmb_data %>%
12  mutate(gg_group = case_when(lagdemvoteshare > 0.5 ~ 1, TRUE ~ 0))
13
14 ggplot(lmb_data, aes(lagdemvoteshare, score)) +
15  geom_point(aes(x = lagdemvoteshare, y = score), data = agg_lmb_data) +
16  stat_smooth(aes(lagdemvoteshare, score, group = gg_group), method = "lm",
17      formula = y ~ x + I(x^2)) +
18  xlim(0,1) + ylim(0,100) +
19  geom_vline(xintercept = 0.5)
20
21 ggplot(lmb_data, aes(lagdemvoteshare, score)) +
22  geom_point(aes(x = lagdemvoteshare, y = score), data = agg_lmb_data) +
```

304

(continued)

R (continued)	
23	stat_smooth(aes(lagdemvoteshare, score, group = gg_group), method = "loess") ↳　+
24	xlim(0,1) + ylim(0,100) +
25	geom_vline(xintercept = 0.5)
26	
27	ggplot(lmb_data, aes(lagdemvoteshare, score)) +
28	geom_point(aes(x = lagdemvoteshare, y = score), data = agg_lmb_data) +
29	stat_smooth(aes(lagdemvoteshare, score, group = gg_group), method = "lm") +
30	xlim(0,1) + ylim(0,100) +
31	geom_vline(xintercept = 0.5)

图 6-18 显示了该程序的输出结果。注意我们在这里所做的和 Lee 等
［2004］ 在他们的数据中所做的非常相似。唯一的区别是这两幅图的横坐
标略有不同。

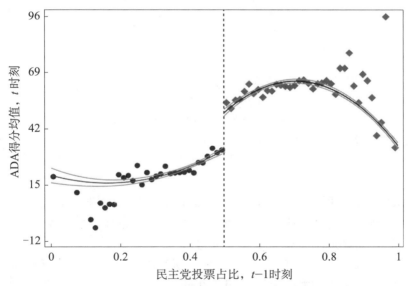

图 6-18　使用带有二次拟合和置信区间的 cmogram 选项

资料来源：转载自 Lee，D. S.，Moretti，E.，and Butler，M. J.（2004）．"Do Voters Affect or
Elect Policies：Evidence from the U. S House，" *Quarterly Journal of Economics*，119（3）：807-859。

除了二次拟合外，我们还有其他选择，将这幅图与只拟合了线性模型
的图进行比较是很有用的。现在，因为在驱动变量中有很强的趋势，我们
可能倾向于使用二次方程，但是不妨让我们看看当使用简单的线性拟合时

会得到什么。

图 6-19 显示了当我们只使用断点左右的数据进行线性拟合时得到的结果。注意实际上离断点很远的异常值对估计断点处因果效应产生的影响。如果我们将带宽限制在距离断点更短的距离内，这些异常值就会消失，读者可以自行尝试。

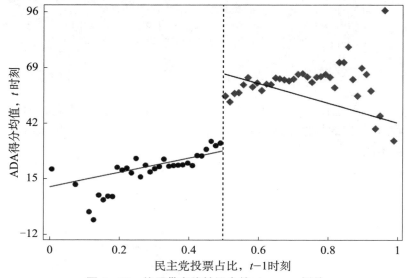

图 6-19 使用带有线性拟合的 cmogram 插件

资料来源：转载自 Lee，D. S.，Moretti，E.，and Butler，M. J.（2004）．"Do Voters Affect or Elect Policies：Evidence from the U. S. House," *Quarterly Journal of Economics*，119（3）：807-859。

最后，我们可以使用平滑拟合。平滑拟合曲线在数据中爬行，并在数据的小分段中运行小的回归。如此产生的图形可能有一个锯齿形的外观。不过我们还是在图 6-20 中展示一下它。

如果在驱动变量中不存在任何趋势，那么使用多项式不会给你带来更多的好处。一些非常好的论文只报告线性拟合，因为一开始就没有非常强的趋势。例如，考虑 Carrell 等［2011］的研究。这些作者感兴趣的是饮酒对空军学院学生学业测试结果的因果效应。他们的驱动变量是学生的确切年龄，因为他们知道学生的出生日期，也知道在空军学院参加的所有考试的日期。因为空军学院限制学生的社交生活，因此该学校里很多学生直到21 岁时才开始饮酒，这类人的比例比普通大学里要明显更高。他们使用

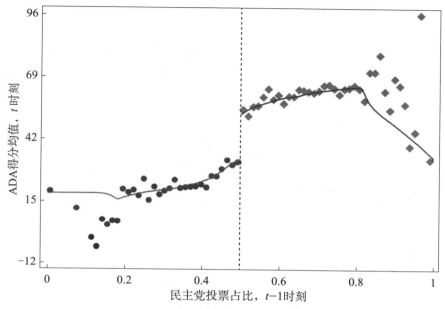

图 6 - 20　使用平滑拟合的 cmogram 程序

资料来源：转载自 Lee，D. S. ，Moretti，E. ，and Butler，M. J. （2004）．"Do Voters Affect or Elect Policies：Evidence from the U. S. House，" *Quarterly Journal of Economics*，119（3）：807 - 859。

RDD 检验了饮酒年龄对标准化成绩的因果效应，但由于数据中没有展现出很强的趋势，他们只给出了一个线性拟合的图表。你的选择在很大程度上应该基于你眼中什么是对数据最合适的拟合。

Hahn 等［2001］表明，由于我们感兴趣的点（即不连续点）在边界处，如局部加权散点图平滑（lowess）这样的单边核估计可能具有较差的性质。这就是所谓的"边界问题"。他们的建议是：使用局部线性非参数回归来代替。在这些回归中，应该给予靠中心的观测值更大的权重。

其他可行的方法还有估计核加权局部多项式回归。我们可以把它看作是一个限制在带宽内的加权回归，就像我们一直在做的那样（因此加入了"局部"这个词），其中所选的核提供了相应的权重。矩形核的结果与 $E[Y]$ 在 X 上的一个给定区间内的结果相同，但在三角核中，更接近中心的观测值更为重要。这种方法对所选的带宽大小很敏感。但在这个意义上，它和我们一直在做的很相似。图 6 - 21 以可视的形式展现了这一点。

307

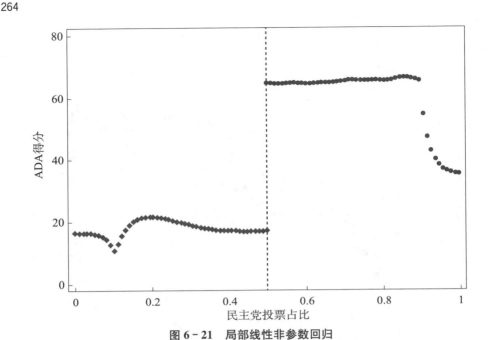

图 6-21   局部线性非参数回归

STATA
lmb_8.do

```
1   * Stata code attributed to Marcelo Perraillon.
2   capture drop sdem* x1 x0
3   lpoly score demvoteshare if democrat == 0, nograph kernel(triangle) gen(x0
    ↪   sdem0) bwidth(0.1)}
4   lpoly score demvoteshare if democrat == 1, nograph kernel(triangle) gen(x1
    ↪   sdem1) bwidth(0.1)}
5   scatter sdem1 x1, color(red) msize(small) || scatter sdem0 x0, msize(small)
    ↪   color(red) xline(0.5,lstyle(dot)) legend(off) xtitle("Democratic vote share")
    ↪   ytitle("ADA score")
6
```

R
lmb_8.R

```
1   library(tidyverse)
2   library(stats)
3
```

(continued)

```
                        R (continued)

 4   smooth_dem0 <- lmb_data %>%
 5     filter(democrat == 0) %>%
 6     select(score, demvoteshare)
 7   smooth_dem0 <- as_tibble(ksmooth(smooth_dem0$demvoteshare,
 ↪          smooth_dem0$score,
 8                       kernel = "box", bandwidth = 0.1))
 9
10
11   smooth_dem1 <- lmb_data %>%
12     filter(democrat == 1) %>%
13     select(score, demvoteshare) %>%
14     na.omit()
15   smooth_dem1 <- as_tibble(ksmooth(smooth_dem1$demvoteshare,
 ↪          smooth_dem1$score,
16                       kernel = "box", bandwidth = 0.1))
17
18   ggplot() +
19     geom_smooth(aes(x, y), data = smooth_dem0) +
20     geom_smooth(aes(x, y), data = smooth_dem1) +
21     geom_vline(xintercept = 0.5)
22
23
24
25
```

308

最后提醒大家注意如下几点：

首先，回想一下连续性假设。因为连续性假设涉及整个驱动变量范围内，包含断点处的预期潜在结果的连续性，因此它是无法检验的。没错——这是一个无法检验的假设。但是，我们可以做的是检查条件期望函数中是否有其他外生协变量不能或不应该因为断点而改变。所以，把种族或性别视为断点是很常见的。你可以使用相同的方法来做到这一点，本书就不再复刻此类操作了。任何 RDD 论文都会涉及这种安慰剂：尽管它们不是对连续性假设的直接检验，但它们是间接检验。记住，当你发表文章时，你的读者并不熟悉你正在研究的东西，所以你的任务是向读者解释你知道的东西。预测他们可能的反对意见和怀疑的来源。作者要像他们一样思考。试着设身处地地为陌生人着想，然后尽自己所能检验这些怀疑的真实性。

　　其次，我们看到了使用该方法估计因果效应时，带宽（或范围）选择以及多项式长度选择的重要性。当选择带宽时，我们需要在偏差和方差之间做出权衡——带宽越窄，偏差越小，但因为使用的数据更少，你估计的方差就会增大。最近的研究集中在最佳带宽选择上，如 Imbens 和 Kalyanaraman［2011］以及 Calonico 等［2014］。而后一项研究的操作可以通过用户创建的 rdrobust 命令实现。基于一些偏差、方差方面的权衡，这些方法最终选择的最佳带宽可能在断点两侧并不等宽。让我们用这种非参数方法重复我们的分析。所得到的系数是 46.48，标准误是 1.24。

```
STATA
lmb_9.do
1   * Stata code attributed to Marcelo Perraillon.
2   ssc install rdrobust, replace
3   rdrobust score demvoteshare, c(0.5)
```

```
R
lmb_9.R
1   library(tidyverse)
2   library(rdrobust)
3
4   rdr <- rdrobust(y = lmb_data$score,
5           x = lmb_data$demvoteshare, c = 0.5)
6   summary(rdr)
```

　　正如我们反复提到的，这种方法需要大量数据，因为在不连续点处的估计需要大量数据来支撑。在理想情况下，使用这种方法的要求之一就是样本中有大量观测数据，这样我们就能在不连续点处得到大量可以使用的观测数据。在这种情况下，你的研究结果之间应该存在一定的协调。如果没有，那么可能是你还没有足够的能力来发现这种效应。

　　最后，我们看看麦克拉里密度检验的实现。我们将使用局部多项式密度估计实现该检验［Cattaneo et al.，2019］。这需要在 Stata 中安装两个文件。通过查看图 6-22，我们看不到任何迹象表明在断点处的驱动变量中存在操纵。

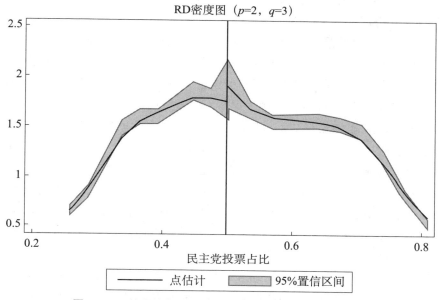

图 6-22 使用局部线性非参数回归的麦克拉里密度检验

311

```
STATA
lmb_10.do
1   *McCrary density test.Stata code attributed to Marcelo Perraillon.
2   net install rddensity,
    ↪   from(https://sites.google.com/site/rdpackages/rddensity/stata) replace
3   net install lpdensity,
    ↪   from(https://sites.google.com/site/nppackages/lpdensity/stata) replace
4   rddensity demvoteshare, c(0.5) plot
```

```
R
lmb_10.R
1   library(tidyverse)
2   library(rddensity)
3   library(rdd)
4
5   DCdensity(lmb_data$demvoteshare, cutpoint = 0.5)
6
7   density <- rddensity(lmb_data$demvoteshare, c = 0.5)
8   rdplotdensity(density, lmb_data$demvoteshare)
```

关于"势均力敌的选举"设计的结论（concluding remarks about close-election designs）。让我们回到势均力敌的选举设计。从那以后，该设计实际上已经成为经济学和政治学领域的一种常用设计。这一方法已经扩展应用到其他类型的选举和结果中。我非常喜欢的一篇论文使用了势均力敌的州长选举来研究民主党州长对不同种族工人之间工资差距的影响［Beland，2015］。除此之外，还有很多例子等待大家去发掘。

但是，来自 Caughey 和 Sekhon［2011］的批评质疑了李对众议院选举分析的有效性。他们发现，在美国众议院选举中，堪堪获胜的候选人和以微弱劣势落败的候选人在预处理协变量上存在显著差异，而 Lee 等［2004］没有对这些协变量进行正式评估。这种协变量失衡在势均力敌的选举中变得更加严重。他们的结论是：在势均力敌的众议院选举中，分类问题（sorting problems）变得更严重，而不是更轻微，这表明这些选举不能用于 RDD。

乍一看，Caughey 和 Sekhon［2011］的批评似乎给整个势均力敌的选举设计都泼了一盆冷水，但我们后来知道事实并非如此。Caughey 和 Sekhon［2011］的批评可能只与众议院选举的一个子集有关，其并没有描述其他时期或其他类型的竞选。Eggers 等［2014］估计了 4 万场势均力敌的选举，包括其他时期的众议院选举、市长竞选和美国以及其他 9 个国家的其他政治职位的竞选。他们遇到的情况中没有出现过类似于 Caughey 和 Sekhon［2011］所描述的模式。Eggers 等［2014］得出结论：在势均力敌的选举设计中，RDD 背后的假设可能会在各种各样的选举情境中得到满足，并且可能是方兴未艾的最好的 RD 设计之一。

拐点回归设计

很多时候，驱动变量的概念将一个个体纳入处理组中，从而导致某些结果的跳跃，这就足够了。但在某些情况下，跳跃的思想并不能描述发生了什么。戴维·卡德及其合作者的几篇论文扩展了断点回归设计，以处理这些不同类型的情况。最值得注意的是 Card 等［2015］，他们引入了一种叫做拐点回归设计（regression kink design，RKD）的新方法。从直觉上看它是相当简单的。在这一点处一阶导数发生了改变，因此该点被称为拐点，而不是引起处理变量的不连续跳跃的断点。拐点通常会被嵌入政策规则中，多亏了 Card 等［2015］，我们才可以利用一阶导数的跳跃，使用拐点来识别政策的因果效应。

Card 等［2015］的论文应用该设计来回答，在奥地利失业救济水平是否会影响失业时间的长短。失业救济金是根据一个基准期的收入计算出的。有一个最低救济金水平，对低收入者没有约束力。救济金是基期收入的 55％。另外，每年最高的救济金水平还要进行调整，这造成了其在时间表中的不连续。

图 6－23 展示了不连续点周围的基本收入和失业救济金之间的关系。在平均救济金和基本收入之间的实证关系中有一个明显的拐点。当基准年收入超过阈值时，你可以从函数斜率的急剧下降中看到这一点。图 6－24 *313* 展示了类似的情况，但这一次展示的是失业持续的时间。当基本收入超过阈值时，又出现了明显的拐点。作者的结论是：在奥地利，失业救济金的增加对失业持续的时间产生了相对较大的影响。

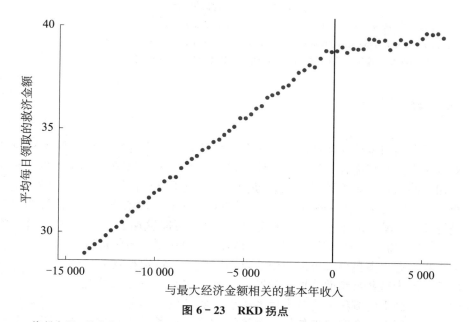

图 6－23 RKD 拐点

资料来源：转载自 Card，D.，Lee，D. S.，Pei，Z. and Weber，A.（2015）. "Inference on Causal Effects in a Generalized Regression Kink Design," *Econometrica*，84（6）：2453－2483。版权于 2015 年归约翰·威利父子公司所有。获约翰·威利父子公司许可使用。

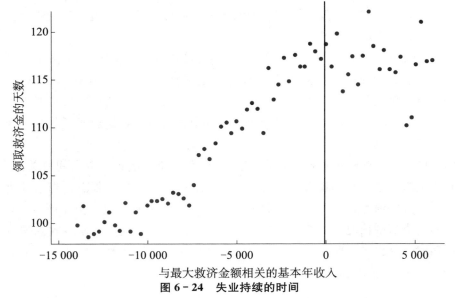

图 6 - 24 失业持续的时间

资料来源：转载自 Card, D., Lee, D. S., Pei,, Z. and Weber, A. (2015). "Inference on Causal Effects in a Generalized Regression Kink Design," *Econometrica*，84 (6)：2453 - 2483。版权于 2015 年归约翰·威利父子公司所有。获约翰·威利父子公司许可使用。

结 论

断点回归设计通常被认为是一个成功的设计，因为它在可靠地识别因果效应方面有其优势。与所有设计一样，它的可信度只来自对机制的深刻认知，特别是围绕着驱动变量、断点、处理分配和结果本身之间的关系。我们很容易发现这样一种情况，即驱动变量超过某个阈值将导致个体被选取进行某些处理，如果连续性是可信的，那么你可能发现了一个研究的金矿，可以利用它来做一些理论上有趣的事情，对其他相关的政策进行研究。

我们有很多机会都可以应用断点回归设计，特别是在公司和政府机构内部，因为这些组织面临稀缺问题，必须使用某种方法来分配处理。随机化是一种公平的方法，也是常用的方法。驱动变量是另一种方法。通常情况下，组织内部会简单地使用一个连续的得分，通过在其中任意选择一个断点来分配处理，得分在断点之上的每个人都接受处理。我们发现这些做法可以产生一种廉价但却能提供有价值信息的自然实验。本章试图阐述断点回归设计的基本原理。但该原理现在仍以闪电般的速度在发展。所以本书鼓励大家把这一章看作一个起点，而不是终点。

第七章
工具变量

我创作了《周末甜心》（Sunday Candy），

我永远不会下地狱。

我遇到了坎耶·维斯特（Kanye West）*，

我永远不会再失败。

——钱斯勒·乔纳森·本内特（Chance the Rapper）**

就像阿基米德（Archimedes）所说的："给我一个支点，我将撬动整 315
个地球"。你也可以很容易地说："有了一个足够好的工具变量，你就可以
识别出任何因果效应。"我们很快就会看到为什么会有这种说法，尽管这
种说法很夸张，但工具变量（IV）设计可能是有史以来最重要的研究设计
之一。而且它还是计量经济学中独有的，这个计量经济学估计量不是从统计
学（如艾克-休伯-怀特标准误）中直接剪切过来的，也不是从其他领域（如
断点回归）引入过来的。IV 是一位经济学家发明的，它的历史非常精彩。

---

* 坎耶·维斯特，美国说唱男歌手、音乐制作人、商人、服装设计师。——译者注

** 钱斯勒·乔纳森·本内特，美国说唱歌手，词曲作者，演员。——译者注

工具变量的历史：父与子

菲利普·赖特出生于 1861 年，1934 年去世。1884 年，他在塔夫茨大学获得学士学位，1887 年在哈佛大学获得硕士学位。1889 年，菲利普 28 岁时，他的儿子斯沃尔·赖特出生。他们一家从马萨诸塞州搬到了伊利诺伊州的盖尔斯堡，菲利普在那里担任朗巴德大学的数学和经济学教授。菲利普在他的职业生涯中发表了大量经济学文章，并出版了很多著作，他也发表了一些诗歌。你可以在 https://scholar.harvard.edu/files/stock/files/wright_cv.jpg 上看到他的简历。[①] 斯沃尔就读于朗巴德大学，师从他父亲学习大学数学课程。

1913 年，菲利普进入哈佛大学就职，斯沃尔也进入哈佛大学读研究生。后来，菲利普去了布鲁金斯学会，斯沃尔在芝加哥大学的动物学系找到了第一份工作，并最终在 1930 年被升为教授。

菲利普非常多产，考虑到他的教学和服务工作压力很大，这一点尤其令人印象深刻。他在《经济学季刊》、《美国统计协会杂志》（*Journal of the American Statistical Association*）、《政治经济学杂志》（*Journal of Political Economy*）和《美国经济评论》（*American Economic Review*）等顶级期刊上都发表过文章。在所刊发的文章中，有一个常见的主题就是识别问题。他敏锐地意识到了这一点，并有意识地去解决它。

1928 年，菲利普正在写一本关于动植物油的书。缘由是什么呢？他认为当时新近的关税提高正在损害国际关系。他还写了关税对动植物油造成的损害。事实证明，这本书将成为经典——不是因为关税或油，而是作为工具变量估计量存在的第一个证明。

当他的父亲如痴如醉地在经济学领域发表文章时，斯沃尔正在遗传学领域掀起一场革命。他发明了路径分析（path analysis），这是珀尔定向非循环图形模型的先驱，他对进化和遗传学理论做出了重要贡献。他也是个天才。但他不想继承其父亲事业（经济学）的决定使两人的关系一度紧张，但所有证据都表明，他们发现彼此更能激发智识。

在他关于蔬菜和油关税的书中，有一个附录（标题为附录 B），其中计

---

① 菲利普酷爱诗歌，一生中甚至还发表过一些诗歌。他还利用学校的印刷社为伟大的美国诗人卡尔·桑德堡（Carl Sandburg）出版了其第一本诗集。

算了一个工具变量估计量。在其他地方，菲利普感谢了他的儿子对他所写内容的有价值的贡献，他引用了斯沃尔教他的路径分析。结果证明，这种路径分析在附录 B 中起了关键作用。

附录 B 给出了识别问题的解决方案。只要经济学家愿意对这个问题施加一些限制，方程组就可以被识别。具体来说，如果对供给有一个工具变量，且供给和需求误差不相关，那么需求弹性就可以被识别出来。 *317*

但是附录 B 是谁写的呢？父子两人都有可能。这是一本经济学书中的一个章节，这一证据将作者的可能性指向了菲利普。但它使用了路径分析，又将可能性指向了斯沃尔。历史学家对此争论不休，甚至指责菲利普剽窃了他儿子的思想。如果菲利普剽窃了这个思想，也就是说，当他出版附录 B 时，他没有把著作权归属给他的儿子，那么这至少是一个奇怪的疏忽。Stock 和 Trebbi［2003］对作者身份的争论提出了自己的观点。

Stock 和 Trebbi［2003］试图通过"文体计量分析"来确定附录 B 的作者。文体计量分析还被用于其他方面，比如鉴定 1996 年政治小说《三原色》（*Primary Colors*）［约瑟夫·克莱因（Joseph Klein）］和未署名的《联邦主义者文集》（*Federalist Papers*）的作者。但是 Stock 和 Trebbi［2003］无疑是文体计量分析在经济学中的最佳应用。[①]

这种方法类似于现代的机器学习方法。作者收集的原始数据包括每个人的原始学术著作，加上本书的第一章和附录 B。书中所有的脚注、图表和数字都被排除了。作者从文档中选择了 1 000 个单词的区块。一共选择了 54 个区块：其中 20 个是斯沃尔写的，25 个是菲利普写的，6 个来自附录 B，3 个来自第一章。第一章一直被认为是菲利普写的，但是 Stock 和 Trebbi［2003］将这三个区块视为未知，以检验其模型是否在已知作者身份的情况下可以正确预测作者身份。

Stock 和 Trebbi［2003］使用的文体指标包括每个区块中 70 个功能词出现的频率。这份名单来自另一项研究。这 70 个功能词可以生成 70 个数字变量，每一个变量都记录了一个功能词在 1 000 个单词中出现的次数。其中有些词被省略了（例如，"things"，因为它们只出现了一次），剩下 69 个功能词。

第二组文体指标取自另一项研究，主要涉及语法结构。Stock 和 Trebbi *318*

---

① 如果你的文章是某一领域内关于某一话题唯一的文章，那么你的文章很容易就可以成为该话题下最好的。

[2003] 使用了 18 种频率计数的语法结构。其中包括名词后接副词、介词出现的总次数、并列连词后接名词等等。在他们的分析中有一个因变量，那就是作者。自变量为 87 个协变量（69 个功能词计数和 18 个语法统计）。

这个分析的结果非常令人着迷。例如，如果作者之间没有文体差异，并且指标是独立分布的，那么许多协变量都有非常大的 t 统计量这一情况就几乎不可能出现。

斯托克（Stock）和特里比（Trebbi）发现了什么呢？最有趣的是其中的回归分析。他们写道：

> 我们对截距、语法统计的前两个主成分和功能词计数的前两个主成分进行回归，并根据预测值是大于还是小于 0.5 来确定作者身份。[191]

他们的结论是：附录 B 和第一章的作者都应该是菲利普，而不是斯沃尔。他们做了其他稳健性检验，所有这些检验仍然指出菲利普是作者。

编写附录 B 和解决附录 B 的问题在技术上是不同的。但我还是喜欢这个故事，原因有很多。首先，我喜欢这样一种观点：像工具变量这样重要的计量经济学估计量在经济学中有其根源。我已经习惯了从统计学（休伯-怀特标准误）或教育心理学（断点回归）中提取出实际计量经济学估计量的故事，所以很高兴知道经济学家把他们自己的设计添加到经济学的经典内容之中。但是这个故事中我喜欢的另一部分是父子关系。父与子可以通过这样的智力合作来克服分歧，这是令人鼓舞的。这样的关系是重要的，当紧张的关系出现时，应该积极地寻求缓解的途径，直到这些紧张的关系柳暗花明。毕竟，人际关系和更普遍的爱是重要的。菲利普和斯沃尔就讲了这样一个故事。

对工具变量的直觉认识

319   **经典的工具变量 DAG**（canonical IV DAG）。要理解工具变量估计量，不妨从展示一系列因果效应的 DAG 开始，这些 DAG 中包含了理解工具变量策略所需的所有信息。首先，请注意 D 和 Y 之间的后门路径：$D \leftarrow U \rightarrow Y$。此外，请注意 U 无法被计量经济学家观测到，这导致后门路径保持开放。如果我们对不可观测因素有这种选择，那么（在我们的数据中）就不存在满足后门准则的条件策略。在我们展开讨论之前，让我们看看 Z 是如何通过这些路径运行的。

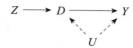

这里，有一个通过 D 从 Z 到 Y 的介导路径。当 Z 变化时，D 会发生变化，进而导致 Y 变化。但是，尽管当 Z 变化时 Y 也会变化，但我们需要注意，Y 的变化只是因为 D 的变化。你有时会听到人们将此描述为"只能通过"的假设。也就是说，Z "只能通过" D 影响 Y。

我们设想一下。假设 D 由做出选择的人组成。有时这些选择会影响 Y，有时这些选择仅仅与 Y 的变化相关，因为在 U 中有无法被观测到的变化。但随之而来的是一些冲击，即 Z，这导致了 D 中的一些人（但不是所有人）做出不同的决定。如此一来会发生什么呢？

起初，当这些人的决定改变时，Y 也会因为因果效应而改变。但在这种情况下，D 和 Y 之间的所有相关性都反映了因果效应。因为 D 是沿着 Z 和 Y 之间的后门路径的对撞因子。

但这个比喻还没结束。让我们假设在 D 这个变量中，对于所有这些人而言，只有一部分人因为 D 改变了他们的行为。然后呢？在这种情况下，Z 只会对总体的一个子集导致 Y 的变化。例如，如果工具变量只改变了女性的行为，那么 D 对 Y 的因果效应只反映了女性选择的因果效应，而不是男性的选择。

我想强调上一段中存在的两个观点。首先，如果存在异质性处理效应（例如，男性和女性对 Y 的影响不同），那么我们的 Z 冲击只识别了 D 对 Y 的部分因果效应。而这部分因果效应可能只适用于那些因 Z 而改变的女性总体的行为；而未反映男性的行为将如何影响 Y。其次，如果 Z 只通过 D 的一小部分变化引起了 Y 的一些变化，那么我们几乎无法得到足够的数据来识别因果效应。

这里我们可以看到解释工具变量和使用工具变量识别参数的两个困难。工具变量只识别行为因工具变量而改变的任意一组个体——我们称之为依从组（complier）内的总体因果效应。首先，在我们的例子中，只有女性依从这种工具变量，所以我们可以知道它对他们的效应。其次，工具变量通常会有更大的标准误，因此，在很多情况下，只是因为工具变量说服力不足，它们才无法拒绝原假设。

让我们继续回到 DAG。首先，注意，我们描述的 DAG 使得 Z 独立于 U。如你所见，这是因为 D 是沿着 $Z \to D \leftarrow U$ 路径的对撞因子，这意味着 Z

和 U 是独立的。这被称为"排除性限制",我们将在后面详细讨论。但简单地说,IV 估计量假设 Z 是独立于除 D 以外其他决定 Y 的因素的变量。其次,Z 与 D 相关,而且因为 Z 与 D 相关(以及 D 对 Y 的影响),所以 Z 与 Y 相关,但只能通过 Z 对 D 的影响实现。Z 和 D 之间的这种关系被称为"第一阶段",因为两阶段最小二乘估计量是一种 IV 估计量。因为 D 是 $Z{\rightarrow}D{\leftarrow}U{\rightarrow}Y$ 路径上的对撞因子,所以只有通过 D,Z 与 Y 才相关。

好的工具变量应该感觉怪怪的(Good instruments should feel weird)。你怎么知道你得到了一个好的工具变量呢?第一,它需要先验知识。我鼓励大家将先验知识写进 DAG 中,并用它来思考自己设计的可行性。作为起点,只有当你能够在理论上和逻辑上为排除性限制辩护时,你才可以考虑使用 IV 来识别因果效应,因为排除性限制是一个无法验证的假设。这种辩护需要理论,由于有些人不喜欢这样的理论论证,他们倾向于避免使用 IV。越来越多的应用微观经济学家对 IV 持怀疑态度,因为他们能够讲述很多故事,在这些故事中排除性限制都不成立。

让我们假设你已经有了一个很好的工具变量。你会如何回应别人的质疑呢?工具变量可以满足排除性假设的一个必要非充分条件是,当你说出工具变量与结果的关系时,人们是否会感到困惑。让我解释一下。当你告诉他们,你认为家庭规模会减少女性的劳动力供应时,没有人会感到困惑。他们不需要 Becker 模型来说服自己,有更多孩子的女性外出工作的频率低于那些有更少孩子的女性。

但如果你告诉他们,前两个孩子性别相同的母亲外出工作的时间比两个孩子性别比例平衡的母亲少,他们会怎么想?他们可能会感到困惑,毕竟,一个孩子的性别构成与一个妇女是否外出工作有什么关系呢?人们很难理解其中的内在逻辑。他们感到困惑是因为,从逻辑上讲,无论前两个孩子性别是否相同,表面上看并不能改变女性外出工作的动机,通常认为,这种动机基于保留工资(reservation wages)和市场工资。然而,根据经验,比起那些前两个孩子一男一女的家庭,前两个孩子都是男孩的家庭将会更倾向于要第三个孩子。这又能给出什么信息呢?

如果一个家庭想让自己的子女性别不单一,那么前两个孩子的性别构成就很重要。那些头两个孩子是男孩的家庭更有可能再生一个,希望他们会有一个女孩。两个女孩的家庭也一样。如果父母希望自己至少有一个男孩和一个女孩,那么如果已经生了两个男孩,他们可能会想赌一把要个女孩。

这就是你看到的好工具变量的特点。这对一个外行来说很奇怪,因为一个好的工具变量（两个男孩）只有通过首先改变一些内生性处理变量（家庭规模）才能改变结果，从而允许我们识别家庭规模对某些结果（劳动力供应）的因果效应。因此，如果不了解内生变量，工具变量和结果之间的关系就没有多大意义。为什么呢？因为该工具变量除了对内生性处理变量的影响外，与结果的其他决定因素无关。你还可以看到我们喜欢工具变量的另一个特点，那就是它是准随机的（quasi-random）。

在继续讨论之前，我想用另一种方式来说明这一"奇怪的工具变量"，用我最喜欢的两位艺术家：钱斯勒·乔纳森·本内特和坎耶·维斯特。在这一章的开头，我引用了坎耶·维斯特的歌曲《超光束》（Ultrlight Beam）中的一句话，该歌曲收录在专辑 *Life of Pablo* 中。在这首歌中，钱斯勒·乔纳森·本内特唱道：

> 我创作了《周末甜心》，我永远不会下地狱。
>
> 我遇到了坎耶·维斯特，我永远不会再失败。

在《超光束》之前的几年，钱斯勒·乔纳森·本内特创作了一首名为《周末甜心》的歌曲。这是一首很棒的歌。钱斯勒·乔纳森·本内特在《超光束》中提出了一个奇怪的论点。他声称，因为他创作了《周末甜心》，所以他不会下地狱。现在，即使是一个信教的人也会感到困惑，因为在基督教神学中，没有什么永恒的诅咒能把唱歌和来世联系起来。我认为，这是一个"奇怪的工具变量"，因为如果不知道介导路径 $SC \rightarrow ? \rightarrow H$ 上的内生变量，这两种现象似乎很难被联系到一起。

但假设我告诉你钱斯勒·乔纳森·本内特创作了《周末甜心》后，他接到了他以前的牧师的电话。牧师很喜欢这首歌，于是邀请他到教堂里唱。在与他童年的教堂重逢后，偶然的宗教经历使他重新皈依基督教。现在，也只有现在，他的声明才有意义。不是《周末甜心》本身塑造了他的来生之路，而是《周末甜心》引发了一个特殊事件，而这个事件本身改变了他对未来的信念。这句话提出了一个奇怪的论点，而这使《周末甜心》成了一个好的工具变量。

让我们来看看第二行——"我遇到了坎耶·维斯特，我永远不会再失败。"不像第一行，这可能不是一个好的工具变量。为什么呢？因为我甚至不需要知道在介导路径 $KW \rightarrow ? \rightarrow F$ 中的是什么变量，进而具体地怀疑排除性限制。如果你是个音乐家，和坎耶·维斯特的关系可能成就你的事业，也可能毁掉你的事业。坎耶·维斯特可以通过和你合作一首歌来成就你的事业，或者把你介绍给才华横溢的制作人。无论我们在这条介导路径中放置了什么未知的内生变量，与坎耶·维斯特的关系都可以让你成功。因为我们很容易讲一个故事，与坎耶·维斯特相识直接导致了一个人的成功，认识坎耶·维斯特可能是**一个糟糕的工具变量**。在这种情况下，它根本不满足排除性限制。

最终，好的工具变量之所以不和谐，恰恰是因为排除性限制——这两件事（性别构成和工作）似乎无法联系在一起。如果它们确实联系在了一起，很可能意味着排除性限制被违反了。但如果排除性限制并未被违反，那么此时，人们可能会感到困惑，而这一事件至少是一个好工具变量的可能候选者。这是对"只能通过"假设所做的常识性解释。

同质性处理效应

有两种方法来讨论工具变量设计：一种在处理对每个人都有相同因果效应（"同质性处理效应"）的世界里适用，另一种在处理效应对总体中不同个体可能不同的世界（"异质性处理效应"）里适用。对于同质性处理效应，我将依赖更传统的方法，而不是潜在结果的概念。当处理效应是恒定的时，我觉得我们甚至不再特别需要潜在结果的概念。

工具变量法通常用于解决遗漏变量偏差、测量误差和联立性（simultaneity）等问题。例如，数量和价格是由供给和需求曲线的交点决定的，所以价格和数量之间任何观测到的相关性都无法提供与供给或需求曲线弹性相关的信息。菲利普·赖特明白这一点，这也是为什么他会如此认真地研究这个问题。

此处，我们将假设同质性处理效应 δ 对每个人都是一样的。这意味着如果大学让我的工资增加了 10%，就也会让你的工资增加 10%。让我们从解释遗漏变量偏差的问题开始。假设在典型的劳动问题中我们关注的是受教育程度对收入的因果效应，但受教育程度是内生的，因为个人能力是不可观测的。让我们画一个简单的 DAG 来说明这个设定。

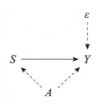

我们可以用一个简单的回归来表示这个 DAG。设收入的真实模型为：

$$Y_i = \alpha + \delta S_i + \gamma A_i + \varepsilon_i$$

式中，Y 为收入的对数；S 为以年为单位的受教育程度；A 为个人"能力"；而 ε 为一个与受教育程度或能力无关的误差项。A 没有被观测到的原因很简单，因为研究者要么忘了收集它，要么无法收集它，因此它从数据集中遗漏了。[①] 例如，CPS 没有告诉我们受访者的家庭背景、智力、动机或非认知能力。因此，鉴于不可观测的能力，我们有如下方程：

$$Y_i = \alpha + \delta S_i + \eta_i$$

式中，η_i 就是等于 $\gamma A_i + \varepsilon_i$ 的复合误差项。我们假设受教育程度与能力相关，因此它也与 η_i 相关，从而，该项在第二个较短的回归中是内生的。由定义可知，只有 ε_i 与回归变量不相关。

由最小二乘算子的推导可知，$\hat{\delta}$ 的估计值为：

$$\hat{\delta} = \frac{C(Y,\ S)}{V(S)} = \frac{E[YS] - E[Y]E[S]}{V(S)}$$

代入 Y 的真实值（来自较长的模型），我们得到以下结果：

325

$$\hat{\delta} = \frac{E[\alpha S + S^2\delta + \gamma SA + \varepsilon S] - E(S)E[\alpha + \delta S + \gamma A + \varepsilon]}{V(S)}$$

$$= \frac{\delta E(S^2) - \delta E(S)^2 + \gamma E(AS) - \gamma E(S)E(A) + E(\varepsilon S) - E(S)E(\varepsilon)}{V(S)}$$

$$= \delta + \gamma \frac{C(AS)}{V(S)}$$

如果 $\gamma > 0$ 并且 $C(A,\ S) > 0$，则 $\hat{\delta}$——受教育程度的系数——存在向上的偏误。考虑到能力和受教育程度可能是正相关的，这很可能是事实。

现在，我们不妨假设你发现了一个不可思议的工具变量 Z_i，它能让人们接受更多的教育，但又与学生的能力和结构误差项相独立。它与能力相独立，这就意味着我们可以避开内生性问题。而且它与其他未观测到的收入决定因素没有关联，这让它显得很不可思议。在此设定下的 DAG 如下所示：

[①] 换句话说，没有被观测到的能力并不意味着它就是不可观测的。它可能只是从你的数据集中遗漏了，因此你没有注意到它。

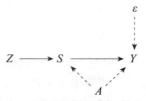

就像我现在所展示的，我们可以使用这个变量来估计 δ。首先，计算 Y 和 Z 的协方差：

$$
\begin{aligned}
C(Y, Z) &= C(\alpha \delta S + \gamma A + \varepsilon, Z) \\
&= E[(\alpha + \delta S + \gamma A + \varepsilon), Z] - E(S)E(Z) \\
&= \{\alpha E(Z) - \alpha E(Z)\} + \delta \{E(SZ) - E(S)E(Z)\} \\
&\quad + \gamma \{E(AZ) - E(A)E(Z)\} + \{E(\varepsilon Z) - E(\varepsilon)E(Z)\} \\
&= \delta C(S, Z) + \gamma C(A, Z) + C(\varepsilon, Z)
\end{aligned}
$$

326　　　注意，我们感兴趣的参数 δ 在右边。那么我们如何分离它呢？我们可以用以下方法进行估计。只要 $C(A, Z) = 0$ 且 $C(\varepsilon, Z) = 0$，我们就有：

$$
\hat{\delta} = \frac{C(Y, Z)}{C(S, Z)}
$$

这些零协方差是上述 IV DAG 中所包含的统计事实。如果能力与 Z 独立，那么第二个协方差是零。如果 Z 独立于结构误差项 ε，那么这两项的协方差也是零。你看，这就是所谓的"排除性限制"：工具变量必须独立于复合误差项的两个部分。

但排除性限制只是使用 IV 的必要条件；它不是一个充分条件。毕竟，如果我们需要的只是排除性限制，那么我们就可以使用一个随机数生成程序生成一个工具变量。仅仅满足排除性限制是不够的。我们还需要该工具变量与内生变量"受教育程度 S"高度相关，越高越好。因为上式中我们是除以 $C(S, Z)$ 的，这必然要求该协方差不为零。

在这个简单分式中，分子有时被称为"简化形式"，而分母被称为"第一阶段"。这些术语有些令人困惑，特别是前者，因为"简化形式"对不同的人有不同的含义。但在 IV 术语中，它指的是工具变量和结果本身之间的关系。第一阶段比较容易混淆，因为它的名字来源于两阶段最小二乘估计量，我们接下来将讨论它。

当你取这个表达式的概率极限，然后假设 $C(A, Z) = 0$ 和 $C(\varepsilon, Z) = 0$，由于排除性限制，你可以得到：

$$p\lim\widehat{\delta} = \delta$$

但是如果 Z 与 η 独立（要么因为它与 A 或 ε 相关），或者如果 S 和 Z 之间的相关性很弱，那么 $\widehat{\delta}$ 在有限样本中就会存在严重偏差。

两阶段最小二乘法（two-stage least squares）。一个更直观的工具变量估计方法是两阶段最小二乘法。让我们通过一个例子来说明为什么它有助于解释一些有关 IV 的直觉知识。假设你有一个包含了 Y、S 和 Z 的数据样本。对于每个观测值 i，我们假设数据是根据下列式子生成的：

$$Y_i = \alpha + \delta S_i + \varepsilon_i$$
$$S_i = \gamma + \beta Z_i + \epsilon_i$$

式中，$C(Z, \varepsilon) = 0$，$\beta \neq 0$。第一个假设是排除性限制，第二个假设是一个非零的第一阶段。现在使用我们的 IV 表达式，并使用 $\sum_{i=1}^{n}(x_i - \overline{x}) = 0$ 的结果，我们可以写出 IV 估计量如下：

$$\widehat{\delta} = \frac{C(Y, Z)}{C(S, Z)}$$

$$= \frac{\dfrac{1}{n}\sum_{i=1}^{n}(Z_i - \overline{Z})(Y_i - \overline{Y})}{\dfrac{1}{n}\sum_{i=1}^{n}(Z_i - \overline{Z})(S_i - \overline{S})}$$

$$= \frac{\dfrac{1}{n}\sum_{i=1}^{n}(Z_i - \overline{Z})Y_i}{\dfrac{1}{n}\sum_{i=1}^{n}(Z_i - \overline{Z})S_i}$$

当我们用真实的模型代入 Y 时，我们得到：

$$\widehat{\delta} = \frac{\dfrac{1}{n}\sum_{i=1}^{n}(Z_i - \overline{Z})\{\alpha + \delta S + \varepsilon\}}{\dfrac{1}{n}\sum_{i=1}^{n}(Z_i - \overline{Z})S_i}$$

$$= \delta + \frac{\dfrac{1}{n}\sum_{i=1}^{n}(Z_i - \overline{Z})\varepsilon_i}{\dfrac{1}{n}\sum_{i=1}^{n}(Z_i - \overline{Z})S_i}$$

$$= \delta + \text{“当 } n \text{ 值较大时该项较小”}$$

让我们回到描述 $\hat{\delta}$ 为两个协方差之比的前面一种方法中。通过一些简单的代数操作，我们可以得到如下结果：

$$\hat{\delta} = \frac{C(Y, Z)}{C(S, Z)}$$

$$= \frac{\dfrac{C(Z, Y)}{V(Z)}}{\dfrac{C(Z, S)}{V(Z)}}$$

328   其中，分母等于 $\hat{\beta}$。[①] 我们可以将 $\hat{\beta}$ 改写为：

$$\hat{\beta} = \frac{C(Z, S)}{V(Z)}$$

$$\hat{\beta} V(Z) = C(Z, S)$$

然后重写 IV 估计量并进行替换：

$$\hat{\delta}_{IV} = \frac{C(Z, Y)}{C(Z, S)}$$

$$= \frac{\hat{\beta} C(Z, Y)}{\hat{\beta} C(Z, S)}$$

$$= \frac{\hat{\beta} C(Z, Y)}{\hat{\beta}^2 V(Z)}$$

$$= \frac{C(\hat{\beta} Z, Y)}{V(\hat{\beta} Z)}$$

现在请注意括号里的 $\hat{\beta} Z$，这是第一阶段回归中受教育程度的拟合值。换句话说，我们不再使用 S——而是使用它的拟合值。回想一下，$S = \gamma + \beta Z + \epsilon$；$\hat{\delta} = \dfrac{C(\hat{\beta} Z Y)}{V(\hat{\beta} Z)}$，$\hat{S} = \hat{\gamma} + \hat{\beta} Z$，那么两阶段最小二乘估计量（2SLS）是：

$$\hat{\delta}_{IV} = \frac{C(\hat{\beta} Z, Y)}{V(\hat{\beta} Z)}$$

$$= \frac{C(\hat{S}, Y)}{V(\hat{S})}$$

---

① 即 $S_i = \gamma + \beta Z_i + \epsilon_i$。

现在我们将在这里证明 $\hat{\beta}C(Y, Z)=C(\hat{S}, Y)$，至于 $V(\hat{\beta}Z)=V(\hat{S})$ 的证明，则留给读者们自己完成。

$$
\begin{aligned}
C(\hat{S}, Y) &= E[\hat{S}Y] - E[\hat{S}]E[Y] \\
&= E(Y[\hat{\gamma}+\hat{\beta}Z]) - E(Y)E(\hat{\gamma}+\hat{\beta}Z) \\
&= \hat{\gamma}E(Y) + \hat{\beta}E(YZ) - \hat{\gamma}E(Y) - \hat{\beta}E(Y)E(Z) \\
&= \hat{\beta}[E(YZ) - E(Y)E(Z)] \\
&= \hat{\beta}C(Y, Z)
\end{aligned}
$$

现在让我们回到之前说过的东西——学习 2SLS 可以帮助你更好地理解工具变量背后的直觉。这到底意味着什么？首先，2SLS 估计量仅使用内生回归变量的拟合值进行估计。这些拟合值基于模型中使用的所有变量，**包括排他性工具变量**。由于所有这些工具变量在结构模型中都是外生的，这意味着对应的拟合值本身也成为外生的了。换句话说，我们只使用受教育程度中**外生的**变化。这很有趣，因为现在我们回到了这样一个世界，在这里，我们在识别由工具变量引起的受教育程度外生变化的因果效应。

但是，现在我们不得不接受一些不那么激动人心的消息。这种由工具变量驱动的 S 中的外生变化只是受教育程度中所有变化的一个子集。或者换句话说，IV 减少了数据的变化程度，所以可供识别的信息变得更少，我们剩下的那一点点变化只来自那些最初对工具变量做出反应的个体。当我们放宽同质性处理效应假设并考虑到异质性时，这一点将变得至关重要。

父母滥食冰毒和儿童寄养

偶尔停下来尽可能多地思考现实世界的应用，这是很有帮助的，否则，相关的估计量可能会让人感到非常晦涩，也很难直观看出其是否有帮助。因此，为了说明这一点，我将回顾我自己与 Keith Finlay 合作的一篇论文，这篇论文试图估计父母滥食冰毒对儿童虐待和寄养的影响 [Cunningham and Finlay, 2012]。

有人声称，药物滥用，特别是对非法药物的滥用，对养育子女有负面影响，这可能会导致父母忽视子女，但由于这些都是在均衡中发生的，有可能这种相关性只是选择偏差的反映。在父母吸毒虐待儿童的家庭中，如果父母不吸毒可能也会有同样的负面结果。毕竟，当人们在决定吸食冰毒时并不是靠扔硬币决定的。让我简单地向你们介绍一下这项研究的背景，以便你们更好地理解数据的生成过程。

330 　　首先，冰毒是一种对身心有毒的毒药，并且特别容易让人上瘾。滥食冰毒的一些症状是精力和警觉性下降、食欲下降、极度兴奋、判断力受损和精神混乱。其次，冰毒在美国的流行始于西海岸，然后在 20 世纪 90 年代逐渐向东传播。

　　我们感兴趣的是冰毒滥用的增长对儿童的影响。观察员和执法人员在没有具体因果证据的情况下评论说，这一流行病正在造成寄养人数的增加。但是我们怎样才能把相关性和因果效应分开呢？该答案包含在冰毒本身的生产过程中。

　　冰毒是由麻黄碱或伪麻黄碱的还原物合成的，这也是许多感冒药，如苏达菲（Sudafed）等的活性成分。如果没有这两种前体中的一种，就很难生产出人们滥用的那种冰毒。这些前体的供应链可能会因为制药实验室的集中而被打乱。2004 年，9 家工厂生产的麻黄碱和伪麻黄碱占全球供应量的大部分。美国缉毒局（US Drug Enforcement Agency，DEA）正确地指出，如果它能控制麻黄碱和伪麻黄碱的获取，那么它就能有效地中断冰毒的生产，进而减少冰毒滥用及其相关的社会危害。

　　因此，在美国缉毒局的支持下，国会于 1993 年通过了《美国国内化学品转运法案》，该法案通过监管以麻黄碱为主要药用成分的产品的销售，从而提供了安全保障。但新立法的规定只适用于麻黄碱，而不包含伪麻黄碱。由于这两种前体几乎相同，贩毒者很快就用伪麻黄碱取代了麻黄碱。到 1996 年，在几乎一半被缉获的冰毒制造窝点中，被发现的主要前体都变成了伪麻黄碱。

　　因此，DEA 找到国会，寻求更多的对伪麻黄碱产品的控制。1996 年的《全面冰毒控制法》于 1997 年 10—12 月生效。该法要求所有形式的伪331 麻黄碱经销商均必须进行化学品登记。Dobkin 和 Nicosia［2009］认为，这些针对前体的冲击很可能是毒品执法史上最大的供应冲击。

　　我们根据《信息自由法》向 DEA 提出了请求，向它索取在过去几十年里卧底购买和查获的所有非法毒品的数据。这些数据包括卧底购买的价格、药物种类、重量和纯度，以及购买地点。我们用这些数据构建了冰毒、海洛因和可卡因的价格序列。这两种干预的影响是显著的。第一次供应干预导致零售（街头）价格（针对纯度、重量和通货膨胀进行了调整）增加了四倍以上。第二次干预虽然在提高相对价格方面仍然相当有效，但影响没有第一次那么大（参见图 7-1）。

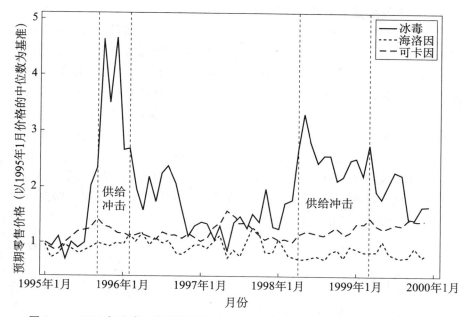

图 7-1　1995 年冰毒、海洛因和可卡因每月预期零售价格中位数与各自价值的
比率，STRIDE 1995—1999 年

资料来源：转载自 Cunningham, S. and Finlay, K. (2012). "Parental Substance Abuse and Foster Care：Evidence from Two Methamphetamine Supply Shocks?" *Economic Inquiry*，51（1）：764-782。版权于 2012 年归约翰・威利父子公司所有。获约翰・威利父子公司许可。

除了冰毒外，我们还展示了另外两种毒品的价格（可卡因和海洛因），因为我们想让读者理解 1995 年和 1997 年的冲击对冰毒市场的影响是独一无二的。换句话说，它们似乎并不是影响所有毒品市场的共同冲击。因此，我们更有信心我们的分析能够分离出冰毒的影响，而不是更普遍的药物滥用。这两项干预措施对可卡因和海洛因价格没有任何影响，尽管其导致冰毒严重短缺，并提高了其零售价格。如果扰乱冰毒市场导致可卡因或海洛因的需求发生变化，进而导致其价格发生变化，我不会为此感到惊讶，但乍一看时间序列，却并没有发现这一点。这就令人感到奇怪了。

我们感兴趣的是滥食冰毒对虐待儿童的因果效应，所以我们的第一阶段必然是冰毒滥食的代理变量——在接受治疗时将冰毒列为最后一次滥用药物之一的人数。就像我之前所说的，一图胜千言，我将向你们展示第一阶段和简化形式的图片。为什么我要这样做而不是直接去看系数表呢？因为坦率地说，如果你能在原始数据中看到第一阶段的证据和简化形式，你就更有可能发现这些估计是可信的。[①]

在图7-2中，我们展示了第一阶段。所有这些数据都来自治疗经历数据集（Treatment Episode Data Set，TEDS），其中包括所有在公立机构接受药物滥用治疗的人。患者列出最近"治疗经历"中最后使用的三种物质。我们会标记任何列出使用过冰毒、可卡因和海洛因的人并按月和州汇总。但首先，让我们看一下图7-2中的全国汇总数据。你可以看到这两种干预对冰毒流动的影响的证据，特别是麻黄碱的干预。像总的吸食冰毒的人数一样，自认吸食冰毒的人数显著下降，但对可卡因或海洛因没有影响。伪麻黄碱的作用没有那么显著，但它似乎造成了趋势的中断，因为这段时间内，冰毒的流入增长放缓。总之，我们似乎就有了第一阶段，因为在干预期间，冰毒的吸食率下降了。

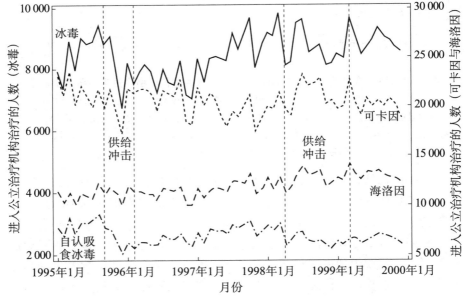

图7-2　相当于第一阶段的视觉表示

资料来源：转载自 Cunningham, S. and Finlay, K.（2012）. "Parental Substance Abuse and Foster Care: Evidence from Two Methamphetamine Supply Shocks?" *Economic Inquiry*，51（1）：764-782. 版权于2012年归约翰·威利父子公司所有。获约翰·威利父子公司许可。

_____

[①] 我不会像在 RDD 中那样，告诉大家在进行工具变量分析时一定要展示出简化形式和第一阶段的图片，但这一方法与之非常接近。最终，我们还是眼见为实。

在图 7-3 中，我们展示了简化形式，即价格冲击对家庭寄养的影响。
与我们在第一阶段的图中发现的一致，对麻黄碱的干预对家庭寄养有强烈
的负向影响。寄养的孩子从每月约 8 000 个减少到大约 6 000 个，然后又开
始上升。第二次干预也产生了影响，尽管看起来比较温和。我们之所以认
为第二次干预比第一次的影响更温和是因为：（1）对价格的影响大约是第
一次干预效果的一半；（2）20 世纪 90 年代末，美国国内冰毒生产被墨西
哥进口冰毒所取代，而前体控制条例在墨西哥并不适用。因此，到 20 世纪
90 年代末，美国国内冰毒生产在总产量中所起的作用较小，因此对价格和
吸毒人数的影响可能也较小。

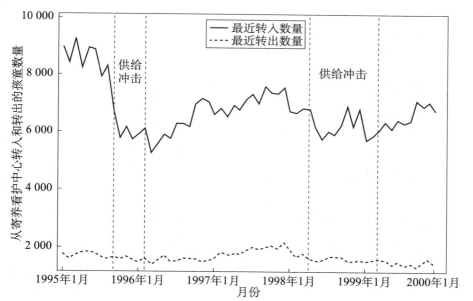

图 7-3 显示出干预措施对离开家庭并被安置到寄养家庭的儿童的数量存在抑制效应
资料来源：转载自 Cunningham, S. and Finlay, K.（2012）. "Parental Substance Abuse and
Foster Care: Evidence from Two Methamphetamine Supply Shocks?" *Economic Inquiry*, 51（1）：
764-782. 版权于 2012 年归约翰·威利父子公司所有。获约翰·威利父子公司许可。

关于简化形式值得我们花点时间思考。为什么每克纯冰毒的零售价格
上涨会导致一个孩子不会被寄养？价格不会导致虐待儿童——它们只是这
个世界上对信息名义上的表达。提高冰毒价格能减少寄养人数的唯一途径
是父母减少冰毒的消费，这反过来也会减少对孩子的伤害。这幅图是一个
关键的证据，让读者知道情况就是这样。

334

在表7-1中，我复现了我与Keith的文章中的主要结果。有一些关键信息是所有IV表都应该具备的。首先是OLS回归。由于OLS回归受到内生性的影响，我们希望读者能看到它，这样他们就有东西来比较IV模型。让我们关注第1列，其中的因变量是完全被寄养。有意思的是，当我们使用OLS估计时，我们没有发现冰毒对寄养的影响。

表7-1 进入寄养家庭的最新记录

协变量	最近寄养人数总和的对数		最近子女被认定为受到忽略次数的对数		最近身体遭受虐待次数的对数	
	OLS	2SLS	OLS	2SLS	OLS	2SLS
自我报告的冰毒治疗率的对数	0.001	1.54***	0.03	1.03**	0.04	1.49**
	(0.02)	(0.59)	(0.02)	(0.41)	(0.03)	(0.62)
月份固定效应	是	是	是	是	是	是
州控制变量	是	是	是	是	是	是
州固定效应	是	是	是	是	是	是
州线性时间趋势	是	是	是	是	是	是
第一阶段工具变量——价格移动正常值		−0.000 5***		−0.000 5***		−0.000 5***
		(0.000 1)		(0.000 1)		(0.000 1)
IV第一阶段中的F统计量		17.60		17.60		17.60
N	1 343	1 343		1 343		1 343

注：最近寄养人数总和的对数是指按州、种族和月份列出的所有新寄养登记总数的自然对数。模型3~10表示通过列标题所表示的指定途径进入寄养家庭的儿童人数。模型11和12使用了按州、种族和月份列出的放弃寄养总数的自然对数。* 表示在10%的水平上显著，** 表示在5%的水平上显著，*** 表示在1%的水平上显著。

在2SLS表中报告的第二条信息是第一阶段本身。我们在每个偶数列的底部报告第一阶段。如你所见，以其长期趋势为基准，价格每移动一单位，接受冰毒治疗的人数（我们的代理人）就会下降0.000 5个自然对数点。这在1%的水平上是非常显著的，现在我们使用F统计量来检查工具变量的强度［Staiger and Stock，1997］。[①] 我们的F统计值是17.60，这表明我们的工具变量有足够的能力进行识别。

————————

① 我将在本章后面解释F统计量的重要性，但通常对第一阶段工具变量的排他性进行F检验是为了检验工具变量的强度。

最后，我们来检验 2SLS 对处理效应本身的估计。注意，仅使用对数化的吸食冰毒变量的外生变化，并假设排除性限制在我们的模型中成立，我们就能够分离出对数化的吸食冰毒变量对对数化寄养人数总和变量的因果效应。由于这是一个双对数回归，我们可以将系数解释为弹性。我们发现，接受冰毒治疗的儿童人数增加 10%，似乎导致儿童从家中被转移到寄养家庭的人数增加了 15%。这种效应既大又精确，否则它是无法被检测到的（这个系数为零）。

为什么要把他们送入寄养家庭？我们的数据（AFCARS）列出了几个途径：父母遭受监禁、对儿童照料的忽视、父母吸毒和身体虐待。有趣的是，我们没有发现父母吸毒或遭受监禁方面的任何影响，这可能是违反直觉的。它们的符号是负的，而且其标准误很大。相反，我们发现了吸食冰毒对身体虐待和对儿童照料的忽视的影响。两者都是富有弹性的（即 $\delta > 1$）。

我们学到了什么？首先，我们学习了当代应用微观经济学如何使用工具变量来识别因果效应。我们看到了收集的各种图形证据，关于使用自然实验和相关政策来帮助作者论证排除性限制（因为它不能被检验）的方法，以及来自 2SLS 的证据类型，包括对弱工具变量的第一阶段检验。在这一点上，我们剖析了一篇论文，希望对大家有所帮助。我们学到的第二件事与实际研究本身有关。我们了解到，对于每克纯冰毒实际价格上涨而导致行为改变的冰毒食用者群组（即依从组），他们吸食冰毒造成了对儿童的严重虐待和忽视，因此应该把他们的孩子转移到寄养家庭。如果你只熟悉 Dobkin 和 Nicosia［2009］，这篇文章使用加州的县级数据，以及 1997 年的麻黄碱冲击，作者们发现冰毒对犯罪没有影响，那么你可能会错误地得出结论，认为冰毒滥用没有带来社会成本。但是，虽然冰毒在加州看起来不会导致犯罪，但它似乎会伤害吸食冰毒者的孩子，并给寄养系统带来压力。

弱工具变量问题

我不想用许多论文使读者感到意兴索然。但在我们回到技术性的内容之前，我还是想再讨论一篇论文。这篇论文也将帮助你更好地理解在其发表后出现的弱工具变量文献。

正如我们从一开始就用一个接一个的例子所表明的那样，在劳动经济学中建立模型有着悠久的传统，这些模型可以可靠地识别学校教育的回报。关于受教育回报的研究要追溯到 Becker［1994］以及他与雅各布·明瑟（Jacob Mincer）在哥伦比亚大学举办的持续了多年的研讨会。自 20 世纪后期以来，随着在市场当中技能的报酬递增，教育在收入和财富分配中越来越重要，对教育回报的研究一直是一项重要的研究主题［Juhn et al.，1993］。

Angrist 和 Krueger［1991］是关于现代工具变量最具开创性的论文之一。作者们的想法简单而睿智：美国教育制度中有一个古怪的地方，孩子需要根据他或她的出生日期入学。很长一段时间，这个界限一直是在 12 月底。如果孩子在 12 月 31 日或之前出生，他们就被分配到一年级。但如果他们的生日在 1 月 1 日或之后，他们就会被分配到幼儿园。因此这两类人——出生在 12 月 31 日的孩子和出生在 1 月 1 日的孩子——被外生的因素分配到了不同的年级。

338　　到这里还没什么东西特别重要，因为如果这些孩子一直在学校待够获得高中学位所需的时间，那么入学日期的任意设定并不会影响其高中毕业，只会影响他们拿到高中学位的时间。但正是这里才使我们得到了有意思的启发。在 20 世纪的大部分时间里，美国的义务教育法要求一个学生必须在高中待到 16 岁。16 岁以后，一个人可以合法地辍学。图 7-4 直观地解释了这个工具变量。[①]

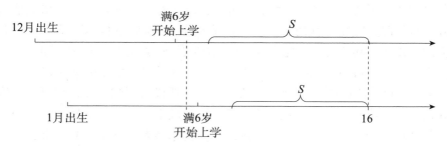

图 7-4　义务教育的开始日期以出生日期为准

安格里斯特和克鲁格的看法是，这个奇怪的规定可以外生地给出生在今年晚些时候的人分配更多的教育。换句话说，12 月出生的人比 1 月份出生的人在 16 岁时受的教育更多。因此，作者发现在学校教育中存在微小的外生变化。注意他们的想法和断点回归是多么相似。这是因为 IV 和 RDD

_____

① 安格里斯特和克鲁格总是为他们的研究制作出如此有用和有效的图形，这篇论文就是一个很好的例子。

本身在概念上就非常相似。

图7-5显示了第一阶段，它非常有趣。我们可以看到，位于折线上部的是第三和第四季度。这幅图中有一个清晰的模式——那些在第三和第四季度出生的人比那些在第一和第二季度出生的人平均受的教育更多。这种关系随着分组内个体出生时间的延后而减弱，这可能是因为对出生时间较晚的人来说，更高层次教育的价值上涨得如此之快，以至于在获得高中学位之前就辍学的人变得越来越少。

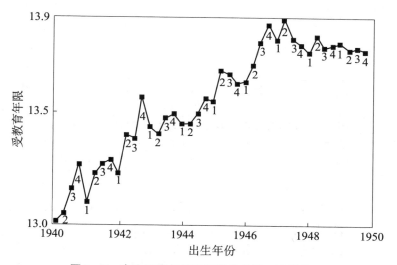

图7-5　出生季度与受教育程度的第一阶段关系

资料来源：转载自 Cunningham, S. and Finlay, K.（2012）. "Parental Substance Abuse and Foster Care: Evidence from Two Methamphetamine Supply Shocks?" *Economic Inquiry*, 51（1）: 764-782. 版权于2012年归约翰·威利父子公司所有。获约翰·威利父子公司许可。

图7-6显示了出生季度和每周收入的对数之间的简化关系。① 你可能不得不稍微眯着眼睛，但你仍然可以看到图中的模式——沿着锯齿状路径的顶部是第三和第四季度，而沿着锯齿状路径的底部是第一和第二季度。虽然情况并不总是这样，但相关关系是存在的。

还记得我说过的工具变量对他们来说是多么的怪诞吗？也就是说，如果工具变量本身似乎与解释所感兴趣的结果无关，那么你就可以认为你找

---

① 我知道，从来没有人嫌我太精细。但这是很重要的一点——一图胜千言。如果你可以用图片传递出你的第一阶段和简化形式，你应该经常这样做，因为它会真正吸引读者的注意力，至少比一个简单的系数表更有吸引力。

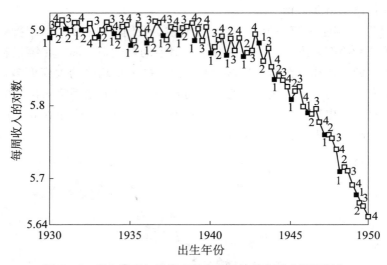

图 7－6 出生季度与受教育程度关系的简化形式的可视化

资料来源：转载自 Angrist，J. D. and Krueger，A. B. （1991）. "Does Compulsory School Attendance Affect Schooling and Earnings?" *Quarterly Journal of Economics*，106（4）：979－1014。获牛津大学出版社许可。

到了一个好的工具变量，因为这就是**排除性限制所蕴含的含义**。为什么出生季度会影响收入？没有任何明显的逻辑意义告诉我们，为什么它应该这样。但是，如果我告诉你，**因为义务教育**，出生晚的人比出生早的人受的教育更多，那么工具变量和结果之间的关系就会立刻显现出来。我们能想到的关于工具变量为什么会影响收入的唯一原因是，工具变量是通过受教育程度来运作的。换句话说，当你理解它们对内生变量的影响时，你就会发现，工具变量只是在解释结果。[1]

安格里斯特和克鲁格使用了三个虚拟变量作为他们的工具变量：第一季度、第二季度和第三季度的虚拟变量。因此，被忽略的类别是第四季度，这正是受教育最多的群组。现在问问你自己：如果我们把受教育的年数对这三个虚拟变量进行回归，系数的符号和大小应该是什么呢？也就是说，我们对第一季度（与第四季度相比）和学校教育之间的关系有什么预期呢？让我们看看他们的第一阶段结果（见表 7－2）。

---

① 话虽如此，Buckles 和 Hungerman［2013］发现，事实上，个体属性中存在着系统性的差异，这些差异可能可以通过出生季度预测出个人能力！

表 7 - 2　出生季度和受教育程度

结果变量	出生年份分组	出生季度的效应		
		I	II	III
全体受教育组	1930—1939 年	−0.124 (0.017)	−0.86 (0.017)	−0.015 (0.016)
	1940—1949 年	−0.085 (0.012)	−0.035 (0.012)	−0.017 (0.011)
高中毕业组	1930—1939 年	−0.019 (0.002)	−0.020 (0.002)	−0.004 (0.002)
	1940—1949 年	−0.015 (0.001)	−0.012 (0.001)	−0.002 (0.001)
大学毕业组	1930—1939 年	−0.005 (0.002)	0.003 (0.002)	0.002 (0.002)
	1940—1949 年	−0.003 (0.002)	0.004 (0.002)	0.000 (0.002)

注：括号中为标准误。

表 7 - 2 显示了如下形式回归的第一阶段：

$$S_i = X\pi_{10} + Z_1\pi_{11} + Z_2\pi_{12} + Z_3\pi_{13} + \eta_1$$

式中，Z_i 为前三个季度的虚拟变量，π_i 为每个虚拟变量的系数。现在我们看看表 7 - 2 中所示的结果。对于受教育总年数和是否高中毕业因变量，系数均为负且显著。还要注意的是，一旦我们超越了义务教育所限制的群组，即高中生受教育的年数（没有影响）和成为大学毕业生的概率（没有影响），这种关系就会变得更弱。

关于那些大学肄业生，我们不妨问一下自己：为什么我们认为出生季度会影响高中毕业的概率，而不是大学毕业的概率？如果我们发现出生季度这一变量可以预测高中毕业、大学毕业、研究生毕业和在高中以上的全部受教育年限，结果会怎样呢？这种义务教育工具变量还是我们想象的那样吗？毕竟，出生季度作为工具变量只应该影响**高中毕业**这个因变量：因为它对学历为高中以上的人没有约束力，所以它不应该影响高中或大学毕业后的年数。如果它对这些因素产生了影响，那么我们可能会对整个设计产生怀疑。但在这里，它没有。除此之外，更有说服力的是，这些变量识别出了高中义务教育的影响。①

现在我们来看看 OLS 和 2SLS 的第二阶段（作者将其称为 TSLS，但意思相同）。表 7-3 展示了这些结果。作者没有在这个表中报告第一阶段，因为他们在我们刚刚分析的早期表中报告了它。对于小数值，对数可以近似于百分比变化，所以他们发现每多受一年教育的回报是 7.1%，但是 2SLS 的回报更高（8.9%）。这很有趣，因为如果仅仅是因为能力不同带来了偏差，那么我们会期望 OLS 估计过大，而不是过小。所以除了能力偏差之外，肯定还有其他原因。

表 7-3　基于 OLS 和 2SLS 的受教育程度对工资的效应

自变量	OLS	2SLS
受教育年数	0.071 1 （0.000 3）	0.089 1 （0.016 1）
9 个出生年份的虚拟变量	是	是
8 个居住地区虚拟变量	否	否

注：括号中为标准误。第一阶段是虚拟变量出生季度。

不管怎么说，它是有价值的。我个人相信，在这一点上，出生季度是一个有效的工具变量，它们已经识别出了受教育程度对收入的因果效应，但 Angrist 和 Krueger [1991] 还想要更进一步，可能是因为他们希望能够估计得更精确。为了获得更高的精度，他们在第一阶段加了更多的工具变量。具体来说，他们使用 30 个虚拟变量（出生季度×年）和 150 个虚拟变量（出生季度×州）作为工具变量。其中的思想认为，出生季度的效应可能因州和年份而不同。

但这样做的代价是什么？这些工具变量中有许多与受教育程度的相关性很弱——在某些地区，它们几乎没有相关性，对于某些时间群组也是如此。事实上，我们从表 7-3 中可以看出这一点。在表 7-3 中，出生时间较晚的群组显示出的受教育程度的差异小于出生时间较早的群组。那么，通过在第一阶段添加一堆噪声来降低估计量的方差，其作用又怎么样呢？

在有关"弱工具变量"的文献中，Bound 等 [1995] 是一篇经典之

---

① 这类作伪在当代应用工作中极为常见。这是因为任何一个研究设计中都有许多识别假设是无法验证的。因此，研究人员的举证责任在于说服读者，通常是通过直观且透明的作伪检验来确证这一点。

作。在这篇文章中，我们学习了一些由弱工具变量造成的非常基本的问题，例如有限样本中 2SLS 偏差的形式。由于 Bound 等［1995］关注的是 Angrist 和 Krueger［1991］所做的有关义务教育的应用，本书将一直使用这个例子。让我们用一个单一的内生回归变量和一个简单的常数处理效应来思考他们的模型。和以前一样，这里我们感兴趣的因果模型是：

$$y = \beta s + \varepsilon$$

式中，y 为某一结果；s 为某个内生的回归变量，如受教育年限。我们的工具变量为 Z，第一阶段方程为：

$$s = Z'\pi + \eta$$

我们首先假设 ε 和 η 是相关的。如此一来，用 OLS 估计第一个方程就会得到有偏的结果，其中 OLS 偏差为：

$$E[\hat{\beta}_{OLS} - \beta] = \frac{C(\varepsilon, s)}{V(s)}$$

我们将这个比率重命名为 $\frac{\sigma_{\varepsilon\eta}}{\sigma_s^2}$。Bound 等［1995］表明，随着工具变量越来越弱，2SLS 的偏差将会集中于我们刚刚定义的 OLS 偏差处。根据 Angrist 和 Pischke［2009］，本书将用第一阶段 F 统计量的函数来描述这种偏差： *344*

$$E[\hat{\beta}_{2SLS} - \beta] \approx \frac{\sigma_{\varepsilon\eta}}{\sigma_\eta^2} \frac{1}{F+1}$$

其中 F 是对描述第一阶段回归中工具变量联合显著性的 F 统计量的总体对应。当第一阶段较弱且 $F\to 0$ 时，2SLS 的偏差趋于 $\frac{\sigma_{\varepsilon\eta}}{\sigma_\eta^2}$；当第一阶较强且 $F\to\infty$ 时，2SLS 的偏差趋于零。

回到我们之前的问题：添加没有预测能力的工具变量的代价是什么？增加更多的弱工具变量会导致第一阶段 F 统计量趋近于零，并增大 2SLS 的偏差。

Bound 等［1995］对此进行了实证研究，他们复刻了 Angrist 和 Krueger［1991］这一研究，并进行了模拟。表 7-4 展示了添加控制变量后的情况。注意，当他们这么做的时候，关于这些工具变量的排他性（excludability）的 F 统计量从 13.5 降至 4.8，再降至 1.6。所以根据 F 统计量的大小，当他们在回归中加入 30 个出生季度×出生年份的虚拟变量后，他们得到的工具变量已经很弱了，如我们所见，我认为这是因为出生季度×出生年份的虚拟变量与受教育程度的关系在出生年份靠后的群组中变得越来越小。

表 7-4　完成学业对男性周薪对数的效应

自变量	OLS	2SLS	OLS	2SLS	OLS	2SLS
受教育年限	0.063 (0.000)	0.142 (0.033)	0.063 (0.000)	0.081 (0.016)	0.063 (0.000)	0.060 (0.029)
第一阶段 F 值		13.5		4.8		1.6
排除的工具变量						
出生季度		是		是		是
出生季度×出生年份		否		是		是
排除的工具变量的数量		3		30		28

注：括号中为标准误。第一阶段是出生季度虚拟变量。

接下来，他们加入了全部 180 个弱工具变量，如表 7-5 所示。这里我们可以看到问题依然存在。工具变量很弱，因此 2SLS 系数的偏差接近OLS 偏差。

表 7-5　控制出生所在地后完成学业对男性周薪对数的效应

自变量	OLS	2SLS	OLS	2SLS
受教育年限	0.063 (0.000)	0.083 (0.009)	0.063 (0.000)	0.081 (0.011)
第一阶段 F 值		2.4		1.9
排除的工具变量				
出生季度		是		是
出生季度×出生年份		是		是
出生季度×出生所在地（州）		是		是
排除的工具变量的数量		180		178

注：括号中为标准误。

但 Bound 等 [1995] 中最糟糕的部分是他们的模拟。作者们写道：

　　为了表明第二阶段的结果没有在数值上给我们任何重要的有关有限样本偏差存在的迹象，根据克鲁格的建议，我们使用随机生成的信息替代实际的出生季度信息，重新估计了表 1 的 （4）和 （6）列以及表 2 的 （2）和 （4）列。最后一行报告的估计标准误的平均值与每个模型的 500 个估计值的实际标准差非常接近。令人吃惊的是,表 3 中报告的第二阶段结果看起来相当合理,即使模拟的工具变量中没有任何关于受教育程度的信息。它们无法识别出这些工具变量是随机产生的。另外,在第一阶段回归中排除的工具变量的 F 统计量总是接近它们的期望值,其本质上是 1,并且确实清楚地表明了第二阶段估计的系数受到有限样本偏差的影响。[Bound et al., 1995, 448]

那么,如果你的工具变量很弱,你又该怎么办呢?不幸的是,我们能做的不是很多。首先,你可以使用你所拥有的最强 IV 估计一个恰好识别 (just-identified) 模型。其次,你可以使用一个有限信息最大似然估计量 (limited-information maximum likelihood estimator,LIML)。这大约是中位数无偏的过度识别常数效应模型。在同质性处理效应下,它提供了与 2SLS 相同的渐近分布,但是这一方法的有限样本偏差会变小。

但是,让我们冷静一下。如果你遇到了一个弱工具变量问题,那么你可以使用 LIML 或估计一个恰好识别模型,而且你也只能走到这一步。对于弱工具变量问题的真正解决办法,是找到更好的工具变量。在同质性处理效应下,你总是识别出同样的效应,因此无须担心只使用依从组得到的参数。因此,你应该在满足排除性限制的同时,继续寻找比现有工具变量更强的工具变量。[1]

总之,我认为我们已经学到了很多关于工具变量的知识,并且了解到它们为什么会有这么大的威力。基于这种设计的估计量,能够在你的数据受到不可观测变量的影响时识别出因果效应。由于来自不可观测变量的影响非常普遍,因此,使用工具变量解决这个问题,是一个非常有用的方法。但是,尽管如此,我们也认识到这种设计存在一些不足,而且还了解到为什么有些人会对它敬而远之。现在我们来看异质性处理效应,这样我们就能更好地理解工具变量所存在的一些局限性。

异质性处理效应

现在我们来研究另一种情况,此时我们放松了对每个个体而言处理效应必须相同的假设。而这正是潜在结果符号派上用场的地方。现在,我们将允许每个个体对同一处理都有各自的反应,或者可以写为:

---

[1] 祝你好运。说真的,祝你好运。我无意冒犯,但如果你有更好的工具变量,你早就用它了!

346

$$Y_i^1 - Y_i^0 = \delta_i$$

注意，现在的处理效应参数因个体 i 而不同。我们称之为异质性处理效应。

我们现在的主要问题是：（1）当我们允许存在异质性处理效应时，IV 是如何进行估计的？（2）在什么假设下，IV 可以识别出异质性处理效应的因果效应？这两个问题之所以很重要，其原因是，一旦我们引入了异质性处理效应，我们就引入了研究内部有效性和外部有效性之间的区别。内部有效性是指我们的策略可以识别出**我们所研究总体的**因果效应。但外部有效性意味着研究结果适用于不同的总体（不仅限于本研究）。在同质性处理效应下，内部有效性和外部有效性之间不存在矛盾，因为每个个体都有相同的处理效应。但在异质性处理效应下，这两种有效性之间存在着巨大的矛盾：这种矛盾是如此之大，事实上，它甚至可能会破坏估计出的因果效应所具有的重要意义，尽管在同质性处理效应下，它会是一个有效的 IV 设计！①

异质性处理效应建立在潜在结果表示法之上，只是对其做了一点修改。因为现在我们有两个参数：D 和 Z，我们必须稍微修改一下符号。我们说 Y 是 D 和 Z 的函数，即 $Y_i(D_i=0, Z_i=1)$，可以用 $Y_i(0, 1)$ 表示。

正如我们一直使用术语"变量 Y"来指代潜在**结果**，现在我们有了一个新的潜在变量——潜在**处理**状态（与观测处理状态相反）。以下是其特点：

$$D_i^1 = 当 Z_i = 1 时，i 的处理状态$$
$$D_i^0 = 当 Z_i = 0 时，i 的处理状态$$

观测到的处理状态基于处理状态转换方程：

$$D_i = D_i^0 + (D_i^1 - D_i^0)Z_i = \pi_0 + \pi_1 Z_i + \phi_i$$

式中，$\pi_{0i} = E[D_i^0]$，$\pi_{1i} = (D_i^1 - D_i^0)$ 为 IV 对 D_i 的异质性因果效应，$E[\pi_{1i}]$ 为 Z_i 对 D_i 的平均因果效应。

一旦我们引入异质性处理效应，就有相当多的假设需要进行识别——

---

① 我的直觉是，经济学家的先验知识认定，异质性处理效应是常态，常数处理效应是例外，但其他许多人可能具有相反的先验知识。哪种先验知识成立，对我来说实在没有什么明显的理由，但经济学家的训练使我倾向于从异质性开始。

具体来说，有五个假设。现在我们逐一回顾一下。为了更深入地说明，我将反复使用服兵役对收入造成的影响这个例子，在这个例子中，工具变量是征兵抽签［Angrist，1990］。在那篇论文中，安格里斯特用征兵抽签号码作为工具来估计服兵役所带来的回报。抽签号码是由随机数生成器产生的，如果一个人的号码在一个特定的范围内，他就会被选中，否则就不会被选中。

第一，和前面一样，存在一个稳定个体处理值假设（SUTVA），即每个个体 i 的潜在结果与其他个人的处理状态无关。假设：如果 $Z_i = Z'_i$，则 $D_i(Z) = D_i(Z')$。如果 $Z_i = Z'_i$ 和 $D_i = D'_i$，则 $Y_i(D, Z) = Y_i(D', Z')$。如果一个有可能被选中的人的状态受到其他有可能被选中的人的状态的影响，这种溢出效应就违反了 SUTVA。[①] 由于不太了解其中的作用机制，我不能认定安格里斯特的研究方案是否违反了 SUTVA。但乍看起来，他的研究对我而言是可信的。

第二是独立性假设。独立性假设有时也被称为"随机分配假设"。它可以表述为，IV 是独立于潜在结果和潜在处理分配的。用符号表示是：

$$\{Y_i(D_i^1, 1), Y_i(D_i^0, 0), D_i^1, D_i^0\} \perp Z_i$$

独立性假设足以对简化形式作出因果解释：

$$E[Y_i \mid Z_i = 1] - E[Y_i \mid Z_i = 0] = E[Y_i(D_i^1, 1) \mid Z_i = 1]$$
$$- E[Y_i(D_i^0, 0) \mid Z_i = 0]$$
$$= E[Y_i(D_i^1, 1)] - E[Y_i(D_i^0, 0)]$$

很多人可能更喜欢只使用工具变量和它的简化形式，因为他们发现，独立性是令人满意和可以接受的。但问题是，从技术上讲，工具变量并不是你所希望研究的关键。从工具变量到结果可能有许多机制需要考虑（我们将在下文中看到）。归根结底，独立性无非就是假设工具变量本身是随机的。 *349*

独立性是指第一阶段测量 Z_i 对 D_i 的因果效应：

$$E[D_i \mid Z_i = 1] - E[D_i \mid Z_i = 0] = E[D_i^1 \mid Z_i = 1] - E[D_i^0 \mid Z_i = 0]$$
$$= E[D_i^1 - D_i^0]$$

---

① SUTVA 可能是最不被人关注的识别假设之一。它很少在应用研究中被提及，更不用说被认真对待了。

举个例子，我们来看越南战争期间服兵役是否基于随机产生的抽签号码。抽签号码的分配与收入或服兵役的可能性无关，因为它"就像随机的一样"。

第三个假设是排除性限制。排除性限制规定，Z 对 Y 的任何影响均必须通过 Z 对 D 的影响体现。换句话说，$Y_i(D_i, Z_i)$ 只是 D_i 的函数，其形式如下：

$$Y_i(D_i, 0) = Y_i(D_i, 1), \quad D = 0, 1$$

我们还以越南战争为例。在越南战争的征兵抽签中，无论一个个体是否具有被征兵的资格，作为退伍军人，其潜在收入都是相同的，作为非退伍军人，其潜在收入也是相同的。如果所抽中的号码比较小，这样的人就不用服兵役，这会影响到他们受教育的程度，那么排除性假设在这种情况下就会被违反。如果是这样的话，那么至少在两种情况下抽签号码与收入是相关的：一是通过工具变量对服兵役的影响；二是通过工具变量对受教育程度的影响。随机（独立地）对号码进行抽签并不意味着排除性限制就得到了满足。它们是不同的假设。

第四个假设是第一阶段。IV 设计要求 Z 与内生变量相关，从而使下式成立：

$$E[D_i^1 - D_i^0] \neq 0$$

Z 必须对平均处理概率有统计意义上显著的影响。例如，如果抽签的号码很小，它会增加服兵役的平均概率吗？如果是，那么它满足第一阶段的要求。注意，与独立性和排除性限制不同，第一阶段是可检验的，因为它完全基于 D 和 Z，而这两者的数据你都有。

第五是单调性假设。这个假设乍一看很奇怪，但实际上是相当直观的。单调性要求工具变量对所有个体的影响，不管大小，其方向都相同。换句话说，虽然工具变量可能对某些人没有影响，但所有被影响的人都受到同一方向的影响（正向或负向，但不可以两者都有）。我们可以用下式表达：

$$要么 \ \pi_{1i} \geqslant 0，对所有 \ i；要么 \ \pi_{1i} \leqslant 0，对所有 \ i = 1, \cdots, N$$

继续使用越南战争征兵的例子。对有些人来说，这意味着抽签被选中与否可能不影响其服兵役的概率，例如那些爱国者，他们热爱并希望为自己国家的军队服役。但当这一工具变量确实具有影响时，它使受影响的个体要么全部服役，要么全部不服役，不能两种情况都存在。我们必须做出这个假设的原因是，如果没有单调性，IV 估计量就无法保证能估计出受影响群组的潜在因果效应的加权平均值。

　　如果这所有五个假设都满足，那么我们就得到了一个有效的 IV 策略。话虽如此，虽然 IV 是有效的，但它却不像同质性处理效应条件下的情况。那么，IV 方法在异质性处理效应下是如何进行估计的呢？答案是：D 对 Y 的局部平均处理效应（LATE）：

$$\delta_{IV,LATE} = \frac{Z\ 对\ Y\ 的效应}{Z\ 对\ D\ 的效应}$$

$$= \frac{E\left[Y_i(D_i^1,\ 1) - Y_i(D_i^0,\ 0)\right]}{E\left[D_i^1 - D_i^0\right]}$$

$$= E\left[(Y_i^1 - Y_i^0)\ |\ D_i^1 - D_i^0 = 1\right]$$

　　LATE 参数是 D 对那些处理状态被工具变量 Z 改变的 Y 的平均因果效应。我们知道这一点是因为最后一行写出了这一差值：$D_i^1 - D_i^0 = 1$。只有对于那些这个差值等于 1 的人，我们才计算得出潜在结果的差异。这意味着我们只是平均了 $D_i^1 - D_i^0 = 1$ 的个体的处理效应，因此我们估计的参数是"局部的"。

351

　　我们如何解释安格里斯特在他研究的越南征兵项目中估计出的因果效应呢？IV 估计了服兵役对因征兵而入伍的子群体的收入的平均效应。这些人是特定群体，因为在其他情况下，他们不会服兵役。但这一方法并没有识别对爱国者的因果效应，因为爱国者的 $D_i^1 - D_i^0 = 0$，无论情况如何，他们总是会选择服兵役！对于爱国者来说，$D_i^1 = 1$ 和 $D_i^0 = 1$ 均成立，因为**他们是爱国者**！它也不会告诉我们服兵役对那些因为医疗原因而免于征兵的人的影响，因为这些人同时满足 $D_i^1 = 0$ 和 $D_i^1 = 0$。①

　　LATE 框架下还有很多讲法，现在让我们来回顾一下。LATE 框架将工具变量所应用的总体划分为四个可能相互排斥的组。这些组包括：

　　1. 依从组： 这是其处理状态在正确方向上受到工具变量影响的子群

---

　　① 我们使用一个这样的例子，其中引入一个非常简单的虚拟内生变量——虚拟 IV，并且不再增加控制变量，来回顾具有异质性处理效应的 IV 的本质。LATE 的直觉适用于多数这类情况，即我们拥有连续的内生变量和工具变量，以及其他控制变量的情况。

组。即 $D_i^1 = 1$ 和 $D_i^0 = 0$。

2. 对抗组： 这是其处理状态在错误方向受到工具变量影响的子群组。即 $D_i^1 = 0$ 和 $D_i^0 = 1$。[①]

3. 从未执行组： 这是那些无论工具变量的值是多少都不接受处理的个体的子群组，所以，$D_i^1 = D_i^0 = 0$。他们根本就不接受处理。[②]

4. 总是执行组： 这是一些个体的子群组，不管工具变量取值多少，它们总是接受处理，所以，$D_i^1 = D_i^0 = 1$。他们总是接受处理。[③]

如上所述，在满足所有五个假设的情况下，IV 估计的是依从组的平均处理效应，这也是我们称之为局部平均处理效应参数的原因所在。它是局部意义上仅对依从组来说的平均处理效应。将此与传统的仅满足同质性处理效应假设的 IV 教学法进行对比，我们可以看到，在同质性处理效应下，依从组与非依从组具有相同的处理效应，因此是否区分二者并不重要。如果没有进一步的假设，LATE 就不能提供有关对从未执行组或总是执行组的影响效应的信息，因为该工具变量并不影响他们的处理状况。

这有关系吗？当然有关系。这很重要，因为在大多数实践应用中，我们最感兴趣的是估计整个总体的平均处理效应，但使用 IV 时，这通常是做不到的。[④]

既然我们已经回顾了工具变量的基本思想和机制，包括一些与之相关的较为重要的检验，现在，就让我们亲手来处理一些数据。本书将使用一些数据集来帮助你更好地理解如何在实际数据中实现 2SLS。

应　用

本县的大学（college in the county）。我们将再次关注受教育年限的回报这一问题，因为这是一个历史上在劳动领域非常流行的因果问题。在这

---

① 这些人很有意思。如果他们被征召入伍，他们就会逃避。但如果他们没有被征召入伍，他们反而会自愿报名。在这种情况下，反抗似乎有点不合理，但并非所有情况都像本例这样。

② 这些人都是逃兵。例如，可能是某个人的医生给他做了骨刺诊断，这样他就可以逃避服兵役了。

③ 这些人是我们中的爱国者。

④ Angrist 等 [1996] 对异质性处理效应假设下 LATE 的识别进行了研究。

个应用中，我们将简单地估计一个 2SLS 模型，计算第一阶段 F 统计量，并将 2SLS 结果与 OLS 结果进行比较。我将尽量进行简述，因为我们的目标只是帮助读者熟悉这一程序而已。

这里使用的数据为美国长期追踪调查数据中的年轻男子组（National Longitudinal Survey Young Men Cohort，NLS-Y）。该数据始于 1966 年，调查对象为 5 525 名 14~24 岁的男性，并持续跟踪调查至 1981 年。这些数据来自以 1966 年为基线的调查，这个调查中有许多与当地劳动力市场有关的问题。其中一个问题是受访者是否在本县就读四年制（和两年制）大学。

Card［1995］感兴趣的是估计如下回归方程：

$$Y_i = \alpha + \delta S_i + \gamma X_i + \varepsilon_i$$

式中，Y 为收入的对数；S 为受教育年限；X 为一个外生协变量矩阵；ε 为一个误差项，其中包括未观测到的能力。假设 ε 包含能力，而能力又与受教育程度相关，那么，$C(S，\varepsilon)=0$，因此受教育程度是有偏的。所以 Card［1995］提出了一种工具变量策略，他将使用本县内大学虚拟变量来作为受教育程度的工具变量。

我们有必要问问自己，为什么在一个县开设四年制大学会提升受教育程度？我能想到的主要原因是，本县内设有四年制大学可以降低学生就读的成本，因为学生可以住在家里，这就增加了学生上大学的可能性。因此，这意味着我们选择了一组其行为受该变量影响的依存组。换句话说，有些孩子总会去上大学，不管这所大学是不是在他们所在的县；有些孩子即使附近有大学也永远不会去上。但可能在依从组中存在这样一群人，他们上大学仅仅是因为他们所在的县有一所大学，如果我这样讲是对的，人们读大学主要是因为他们可以住在家里，那么一定有一批这样的人，他们上大学仅仅是因为大学变得稍微便宜了一些。也就是说，他们的流动性受到一定的限制。如果我们认为这一群体的受教育回报不同于那些总是选择接受教育的人，那么我们的估计值可能就不代表 ATE，而只能代表 LATE。但在这种情况下，这可能是一个有意思的参数，因为它涉及降低贫困家庭入学成本的问题。

在这里，我们将基于 Card［1995］做一些简单的分析。

STATA
card.do

```
1  use https://github.com/scunning1975/mixtape/raw/master/card.dta, clear
2  reg lwage  educ  exper black south married smsa
3  ivregress 2sls lwage (educ=nearc4) exper black south married smsa, first
4  reg educ nearc4 exper black south married smsa
5  test nearc4
```

R
card.R

```
1  library(AER)
2  library(haven)
3  library(tidyverse)
4
5  read_data <- function(df)
6  {
7   full_path <- paste("https://raw.github.com/scunning1975/mixtape/master/",
8              df, sep = "")
9   df <- read_dta(full_path)
10   return(df)
11  }
12
13  card <- read_data("card.dta")
14
15  #Define variable
16  #(Y1 = Dependent Variable, Y2 = endogenous variable, X1 = exogenous variable,
   ↪  X2 = Instrument)
17
18  attach(card)
19
20  Y1 <- lwage
21  Y2 <- educ
22  X1 <- cbind(exper, black, south, married, smsa)
23  X2 <- nearc4
24
25  #OLS
26  ols_reg <- lm(Y1 ~ Y2 + X1)
27  summary(ols_reg)
28
29  #2SLS
30  iv_reg = ivreg(Y1 ~ Y2 + X1 | X1 + X2)
31  summary(iv_reg)
32
```

我们的分析结果整理在表 7 - 6 中。首先，我们报告了 OLS 结果。受 *355*
教育程度每增加一年，受访者的收入就会增加约 7.1%。接下来，我们使
用 Stata 中的"ivregress"2sls 命令估计 2SLS。这里我们发现受教育程度
的回报比使用 OLS 时要大——大了将近 75%。让我们看看第一阶段，我
们发现，本县的大学与 0.327 年以上的受教育程度相关，这一结果非常显
著（$p<0.001$）。F 统计量超过 15，表明在这里不存在弱工具变量问题。
受教育年限回报的 2SLS 估计量是 0.124，也就是说，每多上一年学，收入
增加 12.4%。如果你有兴趣研究其他协变量，这里也列出来了。

表 7 - 6　收入的对数对受教育程度的 OLS 和 2SLS 回归

因变量	收入的对数	
	OLS	2SLS
educ	0.071***	0.124**
	(0.003)	(0.050)
exper	0.034***	0.056***
	(0.002)	(0.020)
black	−0.166***	−0.116**
	(0.018)	(0.051)
south	−0.132***	−0.113***
	(0.015)	(0.023)
married	−0.036***	−0.032***
	(0.003)	(0.005)
smsa	0.176***	0.148***
	(0.015)	(0.031)
第一阶段工具变量		
本县的大学		0.327***
稳健标准误		(0.082)
IV 第一阶段的 F 统计量		15.767
N	3 003	3 003
因变量的均值	6.262	6.262
因变量的标准差	0.444	0.444

注：括号中为标准误。* 表示在 10% 的水平上显著，** 表示在 5% 的水平上显著，*** 表示
在 1% 的水平上显著。

为什么依从组总体受教育年限的回报比一般总体大这么多？毕竟，我 *356*
们之前展示过，如果这只是因为能力偏差，那么 2SLS 系数应该小于 OLS
系数，因为能力偏差意味着受教育程度的系数过大了。然而，我们发现了

相反的情况。原因可能是以下两种情况。首先，受教育程度可能存在测量误差。测量误差将使系数偏向于零，2SLS 将使其恢复真实值。但我认为这种解释不太可能成立，因为我认为人们不会真的不知道他们当时的受教育年限是多少。这就引出了另一种解释，那就是依从组在受教育年限上有更大的回报。但为什么会这样呢？假设排除性限制成立，为什么会出现这种情况呢？我们已经确定，这些人很可能因为和父母住在一起而接受了更多的教育，这表明本县的大学降低了在本县上大学的边际成本。我们只能说，由于某种原因，上大学的较高的边际成本使这些人在教育上投资不足；事实上，他们的回报要高得多。

富尔顿鱼市（Fulton fish markets）。我们要做的第二个练习基于 Graddy［2006］这篇文章。对于这篇文章，我的理解是这样的：格雷迪（Graddy）通过记录富尔顿鱼市的鱼价来亲自收集这些数据。我不能肯定实情是否如此，但我愿意相信这是真的。不管怎样，富尔顿鱼市在纽约的富尔顿街经营了 150 年。2005 年 11 月，它从曼哈顿下城搬到了南布朗克斯区（South Bronx）的一栋设施齐全的大楼。当 Graddy［2006］这篇文章发表的时候，这个市场被称为新富尔顿鱼市。它是世界上最大的鱼市之一，仅次于东京的筑地鱼市。

鱼类是多样化、高度分化的产品。市场上所卖鱼的种类在 100 种和 300 种之间。仅虾就有 15 个品种。在每个种类中，有小鱼、大鱼、中型鱼，刚捕获的鱼、已经捕获一段时间的鱼等区分。鱼的差别如此之大，以致顾客们常常想亲自对它们进行检查。你可以想象这样的场景。这个鱼市的功能就像一个匹配买家和卖家的双边平台，市场人气越旺，匹配的效率就越高。因此，格雷迪认为，研究这个市场是一件很有趣的事情，这并不奇怪。

让我们来看看数据。我想让大家估计鱼类需求的价格弹性，这个问题很像菲利普·赖特所面临的价格和数量同时被决定的问题。需求弹性是数量和价格数据对的序列，但在给定的时间点只能观测到一对数据。从这个意义上说，需求曲线本身就是与潜在处理（价格）相关的一系列潜在结果（数量）的序列。这意味着需求曲线本身是真实存在的，但基本上观察不到。因此，为了探寻弹性，我们需要一个只与供给相关的工具变量。格雷迪提出了一些建议，它们都与鱼到达市场前几天的海上天气有关。

第一个工具变量是前两天的平均最大海浪高度。我们感兴趣的估计模型是：

$$Q = \alpha + \delta P + \gamma X + \varepsilon$$

式中，Q 为以磅为单位的鳕鱼卖出数量的对数；P 为每磅鳕鱼平均日价格的对数；X 为一周内某一天的虚拟变量和时间趋势；ε 为结构误差项。表 7-7 给出了用 OLS（第 2 列）和 2SLS（第 3 列）估计该方程的结果。需求弹性的 OLS 估计量是 -0.549。它可以对任意给定的价格成立，该价格取决于任意给定的某一天市场上有多少卖家和买家。但当我们使用平均海浪高度作为价格的工具变量时，我们得到了 -0.96 的需求价格弹性。价格上涨 10% 导致数量下降 9.6%。这一工具变量很强（$F>22$）。海浪高度每上涨一单位，价格就上涨 10%。

表 7-7　用海浪高度作为工具变量时数量对数对价格对数的 OLS 和 2SLS 回归

因变量	数量对数	
	OLS	2SLS
价格对数	-0.549^{***} (0.184)	-0.960^{**} (0.406)
星期一	-0.318 (0.227)	-0.322 (0.225)
星期二	-0.684^{***} (0.224)	-0.687^{***} (0.221)
星期三	-0.535^{**} (0.221)	-0.520^{**} (0.219)
星期四	0.068 (0.221)	0.106 (0.222)
时间趋势	-0.001 (0.003)	-0.003 (0.003)
第一阶段工具变量		
平均海浪高度		0.103^{***}
稳健标准误		(0.022)
IV 第一阶段的 F 统计量		22.638
N	97	97
因变量的均值	8.086	8.086
因变量的标准差	0.765	0.765

注：括号中为标准误。* 表示在 10% 的水平上显著，** 表示在 5% 的水平上显著，*** 表示在 1% 的水平上显著。

　　我想我们必须问自己这样一个问题：这个工具变量到底给我们提供了什么？更高的海浪到底带来了什么？它让捕鱼变得更加困难，但它是否也改变了渔获的构成呢？如果确实如此，那么它似乎违反了排除性限制，因为这意味着海浪高度直接导致渔获构成的变化，这将直接决定买卖的数量。

现在让我们看看另一个工具变量：风速（见表7-8）。具体来说，这是滞后三天的最大风速。我们将这些结果展示在表7-8中。这里我们看到了以前没有看到过的东西，这是一个弱的工具变量，第一阶段的 F 统计量小于10（约6.5）。相应地，所估计出的弹性是我们在使用波浪高度作为工具变量时的两倍大。因此，从我们先前对弱变量的讨论中可以知道，这个估计很可能存在严重的偏差，所以比先前的估计更不可靠——即使先前的估计本身（1）可能不能令人信服地满足排除性限制，（2）至多是与依从组相关的LATE。但正如我们所说，如果我们认为依从组的因果效应与更广泛的总体相似，那么LATE本身可能也还是有用的信息。

表7-8　用风速作为工具变量时数量对数对价格对数的OLS和2SLS回归

因变量	数量对数	
	OLS	2SLS
价格对数	−0.549***	−1.960**
	(0.184)	(0.873)
星期一	−0.318	−0.332
	(0.227)	(0.281)
星期二	−0.684***	−0.696**
	(0.224)	(0.277)
星期三	−0.535**	−0.482*
	(0.221)	(0.275)
星期四	0.068	0.196
	(0.221)	(0.285)
时间趋势	−0.001	−0.007
	(0.003)	(0.005)
第一阶段工具变量		
风速		0.017**
稳健标准误		(0.007)
IV 第一阶段的 F 统计量		6.581
N	97	97
因变量的均值	8.086	8.086
因变量的标准差	0.765	0.765

注：括号中为标准误。*表示在10%的水平上显著，**表示在5%的水平上显著，***表示在1%的水平上显著。

流行的 IV 设计

当你有一个好的工具变量时，工具变量方法就是你应该选用的策略，所以从这个意义上说，它是一种非常一般化的设计，几乎可以在任何情境中使用。但多年来，某些类型的 IV 策略被大量地使用，以至形成了它们自己的设计。通过复刻和反思，我们对这些特定的 IV 设计行不行得通有了更好的理解。现在，让我们来讨论三种流行的设计：抽签设计、法官固定效应设计和巴提克（Bartik）工具变量。

抽签（lotteries）。之前，我们回顾了在观测数据中某些回归元内生时，IV 在识别因果效应方面的应用。一种特定的 IV 应用是随机实验。一方面，在许多随机实验中，随机被选中加入处理组的人其实是自愿参与的。另一方面，控制组的人们通常没有接受处理的机会。因此，只有那些可能从处理中获益的人才会在一开始选择接受处理。而这几乎总是导致正向的选择偏差。如果你使用 OLS 比较接受处理个体和未接受处理个体之间的平均值，即使是随机实验，你也会因为不依从性（noncompliance）而获得有偏差的处理效应。在这个应用中，解决最小二乘问题的一个方法是为医疗补助计划提供工具变量，以决定你是否被分配到处理组，并估计 LATE。因此，即使处理本身是随机分配的，人们通常也会使用随机抽签作为是否参与处理的工具变量。这方面一个比较时兴的例子是 Baicker 等 [2013]，作者们把随机抽签加入俄勒冈州的医疗补助计划这一行为，作为医疗补助计划的工具变量。现在让我们讨论一下俄勒冈医疗补助计划，因为它是抽签 IV 设计的出色例证。

扩大低收入成年人获得公共医疗保险的机会有什么影响？它们是正向的还是负向的？它们是大还是小？令人惊讶的是，历史上我们并没有对这些非常基本的问题进行过可靠的估计，因为我们缺乏做出断言所需的某种方式的实验。有限的现有证据都是暗示性的，有很多不确定性。由于进入医疗保险是由个体做出的选择，所以观测性研究会因此而被混淆，准实验证据倾向于只关注老年人和幼儿。在发达国家只有一个随机实验，那就是 20 世纪 70 年代的 RAND 健康保险实验。这个实验非常重要，代价也很高昂，实验者雄心勃勃，但是，它只是随机分担费用——而不是全部覆盖费用本身。

在 2000 年，俄勒冈州选择扩大针对贫困成年人的医疗补助计划项目，此举使这一项目变得更加慷慨。年龄在 19～64 岁、收入低于联邦贫困线

360

361 100％的成年人，只要没有资格参加其他类似项目，就可以参加这一项目。他们还必须在 6 个月内没有保险，并且是美国合法居民。该计划被称为俄勒冈健康计划标准（Oregon Health Plan Standard，OHP 标准），它提供全面的覆盖范围（但不包括牙科或眼科）和最低的费用分担。该项目在支付和管理方面与其他州类似，并于 2004 年对新注册者关闭。

这项扩大计划被称为"俄勒冈医疗补助实验"（Oregon Medicaid Experiment），因为该州采用抽签的方式招募志愿者。在五周的时间里，人们被允许注册医疗补助计划。该州投放了大量广告来突出该计划。报名门槛很低，也没有设置资格要求进行预筛选。2008 年 3—10 月，该州从 85 000 人的名单中随机抽取了 30 000 人。那些被选中的人有机会申请。如果他们申请了，那么他们整个家庭都会被登记，只要他们在 45 天内回复申请即可。在最初的 30 000 人中，只有 10 000 人选择了注册。

有一些经济学家很早就参与了这个项目，并撰写了几篇有影响力的论文。现在我将讨论 Finkelstein 等［2012］和 Baicker 等［2013］的一些主要结果。这些作者试图研究可能受健康保险影响的广泛后果——从财务结果到医疗保健利用率，再到健康状况。这些结果所需的数据是从第三方精心收集的。例如，随机化前的人口统计信息可以从抽签注册中获得。医疗补助登记的州行政记录也可以被收集起来，成为第一阶段（即保险覆盖范围）的主要指标。这些结果是从行政部门（如出院、死亡率、信用）、邮件调查、现场调查和测量数据（如血液样本、身体质量指数、详细问卷）中收集的。

这些研究的实证框架是一个简单的 IV 设计。有时他们估计简化形式，有时他们估计完整的 2SLS 模型。两个阶段分别是：

$$\text{INSURANCE}_{ihj} = \delta_0 + \delta_1 \text{LOTTERY}_{ih} + X_{ih}\delta_2 + V_{ih}\delta_3 + \mu_{ihj}$$

$$y_{ihj} = \pi_0 + \pi_1 \text{INSURANCE}_{ih} + X_{ih}\pi_2 + V_{ih}\pi_3 + \upsilon_{ihj}$$

362 第一个方程是第一阶段（保险对抽签结果加上一组协变量的回归），第二阶段是个体层面的结果对所预测的保险进行回归（加上上述所有的控制变量）。我们已经知道，只要第一阶段是强的，那么 F 统计量就会很大，有限样本偏差就会减小。

赢得抽签对注册有很大影响。我们可以在表 7-9 中看到第一阶段的结果。他们使用了不同的样本，但效应大小是相似的。抽签使加入医疗补助计划的概率提高了 26％，并使用使用医疗补助计划的月数从 3.355 个月提高到 3.943 个月。

表 7 - 9　抽签对注册的影响

因变量	全部样本	调查的受访者
使用过医疗补助	0.256 (0.004)	0.290 (0.007)
参加过 OHP 标准	0.264 (0.003)	0.302 (0.005)
使用医疗补助的月数	3.355 (0.045)	3.943 (0.09)

注：括号中为标准误。

在这两篇论文中，作者研究了医疗补助的健康保险覆盖范围对各种结果（财务状况、死亡率和医疗保健使用情况）的影响，但我在这里只回顾其中的一些。在表 7 - 10 中，作者提出了两个回归模型：第 2 列旨在列示处理组的估计值，这是简化形式的模型，第 3 列是局部平均处理效应的估计，这是我们完整的工具变量的形式。有趣的是，医疗补助计划增加了住院人数，但对急诊住院没有影响。事实上，其对急诊住院的影响并不显著，但对非急诊住院的影响是正向且显著的。这很有趣，因为医疗补助计划增加了住院人数，却没有给本来就稀缺的急诊室资源带来额外的压力。

表 7 - 10　医疗补助计划对住院的影响

因变量	ITT	LATE
去医院住院	0.5%	2.1%
通过急诊通道去医院住院	0.2%	0.7%
未通过急诊通道去医院住院	0.4%	1.6%

注：出院数据。

363

我们在医疗补助计划注册者中还观测到对哪些其他类型的医疗保健的使用呢？让我们看看表 7 - 11，其中有五种医疗保健使用情况的结果。我们将再次关注第 3 列，即 LATE 估计。医疗补助计划的注册者中，有 33.9% 的人更可能拥有一个普通的医疗保健场所，28% 的人有私人医生，23.9% 的人得到了他们所需的全部医疗保健，19.5% 的人更有可能开了全部所需的处方，对他们的医疗保健的质量感到满意的人数也增加了 14.2%。

表 7 - 11　医疗补助计划对医疗保健使用的影响（％）

	ITT	LATE
有普通的医疗保健场所	9.9	33.9
有私人医生	8.1	28.0
得到了所需的全部医疗保健	6.9	23.9
开了全部所需的处方	5.6	19.5
对医疗保健的质量感到满意	4.3	14.2

　　但医疗补助计划不仅仅是一种增加医疗保健的途径；在发生灾难性健康事件时，它还能有效地作为医疗保险发挥作用。实验中流传最广的结果之一是发现医疗补助计划对财务结果有影响。在表 7 - 12 中，我们看到主要影响之一是减少个人债务（390 美元）以及减少应收债务。研究人员还发现，自付医疗费用、医疗费用、借钱支付医疗费用账单或逃避支付医疗费用账单，以及他们因医疗债务而拒绝治疗的情况都有所减少。

表 7 - 12　医疗补助计划对住院的影响

因变量	ITT	LATE
破产	0.2%	0.9%
背负应收债务	−1.2%	−4.8%
背负医疗债务	−1.6%	−6.4%
背负非医疗债务	−0.5%	−1.8%
医疗债务的欠账金额	−99 美元	−390 美元

注：信用记录。

　　但在这项研究中，医疗补助对健康结果的效应还不是很清楚。作者们发现，自我报告的健康状况有所改善，抑郁症也有所减少。他们还发现存在更多身体和心理均健康的天数。但总体上这些效应都比较小（见表 7 - 13）。此外，他们最终没有发现医疗补助计划对死亡率有任何影响——我们将在双重差分一章中再次回到这个结果上来。

表 7 - 13　医疗补助计划对住院的影响

因变量	ITT	LATE
健康状况良好、非常好或完美	3.9%	13.3%
健康状况稳定或正在提升	3.3%	11.3%

续表

因变量	ITT	LATE
抑郁筛查呈阴性	2.3%	7.8%
CDC 健康天数（身体层面）	0.381	1.31
CDC 健康天数（心理层面）	0.603	2.08

总之，我们看到 IV 在分配抽签号码给受助人的过程中发挥了强大的作用。抽签可以作为处理分配的工具变量，然后可以用来估计某个局部平均处理效应。这在实验设计中是非常有用的，即使仅仅是因为人类经常拒绝服从他们的处理分配，甚至完全不参与实验，也是如此！

法官固定效应（judge fixed effects）。第二种近年来非常流行的 IV 设计是"法官固定效应"设计。有时它又被称为"宽大设计"（leniency design），但由于这些应用经常涉及法官，所以"法官"两个字就被保留了下来。在谷歌学术上搜索这个词，有 70 多个搜索结果，2018 年以来就有 50 多个。

法官固定效应设计的概念是，存在一个所有个体必须通过的狭窄管道；大量随机指派的决策者会阻挡这些个体的通过，他们给这些个体分派一项处理；这些决策者在决策中存在一定的自由裁量权。当这三个条件都满足时，我们便可以进行法官固定效应设计。这种方法被称为法官固定效应设计的原因是，它利用了美国法学中的一个传统特征，即司法管辖区会随机分配法官与被告。例如，在得克萨斯州哈里斯县，他们曾经使用宾果游戏机将被告分配到几十个法庭中的某一个［Mueller-Smith，2015］。

最早认识到法官量刑行为存在系统性差异的是 Gaudet 等［1933］这篇文章。作者们想要更好地了解，除了罪行之外，是什么决定了被告的判决结果。他们决定把重点放在法官身上，部分原因是在确定被告的法官时，这些法官是随机轮换的。由于他们是随机轮换的，所以在一个大样本中，所有法官面对的被告的特征应该大致相同。因此，判决结果的任何差异都不是因为潜在的罪行指控甚或被告的实际罪行，而是与法官有关。图 7-7 是一幅漂亮的识别策略图，它基于 7 000 多件手动收集的案件，显示了法官量刑行为的系统性差异。

图 7-8 是一幅在有关法官固定效应的论文中，展示不同法官的倾向的代表性图，有趣的是，这幅图最早出现在 1933 年。正如你在图 7-8 中所看到的，6 名法官的量刑倾向有很大的差异。法官 2 判处监禁的案件仅占 33.6%，而法官 4 判处监禁的案件则高达 57.7%。因为从平均上来说，他

图 7-7 随机分配的法官

注：虽然人们认为正义是看不见的，但法官是一系列影响其判决的复杂特性的集合。

资料来源：Seth Hahne©2020.

们审判的都是同类被告，所以我们不应该认为平均来看法官 4 判决的案件更糟糕。相反，似乎有某种系统性的东西，比如某些法官总是倾向于更严厉地判决被告。但是事情为什么会是这样的呢？Gaudet 等［1933］提出了以下猜想：

每个法官给出某种判决的比例

判处监禁

法官 1	(35.6%)
法官 2	(33.6%)
法官 3	(53.3%)
法官 4	(57.7%)
法官 5	(45.0%)
法官 6	(50.0%)

图 7-8 法官量刑结果的变化

资料来源：这幅图最早出现在 Frederick J. Gaudet, George S. Harris, Charles W. St. John, *Individual Differences in the Sentencing Tendencies of Judges*, 23, J. Crim. L. & Criminology, 811 (1933) 上。获西北大学普利兹克法学院特别许可，转载自《刑法与犯罪学期刊》(*Journal of Criminal Law and Criminology*)。

也许这些图表中最值得注意的是，法官的量刑倾向似乎在他坐上法官席之前就已经确定好了。换句话说，决定一名法官从重或从轻判罚的因素取决于法官在成为判决执行者之前所处的环境。

但主要的结论是：该文的作者们是第一个发现法官的宽宏或严厉性在判决中起到作用的人，不仅仅是被告自己的罪行，法官的性格在对被告案件的最终裁决中也起着重要作用。作者们写道：

> 作者们想指出的是，这些结果似乎表明，如果我们的结果具有某种量刑倾向，那么我们之前在犯罪学和刑罚学领域的一些研究所基于的证据是非常不可靠的。换言之，犯人受到何种刑罚，既可能是因为其罪行的严重性使然，也可能是因为法官的严厉程度使然。[815]

下一篇明确提到法官固定效应设计的文章是 Imbens 和 Angrist [1994]，这篇文章使用潜在结果符号将 IV 分解为 LATE 参数。在文章的结尾，他们提供了三个 IV 设计的例子，它们可能符合我们之前讨论的五个 IV 识别假设，也可能不符合。他们写道：

> 例 2（行政筛选）：假设某一社会项目的申请人由两名官员进行筛选。这两名官员可能有不同的通过率，即使所声称的通过标准是相同的。由于官员的个性可能与回复无关，似乎条件 1 [独立性] 得到了满足。这个工具变量是二元的，因此条件 3 基本满足。但是，条件 2 [单调性] 要求，如果官员 A 以 $P(0)$ 的概率接受申请，官员 B 以 $P(1) > P(0)$ 的概率接受申请，则官员 B 必须接受任何已经被官员 A 接受的申请。如果录用基于多项标准，那么这就不太可能成立。因此，在这个例子中，我们不能使用定理 1 非参识别局部平均处理效应， *368* 尽管存在满足条件 1 [独立性] 的工具变量。[472]

虽然我们看到第一次在某类识别上使用这种方法的文章是 Waldfogel [1995]，但第一个明确的 IV 策略是在 10 年后的一篇论文——Kling [2006] 中出现的，他使用（具有不同倾向）法官的随机分配来衡量监禁时间长短。然后，他将被告与就业和收入记录联系起来，然后用这些记录来估计监禁对劳动力市场结果的因果效应。他最终发现，在他考虑的两个州，较长的刑期并没有对劳动力市场产生不利影响。

但 Mueller-Smith [2015] 再次提出了这个问题，他在得克萨斯州哈里斯县工作。哈里斯县有几十个法庭，被告会被随机分配到其中一个。米勒-史密斯（Mueller-Smith）将被告到各种劳动力市场的结果和犯罪结果联系起来，并得出了与 Kling [2006] 相反的结论。Mueller-Smith [2015]

发现，监禁使累犯的频率和严重性产生了净增长，恶化了劳动力市场结果，并增加了被告对公共援助的依赖。

对被告造成不利后果的司法严厉性实际上是法官固定效应文献的一个特点。我们不妨举几个这样的例子：有一项研究发现，较少判罚第 13 章破产* 会在未来产生恶劣的金融事件 [Dobbie et al.，2017]；保释法官中的种族偏见 [Arnold et al.，2018]；具有更高认罪率的审前拘留、定罪、累犯，以及恶化的劳动力市场结果 [Dobbie et al.，2018；Leslie and Pope，2018；Stevenson，2018]；使高中表现较差并提高了成年时期累犯率的青少年监禁 [Aizer and Doyle，2015]；提高了青少年犯罪和青少年怀孕率，并恶化了未来就业情况的寄养行为 [Doyle，2007]；提高了成年时期犯罪的寄养行为 [Doyle，2008]，以及无数其他情况。但也有一些例外，比如，Norris 等 [2020] 发现，当关系淡薄的兄弟姐妹和父母被监禁时，这对儿童产生了有益的影响。

研究人员在尝试法官固定效应设计时，应该考虑三个主要识别假设，分别是：独立性假设、排除性限制和单调性假设。让我们逐一讨论它们，因为在某些情况下，其中一个可能比其他的更可信。

独立性假设似乎在许多情况下都得到了满足，因为有倾向的法官实际上是被随机分配到每个案件中的。因此，我们的工具变量——它有时被模型化为法官的平均倾向，这就把所关涉的案件排除在外了，或者把它简单地模型化为一系列法官固定效应（我稍后会提到，这两种做法的结果是等价的）——很容易通过独立性检验。但也有可能被告的策略行为是为了回应分配给他们的法官的严厉性，这可能会破坏随机分配。回顾一下 Gaudet 等 [1933] 的原创性研究，其关注的是随机分派一个严厉的法官时法庭的动态过程，我们观察到：

> 许多惯于观测法官量刑倾向的人都清楚地认识到法官量刑中的个体倾向。几位律师告诉作者，一些惯犯非常了解法官的判决倾向，被告经常会试图选择一个法官来判决他们，而且，一些律师说他们经常能够成功。据说是这样操作的：如果一个罪犯知道他将由法官 X 来判决，而且他认为这个法官将会对他从严量刑，那么他会把他的辩护从"有罪"改为"从宽处理"，或者从"从宽处理"改为"无罪"等等。他希望以此延迟宣判，这样他就有可能被另一位法官判刑。[812]

---

* 即重组破产，主要针对拥有固定收入的债务方。——译者注

有几种方法可以用来评估独立性。首先，检查预处理协变量的平衡是绝对必要的。既然这是一个随机实验，那么所有可观测到的和不可观测到的变量特征都将在法官中平均分布。虽然我们不能检查不可观测变量的平衡性，但我们可以在可观测变量上检查平衡性。我所知道的大多数论文通常在做任何实际分析之前，都会检查协变量平衡。

如果你怀疑存在内生性分组的问题，那么你可以简单地使用初始的分配，而不是最终的分配来进行识别。这是因为在大多数情况下，我们会知道初始的法官分配是随机的。但是，如果没有初始的法官或法院分配，这种方法在许多情况下是不可行的。然而，针对法官严厉程度的内生分组可能会破坏设计，因为它引入了一个单独的机制，通过该机制，工具变量会影响最终决定（如果可能的话，通过分类进入宽厚的法官的法庭），研究者应该尝试通过与行政人员的沟通来确定数据中这种情况实际发生的程度。 370

违反排除性限制的情况通常是令人担心的，实际上应该逐个进行评估。例如，在 Dobbie 等［2018］中，作者专注于审前拘留。但审前拘留是由法官确定的保释金来决定的，法官本身并没有与下一层随机指派的法官进行后续互动，在作出司法裁决和处罚时也肯定没有与被告人进行任何互动。所以在这种情况下，似乎 Dobbie 等［2018］的论证更可信，它使排除性限制得以成立。

但是考虑这样一种情况，即被告被随机分配给了一个严厉的法官。在预期中，如果案件进入审判阶段，即便给定了法官们判决被告有罪的某一确定概率，被告仍然会面临更高的预期处罚，原因仅仅是更严厉的法官可能会选择更严厉的处罚，从而提高被告的预期处罚。面对更高的预期处罚，辩护律师和被告可能会决定接受较轻的认罪以应对法官的预期严厉性，这将违反排除性限制，因为排除性限制要求工具变量只有通过法官的决定（判决）来影响结果。

即使排除性限制得以成立，在许多情况下，对于这种设计来说，单调性也更加难以实现。就是因为单调性，Imbens 和 Angrist［1994］对法官固定效应是否可以用来识别局部平均处理效应持怀疑态度。这是因为该工具变量需要在所有被告中起到相同的作用。法官要么严厉要么不严厉，但她不能在不同的情况下两者都存在。然而，人类是复杂的思想和体验的集 371合体，这些偏差可能以非传递（non-transitive）的方式起作用。例如，法官可能平常都很宽容，但如果被告是黑人或被指控涉毒品犯罪，他们就会转变态度，变得很严厉。Mueller-Smith［2015］试图通过参数策略同时测量所有可观测的判决维度，来克服对排除性限制和单调性的潜在违反，从而允许工具变量对判决结果的影响在被告特征和犯罪特征方面存在异质性。

不过，近年来出现了质疑这些假设合理性的正式解决方案。Frandsen 等［2019］放松单调性假设，提出了针对排除性限制和单调性的检验。该检验要求违反单调性的个体的平均处理效应，与满足单调性的个体的某些子集的平均处理效应相同。他们的检验方法同时检验了排除性限制和单调性，所以我们不能确定是哪一个假设被违反，从而导致了检验结果，除非我们能在理论上使用先验信息排除其中的一个。他们提出的检验基于两种观测结果：第一，以对法官的指派为条件的平均结果应该合乎法官倾向的一个连续函数；第二，这个连续函数的斜率在数量上的界限应以结果变量支撑区间的宽度为界。检验本身是相对简单的，只需要检验所观测到的结果的平均值是否符合这样一个函数即可。在图 7-9 的上半部分，我们可以看到通过检验的情况，而下半部分则没有通过检验。

虽然作者已经提供了可用的代码和文档来实现这个检验①，但它目前在 R 软件中是不可用的，因此我们在这里就不讨论了。

在本节中，我想做两件事。首先，我想回顾一下梅根·史蒂文森（Megan Stevenson）新发表的一篇有趣的论文，该论文研究了现金保释如何影响案件结果［Stevenson，2018］。因为这是一个重要的政策问题，所以我觉得有必要回顾一下这项优秀的研究。本节的第二个目的是复刻她的主要结果，以便读者可以确切地看到这个工具变量策略是如何被实现的。

与大多数法官固定效应论文一样，史蒂文森研究的是大城市的行政数据。由于大样本可以帮助改善 IV 的有限样本偏差，所以大城市可能是最好的研究情境。幸运的是，这些数据通常是公开的，只需要从法庭记录中提取即可，而很多地方都将这些记录上传到了网络上。Stevenson［2018］专注于费城的数据，那里的自然实验是保释法官（地方法官）的随机分配，在负担得起的水平上，他们对保释金的设定倾向存在巨大差异，这并不奇怪。换句话说，保释法官设定的保释价格存在系统性差异，在需求曲线向下倾斜的情况下，越严厉的法官越倾向于设定昂贵的保释金，也就会有越多的被告无法支付保释金。因此，他们被迫在审判前继续被拘留。

372

373

---

① 请大家自行登录埃米莉·莱斯利（Emily Leslie）的网站 https://sites.google.com/view/emilycleslie/home/research 下载 Stata ado 软件包。

对倾向和平均结果相关性的解释

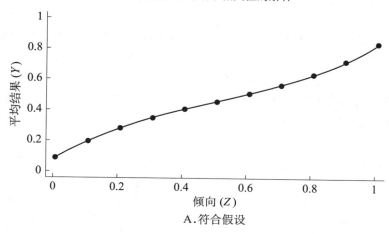

A.符合假设

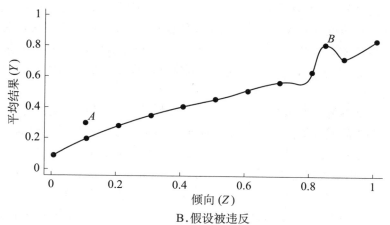

B.假设被违反

图 7 - 9 平均结果与法官倾向的函数图示

资料来源：Frandsen，B. R.，Lefgren，L. J.，and Leslie，E. C.（2019）. Judging judge fixed effects. Working Paper No. 25528，National Bureau of Economic Research，Cambridge，MA. 经作者许可转载。

Stevenson［2018］通过使用各种 IV 估计量发现，随机审前拘留的增加会导致定罪的可能性增加 13％。她认为这一现象的原因是被告中有罪抗辩的增加，否则这些被告将被无罪释放或被撤销指控——如果这是真的，这会是一个特别有问题的机制。审前拘留还导致监禁刑期增加 42％、非保释费用增加 41％。这支持了这样一种观点，即保释金会导致贫困循环加重：无力支付法庭费用的被告最终会因更高的犯罪率、更高的法庭费用和可能更高的重犯率而被困在刑事系统中 [Dobbie et al., 2018]。

有人可能会认为，法官固定效应设计是一个"恰好识别"的模型。难道我们不能仅仅使用每位法官的平均严厉程度（不包括被告自己的案件）作为我们的工具变量吗？这样，我们处理一个内生变量只用一个工具变量，而且 2SLS 似乎是一个不错的选择。毕竟，如果平均严厉程度被计算为法官所有量刑的平均值，排除所考虑的个体，那么这一工具变量对每个个体都是唯一的，因为每个个体都有唯一的法官和唯一的平均严厉程度。

问题是，这仍然只是一个高维的工具变量。正确的设定是使用实际的法官固定效应，根据你的实际应用，你可能需要考虑从 8 个法官（如史蒂文森的情况）到数百个法官的不同情况。其中有些工具变量很弱，你可能会遇到典型的过度识别问题，在有限样本中你开始将点估计重新变成我们之前讨论过的 OLS 偏差的中心。计量经济学家们正在致力于解决这一问题，这一问题也可能成为一个活跃的研究领域。有些解决方案可能是使用高维降维技术，如 LASSO [Gilchrist and Sands, 2016]、工具变量选择 [Donald and Newey, 2001]，或者可能将严厉程度相似的法官合并到一个工具变量中。

史蒂文森的数据包含了 331 971 个观测值和 8 名随机分配的保释法官。和许多关于固定效应的文献一样，她使用了刀切法工具变量估计量（jack-knife instrumental variables estimator，JIVE）[Angrist et al., 1999]。虽然 2SLS 是应用微观经济学领域最常用的 IV 估计量，但当存在弱工具变量，同时使用了许多工具时，它会遇到有限样本问题，正如我们在 Bound 等 [1995] 的讨论中所展示的那样。Angrist 等 [1999] 提出了一个估计量，试图消除 2SLS 的有限样本偏差，该估计量被称为 JIVE。[①] 这些估计量不是完美的，因为它们的分布比 2SLS 估计量大，但是当有若干个工具变量，并且其中一些很弱时（就像法官固定效应设计可能发生的那样），它们可能是有优势的。

JIVE 通常被认为是一个"去一"（leave one out）估计量。Angrist 等 [1999] 建议在这个估计量中使用除第 i 个个体之外的所有观测值。对法官固定效应设计来说，这是一个优点，因为在理想情况下，该工具变量是法官在所有其他案件中（不包括特定的被告案件）的平均严厉程度。所

---

① 这个估计量的名字是有史以来最好的。

以 JIVE 对于有限样本偏差的处理，以及更普遍的理论工具变量的构建都很有用。

鉴于计量经济学中的法官固定效应和它的许多工具变量可能是计量经济学的前沿，本书在这里的目标是回顾过去。我们将使用 JIVE 进行一些简单的练习，这样你就可以看到历史上研究人员是如何估计他们的模型的。

STATA

bail.do

```
1   use https://github.com/scunning1975/mixtape/raw/master/judge_fe.dta, clear
2
3   global judge_pre judge_pre_1 judge_pre_2 judge_pre_3 judge_pre_4 judge_pre_5
    ↪  judge_pre_6 judge_pre_7 judge_pre_8
4   global demo black age male white
5   global off      fel mis sum F1 F2 F3 F M1 M2 M3 M
6   global prior priorCases priorWI5 prior_felChar prior_guilt onePrior threePriors
7   global control2      day day2 day3 bailDate t1 t2 t3 t4 t5 t6
8
9
10  * Naive OLS
11  * minimum controls
12  reg guilt jail3 $control2, robust
13  * maximum controls
14  reg guilt jail3 possess robbery DUI1st drugSell aggAss $demo $prior $off
    ↪  $control2 , robust
15
16
17  ** Instrumental variables estimation
18  * 2sls main results
19  * minimum controls
20  ivregress 2sls guilt (jail3= $judge_pre) $control2, robust
21  * maximum controls
22  ivregress 2sls guilt (jail3= $judge_pre) possess robbery DUI1st drugSell aggAss
    ↪  $demo $prior $off $control2 , robust
23
24  * JIVE main results
25  * minimum controls
26  jive guilt (jail3= $judge_pre) $control2, robust
27  * maximum controls
28  jive guilt (jail3= $judge_pre) possess robbery DUI1st drugSell aggAss $demo
    ↪  $prior $off $control2 , robust
```

375

R

bail.R

```r
1   library(tidyverse)
2   library(haven)
3   library(estimatr)
4   library(lfe)
5   library(SteinIV)
6
7   read_data <- function(df)
8   {
9     full_path <- paste("https://raw.github.com/scunning1975/mixtape/master/",
10                 df, sep = "")
11    df <- read_dta(full_path)
12    return(df)
13  }
14
15  judge <- read_data("judge_fe.dta")
16
17  #grouped variable names from the data set
18  judge_pre <- judge %>%
19    select(starts_with("judge_")) %>%
20    colnames() %>%
21    subset(., . != "judge_pre_8") %>% # remove one for colinearity
22    paste(., collapse = " + ")
23
24  demo <- judge %>%
25    select(black, age, male, white) %>%
26    colnames() %>%
27    paste(., collapse = " + ")
28
29  off <- judge %>%
30    select(fel, mis, sum, F1, F2, F3, M1, M2, M3, M) %>%
31    colnames() %>%
32    paste(., collapse = " + ")
33
34  prior <- judge %>%
35    select(priorCases, priorWI5, prior_felChar,
36         prior_guilt, onePrior, threePriors) %>%
37    colnames() %>%
38    paste(., collapse = " + ")
39
```

(continued)

R *(continued)*

```
40   control2 <- judge %>%
41     mutate(bailDate = as.numeric(bailDate)) %>%
42     select(day, day2, bailDate,
43         t1, t2, t3, t4, t5) %>% # all but one time period for colinearity
44     colnames() %>%
45     paste(., collapse = " + ")
46
47   #formulas used in the OLS
48   min_formula <- as.formula(paste("guilt ~ jail3 + ", control2))
49   max_formula <- as.formula(paste("guilt ~ jail3 + possess + robbery + DUI1st +
     ↪   drugSell + aggAss",
50                       demo, prior, off, control2, sep = " + "))
51
52   #max variables and min variables
53   min_ols <- lm_robust(min_formula, data = judge)
54   max_ols <- lm_robust(max_formula, data = judge)
55
56   #--- Instrumental Variables Estimations
57   #-- 2sls main results
58   #- Min and Max Control formulas
59   min_formula <- as.formula(paste("guilt ~ ", control2, " | 0 | (jail3 ~ 0 +", judge_pre,
     ↪   ")"))
60   max_formula <- as.formula(paste("guilt ~", demo, "+ possess +", prior, "+ robbery
     ↪   +",
61                       off, "+ DUI1st +", control2, "+ drugSell + aggAss | 0 | (jail3 ~ 0
                        ↪   +", judge_pre, ")"))
62   #2sls for min and max
63   min_iv <- felm(min_formula, data = judge)
64   summary(min_iv)
65   max_iv <- felm(max_formula, data = judge)
66   summary(max_iv)
67
68
69
70   #-- JIVE main results
71   #- minimum controls
72   y <- judge %>%
73     pull(guilt)
74
```

377

(continued)

378

```
                                    R (continued)
75   X_min <- judge %>%
76     mutate(bailDate = as.numeric(bailDate)) %>%
77     select(jail3, day, day2, t1, t2, t3, t4, t5, bailDate) %>%
78     model.matrix(data = .,~.)
79
80   Z_min <- judge %>%
81     mutate(bailDate = as.numeric(bailDate)) %>%
82     select(-judge_pre_8) %>%
83     select(starts_with("judge_pre"), day, day2, t1, t2, t3, t4, t5, bailDate) %>%
84     model.matrix(data = .,~.)
85
86   jive.est(y = y, X = X_min, Z = Z_min)
87
88   #- maximum controls
89   X_max <- judge %>%
90     mutate(bailDate = as.numeric(bailDate)) %>%
91     select(jail3, white, age, male, black,
92           possess, robbery, prior_guilt,
93           prior_guilt, onePrior, priorWI5, prior_felChar, priorCases,
94           DUI1st, drugSell, aggAss, fel, mis, sum,
95           threePriors,
96           F1, F2, F3,
97           M, M1, M2, M3,
98           day, day2, bailDate,
99           t1, t2, t3, t4, t5) %>%
100    model.matrix(data = .,~.)
101
102  Z_max <- judge %>%
103    mutate(bailDate = as.numeric(bailDate)) %>%
104    select(-judge_pre_8) %>%
105    select(starts_with("judge_pre"), white, age, male, black,
106          possess, robbery, prior_guilt,
107          prior_guilt, onePrior, priorWI5, prior_felChar, priorCases,
108          DUI1st, drugSell, aggAss, fel, mis, sum,
109          threePriors,
110          F1, F2, F3,
111          M, M1, M2, M3,
112          day, day2, bailDate,
113          t1, t2, t3, t4, t5) %>%
114    model.matrix(data = .,~.)
115
116  jive.est(y = y, X = X_max, Z = Z_max)
```

这些结果非常有趣。请注意，如果我们只是用 OLS 来检验这一点，你会得出结论：审前拘留和认罪之间实际上没有联系。如果只使用时间控制变量，那么这一概率为零；如果使用完整的控制变量（主要是人口统计特征控制变量、先前的犯罪行为和犯罪本身的特征），那么这一概率则提高了 3%。但是，当我们使用二元法官固定效应的 IV 作为工具变量时，这些效应就会发生很大的变化。我们最终的估计范围为 15%～21%，而在这些估计中，我们可能更应该关注 JIVE，因为它具有上述优势（见表 7 - 14）。你可以自己检验工具的强度，通过将拘留对二元工具变量进行回归，来看看工具变量有多强。它们非常强，除两项外，其余均在 1% 的水平上统计显著。另外两个，一个的 p 值是 0.076，另一个是弱的（$p<0.25$）。

表 7 - 14　拘留对有罪抗辩的 OLS 和 IV 估计

模型	OLS		2SLS		JIVE	
拘留	−0.001 (0.002)	0.029*** (0.002)	0.151** (0.065)	0.186*** (0.064)	0.162** (0.070)	0.212*** (0.076)
N	331 971	331 971	331 971	331 971	331 971	331 971
平均犯罪情况	0.49	0.49	0.49	0.49	0.49	0.49

注：第一个模型包含时间控制变量；第二个模型控制了被告的特征。结果变量是有罪抗辩。括号中为异方差稳健标准误。* 表示在 10% 的水平上显著，** 表示在 5% 的水平上显著，*** 表示在 1% 的水平上显著。

法官固定效应设计是一种非常流行的工具变量形式。当存在一组随机分配的决策者将某种处理分配给其他人时，它就可以被使用。在分析刑事司法领域的重要问题和答案时，人们已经开始使用这一设计进行审查。当与外部行政数据源相联系时，研究人员能够更仔细地评估刑事司法干预对长期结果变量的因果效应。但是该程序对与独立性、排除性和单调性相关的识别假设非常敏感，在进行设计之前必须仔细考虑这些假设。当这些假设能够较为可信地成立时，这就是局部平均处理效应的一个强大的估计量。

巴提克工具变量（Bartik instruments）。巴提克工具变量，也被称为移动-份额（shift-share）工具变量，以蒂莫西·巴提克（Timothy Bartik）的名字命名，他在对区域劳动力市场的细致研究中使用了这些工具变量［Bartik，1991］。巴提克的书和其中提到的工具变量在第二年受到了 Blanchard 和 Katz［1992］更广泛的关注。它在移民和贸易领域，以及劳动、公共和其他几个领域拥有相当大的影响力。在谷歌学术上简单搜索一下

"Bartik instrument"，就会发现对这个术语的引用有近 500 次之多。

但正如斯蒂格勒（Stigler）的得名由来（eponymy promises）定律所指出的那样［Stigler，1980］，巴提克工具变量并不是起源于 Bartik［1991］。Goldsmith-Pinkham 等［2020］指出，早在 Perloff［1957］中就可以发现这种工具变量的迹象。Perloff［1957］表明，行业份额可以用来预测收入水平。Freeman［1980］还利用产业结构的变化作为劳动力需求的工具变量。但由于巴提克对该工具变量进行了细致的实证分析，并在他的书的附录 4 中详细阐述了国家增长的份额如何造成劳动力市场需求变化的逻辑，所以该设计最终以他的名字命名。

在估计就业增长率对劳动力市场结果的影响时，OLS 方法可能会存在不可消除的偏差，因为劳动力市场结果同时由劳动力供给和劳动力需求决定。因此巴提克建议使用 IV 来解决这个问题，并在附录 4 中描述了理想的工具变量：

> 明显的候选工具变量是那些移动 MSA 劳动需求的变量。在这本书中，只有一种需求移动类型被用来构造工具变量：来自每个大都市地区的移动-份额分析和逐年的就业变化。移动-份额分析将 MSA 增长分解为三个部分：国家增长部分，这一部分计算了如果 MSA 中的所有行业都以全国全行业平均水平增长，则将会带来多少增长；份额部分，它计算了如果 MSA 中的每个行业都以该行业的全国平均水平增长，则将会出现怎样的额外增长；还有一个是移动部分，它计算的是由于行业在当地的增长速度与全国不同而产生的额外增长。［Bartik，1991，202］

总结一下，巴提克工具变量的目的是衡量一个地区的劳动力需求随国家对不同行业产品需求的变化而发生的变化。[1] 为了让其理解起来更具体，不妨假设我们有兴趣估计以下工资方程：

$$Y_{l,t} = \alpha + \delta I_{l,t} + \rho X_{l,t} + \varepsilon_{l,t}$$

式中，$Y_{l,t}$ 为时期 t（例如，2000 年）中本地工人在地点 l（例如，底特律）的工资对数；$l_{l,t}$ 为时间段 t 中在地区 l 的移民流动；$X_{l,t}$ 为控制变量，包括地区和时间固定效应，以及其他控制变量。与其他地方一样，参数 δ 是移民流动对本国工资的平均处理效应。问题是，几乎可以肯定的是，移民流

---

[1] Goldsmith-Pinkham 等［2020］注意到许多工具变量具有巴提克特征。如果使用内生变量的内部结构来构建一个工具变量，他们将其描述为 "Bartik-like"。

动与扰动项高度相关,如地点 l 的时变特征（例如,不断变化的生活福利设施）[Sharpe, 2019]。

巴提克工具变量是通过使移民流动之前的地理区域的初始"份额"与国家增长率进行交互而创建的。一个地区的增长与全国平均水平的偏差可以用增长预测变量与全国平均水平之差来解释。而增长预测变量与美国全国平均水平之差是由于份额的原因出现的,因为任何特定时期的全国增长效应对所有地区都是相同的。我们可以定义巴提克工具变量如下:

$$B_{l,t} = \sum_{k=1}^{K} z_{l,k,t^0} m_{k,t}$$

式中,z_{l,k,t^0} 为来自来源国 k（如墨西哥）在地点 l（如底特律）的移民的"最初" t^0 份额;$m_{k,t}$ 为来自来源国 k（如墨西哥）到美国的移民的整体变化。第一项是份额变量,第二项是移动变量。移民 B 流入目的地 l（例如,底特律）的预测值是每个国家流入率的加权平均值,其中的权重取决于移民的初始分布。

一旦我们构建了工具变量,我们就可以得到一个两阶段最小二乘估计量,第一阶段是内生变量 $l_{l,t}$ 对控制变量和我们的巴提克工具变量的回归。使用该回归的拟合值,我们做 $Y_{l,t}$ 对 $\hat{l}_{l,t}$ 的回归,以重新获得移民流动对工资对数的影响。

移动与份额（shifts vs. shares）。现在我想谈谈这种设计特有的识别假设。关于利用巴提克设计识别因果效应需要些什么,存在着两种观点,这两种观点分别给出了份额和移动外生性的作用。到底采取哪种观点,取决于某些假设的事前合理性（ex ante plausibility）。除此之外,还取决于不同的工具。

Goldsmith-Pinkham 等 [2020] 解释了有关份额的观点。他们表明,尽管这些移动影响了第一阶段的强度,但实际上是初始份额提供了外生的变化。他们写道:"巴提克工具变量'等价于'使用当地工业份额作为工具变量,因此外生性条件应该依据份额来解释"。如果研究人员的应用是利用外生暴露于共同冲击、行业特定冲击或两个行业景况（two-industry scenario）下的差异,那么外生性的来源很可能来自初始份额,而不是移动。这是一种严格的外生性假设,在这种假设中,初始份额是可观测变量,比如位置固定效应（location fixed effects）的外生性条件。在实践中,这意味着研究者有责任去论证为什么他们认为最初的份额确实是外生的。

但是，虽然外生的份额是充分条件，但事实证明，它们不是识别因果效应的必要条件。时间冲击可能提供变动的外生性来源。Borusyak 等 [2019] 解释了这种基于移动的观点。他们表明，对许多行业的外生独立冲击，可以让巴提克设计来识别因果效应，无论份额是否外生，只要冲击与份额的偏差不相关即可。否则，可能是冲击本身在创造外生差异，在这种情况下，对排他性的关注将从最初的份额转向国家冲击本身 [Borusyak et al.，2019]。作者写道：

> 最终，与 Goldsmith-Pinkham 等 [2020] 基于外生份额的替代框架一样，我们这个外生冲击框架的合理性取决于移动-份额 IV 的应用。我们鼓励实践者在先验论证的基础上使用移动-份额工具变量，该论证支持上述任一种方法的合理性；然后可以针对这一框架使用最适合该情况的各种诊断和检验。虽然 Borusyak 等 [2019] 为"冲击"观点开发了此类程序，但 Goldsmith-Pinkham 等 [2020] 为"份额"观点提供了不同的工具变量。[29]

如果我们把初始份额看作工具变量，而不是冲击，那么我们将处在这样一种情况下，即这些初始份额衡量的是外生暴露于某一共同冲击下的差异。由于这些份额是均衡值，这些均衡值是基于过去的劳动力供求的，这可能很难使人相信，为什么我们应该认为它们对不能被观测到而又影响未来劳动力市场的结构性决定因素来说是外生的。但事实证明，这还不是最关键的部分。即使份额与结果水平间接相关，有效的巴提克设计也还是有效的；它们只是不能与国家冲击本身所带来的不同的变化相关，后者的变化是一个微妙但不同的地方。

巴提克工具变量的一个挑战是移动值的数目之大。例如，美国有近 400 个不同的行业。随着时间的推移，排除性限制变得有点难以站得住脚。Goldsmith-Pinkham 等 [2020] 为评估该设计中的中心识别假设提供了一些建议。例如，如果存在前期的数据，那么，颇具讽刺意味的是，这种设计开始与我们将在后面的章节中讨论的双重差分设计类似。在这种情况下，我们可以进行安慰剂和事前趋势等的检验。

另一种可能性是基于这样一种观点：巴提克工具变量的观测值仅仅是许多工具变量的一个特定组合。在这个意义上，它与前面提到的法官固定效应设计有一些相似之处，法官的倾向本身就是许多二元固定效应的特定组合。有许多工具变量在手，我们就有了其他选择。如果研究人员愿意作出处理效应不变的原假设，那么过度识别检验是一个可行的选项。但如果存在处理的异质性，而不是排除性限制不成立，那么过度识别检验可能就会失效。与 Borusyak 等［2019］类似，如果人们愿意假设横截面异质性，即处理效应仅在一个地区是不变的，那么 Goldsmith-Pinkham 等［2020］是给出了一些诊断帮助的，从而可以帮助评估该设计本身的合理性。

Goldsmith-Pinkham 等［2020］的第二个结果是将巴提克估计量分解为估计值的加权组合，其中每个份额都是一个工具变量。这些权重被称为罗滕伯格（Rotemberg）权重，加起来等于 1。作者指出，较高的权重表明这些工具变量对设计本身的识别差异更为重要。这些权重提供了一种视角，让我们看到哪些份额在估计中占了更大的比重，这有助于弄清楚哪些行业份额应该被仔细审查。如果权重较高的领域通过了一些基本的设定性检验，那么我们对整体识别策略的信心就更强了。

结 论

总之，当你的数据面临基于不可观测变量的选择偏差时，在识别因果效应方面，工具变量是一个强大的设计。但即使如此，它也有许多局限性，这些局限性导致如今许多研究人员不再去使用它。首先，它只识别了异质性处理效应下的 LATE，它可能是与政策相关的变量，但也可能不是。它的值最终取决于依从组的平均处理效应与其他子总体的接近程度。其次，与 RDD 不同，RDD 只有一个主要的识别假设（连续性假设），IV却有多达五个假设！因此，你可以马上明白为什么人们认为 IV 估计不那么可信——不是因为它不能识别因果效应，而是因为越来越难以想象一个纯工具变量可以满足所有五个条件。

但我想说的是，IV 是一个很重要的策略，有时我们会有机会使用它，你应该为理解它以及如何在实践中实施它做好准备。哪里可以找到最好的工具变量呢？Angrist 和 Krueger［2001］指出，最好的工具来自对某些项目或干预的制度细节的深入了解。你呕心沥血进行研究的东西迟早会让你发现好的工具变量。但是，仅仅通过下载一个新数据集，很难找到它们。对某一领域烂熟于胸，就是你找到工具变量的方式。要做到这一点，没有终南捷径。

第八章

面板数据

就是这样子
事情永远不会相同
就是这样子
一些事情永远不会改变

——图派克·夏库尔 (Tupac Shakur)*

因果推断工具包中最重要的工具之一就是面板数据估计量 (panel data estimator)。这个估计量是为纵向数据 (longitudinal data) 设计的——在不同的时间点上对个体进行重复观测。在某些情况下,在不同的时间点重复观测同一个体,可以克服一种特定类型的遗漏变量偏差,尽管不能克服所有类型的这类偏差。虽然在不同的时间点重复观测同一个体可能无法解决所有情况下的这类偏差,但它仍然可以解决许多应用中的这类偏差问题,这也是这种方法如此重要的原因所在。我们将首先阐述描述这种情况的 DAG,然后对一

---

* 图派克·夏库尔(又称 2Pac,1971 年 6 月 16 日—1996 年 9 月 13 日),美国说唱歌手、演员。——译者注

篇论文进行讨论，并在 R 和 Stata 中导入一个数据集进行练习。①

DAG 的例子

在深入研究面板数据的技术假设和估计方法之前，我想通过阐发一个简单的 DAG 来说明这些假设。这个 DAG 来自 Imai 和 Kim［2017］。假设我们有一列结果 Y_i 的数据，其中包含了三个时期的结果。换句话说，在 Y_{i1}，Y_{i2} 和 Y_{i3} 中，i 代表一个特定的个体，$t=1$，2，3 代表第 i 个个体被观测到的结果所对应的时期。同样地，我们有一个协变量矩阵 D_i，它也随时间的推移而变化——D_{i1}，D_{i2} 和 D_{i3}。最后，存在一个个体层面特定而无法被观测到的变量 u_i，它随个体而变化，但不随时间的推移而变化。这就是 u_i 变量没有下标 $t=1$，2，3 的原因。这个变量的关键之处在于：（a）它在数据集中是不能被观测到的，（b）它是随个体而变动的，（c）对于给定的个体 i，它不随时间的推移而变化。最后，还存在一些不随时间的推移而变化，而在个体层面变动的变量 X_i。注意它不会随时间的推移而变化，这一性质有些像 u_i，但与 u_i 不同，X_i 可以被观测到。

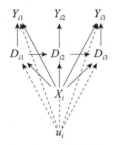

由于这是迄今为止我们看到的最繁杂的 DAG，因此值得对它进行讨论。第一，我们注意到 D_{i1} 导致了 Y_{i1} 以及下一阶段的处理值 D_{i2}。第二，请注意，未观测到的混杂因子 u_i 对所有的 Y 变量和 D 变量都有影响。因此，D 是内生的，因为 u_i 不能被观测到并被纳入回归模型的结构误差项中。第三，不存在与 D_{it} 相关的、不能被观测到且随时间的推移而变化的混杂因子——这唯一的混杂因子是 u_i，我们称之为未观测到的异质性（unobserved heterogeneity）。第四，过去的结果不直接影响当前的结果（即，Y_{it}

① 学习这个估计量还有第二个原因。其中的某些估计量，如具有时间和个体固定效应的线性模型，是使用双重差分模式的估计量。

变量之间没有直接联结）。第五，过去的结果并不直接影响当前的处理（即，从 $Y_{i,t-1}$ 到 D_{it} 没有直接联结）。第六，过去的处理 $D_{i,t-1}$ 并不直接影响当前的结果 Y_{it}（即，$D_{i,t-1}$ 和 Y_{it} 没有直接联结）。正是在这些假设下，我们可以使用一种叫做**固定效应**（fixed effects）的特定面板方法来分离 D 对 Y 的因果效应。[①]

举例来说，让我们回到关于教育回报的那个故事。假设我们对受教育程度对收入的影响感兴趣，受教育程度在一定程度上是由不变的遗传因素决定的，而遗传因素本身决定了不可被观测到的能力，如智力、辨析能力和主观能动性［Conley and Fletcher，2017］。如果我们观测到同一个个体的收入和受教育程度随时间推移而变化的情况，而且，如果由上述 DAG 描述的情况同时描述了直接联结和**缺失的联结**，那么我们就可以使用面板固定效应模型来识别受教育程度对收入的因果效应。

估　计

当我们使用"面板数据"这个术语时，我们指的是什么？我们指的是一个数据集，在这一数据集中，我们在一个以上的时期内对相同的个体进行了观测（例如，个人、公司、国家、学校）。通常我们的结果变量取决于若干个因素，其中一些在我们的数据中可以被观测到，另一些则无法被观测到。如果未被观测到的变量与处理变量相关，那么处理变量是内生的，所得出的相关性就不是因果效应的估计。本章重点介绍了 D 和 Y 之间的相关性可以反映因果效应时所需的条件，即使有未观测到的变量与处理变量相关，我们也可以做到这一点。具体来说，如果这些被遗漏的变量随着时间的推移是不变的，那么即使它们在不同个体之间是异质的，我们也可以使用面板数据估计量来准确地估计我们的处理变量对结果的影响。

面板数据的估计有几种不同的类型，但在本章中我们只讨论两种：合并普通最小二乘法（pooled ordinary least squares，POLS）和固定效应（FE）。[②]

---

① 当同时包含年份固定效应时，固定效应估计量通常被称为"双向固定效应"估计量。

② 第三种常见的面板估计量是随机效应估计量，但根据我的经验，它被使用的频率低于固定效应，所以我决定在这里忽略它。同样，这并不是因为它不重要。我只是基于我认为它们是不是目前经验研究者最常用的方法来选择就更少的内容做更详尽的阐发。请参见 Wooldridge［2010］以获得包括随机效应在内的对面板数据处理方法更全面的介绍。

首先我们需要建立一套表示方法。除了一些例外情况，面板方法通常基于传统的表示法，而不是潜在结果表示法。

389

令 Y 和 $D \equiv (D_1, D_2, \cdots, D_k)$ 表示可观测随机变量，u 表示不可观测随机变量。我们感兴趣的是变量 D_j 在总体回归函数中的偏效应（partial effects）：

$$E[Y \mid D_1, D_2, \cdots, D_k, u]$$

我们观测了一个在时期 $t=1, 2, \cdots, T$ 内，横截面个体 $i=1, 2, \cdots, N$ 的样本（平衡面板）。对于每个个体 i，我们将所有时期的可观测变量表示为 $\{(Y_{it}, D_{it}): t=1, 2, \cdots, T\}$。[①] 设 $D_{it} \equiv (D_{it1}, D_{it2}, \cdots, D_{itk})$ 是 $1 \times K$ 向量。我们通常假设从总体中实际抽取的横截面个体（例如，面板中的个体）是独立同分布的，即 $\{Y_i, D_i, u_i\}_{i=1}^{N} \sim i.i.d.$ 或横截面独立（cross-sectional independence）。那么，我们把主要可观测变量描述为 $Y_i \equiv (Y_{i1}, Y_{i2}, \cdots, Y_{iT})'$ 和 $D_i \equiv (D_{i1}, D_{i2}, \cdots, D_{iT})$。

现在我们来阐释一下每个独立的个体在不同时点下结果的罗列。每个个体 i 都有在多个时点 t 下的观测值：

$$Y_i = \begin{bmatrix} Y_{i1} \\ \vdots \\ Y_{it} \\ \vdots \\ Y_{iT} \end{bmatrix}_{T \times 1} \qquad D_i = \begin{bmatrix} D_{i,1,1} & D_{i,1,2} & D_{i,1,j} & \cdots & D_{i,1,K} \\ \vdots & \vdots & \vdots & & \vdots \\ D_{i,t,1} & D_{i,t,2} & D_{i,t,j} & \cdots & D_{i,t,K} \\ \vdots & \vdots & \vdots & & \vdots \\ D_{i,T,1} & D_{i,T,2} & D_{i,T,j} & \cdots & D_{i,T,K} \end{bmatrix}_{T \times K}$$

而包含所有个体的整个面板将会是这样的：

$$Y = \begin{bmatrix} Y_1 \\ \vdots \\ Y_i \\ \vdots \\ Y_N \end{bmatrix}_{NT \times 1} \qquad D = \begin{bmatrix} D_1 \\ \vdots \\ D_i \\ \vdots \\ D_N \end{bmatrix}_{NT \times K}$$

对于随机抽取的截面个体 i，给定模型如下：

390

$$Y_{it} = \delta D_{it} + u_i + \varepsilon_{it}, \quad t = 1, 2, \cdots, T$$

---

① 为了简单起见，我忽略了我们的 DAG 中不随时间推移而变化的观测值 X_i，这么做的原因我们很快就会搞清楚。

和之前一样，我们以受教育程度对收入的影响为例。设 Y_{it} 是在第 t 年第 i 个人的收入对数。设 D_{it} 是在第 t 年第 i 个人的受教育程度。设 δ 是受教育程度的回报。设 u_i 是不随时间推移而改变的所有个体特征的总和，比如未观测到的能力。正如我之前所说，这通常被称为**未观测到的异质性**（unobserved heterogeneity）。设 ε_{it} 为决定一个人在一定时期内工资随时间变化的未观测到的因素。这通常被称为特异性误差（idiosyncratic error）。我们想知道当我们将 Y_{it} 对 D_{it} 进行回归时会发生什么。

合并普通最小二乘法（pooled OLS）。我们将讨论的第一个估计量是合并普通最小二乘估计量，或 POLS 估计量。当我们忽略面板结构，将 Y_{it} 对 D_{it} 进行回归时，我们得到：

$$Y_{it} = \delta D_{it} + \eta_{it}; \quad t = 1, 2, \cdots, T$$

其中综合误差项 $\eta_{it} \equiv c_i + \varepsilon_{it}$。为了获得一致的 δ 估计值，我们所需的主要假设是：

$$E[\eta_{it} | D_{i1}, D_{i2}, \cdots, D_{iT}] = E[\eta_{it} | D_{it}] = 0; \quad t = 1, 2, \cdots, T$$

虽然我们的 DAG 中不包括 ε_{it}，但这相当于假设未观测到的异质性 c_i 与所有时期的 D_{it} 都不相关。

但在我们的例子中，这不是一个合适的假设，因为我们的 DAG 明确地将未观测到的异质性与每个时期的结果和处理都联系了起来。或者使用受教育程度与收入的例子，受教育程度很可能是基于未观测到的背景因素 u_i，因此没有控制住它，这样一来，我们的估计就会存在遗漏变量偏差，即 $\hat{\delta}$ 是有偏的。D_{it} 和 η_{it} 之间没有相关性，这必然意味着未观测到的 u_i 和 D_{it} 之间没有相关性，这可能不是一个可信的假设。另外一个问题是，由于 u_i 在每个 t 时点都存在，所以对个体 i 来说，η_{it} 是序列相关的。因此，异方差稳健标准误也可能过小。

固定效应（组内估计量）［fixed effects（within estimator）］。让我们再次写出包含未观测到效应的模型如下：

$$Y_{it} = \delta D_{it} + u_i + \varepsilon_{it}; \quad t = 1, 2, \cdots, T$$

如果我们有多个时点的数据，那么我们可以以将 u_i 视为需要估计的固定效应。固定效应的 OLS 估计形式如下：

$$(\hat{\delta}, \hat{u_1}, \cdots, \hat{u_N}) = \underset{b, m_1, \cdots, m_N}{\mathrm{argmin}} \sum_{i=1}^{N} \sum_{t=1}^{T} (Y_{it} - D_{it}b - m_i)^2$$

这相当于在 Y_{it} 对 D_{it} 的回归中包含了 N 个个体虚拟变量。

该最小化问题的一阶条件（first-order conditions，FOC）为：

$$\sum_{i=1}^{N} \sum_{t=1}^{T} D'_{it}(Y_{it} - D_{it}\widehat{\delta} - \widehat{u_i}) = 0$$

以及对于 $i = 1, \cdots, N$：

$$\sum_{t=1}^{T} (Y_{it} - D_{it}\widehat{\delta} - \widehat{u_i}) = 0$$

因此，对于 $i = 1, \cdots, N$，

$$\widehat{u_i} = \frac{1}{T} \sum_{t=1}^{T} (Y_{it} - D_{it}\widehat{\delta}) = \overline{Y}_i - \overline{D}_i\widehat{\delta}$$

其中

$$\overline{D}_i \equiv \frac{1}{T} \sum_{t=1}^{T} D_{it} \; ; \; \overline{Y}_i \equiv \frac{1}{T} \sum_{t=1}^{T} Y_{it}$$

将此结果代入第一个 FOC 中，可得：

$$\widehat{\delta} = \Big(\sum_{i=1}^{N} \sum_{t=1}^{T} (D_{it} - \overline{D}_i)'(D_{it} - \overline{D}_i) \Big)^{-1} \Big(\sum_{i=1}^{N} \sum_{t=1}^{T} (D_{it} - \overline{D}_i)'(Y_{it} - \overline{Y}) \Big)$$

$$\widehat{\delta} = \Big(\sum_{i=1}^{N} \sum_{t=1}^{T} \ddot{D}'_{it}\ddot{D}_{it} \Big)^{-1} \Big(\sum_{i=1}^{N} \sum_{t=1}^{T} \ddot{D}'_{it}\ddot{D}_{it} \Big)$$

关于时间中心化变量，有 $\ddot{D}_{it} \equiv D_{it} - \overline{D}$，$\ddot{Y}_{it} \equiv Y_{it} - \overline{Y}_i$。

为了避免描述得不清楚，可以进行一个包含时间中心化变量 $\ddot{Y}_{it} \equiv$ $Y_{it} - \overline{Y}_i$ 和 $\ddot{D}_{it} \equiv D_{it} - \overline{D}$ 的回归，其在数值上等价于 Y_{it} 对 D_{it} 和特定个体的虚拟变量进行回归。因此，这一估计量有时被称为"组内"估计量，有时被称为"固定效应"估计量。当包含年份固定效应时，被称为"双向固定效应"估计量。这些名称都是一回事。[1]

392

更好的是，当 $C[D_{it}, u_i] \neq 0$ 时，δ 与带有时间中心化变量的回归是一致的，因为时间中心化消除了未观测到的效应。让我们看看下面这些等式：

$$Y_{it} = \delta D_{it} + u_i + \varepsilon_{it}$$

---

[1]　随着时间的推移，你会发现一个事物可能会有不同的名称，这取决于作者和传统，而这些名称一般没有包含什么信息。

$$\overline{Y}_i = \delta \overline{D}_i + u_i + \overline{\varepsilon}_i$$

$$Y_{it} - \overline{Y}_i = (\delta D_{it} - \delta \overline{D}) + (u_i - u_i) + (\varepsilon_{it} - \overline{\varepsilon}_i)$$

$$\ddot{Y}_{it} = \delta \ddot{D}_{it} + \ddot{\varepsilon}_{it}$$

那些未被观测到的异质性去哪里了？当我们对数据进行时间中心化时，它被删除了。就像我们曾经说过的，在回归中加入个体固定效应自动完成了这一中心化过程，可以帮助我们免去手工处理这些问题的麻烦。[①]

那么我们如何精确地进行这种形式的估计呢？有三种方法可以实现（组内）固定效应估计量。它们是：

1. 对数据进行中心化，并进行$\ddot{Y}_{it}$对$\ddot{D}_{it}$的回归（需要矫正自由度）。

2. 做Y_{it}对D_{it}和个体虚拟变量的回归（虚拟变量回归）。

3. 在 Stata 或 R 中进行带有常规固定效应的Y_{it}对D_{it}的回归。

393 **识别假设**（identifying assumptions）。当我们浏览原初的 DAG 时，我们回顾了用固定效应（组内）估计量识别δ所必需的假设。让我们用一些稍微正式一点的形式来补充 DAG 中的直觉。主要的识别假设是：

1. $E[\varepsilon_{it} \mid D_{i1}, D_{i2}, \cdots, D_{it}, u_i] = 0$；$t = 1, 2, \cdots, T$

这意味着给定未观测到的效应，回归变量是严格外生的。虽然如此，但这还是允许D_{it}与u_i任意相关。但它只涉及D_{it}和ε_{it}的相关性，不涉及D_{it}和u_i的相关性。

2. 秩$(\sum_{t=1}^{T} E[\ddot{D}_{it}'\ddot{D}_{it}]) = K$

你应该不会惊讶我们有一个秩条件，因为即使当我们处理更简单的线性模型时，估计的系数也总是一个缩放的（scaled）协方差，缩放需要使用方差项。因此，回归变量必须至少有部分i随时间的推移而变化，并且不共线，为的是使$\hat{\delta} \approx \delta$。

在假设 1 和假设 2 下，该估计量具有以下性质：$\hat{\delta}_{FE}$是一致的（$\underset{N \to \infty}{p \lim} \hat{\delta}_{FE,N} = \delta$）；给定 D 时，$\hat{\delta}_{FE}$是无偏的。

我只是简单地提到了推断。该框架中的标准误必须以面板中的个体进行聚类，以允许同一个个体i的ε_{it}可以随时间相关。只要聚类的数量足够

---

① 如果你想让自己相信它们在数值上是等价的，尽管去做吧。但为了简单起见，还是让我们从二元回归开始。

大，这就会产生有效的推断。①

警告 1：固定效应不能解决反向因果关系（Caveat ♯1：fixed effects cannot solve reverse causality）。但是，仍然有一些东西是固定效应（组内）估计量无法解决的。例如，犯罪率对人均警务支出的回归。Becker［1968］认为，通常抓获概率的增大（此处由警察人数或人均警务支出所代理）将会减少犯罪。但与此同时，人均警务支出本身也是犯罪率的一个函数。当使用犯罪率对警察人数进行回归时，这种反向因果关系问题在大多数面板模型中都出现了，例如 Cornwell 和 Trumbull［1994］。我在表 8-1 中复刻了这一研究中的一部分。因变量是北卡罗来纳州各县的犯罪率（一个面板数据），他们发现警察人数和犯罪率之间存在正相关关系，这与贝克尔的预测相反。这是否意味着一个地区有更多的警察就会导致更高的犯罪率呢？或者它可能反映了相反的因果关系问题？

394

表 8-1　警察人数对犯罪率的面板估计值

因变量	组间估计量	组内估计量	2SLS（FE）	2SLS（未加入 FE）
警察人数	0.364 (0.060)	0.413 (0.027)	0.504 (0.617)	0.419 (0.218)
控制变量	是	是	是	是

注：北卡罗来纳州县级数据。括号中为标准误。

所以，有一种情况是，如果你面临着反向因果关系或双向因果偏差，此时面板固定效应就不再适用，特别是当反向因果关系在观测数据中非常强的时候更是如此。这在技术上违反了我们在本章开始时提出的 DAG。注意，如果存在反向因果关系，那么就会有 $Y \rightarrow D$，而这一情况被 DAG 中包含的理论模型明确排除了。很明显，在警察人数—犯罪率的例子中，DAG 是不合适的，任何关于这个问题的思考都应该告诉你 DAG 是不合适的。因此，正如我反复说过的，它需要仔细的思考，并准确地写出 DAG 中处理变量和结果变量之间的关系，这可以帮助你制定可信的识别策略。

警告 2：固定效应不能解决随时间推移而变化的未被观测到的异质性（Caveat ♯2：fixed effects cannot address time-variant unobserved hetero-

---

① 根据我的经验，当计量经济学家被问及"多大才算大"时，他们会说"有你数据的规模那么大"。但那是在说，有一些小聚类的文献，通常少于 30 个聚类就会被认为聚类太少了（作为经验法则），所以可能能有 30~40 个聚类就可以足够接近无穷。在大多数面板数据的应用中，这一要求都可以得到满足，如美国各州或 NSLY 中的个体等。

geneity）。面板固定效应不能大显神通的第二种情况是，观测不到的异质性随时间推移而变化。在这种情况下，中心化只是简单地去除了一个未被观测到的随时间推移而变化的变量的均值，然后将其移到复合误差项中，并且因为时间中心化$\ddot{u}_{it}$与$\ddot{D}_{it}$相关，所以$\ddot{D}_{it}$仍然是内生的。再一次，仔细看看 DAG——面板固定效应只适用于u_{it}不变的情况。否则这就是另一种形式的遗漏变量偏差。也就是说，不要盲目地使用固定效应，并认为它一定能解决你遇到的遗漏变量偏差问题——就像你不应该仅仅因为方便就使用匹配方法一样。你需要一个基于实际经济模型的 DAG，它可以使你构造出适当的研究设计。没有什么可以取代仔细的推理和经济理论，因为它们是杰出研究设计的必要条件。

婚姻的回报和未观测到的异质性（returns to marriage and unobserved heterogeneity）。什么时候会发生这种情况呢？让我们用 Cornwell 和 Rupert［1997］中的一个例子来进行说明，在这个例子中，作者试图估计婚姻对收入的因果效应。已婚男性比未婚男性挣得多，这是一个众所周知的特征性事实，甚至控制了可观测变量时也是如此。但问题是，这种相关性是因果关系，还是只反映了未观测到的异质性（即选择偏差）？

假设我们有个体的面板数据。这些个体i在四个时间段t内都有观测值。我们对下面的方程感兴趣[①]：

$$Y_{it} = \alpha + \delta M_{it} + \beta X_{it} + A_i + \gamma_i + \varepsilon_{it}$$

设结果变量是他们在每个时期观测到的工资Y_{it}，并且这一取值可以随着时期变化。设工资是婚姻的一个函数。由于人们的婚姻状况会随着时间的推移而改变，婚姻变量的取值也会随着时间的推移而改变。但是种族和性别，在大多数情况下，通常不会随着时间的推移而改变；这些变量通常是不变的，或者有时候也被称为"不随时间推移而变化的"。最后，变量A_i和γ_i是未被观测到的变量，在样本中随着个体发生变化，但不随时间推移而变化。我将这些称为"未观测到的能力"，它可能指的是一个人固定的天资，比如固定的认知能力或非认知能力（比如决心等）。这里的关键在于，它是特定于个体的、不可观测的和不随时间推移而变化的。ε_{it}是未观测到的工资决定因素，被假定为与婚姻和其他协变量不相关。

Cornwell 和 Rupert［1997］估计了一个可行的广义最小二乘（FGLS）

[①] 我们使用与他们论文中相同的符号，而不是前面提出的$\ddot{Y}$符号。

模型和三个固定效应模型（每个模型都包含了不同的随时间推移而变化的控制变量）。作者称固定效应回归为"组内"估计，因为它使用组内个体的变化来消除混杂因素。他们的估计值被呈现在表 8-2 中。

表 8-2　估计的工资回归

因变量	FGLS	组内	组内	组内
婚否	0.083 (0.022)	0.056 (0.026)	0.051 (0.026)	0.033 (0.028)
教育的控制变量	是	否	否	否
工作年限	否	否	是	是
结婚年限的二次项	否	否	否	是

注：括号中为标准误。

请注意，FGLS（第 2 列）发现婚姻溢价效应约为 8.3%。但是，一旦我们开始估计固定效应模型，这种效应就会变得越来越小且越来越不精确。将婚姻特征（如结婚年限和工作年限）包括在内，导致婚姻变量的系数比 FGLS 的估计量下降了约 60%，在 5% 的水平上不再统计显著。

结　论

总之，我们一直在探索面板数据在估计因果效应方面的作用。我们注意到固定效应（组内）估计量是一种非常有用的方法，用于解决特定形式下的内生性问题，但同时也需要注意一些警告。首先，它将消除所有与处理变量相关的不随时间推移而变化的协变量，无论这些变量是否可以被观测到。只要处理和结果随时间推移而变化，并且存在严格的外生性，那么固定效应（组内）估计量都将可以识别处理对某些结果的因果效应。

但这是有一定条件的。首先，该方法不能处理随时间推移而变化的未被观测到的异质性。因此，研究人员需要确定他们面临的无法观测的异质性是哪一种，如果他们面临的是后者，那么本章介绍的面板方法就是不是无偏且一致的。其次，当存在强反向因果关系时，面板方法是有偏的。因此，我们不能解决联立性问题，比如赖特在使用固定效应（组内）估计量估计需求的价格弹性时所面临的问题。最有可能的情况是，当面对这类问题时，我们将不得不转向一个不同的框架。

尽管如此，社会科学中仍然有许多问题可能是由一个不随时间推移而变化的未被观测到的异质性问题引起的，在这种情况下，固定效应（组内）面板估计量就是有用且合适的。

第九章

双重差分

你和我有什么不同？

我有五个银行账户、三盎司的烟草和两辆豪车。

——Dr. Dre*

双重差分（difference-in-differences）设计是一种早期的准实验识别策
略，用于估计因果效应，它的出现比随机实验早大约 85 年。这一方法已经
成为定量社会科学中最受欢迎的研究设计，因此，它值得世界各地的研究
者仔细研究。[1] 在本章中，我将以最简单的形式（即一组个体同时受到处
理）和更常见的形式（即一组个体在不同的时间得到处理）来解释这一

---

* Dr. Dre，原名安德烈·罗梅勒·杨（André Romelle Young），1965 年 2 月 18 日出生于美国
加利福尼亚州康普顿，美国说唱歌手、音乐制作人、演员、商人，Aftermath 娱乐公司和 Beats By
Dr. Dre 耳机公司 CEO，前说唱团体 N. W. A. 的成员。——译者注

[1] 在谷歌 Scholar 上简单搜索"difference-in-differences"，就能得到超过 4 万个搜索结果。

流行且重要的研究设计。我的重点将是确定估计处理效应所需的假设，包括一些通常都会执行的实际检验和稳健性练习，我将向你介绍一些在研究前沿进行的关于双重差分设计（DD）的研究。我还列入了几个复刻练习。

约翰·斯诺的霍乱假说

当考虑到可以使用双重差分设计的情况时，我们通常会试图找到这样一个例子：某些人或个体受到相应的处理，但另一些人或个体却随机地没有接受处理。这有时被称为"自然实验"，因为它是基于一些处理变量的自然变化，在时间上只影响某些个体。所有好的双重差分设计都是基于某种自然的实验。最有趣的自然实验之一，也是最早的双重差分设计之一，是关于约翰·斯诺如何通过一项巧妙的自然实验，让世人相信霍乱是通过水，而不是空气传播的［Snow，1855］。

霍乱是一种恶性疾病，发病突然，伴有呕吐和腹泻等急性症状。在 19 世纪，它通常是致命的。伦敦遭受了三次重大的传染病疫情，就像龙卷风一样，它们在城市中开辟了一条毁灭之路。斯诺是一名医生，他眼睁睁地看着成千上万的人死于一场神秘的瘟疫。医生无法帮助受害者，因为他们错误地理解了导致霍乱在人与人之间传播的机制。

当时，大多数医学观点认为霍乱是通过**污浊的空气**（miasma）传播的，认为疾病是通过微小的有毒颗粒飘浮在空气中的方式传播的。这些颗粒被认为是无生命的，而且因为当时的显微镜分辨率非常低，在那之后许多年人们才第一次看到了微生物。因此，治疗方式的设计往往是防止有毒的污物在空气中扩散。但奇怪的是，像隔离病人这样行之有效的方法在减缓这场瘟疫方面却收效甚微。

当时约翰·斯诺在伦敦工作。最初，斯诺——像每个人一样——接受了污浊的空气理论，并尝试了许多基于这一理论的巧妙方法来阻止这些空气中的有毒物质接触到其他人。例如，他甚至用粗麻袋盖住病人，但这种疾病仍然在传播。人们不断生病和死亡。面对解释霍乱的错误理论，他做了优秀科学家会做的事——改变主意，开始寻找新的解释。

斯诺提出了一种关于霍乱的新理论，认为活跃的有毒颗粒不是一种无生命的颗粒，而是一种有生命的有机体。这种微生物通过食物和饮用水进入人体，通过消化道繁殖并产生毒素，从而造成人体排出水分。每一次排泄，微生物都从体内排出，更重要的是，这些微生物最终流入了英国的水源。人们在不知情的情况下饮用了来自泰晤士河的受污染的水，从而感染了霍乱。当他们这样做的时候，他们会带着呕吐和腹泻等症状进行排泄，这些呕吐和排泄物会一次又一次地流入供水系统，导致整个城市出现新的感染。这一过程通过乘数效应不断重复，这就是为什么霍乱会以一波又一波的方式袭击这座城市。

斯诺多年来对霍乱临床情况的观察，使他质疑**污浊的空气**在解释霍乱方面的有效性。虽然这些都是我们所说的"轶事"，但无数的观测和算不上完美的研究却塑造了他的思想。以下是一些令他困惑的观测结果。他注意到霍乱的传播倾向于跟随人类商业活动的足迹。一艘来自无霍乱国家的船上的水手，如果到达了霍乱肆虐的港口，只有在登陆或补充补给后才会生病；如果船只只是继续停泊，船上就不会有人生病。霍乱对最贫穷的社区造成了最严重的打击，而这些人正是住在最拥挤的住房里、卫生条件最差的那些人。他也许曾经观察到两栋相邻的公寓楼，其中一栋公寓楼的居民严重感染霍乱，但奇怪的是，另一栋的居民则没有。然后他注意到，第一栋公寓楼会被厕所排出的污水污染，但第二栋公寓楼的供水更干净。虽然这些观测结果与**污浊的空气**或许偶有契合，但它们肯定不总是这样，看起来与**污浊的空气**并不明显一致。

斯诺收集了越来越多的这类证据。但是，尽管这些证据在他心中引起了一些怀疑，但他并没有被说服。如果他想消除霍乱是通过水而不是空气传播的所有怀疑，他需要确凿的证据。但他去哪儿找证据呢？更重要的是，这样的证据会是什么样的呢？

让我们想象一下下面的思维实验。如果斯诺是一个拥有无限财富和权力的独裁者，他该如何验证霍乱是通过水传播的理论呢？他可以做的一件事是向每个家庭成员抛硬币——你喝的是受污染的泰晤士河水，你喝的是未受污染的水源。一旦任务完成，斯诺就可以简单地比较两组的霍乱死亡率。如果那些喝未受污染的水的人不太可能感染霍乱，那么这就意味着霍乱是通过水传播的。

物理随机化可以用来识别因果效应，人们距离了解这一知识还需要 85年的时间。但除了对知识不了解之外，还有其他问题使斯诺无法进行物理随机化。像我刚才描述的实验也是不切实际的、不可行的，甚至可能是不道德的——这就是社会科学家如此频繁地依赖自然实验来模仿随机实验的重要原因。但这里的自然实验是什么呢？斯诺需要找到一个地方，在那里未被污染的水被随机分配给了很多人，然后计算那些喝了被污染的水以及没有喝被污染的水的人之间的差异。此外，被污染的水需要以与一般认为的影响霍乱死亡率的因素（比如卫生和贫困）不相关的方式被分配给人们，这意味着各群体之间的协变量有一定程度的平衡。然后他想起了一年前在伦敦进行的一项潜在的自然实验，即重新分配干净的水给伦敦市民。这会起作用吗？

在 19 世纪，几家供水公司服务于伦敦的不同地区。有些社区甚至由不止一家公司提供服务。他们从泰晤士河取水，因为感染者的排泄物通过排放而污染了泰晤士河。但在 1849 年，伦敦朗伯斯（Lambeth）自来水公司将其进水管移至泰晤士河上游，位于主要污水排放点上方，从而给客户提供了未受污染的水。它这样做是为了获得更干净的水，但这样做还有一个额外的好处，那就是因为它的取水点位于泰晤士河的上游，所以喝了朗伯斯自来水公司供应的水的居民不会因为污染物的排放而感染霍乱。斯诺抓住了这个机会。他意识到这给了他一个自然的实验，让他可以通过比较不同的家庭来检验霍乱由水传播的假说。如果他的理论是正确的，那么伦敦朗伯斯区家庭的霍乱死亡率应该比其他一些受到污染物排放感染的家庭要低——我们今天可以称之为明显的反事实。他在萨瑟克和沃克斯豪尔（Southwark and Vauxhall）自来水公司发现了他想要的明显的反事实。

410   与伦敦朗伯斯自来水公司不同的是，萨瑟克和沃克斯豪尔自来水公司并没有把它的取水点移到上游，斯诺花了一整本书来记录这两家公司服务的家庭之间的相似之处。例如，有时它们的服务在社区和房屋中开辟出了一条不规则的路径，这样两边的住户非常相似；唯一的区别是，它们饮用的水被排放物污染的程度不同。如果每家公司所服务的人群在可观测的因素上是相同的，那么它们可能在相关的不可观测的因素上也是相似的。

斯诺细致地收集了供水公司的住户登记数据，挨家挨户询问住户他们使用的供水公司的名称。但有时这些住户不知道具体情况，所以他自己通过用生理盐水测试来确定用水的来源［Coleman，2019］。他将这些数据与该市有关家庭霍乱死亡率的数据进行了比对。在很多方面，他的研究和我们今天看到的许多研究一样先进，因为他仔细收集、准备了各种数据源，并将其联系起来以表明水的纯度和死亡率之间的关系。而且他同样展示了科学上的独创性，比如如何仔细地提出研究问题，以及在研究设计的结果说服他人之前，很长时间都保持怀疑的态度。在综合了所有因素之后，他能够得到可以影响伦敦的决策者的极具说服力的证据。①

斯诺在《论霍乱的传播方式》（On the Mode of Communication of Cholera）[Snow, 1855] 手稿中详细阐述了他的分析。斯诺的主要证据是惊人的，我将基于表9-1中的表Ⅻ和表Ⅸ（此处未列出）讨论这些结果。针对表Ⅻ，我的版本和他的版本之间的主要区别是，我使用了他的数据和双重差分方法估计了处理效应。

表9-1　修正过的表Ⅻ（Snow, 1855）

公司名称	1849 年	1854 年
萨瑟克和沃克斯豪尔自来水公司	135	147
朗伯斯自来水公司	85	19

表Ⅻ（table Ⅻ）。1849年，在萨瑟克和沃克斯豪尔区每1万户家庭中有135个霍乱病例，在伦敦朗伯斯区有85个。但在1854年，在萨瑟克和沃克斯豪尔区，每10万人中有147人感染霍乱，而在伦敦朗伯斯区每1万人中有19人感染霍乱。

411

虽然斯诺没有具体地计算双重差分的结果，但他已经可以这样做了[Coleman, 2019]。如果我们将伦敦朗伯斯区1854年的数据与1849年的数据进行比较，然后将萨瑟克和沃克斯豪尔区的数据进行前后比较，我们可以计算出ATT的估计数为每万人减少78人死亡。虽然斯诺继续提出证据，表明霍乱死亡集中在被霍乱污染的布罗德街的水泵周围，但他确定地认为这种简单的双重差分更能证明他的假设。

对斯诺为了解伦敦霍乱起因所做工作的重要性，再怎么强调也不过分。它不仅提高了我们用观测数据估计因果效应的能力，还促进了科学的发展，并最终拯救了生命。对于斯诺关于霍乱传播原因的研究，Freedman [1991] 指出：

> （斯诺的）论证的力量来自事前推理的清晰性，他汇集了许多不同的证据，以及多次亲自奔波获取的数据。斯诺对非实验数据做了一些出色的调查。令人印象深刻的不是统计技术，而是对科学问题的处理。在案例研究中分析生态数据时的敏锐观察使他不断进步。最终，他发现了一个自然实验，并对其进行了分析。[298]

①　约翰·斯诺是我心目中的英雄之一。他执着于真理，不被低质量的因果证据说服。当常识不能提供令人满意的解释时，这种怀疑主义和开放的心态使他愿意质疑常识。

估 计

412

一张简单的表格（a simple table）。让我们用一些表格来分析这个例子，希望能帮助你理解 DD 背后的直觉知识，以及它的一些识别假设（见表 9-2 至表 9-4）。[①] 假设干预是干净的水，我把它写成 D，我们的目标是估计 D 对霍乱死亡人数的因果效应。设霍乱死亡人数由变量 y 表示，如果我们只是比较 1854 年伦敦朗伯斯区霍乱处理后的死亡值与 1854 年萨瑟克和沃克斯豪尔区的值，我们能识别出 D 的因果效应吗？这在很多方面都是一个明显的选择，而且事实上，这也是一种比较常见且朴素的因果推断方法。毕竟，我们有一个控制组。为什么我们不能将处理组和控制组进行比较呢？下面让我们来看一看。

表 9-2　用什么做比较？不同的公司

公司	结果
朗伯斯自来水公司	$Y=L+D$
萨瑟克和沃克斯豪尔自来水公司	$Y=SV$

表 9-3　用什么做比较？之前之后

公司	时期	结果
朗伯斯自来水公司	之前	$Y=L$
	之后	$Y=L+(T+D)$

表 9-4　比较什么呢？每个公司差异的差值

公司	时期	结果	D_1	D_2
朗伯斯自来水公司	之前	$Y=L$		
	之后	$Y=L+T+D$	$T+D$	
萨瑟克和沃克斯豪尔自来水公司	之前	$Y=SV$		
	之后	$Y=SV+T$	T	

我们必须马上记住的一件事是结果的简单作差，也就是我们在这里所做的，只有当处理是随机的时，这种简单作差才可以被视为 ATE。但在现实世界中，它绝不是随机的，因为现实中人们作出的大多数选择（如果不是所有选择）都内生于潜在结果。现在让我们用固定的水平差异（或称固

[①] 你有时会看到双重差分的首字母缩写，如 DD，DiD，diffi-in-diff，甚至 DnD。

定效应）来表示伦敦朗伯斯区与萨瑟克和沃克斯豪尔区之间的差异，分别用 L 和 SV 表示。这两者都是无法被观测到的，它们是每家公司独有的固定效应，并且不会随着时间的推移而变化。这些固定效应意味着即使伦敦朗伯斯区没有改变它的水源，仍然会有某些其他决定霍乱死亡人数的因素，这就是两家公司在 1854 年霍乱死亡人数不随时间推移而变化的独特差异。

当我们在伦敦朗伯斯、萨瑟克和沃克斯豪尔之间做一个简单的比较时，我们得到一个估计的因果效应等于 $D+(L-SV)$。注意第二项 $L-SV$。我们之前见过这个形式。这是我们在书中前面提到过的、在分解简单结果作差时发现的选择偏差。

因为选择偏差，假设我们意识到我们不能简单地对两个个体进行横截面比较。不过，我们可以将一个个体与它本身进行比较吗？这有时被称为间断时间序列（interrupted time series）。现在让我们来考虑朗伯斯区简单的前后作差。

虽然这个过程成功地消除了朗伯斯固定效应（不像横截面作差），但它并没有得到 D 的无偏估计值，因为差值不能消除随时间推移的霍乱死亡人数的自然变化。回想一下，这些事件是以波的形式振荡的。我不能比较朗伯斯之前和之后的（$T+D$），因为 T 是一个遗漏变量。

DD 策略的直觉知识非常简单：将这两种更简单的方法结合起来，从而依次消除了选择偏差和时间效应。让我们在下表中看看是怎么做的。

第一个差值，D_1，是简单前后作差得到的结果。这最终消除了特定个体的固定效应。然后，一旦产生了这些差值，我们就再次作差（DD 由此得名），以得到 D 的无偏估计值。

但是 DD 设计有一个关键的假设，这个假设甚至在这个表中都可以看出。我们假设没有特定于公司的不可观测变量会随时间的推移而改变。在朗伯斯区的家庭中，我们没有发现在两个时期之间影响霍乱死亡人数的不可观测变量的变化情况。这相当于假设 T 对所有个体都是相同的。我们称之为**平行趋势**假设。我们将在本章中反复讨论这个假设，因为它是整个设计中最重要的假设。如果你能满足平行趋势假设，那么 DD 就可以识别因果效应。

DD 是一个功能强大但却非常简单的设计。通过对处理和控制个体（通常是几个个体）的重复观测，我们可以消除未观测到的异质性，通过以非常具体的方式转换数据，提供对处理个体的平均处理效应（ATT）的可信估计。但是这个过程何时以及为什么会产生正确的答案呢？事实证明，它比看起来要复杂得多。在前端，理解面罩背后的内容从而避免在这一设计中出现概念性错误，非常重要。

简单的 2×2 DD（the simple 2×2 DD）。霍乱案例是一种特殊的 DD 设计，Goodman-Bacon [2019] 称其为 2×2 DD 设计。2×2 DD 设计有处理组 k 和控制组 U，处理组有一个前期 pre(k) 以及一个后期 post(k)；控制组同样也有一个前期 pre(U) 以及一个后期 post(U)。所以：

$$\widehat{\delta}_{kU}^{2\times 2} = (\overline{y}_k^{\text{post}(k)} - \overline{y}_k^{\text{pre}(k)}) - (\overline{y}_U^{\text{post}(k)} - \overline{y}_U^{\text{pre}(k)})$$

式中，$\widehat{\delta}_{kU}$ 为 k 组估计的 ATT，$\overline{y}$ 为该特定组在特定时间段内的样本均值。等式右边第一项为处理组 k 处理后减去处理前的差值，第二项为控制组 U 控制后减控制前的差值。一旦得到了这些量，我们就可以取第一项和第二项的差值。

但这只是简单的计算机制。这个估计参数反映了什么呢？为了理解这一点，我们必须将这些样本均值转换为潜在结果的条件期望。如我们所见，当使用样本均值时，这很容易做到。首先我们把它写成条件期望的形式。

$$\widehat{\delta}_{kU}^{2\times 2} = (E[Y_k \mid \text{Post}] - E[Y_k \mid \text{Pre}]) - (E[Y_U \mid \text{Post}] - E[Y_U \mid \text{Pre}])$$

现在让我们使用转换方程，它将 Y 的历史取值转换成潜在结果。就像我们之前所做的一样，我们要使用一个小技巧在右边加上"0"，这样我们就可以用这些项来帮助说明一些重要的东西。

$$\widehat{\delta}_{kU}^{2\times 2} = \underbrace{(E[Y_k^1 \mid \text{Post}] - E[Y_k^0 \mid \text{Pre}]) - (E[Y_U^0 \mid \text{Post}] - E[Y_U^0 \mid \text{Pre}])}_{\text{转换方程}}$$
$$+ \underbrace{E[Y_k^0 \mid \text{Post}] - E[Y_k^0 \mid \text{Post}]}_{\text{加上一个"0"}}$$

现在，我们只需重新排列这些项，就可以根据潜在结果的条件期望对 2×2 DD 进行分解。

$$\widehat{\delta}_{kU}^{2\times 2} = \underbrace{E[Y_k^1 \mid \text{Post}] - E[Y_k^0 \mid \text{Post}]}_{\text{ATT}}$$
$$+ \underbrace{[E[Y_k^0 \mid \text{Post}] - E[Y_k^0 \mid \text{Pre}]] - [E[Y_U^0 \mid \text{Post}] - E[Y_U^0 \mid \text{Pre}]]}_{\text{2×2情况下的非平行趋势偏差}}$$

现在，让我们仔细研究最后一项。当且仅当第二项为零时，这个简单的 2×2 DD 才可以分离出 ATT（第一项）。但第二项在什么时候才能等于 0 呢？如果在第二项中第一个差值（涉及处理组 k）等于第二个差值（涉及控制组 U），那么第二项将等于 0。

但是注意第二行中的项。注意到有什么奇怪的吗？我们关注的是 Y^0，这是没有处理的结果。但这里的时点是**处理后**，在处理后，$Y = Y^1$ 而不是 Y^0。因此，第一项是**反事实**结果。正如我们反复说的，反事实结果是不可观测的。这条底线通常被称为平行趋势假设，根据定义，它是不可检验的，因为我们无法观测到这种反事实的条件期望值。后面我们会再来讨论这个问题，现在我只是提出这一问题，供大家思考。

DD 和最低工资（DD and the minimum wage）。现在我想谈谈更明确的经济学内容，最低工资是一个很好的话题。DD 的现代用法是通过受人尊敬的劳动经济学家 Orley Ashenfelter［1978］带入社会科学的。他的研究无疑对他所指导的学生戴维·卡德产生了深远的影响，后者可以说是他那一代最伟大的劳动经济学家。卡德在几项开创性的研究中一直使用这种方法，如 Card［1990］。但我在这里会特别关注其中的一篇——那篇经典的关于最低工资的研究［Card and Krueger，1994］。

Card 和 Krueger［1994］是一项争议很大的研究，不仅因为它使用了一个明确的反事实估计，而且因为该研究对许多人关于最低工资负面影响的共同信念提出了挑战。直到今日，它仍被大量研究最低工资的文章奉为经典。[1]这项研究具有非常大的争议性，以至诺贝尔奖得主詹姆斯·布坎南（James Buchanan）在给《华尔街日报》编辑的一封信中称，那些受 Card 和 Krueger［1994］影响的人是"随营娼妓"（camp following whores）［Buchanan，1996］。[2]

假设你关心最低工资对就业的影响。理论上，你可能会认为，在完全竞争的劳动力市场中，最低工资的提高使得向右下方倾斜的需求曲线向上移动，导致就业率下降。但在以垄断为特征的劳动力市场，最低工资可以

---

① 该文献被引用得过于广泛，在这里无法引用，但可以在 Neumark 等［2014］和 Cengiz 等［2019］中找到大量关于最低工资的当代文献。

② 詹姆斯·布坎南因其在公共选择理论方面的开创性工作而获得了诺贝尔奖。然而，他不是一个劳动经济学家，而且据我所知，他没有使用过观测数据的明确反事实来估计因果效应的经验。在谷歌学术网站上搜索 "James Buchanan minimum wage"，只得到一个结果，就是之前提到的给《华尔街日报》编辑的那封信。我认为他的批评是出于个人意识形态的动机，在这场辩论中是毫无帮助的。

增加就业。因此，有充分的理论理由相信，最低工资对就业的影响最终是一个取决于许多当地环境因素的实证问题。这就是 Card 和 Krueger［1994］的切入点。他们能否发现最低工资对某些地方的经济最终是有害还是有益呢？

417　　用一个简单的思维实验来开始这些问题总是很有用的：如果你有 10 亿美元，而且拥有绝对的自由裁量权，可以进行一个随机实验，你将如何检验最低工资是导致就业增加了还是减少了？你可以在美国的数百个地区劳动力市场中掷硬币——如果是正面，就提高当地最低工资；如果是反面，就保持现状。正如我们之前所做的，这些思维实验对于阐明研究设计和因果问题都很有用。

　　由于缺乏随机实验，Card 和 Krueger［1994］通过比较两个相邻的州在最低工资提高前后的情况，采用了一个次优的解决方案。这与斯诺在霍乱研究中所使用的策略基本相同，也是经济学家至今仍在以某种形式使用的策略［Dube et al.，2010］。

　　1992 年 11 月，新泽西州的最低工资将从 4.25 美元提高到 5.05 美元，但邻近的宾夕法尼亚州的最低工资仍保持在 4.25 美元。他们意识到有机会通过比较两个州提高最低工资之前和之后的效果来估计提高最低工资的效应，于是他们对两个州的大约 400 家快餐店进行了一项调查——一次在 1992 年 2 月（提高之前），另一次在该年 11 月（提高之后）。从这项调查中回收的答复随后被用来衡量他们关心的结果（即就业）。正如我们在斯诺身上看到的，我们在这里再次看到，在因果推断中，实地调查和任何统计技术一样重要。

　　让我们通过研究他们调查的快餐店的工资分配情况来看看新泽西州的最低工资标准变化是否真的提高了最低工资。图 9-1 显示 1992 年 11 月最低工资提高后的工资分配情况。可以看到，最低工资的提高是有约束力的，新泽西州在最低工资上的大量工资数据给出了证据上的支持。

　　作为一个警告，请注意，这幅图有效地使读者信服新泽西州的最低工资有约束力。在这样的研究中，这种数据可视化不是一个微不足道的，甚至不是一个可选可不选的策略。就连约翰·斯诺也展示了精心设计的伦敦
418　霍乱死亡人数分布图。在因果推断的话语体系中，一幅美丽的、展示处理"第一阶段"效应的图片是至关重要的，很少有人能像卡德和克鲁格那样做到这一点。

　　让我们提醒自己我们在寻求什么，是最低工资提高对就业的平均因果

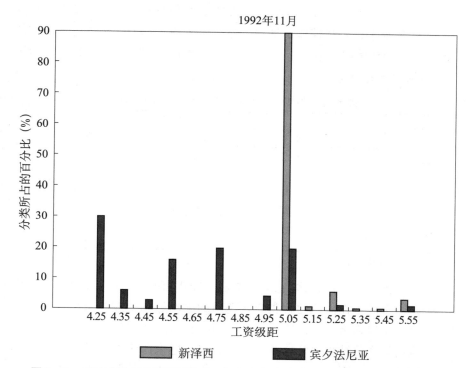

图 9-1　1992 年 11 月新泽西州（NJ）和宾夕法尼亚州（PA）的工资分配情况

资料来源：转载自 Card, D. and Krueger, A.（1994）. "Minimum Wages and Employ-ment: A Case Study of the Fast-Food Industry in New Jersey and Pennsylvania," *American Economic Review*，84：772-793. 经作者许可转载。

效应，还是 ATT。使用我们之前对 2×2 DD 的分解，我们可以将其写为：

$$\widehat{\delta_{NJ,PA}^{2\times2}} = \underbrace{E[Y_{NJ}^1 \mid \text{Post}] - E[Y_{NJ}^0 \mid \text{Post}]}_{\text{ATT}}$$

$$+ \underbrace{[E[Y_{NJ}^0 \mid \text{Post}] - E[Y_{NJ}^0 \mid \text{Pre}]] - [E[Y_{PA}^0 \mid \text{Post}] - E[Y_{PA}^0 \mid \text{Pre}]]}_{\text{无平行趋势偏差}}$$

再一次，我们看到了关键的假设，即平行趋势假设，它由第二行中的第一个差分表示。如果这种情况下存在平行趋势，那么上式中第二项将趋于零，此时 2×2 DD 将变为 ATT。

2×2 DD 要对新泽西州（NJ）和宾夕法尼亚州（PA）的就业情况分别作差，然后对它们各自第一次差分的结果再取差值。只要平行趋势偏差

419 为零，这组步骤就可以估计出真正的 ATT。如果这是正确的，那么 $\widehat{\delta}^{2\times2}$ 等于 δ_{ATT} 。如果平行趋势偏差不是零，那么简单的 2×2DD 就会遇到未知的偏差——可能产生向上或向下的偏差，也可能完全反转符号。表 9-5 展示了 Card 和 Krueger [1994] 这个操作的结果。

表 9-5　使用全职工作样本平均值的简单 DD

按州进行分类	因变量		
	PA	NJ	NJ-PA
FTW 之前	23.3 (1.35)	20.44 (0.51)	-2.89 (1.44)
FTW 之后	21.147 (0.94)	21.03 (0.52)	-0.14 (1.07)
FTW 变动的均值	-2.16 (1.25)	0.59 (0.54)	2.76 (1.36)

注：括号中为标准误。

　　这里得到的结果让很多人感到惊讶。Card 和 Krueger [1994] 估计出的结果是：全职工作岗位的就业的处理组的平均处理效应为 +2.76，而不是竞争性要素投入市场理论所预测的负值。在这里，我们看到了布坎南为什么对这篇论文的结果很有挫败感，他的挫败感来源于他在脑海中早有了一个特定的模型，而不是卡德和克鲁格所使用的可以批评的研究设计。

　　虽然平行趋势假设下的样本平均值之差可以识别 ATT，但我们可能还是希望使用多元回归。例如，如果你需要通过控制随时间推移而变化的内生协变量来避免遗漏变量偏差，那么你可能会愿意使用回归。这种策略是关闭一些已知的关键后门路径的另一种方法。使用回归方程的另一个原因是，通过控制适当的协变量，可以减小残差方差，并提高 DD 估计的精度。

　　利用转换方程，假设州固定效应和时间固定效应为常数，我们可以写出一个简单的回归模型，估计最低工资对就业 Y 的因果效应。

420　　这个简单的 2×2 是用下面的方程估计的：

$$Y_{its} = \alpha + \gamma NJ_s + \lambda D_t + \delta(NJ \times D)_{st} + \varepsilon_{its}$$

　　如果观测值来自 NJ，则虚拟变量 NJ 等于 1，如果观测值来自 11 月（后期），则虚拟变量 D 等于 1。这个方程取以下值，我将根据设置虚拟变量等于 1 和/或 0 依次列出：

1. PA 之前：α
2. PA 之后：$\alpha + \lambda$

3. NJ 之前：$\alpha + \gamma$

4. NJ 之后：$\alpha + \gamma + \lambda + \delta$

我们可以在图 9-2 中对 2×2 DD 的参数予以可视化。

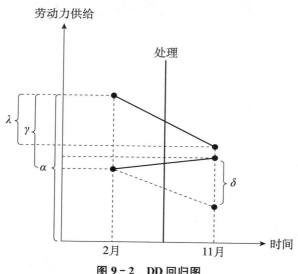

图 9-2　DD 回归图

现在，在我们无数次强调平行趋势假设之前，我想指出一些有点微妙 421
的东西。你是否看到 δ 参数飘浮在图 9-2 中 11 月线之上？这是新泽西州
就业水平的反事实结果（底部的黑色圆圈在 11 月的负倾斜虚线上）和实际
就业水平（上面的黑色圆圈在 11 月的正斜实线上）之间的差值。这就是
ATT，因为 ATT 等于：

$$\delta = E[Y^1_{NJ,\text{Post}}] - E[Y^0_{NJ,\text{Post}}]$$

其中第一条线可以被观测到（因为在后期 $Y = Y^1$）和第二条线没有被观测
到的原因是一样的。

现在问题来了：OLS 总是会估计出 δ 线，**即使反事实斜率并非如图上
所示**。这是因为 OLS 使用了宾夕法尼亚州随时间的变化，用从处理开始的
点来映射新泽西州的前处理值。当 OLS 填满了缺失的量，参数估计就等于
观测到的处理后的值和基于宾夕法尼亚州的斜率的投影值之间的差值，**不
管宾夕法尼亚州的斜率是不是测量新泽西州反事实斜率的正确基准**。OLS
总是使用未处理组的斜率作为反事实值来估计效应，而不管这个斜率实际
上是否正确。

　　但是，不妨看看当宾夕法尼亚州的斜率等于新泽西州的反事实斜率时会发生什么？此时，在回归中使用的宾夕法尼亚州斜率将机械地估计出ATT。换句话说，只有当宾夕法尼亚州的斜率是新泽西州的反事实斜率时，OLS才会恰好识别出那个真实的效应。让我们在图9-3中看看这一点。

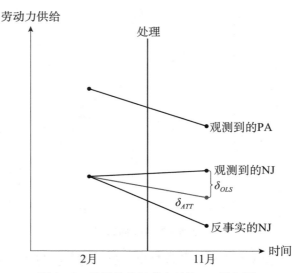

图 9-3　平行趋势不成立时的 DD 回归图

　　注意列出的这两个 δ：左边是真正的参数 δ_{ATT}，右边是 OLS 估计的 $\hat{\delta}_{OLS}$。向下的实线是观测到的宾夕法尼亚州的变化，而标记为"观测到的 NJ"的向下实线是观测到的新泽西州就业在两个时期间的变化。

　　真正的因果效应 δ_{ATT} 是从"观测到的 NJ"点到"反事实的 NJ"点的直线。但 OLS 无法估计这条线。相反，OLS 使用宾夕法尼亚州线的斜率，从 2 月的新泽西州处画一条平行线，用浅灰色表示。OLS 仅仅估计了从观测到的 NJ 点到反事实的 NJ 估计点的这条垂线的长度，可以看出，这低估了真正的因果效应。

　　这里我们看到了平行趋势假设的重要性。OLS 估计值等于 ATT 的唯一情况是，反事实的 NJ 恰好与灰色 OLS 线对齐，这是一条平行于宾夕法尼亚州线的线。许多关注此事的人对此持怀疑态度，这是可以理解的：我们为什么要基于这种对巧合的认识来进行估计呢？毕竟，这是一个反事实的趋势，因此它是不能被观测到的，因为它从未发生过。也许反事实是灰色线，但也可能是另一条未知的线。可能是任何事情——只是我们不知道。

　　这就是为什么我喜欢告诉人们平行趋势假设实际上只是我们在面板那一章中讨论过的严格外生性假设的重述。我想说的是，当我们诉诸平行趋势时，我们已经找到了一个与处理组大致相同的控制组，而且处理不是内生性的。如果它是内生性的，那么平行趋势总会被违反，因为不管如何处理，在反事实中处理组都会有偏离。

423

　　经济学家们设计了大量检验，以提供某种合理的信心，让我们相信平行趋势，但在介绍这些之前，我想快速地谈谈 DD 设计中的标准误。

推　断

　　许多采用 DD 策略的研究都使用了多年的数据——而不是像 Card 和 Krueger［1994］那样仅仅使用了一个处理前和一个处理后时期的数据。在这些情况下，感兴趣的变量只在组层面上发生变化，比如州，结果变量通常是序列相关的。在 Card 和 Krueger［1994］中，很可能每个州的就业不仅在州内是相关的，而且是序列相关的。Bertrand 等［2004］指出，传统的标准误往往严重低估了估计量的标准差，因此标准误向下偏，变得"过小"，从而导致我们过度拒绝原假设。Bertrand 等［2004］提出了以下解决方案：

1. 块状自助法标准误。
2. 将数据汇总为一个前期和一个后期。
3. 在组层面聚类标准误。

　　块状自助法（block bootstrapping）。如果我们选择的"块"是一个州，那么你只需对州进行替换以进行自助。块状自助很简单，只需要一些涉及循环和存储估计结果的程序。因为其运行机制与随机推断类似，所以我们把这个问题留给读者去思考如何解决。

　　聚合（aggregation）。这种方法完全忽略了时间序列的维度，如果数据只有前期和后期，以及一个控制组，那么事情就很简单。你只需将这些组平均为一个前期和后期，然后对这些聚合后的群组进行双重差分。但如果你有差分的时序，那么问题就不再那么简单了，因为你需要部分分离出州和年份的固定效应，然后将分析转化为包含残差化的分析。基本上，对于那些有多个处理时间段的常见情况（我们稍后会更详细地讨论），你会

424

将结果变量对面板个体和时间固定效应及任何协变量进行回归。这样你就会得到处理组的残差。然后将该残差划分为前期和后期：在这一点上，你基本上忽略了那些从未接受过处理的群组。然后你可以进行残差对虚拟变量的回归。这是一个奇怪的过程，并不能还原最初的点估计，所以我转而关注第三点。

聚类（clustering）。对标准误的正确处理有时会使群组的数量变得非常小：在 Card 和 Krueger［1994］中，群组的数量只有两个。更常见的是，研究人员将使用第三种选择（按组聚类标准误）。在研究中同时使用这三种方法是非常罕见的情况。大多数人都只会提供聚类解决方案——很可能是因为它只需要很少的编程。

聚类对于编程没有什么要求，绝大多数软件包都已经可以自动实现这一过程。我们要做的就是简单地通过按组（或处理精确到的层次）聚类来调整标准误，就像在之前的章节中讨论过的那样。对于州层次的面板来说，这就意味着在州分层上进行聚类。这一聚类允许在一个州内的误差项存在任意的序列相关性。聚类是人们最经常使用的方法。

面板情况下的推断是一个有趣的领域。当聚类的数量很小时，简单的解决方案（如聚类标准误）就不再足够了，因为出现了越来越多的第 I 类错误（false positive）问题。在只有一个处理个体的极端情况下，即使用最初的自助技术（该技术被建议用于聚类数量较少的情况），模拟中 5% 显著性水平下的过度拒绝率也可能高达 80%［Cameron et al.，2008；MacKinnon and Webb，2017］。在只有一个处理组的极端情况下，我倾向于使用 Buchmueller 等［2011］的随机推断方法。

通过事件研究和前期的平行提供平行趋势的证据

425   **关于处理前 DD 系数平行性的几点絮叨（因为我担心只有一点不够）** ［a redundant rant about parallel pre-treatment DD coefficients (because I'm worried one was not enough)］。考虑到平行趋势假设在识别 DD 设计的因果效应中至关重要，并且考虑到估计平行趋势假设所需的一种观测结果对研究人员来说是不可获得的，人们可能会绝望到举手投降。但经济学家们很固执，他们花了几十年的时间来设计出各种方法，并试图用这些方法检验相信平行趋势是否合理。现在我们来讨论一种在事件研究中对任何 DD 设计而言都必备的检验。让我们再重新写一下 2×2 DD 的分解。

$$\widehat{\delta_{KU}^{2\times2}} = \underbrace{E[Y_K^1 \mid \text{Post}] - E[Y_K^0 \mid \text{Post}]}_{\text{ATT}}$$

$$+ \underbrace{[E[Y_K^0 \mid \text{Post}] - E[Y_K^0 \mid \text{Pre}]] - [E[Y_U^0 \mid \text{Post}] - E[Y_U^0 \mid \text{Pre}]]}_{\text{非平行趋势偏差}}$$

我们对第一项 ATT 感兴趣，但当第二项不等于零时，它就会受到选择偏差的污染。因为估计第二项需要反事实，$E[Y_K^0 \mid \text{Post}]$，我们无法直接这样做。相反，经济学家通常做的是比较安慰剂预处理前的 DD 系数。如果处理之前的 DD 系数在统计意义上为零，那么在处理组和控制组之间进行双重差分时，其趋势应该也类似于之前的趋势。这是设计的修辞艺术：如果它们之前是相似的，那么为什么在处理后就不是这样了呢？

但请注意，这种修辞是一种声明形式的证明。仅仅因为它们之前是相似的，在逻辑上并不能得出在之后它们也是相似的。假设未来和过去一样是赌徒谬论的一种形式，被称为"反向位置"（reverse position）。仅仅因为一枚硬币连续三次正面朝上并不能得出其第四次也会正面朝上——至少在没有进一步的假设时是如此。同样地，我们没有义务去相信反事实趋势将会和处理后的对照组相同，因为在没有更进一步假设关于处理前趋势预测能力的情况下，它们在处理前是类似的。但做出这样的假设也是无法检验的，所以我们又回到了起点。

如果处理本身是内生的，那么这就是一种明显违反平行趋势的情况。在这种情况下，处理状态的分配将直接取决于潜在结果，如果没有处理，潜在结果无论如何都会改变。这种传统的内生性要求的不仅仅是对处理前的平行性做一些粗糙的可视化（lazy visualizations）。虽然检验很重要，但从技术上说，现在处理前的相似性既不是保证平行趋势的必要条件，也不是充分条件 [Kahn-Lang and Lang, 2019]。这个假设不是那么容易证明的。你永远不能在尝试确定个体是否内生地接受处理，是否存在遗漏变量偏差，是否存在开放的后门路径，以及在找出选择偏差的来源等方面偷懒。当动态回归模型中的结构误差项与处理变量不相关时，就会具有严格的外部性，正是这一点给我们提供了平行趋势，也正是这一点使你可以根据自己的估计结果做出有意义的论断。

检查处理组和控制组在处理前的平衡（checking the pre-treatment balance between treatment and control groups）。现在，让我们来讨论一下事

件研究，尽管它们不是平行趋势假设的直接检验，但它们有自己的位置，因为它们表明了两组个体在处理前的时期内具有动态上的可比性。① 这种有条件的独立性概念在本书中一直很有用，而且被一再使用，下面我们也来展示一下。

作者们尝试用几种不同的方法来展示处理组和控制组之间的差异。一种方法是简单地展示原始数据，如果你的数据中有一些组在同一时间接受处理，那么就可以这样做。然后你就可以目测处理组在处理前的动态是否与控制组不同。

但如果你没有一个统一的处理时间呢？如果处理的时间是不同的，即不同的个体在不同的时刻接受处理会怎样呢？这样一来处理前的概念就变得复杂了。如果新泽西州在 1992 年提高了其最低工资，纽约州在 1994 年提高了其最低工资，但宾夕法尼亚州从未提高其最低工资，处理前的时期在新泽西州被定义为 1991 年，而在纽约州则被定义为 1993 年，对宾夕法尼亚州而言不存在这一定义。因此，在这种情况下，我们如何检验处理前的差异呢？人们使用了各种不同的方法来做这件事。

一种可能的方法是逐年绘制原始数据，简单地用肉眼打量。例如，你可以将处理组与控制组进行比较，这可能需要很多图表，而且可能看起来很费力。Cheng 和 Hoekstra［2013］采用了这一方法，并创建了一个单独的图表，对不同处理年份的处理组和控制组进行比较。其优点是：它能清晰地显示未经调整的原始数据。然而世间没有完美的事情，这样做的缺点有好几个。第一，当处理组的数量很大时，这一方法可能会很麻烦，进而在实际操作中很难实现。第二，它可能不够美观。第三，这一方法必须假设唯一的控制组是从未被处理的组，Goodman-Bacon［2019］的研究表明，事实上这一假设并不成立。任何 DD 都是在处理和未处理、早期处理和晚期处理、晚期处理和早期处理之间进行比较，加以综合。因此，仅仅显示与从未接受过处理的个体的比较，这实际上用了具有不同时序的双向固定效应模型，是一个有关潜在的识别机制的误导性表述。

Anderson 等［2013］采用了一种创造性的替代方法，展示了大麻可以合法医用的州和不可以合法医用的州的相似性。就像我所说的，控制组州

① 金融经济学也有一种方法被称为事件研究［Binder，1998］，但在当代因果推断中，事件研究经常以 DID 设计的方式被使用，但是事件研究使用处理先期和滞后项填满这一模型，而不是使用单个的处理后虚拟变量（post-treatment dummy）。

的处理前这一概念是不明确的，因为处理前总是会参考不同组别的特定处理日期。因此，作者构建了一个控制组州的交通死亡率的时间路径，方法是将随机的处理日期分配给所有控制组内的县，然后绘制出每组在处理前后年份的平均交通死亡率。这种方法有两个优点。首先，它可以绘制原始数据，而不是回归的系数（我们将在下文中看到）。其次，它画出了处理组与控制组相对应的数据的图。但它的缺点是，从技术上讲，这个控制序列并不是**正确的**。选择它是为了进行比较，但当最终进行回归时，它将不基于这个序列。但主要的缺点是，它没有从技术上显示任何用于估计Goodman-Bacon［2019］的控制组。它并不是在处理过的组和从未处理过的组之间进行比较；这不是早期处理和晚期处理的比较；这也不是晚期处理和早期处理的比较。虽然这是一个在估计处理前差异方面的创造性尝试，但它事实上并没有从技术上给出证明。

《428》

目前，作者们评估具有不同处理时间的处理组和控制组之间处理前动态的方法是，估计一个包括处理先期和滞后项的回归模型。我发现在实际的论文中介绍这些概念更为受用，所以让我们来回顾一下 Miller 等［2019］的一篇有趣的工作论文。

《平价医疗法案》、扩大医疗补助计划和人口死亡率（Affordable Care Act, expanding Medicaid and population mortality）。米勒（Miller）等的一项具有挑衅性的新研究［2019］审视了《平价医疗法案》下医疗补助计划的扩张。他们主要感兴趣的是这种扩张对人口死亡率的影响。早期的工作就医疗补助计划对死亡率的影响提出了质疑［Baicker et al., 2013; Finkelstein et al., 2012］，所以米勒等用更大的样本量来重新研究该问题是有价值的。

像在他们之前的约翰一样，作者将死亡数据集与大规模联邦调查数据联系在一起，从而表明亲自调查通常与优良的设计密切相关。他们使用这些数据，利用 DD 设计来估计医疗补助登记对死亡率的因果影响。他们关注的是，在《平价医疗法案》下的医疗补助计划扩张和不扩张的州内那些接近老年的成年人。他们发现，由于《平价医疗法案》应用于多个州，年死亡率下降了 0.13 个百分点，比样本均值下降了 9.3%。这种影响是与疾病相关的死亡人数减少的结果，而且随着时间的推移，这种影响会越来越大。基于这一估计，医疗补助计划挽救了不少人的生命。

与许多当代 DD 设计一样，Miller 等［2019］评估了处理先期，而不是绘制处理组和控制组的原始数据。在估计后，他们绘制了关于处理先期

《429》

和滞后期 95％置信区间内的回归系数。在 DD 模型中包括先期和滞后，可以让读者检查越过时点后处理的动态程度，也可以让读者检查两组在处理之前的动态结果是否具有可比性。类似这样的模型通常遵循如下形式：

$$Y_{its} = \gamma_s + \lambda_t + \sum_{\tau=-q}^{-1} \gamma_\tau D_{s\tau} + \sum_{\tau=0}^{m} \delta_\tau D_{s\tau} + x_{ist} + \varepsilon_{ist}$$

处理发生在第 0 年。模型内包括处理之前的 q 期（先期效应）和 m 期滞后（处理后效应）。

Miller 等［2019］构造了四个事件研究，把它们合并在一起，讲述的就是这篇论文的主要部分。坦率地说，使用因果推断的说法就是：对关键估计值（比如"第一阶段"）以及结果和安慰剂检验的可视化。这里事件研究的结果图非常有说服力，它们可能会让你有点嫉妒，因为通常你的实证研究中结果图不会那么好。让我们看看前三个。根据《平价医疗法案》，各州扩大了医疗补助计划，增加了获得医疗补助资格的人数（见图 9-4），这并不令人惊讶。这也导致了医疗补助覆盖范围的扩大（见图 9-5），结果导致未参保人的百分比下降（见图 9-6）。所有这三件事都表明，《平价医疗法案》下的医疗补助计划的扩张使得目标群体接受注册并成为受保人。

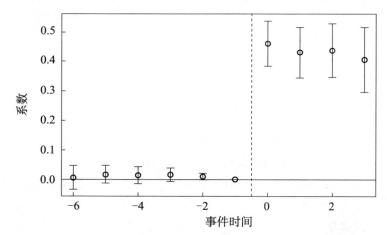

**图 9-4　在事件研究模型中使用先期和滞后项估计医疗补助计划
扩张对获取平价医保资格的影响**

资料来源：Miller, S., Altekruse, S., Johnson, N., and Wherry, L. R. (2019). "Medicaid and mortality: New evidence from linked survey and administrative data," Working Paper No. 6081, National Bureau of Economic Research, Cambridge, MA. 经作者许可转载。

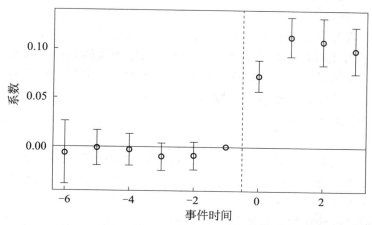

图 9-5　在事件研究模型中使用先期和滞后来估计医疗补助计划扩张对覆盖范围的影响

资料来源：Miller，S.，Altekruse，S.，Johnson，N.，and Wherry，L. R.（2019）．"Medicaid and mortality：New evidence from linked survey and administrative data," Working Paper No. 6081，National Bureau of Economic Research，Cambridge，MA. 经作者许可转载。

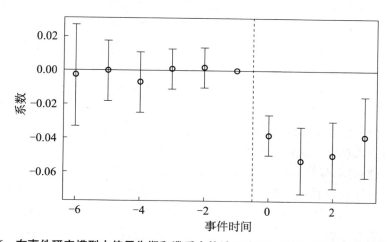

图 9-6　在事件研究模型中使用先期和滞后来估计医疗补助计划扩张对未参保州的影响

资料来源：Miller，S.，Altekruse，S.，Johnson，N.，and Wherry，L. R.（2019）．"Medicaid and mortality：New evidence from linked survey and administrative data," Working Paper No. 6081，National Bureau of Economic Research，Cambridge，MA. 经作者许可转载。

　　这些事件研究有几个特点应该吸引你的注意。首先让我们看看图 9-4。处理前的系数几乎在零线上。它们不仅在点估计中接近于零，而且它们的标准误非常小。这意味着在扩张之前，不同州中两组个体之间的差异被精确地估计为零。

你看到的第二件事是显而易见的。接受处理后，某些人有资格获得医疗补助的概率立即上升到 0.4，虽然不像处理前的系数那么精确，但作者可以排除低到 0.3～0.35 的影响。这表明，在参保资格上有大幅增加，而且还表明，处理前的系数基本上为零这一事实。这样我们很容易相信，处理后系数的上升是由于《平价医疗法案》在各州扩大了医疗补助计划。

当然，我之前强调过，从**技术上讲**，处理前的 0 系数并不意味着在处理后，反事实趋势和观测趋势之间的差异是 0。但当你看到这幅图时，它难道不引人注目吗？它是否使你，哪怕只是在很小的程度上，认为注册人数和保险状况的变化可能是由医疗补助计划的扩张引起的？我敢说，一个包含先期、滞后和标准误的系数表可能不会那么有说服力，即使它给出了相同的信息。此外，只有当持怀疑态度的人用新的证据来否定这些模式，从而证明导致这些变化的原因不是医疗补助扩张时，这才是公平的。仅仅对遗漏变量偏差提出批评是不够的：批评者必须像作者自己一样参与到这种现象中来，这就是经验主义者获得批评别人作品权利的方法。

431 类似的图表显示了覆盖率的变化情况——处理前，处理组和控制组的个体在覆盖范围和未参保率方面是相似的；但在处理后，它们的差异很大。总的来说，我们有了"第一阶段"的估计结果，这意味着我们可以看到，《平价医疗法案》下的医疗补助计划扩张有了"影响"。如果作者没有发现资格、覆盖范围或未参保率的变化，那么来自第二阶段结果的任何证据都将引人怀疑。这就是检查第一阶段（处理对参保率的影响）和第二阶段（处理对感兴趣结果的影响）是如此重要的原因。

现在让我们看看主要结果——这对人口死亡率本身有什么影响呢？回想一下，Miller 等［2019］将行政死亡记录与大规模联邦调查联系起来，所以他们知道哪些人在享受医疗补助，而哪些人没有。斯诺会为这样的设计，以及精心收集的高质量数据和作者们展示的所有"实地调查"感到自豪。

该事件研究如图 9-7 所示。像这样的图是当代 DD 设计的核心，因为它传达了处理组和控制组在处理前动态相似性的关键信息，也因为这种针432 对主效应的强大数据可视化而具有很强的说服力。很明显，两个州在处理前的趋势没有差异，这使得处理之后的差异更加醒目。

　　像这样的图和它正在研究的东西一样重要，在这里，值得对 Miller 等 [2019] 所揭示的内容进行总结。《平价医疗法案》下的医疗补助计划的扩张使得大量人有资格申请医疗补助计划。他们加入了医疗补助计划，导致未参保率大幅下降。然后，作者惊奇地发现，使用死亡记录上的相关行政数据，《平价医疗法案》下的医疗补助计划的扩张导致年死亡率下降了 0.13 个百分点，比平均水平下降了 9.3%。他们继续尝试理解产生如此惊人效应的机制（这项高质量研究的另一个关键特征），并得出结论：医疗补助制度可以使更多接近老年的人接受针对危及生命的疾病的治疗。我想，在未来的很多年里，我们还会听到有关这项研究的消息。

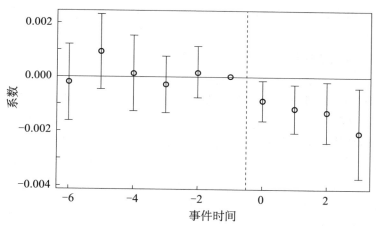

图 9-7　在事件研究模型中使用先期和滞后来估计医疗补助计划扩张对年死亡率的影响

　　资料来源：Miller, S., Altekruse, S., Johnson, N., and Wherry, L. R. (2019). "Medicaid and mortality: New evidence from linked survey and administrative data," Working Paper No. 6081, National Bureau of Economic Research, Cambridge, MA. 经作者许可转载。

安慰剂对 DD 方法的重要性

　　有几种检验 DD 策略有效性的方法。我们已经讨论了其中的一种，即处理组与处理前的控制组之间在动态方面的可比较性。接下来，我们将讨论其他可信方法来评估估计出的因果效应是否可信，这其中有一种值得强调的就是安慰剂证伪。

　　安慰剂证伪的思想很简单。假设你发现了最低工资对低工资就业的一些负面影响。如果你找到了支持这一假设的证据，那么这个假设是正确的吗？答案是不确定。然而，可能真正有用的是，你在脑海中是否存在一个备择假设，然后试着检验这个备择假设。如果你不能拒绝原假设，那么它就为你的原始分析提供了一些可信度。例如，你可能会发现一些虚假的东西，比如周期性因素或其他不容易被时间或州固定效应捕捉到的不可观测的东西。那么你能做些什么呢？

434   有一个安慰剂证伪，它仅仅使用了另一类工人的数据，这些工人的数据不会被最低工资要求所影响。例如，最低工资影响低薪工人的就业和收入，因为这些工人是根据市场工资被雇用的。不考虑那些严重的一般均衡效应（general equilibrium gymnastics），最低工资不应该影响高工资工人的就业，因为最低工资对高工资工人没有约束力。由于高工资和低工资的工人受雇于完全不同的部门，所以他们不太可能成为替代品。这一推理也许会让我们考虑这样一种可能性，即高工资的工人**可能**会起到安慰剂的作用。

    有两种方法可以将这个想法纳入我们的分析中。许多人喜欢直接且简单地使用相同的 DD 设计，并将高工资作为结果变量。如果在使用高工资工人就业作为结果变量时，最低工资的系数为零，而使用低工资工人就业作为结果变量时，最低工资的系数为负，那么我们就提供了更有力的证据，补充了我们之前对低工资工人所做的分析。但除此之外，还有另一种使用州内安慰剂进行识别的方法叫做三重差分（"三次差分"）。我们现在就来讨论这个设计。

    三重差分（triple differences）。在之前的分析中，我们假设新泽西州在通过最低工资标准后发生的这件事是一个共同冲击（common shock）T，但如果有一个特定于州的时间冲击，如 NJ_t 或 PA_t 呢？即使 DD 也无法准确地估计处理效应。让我们通过对前面简单最低工资表的修改来看看这一问题，它将包括假定没有得到最低工资的州内工人——"高工资工人"。

    在最低工资增加之前，新泽西州的低薪和高薪就业是由特定群组的新泽西州固定效应（例如 NJ_h）决定的，宾夕法尼亚州也是如此。但在最低工资上调之后，新泽西州发生了四种变化：国家趋势导致就业变化的 T；
435 新泽西州特定时间冲击就业变化的 NJ_t；低工资劳动者就业变化的 I_t；以及最低工资产生的一些未知影响 D。我们在宾夕法尼亚州也有同样的分类，除了没有最低工资的影响，宾夕法尼亚州也经历了它自己的时间冲击（见表 9-6）。

表 9 - 6　三重差分设计

州	群组	时期	结果	D_1	D_2	D_3
新泽西州	低薪工人	之后	$NJ_i+T+NJ_t+I_t+D$	$T+NJ_t+I_t+D$	$(I_t-h_t)+D$	D
		之前	NJ_i			
	高薪工人	之后	$NJ_h+T+NJ_t+h_t$	$T+NJ_t+h_t$		
		之前	NJ_h			
宾夕法尼亚州	低薪工人	之后	$PA_i+T+PA_t+I_t$	$T+PA_t+I_t$	I_t-h_t	
		之前	PA_i			
	高薪工人	之后	$PA_h+T+PA_t+h_t$	$T+PA_t+h_t$		
		之前	PA_h			

现在如果我们取每组州的一次差分，我们只能消去州固定效应。新泽西州的一次差分估计包括最低工资效应 D，但也不可避免地受到混杂因子（即 $T+NJ_t+I_t$）的影响。所以我们对每个州取二次差分，这样做，我们可以消除两个混杂因子 T 和 NJ_t。但是，虽然这种 DD 策略消除了一些混杂因子，但它也引入了新的混杂因子（即 I_t-h_t）。设计三重差分，意在解决选择偏差的这一最终根源。通过对宾夕法尼亚州和新泽西州的二重差分再次差分，（I_t-h_t）被删除，最低工资的影响就被分离出来了。

现在，这个解决方案并不是没有自己的一套独特的平行趋势假设。但我想让你们看到的一个平行趋势是 I_t-h_t 项。这种平行趋势假设表明，如果高工资和低工资就业之间的差距在处理州中与在历史控制州中发生的情况类似，那么这种效应是孤立的。我们也许应该提供一些可信的证据，证明和以前一样，在事件研究中的前期和滞后期也是如此。

政府下达的产妇津贴（state-mandated maternity benefits）。三重差分设计最初是由 Gruber［1994］在一项关于提供产妇津贴的国家级政策的研究中提出的。我在表 9 - 7 中介绍了他的主要研究结果。注意，他使用已婚育龄妇女作为处理组和控制组，但他也使用一组安慰剂个体（老年女性和 20～40 岁单身男性）作为控制组。然后通过对每组获得的双重差分的简单均值作差，他计算了 DDD 作为这两个双重差分之间的差分。

436

表 9-7 各州法律对小时工资影响的 DDD 估计

地区/年份	法律实行之前	法律实行之后	差分
A. 处理组：已婚育龄妇女，20~40 岁			
实验组州	1.547 (0.012)	1.513 (0.012)	−0.034 (0.017)
控制组州	1.369 (0.010)	1.397 (0.010)	0.028 (0.014)
差分	0.178 (0.016)	0.116 (0.015)	
双重差分	−0.062 (0.022)		
B. 控制组：超过 40 岁的女性和 20~40 岁的单身男性			
实验组州	1.759 (0.007)	1.748 (0.007)	−0.011 (0.010)
控制组州	1.630 (0.007)	1.627 (0.007)	−0.003 (0.010)
差分	1.09 (0.010)	1.21 (0.010)	
双重差分	−0.008 (0.014)		
三重差分（DDD）	−0.054 (0.026)		

注：括号中为标准误。

在理想情况下，当你进行 DDD 估计时，因果效应将估计来自处理个体的变化，而不是来自控制个体的变化。这正是我们在 Gruber [1994] 中所看到的：变化来自 20~40 岁的已婚妇女（−0.062）；而安慰剂组几乎没有变化（−0.008）。因此，当我们估计 DDD 时，我们知道大部分计算结果来自第一个 DD，而不是第二个 DD。我们之所以强调这一点，是因为 DDD 实际上只是另一种证伪操作，正如我们预计对安慰剂组进行 DD 不会产生任何影响一样，我们希望我们对 DDD 的估计也是基于控制组中可忽略不计的影响。

到目前为止，我们所做的是展示如何使用样本对照组和简单的均值作差来估计使用 DDD 方法时的处理效应。但我们也可以使用回归来控制其他协变量，这些协变量可能是关闭后门路径所必需的。那个回归方程是什么样的呢？因为不同群组的堆叠和回归所包含的交互项数量太大，所以无论是回归本身，还是回归所基于的数据结构都是复杂的。估计 DDD 模型需要估计以下回归：

$$Y_{ijt} = \alpha + \psi X_{ijt} + \beta_1 \tau_t + \beta_2 \delta_j + \beta_3 D_i + \beta_4 (\delta \times \tau)_{jt}$$
$$+ \beta_5 (\tau \times D)_{ti} + \beta_6 (\delta \times D)_{ij} + \beta_7 (\delta \times \tau \times D)_{ijt} + \varepsilon_{ijt}$$

其中我们感兴趣的参数为 β_7。首先，注意附加的下标 j。这个 j 指示了它到底是我们所感兴趣的主要类别（例如，低工资的就业），还是州内的比较组（例如，高工资的就业）。这需要将数据按组和州堆叠到面板结构中。其次，DDD 模型要求包含所有可能的交互作用，包括整个组的虚拟变量 δ_j、处理后的虚拟变量 τ_t 和处理州的虚拟变量 D_i。回归必须包括每个独立的虚拟变量、每个个体的交互项，以及三重差分交互项。其中某个项会因为完全多重共线性而被去掉，但是我把它们包含在方程中，这样你就可以看到在对这些项作乘积时用到的所有因子。

堕胎合法化和长期淋病发病率（abortion legalization and long-term gonorrhea incidence）。现在我们对 DD 设计有了一些了解，复刻一篇论文可能是有益的。由于 DDD 需要多次重塑面板数据，这使得详细地复刻一项研究变得更加重要。我们将复刻的研究是 Cunningham 和 Cornwell[2013]，这是我的第一篇作品，也是我论文的第三章。系好安全带，因为这将是一次过山车般的旅程。

Gruber 等[1999]是生殖健康领域一系列颇具争议的文献的开端。他们想知道那些处在堕胎边缘的儿童在他们十几岁时的特征。作者发现，处在堕胎边缘的反事实儿童有 60% 的可能性在单亲家庭中长大，有 50% 的可能性生活在贫困中，有 45% 的可能性成为救济院的接受者。显然，与早期流产相关的选择效应很强，由此流产事件往往会发生在那些家境不好的家庭。

他们关于边缘儿童的研究发现使约翰·多纳霍（John Donohue）和史蒂文·莱维特想知道，堕胎合法化是否会产生深远的影响，因为在 20 世纪 70 年代早期堕胎合法化的使用有很强的选择性。在 Donohue 和 Levitt[2001]中，作者认为他们发现了堕胎合法化导致犯罪率大幅下降的证据。他们对结果的解释是，堕胎合法化将高危人群从出生群体中排除，从而减少了犯罪，随着这一群体的年龄增长，这些反事实的犯罪消失了。Levitt[2004]将1991—2001 年间犯罪率下降的 10% 归功于 20 世纪 70 年代的堕胎合法化。

毫不奇怪，这项研究极具争议性——有些争议有意义，有些则毫无根据。例如，一些人从伦理角度攻击了这篇论文，并认为这篇论文是在重振"优生学"这种伪科学。但莱维特谨慎地只关注科学问题和因果效应，并没有基于自己的个人观点提出政策建议，无论这些观点是什么。

但是，作者们所受到的某些批评之所以会被认为是合理的，乃是因为这些批评集中在研究设计和执行本身。Joyce［2004］、Joyce［2009］以及 Foote 和 Goetz［2008］对堕胎犯罪的发现就提出了异议——其中有些通过使用不同的数据进行重复操作，有些采用不同的研究设计，有些则发现了关键的编码错误和错误的变量结构。

有一项研究对由堕胎合法化估计出的给整个领域带来长期改善这一结果特别提出了质疑。例如，生殖健康专家泰德·乔伊斯（Ted Joyce）使用 *439* DDD 设计对堕胎犯罪假说提出了质疑［Joyce，2009］。乔伊斯不仅挑战了 Donohue 和 Levitt［2001］的结果，还发起了新的挑战。他认为，如果堕胎合法化像 Gruber 等［1999］、Donohue 和 Levitt［2001］所声称的那样具有极端的负向选择效应，那么这一效应不应该仅仅出现在犯罪中，它应该**随处可见**。乔伊斯写道：

> 如果堕胎能将谋杀率降低 20%～30%，那么它很可能会影响到与幸福相关的所有结果：婴儿健康、儿童发育、教育、收入和婚姻状况。同样，其所带来的政策效果也比堕胎更广泛。影响生育控制和减少意外生育的其他干预措施——避孕或禁欲——都有巨大的潜在收益。简而言之，堕胎合法化与犯罪之间的因果关系对社会政策具有非常重大的影响，同时又如此具有争议性，因此有必要进一步评估这些识别假设及其替代策略稳健性的可靠性。［112］

Cunningham 和 Cornwell［2013］接受了乔伊斯的挑战。我们的研究估计了堕胎合法化对长期淋病发病率的影响。为什么是淋病？首先，单亲家庭是导致早期性行为和无保护性行为的风险因素，Levine 等［1999］发现堕胎合法化导致青少年生育率下降了 12%。许多作者还发现了其他具有风险性的结果。Charles 和 Stephens［2006］报告称，在合法堕胎的政策下成长起来的儿童使用非法药物的可能性较小，而非法药物与危险的性行为有关。

我的研究设计与 Donohue 和 Levitt［2001］的不同之处在于，他们使用的是州一级的堕胎比率滞后值，而我使用了双重差分法。我的设计利用了 1970 年 5 个早期废除堕胎法案的州，并将这些州与 1973 年**罗伊诉韦德案**下合法化的州进行了比较。为了做到这一点，我需要各州和每个年份下特定群体的淋病发病率数据，但由于这些数据不是由疾病控制与预防中心（CDC）收集的，我只好退而求其次。我采用的做法是：按 5 年划分的 CDC 淋病数据（如 15～19 岁、20～24 岁）。但这仍然是有用的，因为即使是综合数据，也有可能检验我脑中所想的模型。

440　　要理解接下来的这一部分（我认为这是我研究中最好的部分），你必须

首先接受一个基本的科学观点，即：好的理论会做出非常具体的可证伪假设。假设越具体，理论就越有说服力，因为如果我们在理论预测的地方找到了证据，贝叶斯主义者可能会更新她的信念，接受理论的可信度。让我用阿尔伯特·爱因斯坦（Albert Einstein）的相对论来简单地解释一下我的意思。

爱因斯坦的理论提出了几个可证伪的假设。其中之一是精确预测光经过一个大物体（比如一颗恒星）时的弯曲情况。问题在于，要检验这一理论，需要在夜间观测恒星之间的距离，并将其与白天星光经过太阳时的测量值进行比较。问题是，白天的太阳太亮了，看不到星星，所以无法对那些关键数据进行测量。但是安德鲁·克罗姆林（Andrew Crommelin）和亚瑟·爱丁顿（Arthur Eddington）意识到，这一测量可以通过巧妙的自然实验来完成。那个自然的实验就是日食。他们把望远镜运到了处于日食带内的不同地方，以便有多次机会进行测量。他们决定测量黑暗状态下，一大群恒星在经过太阳时的观测距离，而接下来马上就会有一场日食（见图9-8）。该检验是在爱因斯坦的研究成果首次发表十多年后进行的〔Coles，2019〕。再来想想——爱因斯坦的理论通过推演，对以前没有人真正观测到的现象做出了预测。如果这种现象确实存在，那么贝叶斯主义者就应该更新她的信念，并接受这个理论是可信的。令人难以置信的是，爱因斯坦是对的——正如他所预测的那样，当围绕太阳运动时，这些恒星的观测位置发生了变化。这太奇妙了！

图9-8 爱因斯坦曾预言，光在太阳周围会发生弯曲，这一预言在一次关于日食的自然实验中得到了证实

资料来源：Seth Hahne© 2020.

那么，这和我关于堕胎合法化和淋病的研究有什么关系呢？堕胎合法化对人群有很强的选择效应，这一理论对可观测到的处理效应的形式做出了非常具体的预测。如果发现了这种模型的证据，我们就得认真对待这个理论。那么这些不同寻常但可检验的预测到底是什么呢？

各州在不同年份接受堕胎合法化，由此而得到的可检验的预测关注的是在年龄—年份—州层面与淋病相关的大致情况。与美国的其他州相比，5个州提前三年废除了堕胎法案，因此我们可以预测，与**罗伊州**（Roe State）* 对照组相比，这些州 15~19 岁青少年的发病率只会在 1986—1992 年期间降低。不过，这并不是一个特定的预测。例如，也许就在这 15~19 年之后，在同样的州内发生了一些无法被纳入控制的事情。除此之外，还有什么？

堕胎合法化理论还预测了在使堕胎合法化的过程中应该观测到的处理效应的大体形状。具体来说，我们应该观测到非线性的处理效应。1986—1989 年，这些处理效应呈逐渐下降趋势，1989—1991 年趋于稳定，然后逐渐消失，直到 1992 年完全消失。换句话说，堕胎合法化假说预测了一个抛物线状的处理效应，因为被处理的人群在年龄分布中移动。1992 年以后 DD 系数的所有系数应为零和/或统计上不显著。

我将在图 9-9 中说明这些预测。上面的横轴显示的是面板的年份，纵轴显示的是以公历年为单位的年龄，而单元格显示的是特定年份中特定年龄的人的群体。举个例子，1985 年一个 15 岁的女孩出生于 1970 年，1986 年一个 15 岁的女孩出生于 1971 年，1987 年一个 15 岁的女孩出生于 1972 年，等等。我用不同的灰色阴影来标记那些不同的群体，有的处于 1970 年允许堕胎的州，有的处于罗伊州（即 1973 年允许堕胎合法化的州）。

受处理的情况交错展开的理论预测如图 9-9 下半部分所示。1986 年，只有一个群组（1971 年出生的群组）得到了处理，而且处理只发生在 1970 年允许堕胎的州。因此，与罗伊州相比，我们应该看到，在 1970 年允许堕胎的州中 1986 年 15 岁儿童的淋病发病率略有下降。在 1987 年，我们的数据中有两个群组（位于 1970 年允许堕胎的州）被处理，因此我们应该看到绝对值比 1986 年更大的影响。从 1988 年到 1991 年，在 1970 年允许堕胎的州中，我们最多只能看到三个净处理组，因为从 1988 年起，罗伊州的受处理组开始进入分析样本并消除这些差异。从 1992 年开始，影响的绝对值应该在 1992 年之前变小，1992 年之后，1970 年允许堕胎的州和罗伊州之间应该没有区别。

---

* 此处用罗伊州指代所有不允许堕胎的州。——译者注

在该年的年龄（岁）	每一年CDC掌握的数据															
	1985	1986	1987	1988	1989	1990	1991	1992	1993	1994	1995	1996	1997	1998	1999	2000
15	70	71	72	73	74	75	76	77	78	79	80	81	82	83	84	85
16	69	70	71	72	73	74	75	76	77	78	79	80	81	82	83	84
17	68	69	70	71	72	73	74	75	76	77	78	79	80	81	82	83
18	67	68	69	70	71	72	73	74	75	76	77	78	79	80	81	82
19	66	67	68	69	70	71	72	73	74	75	76	77	78	79	80	81
20	65	66	67	68	69	70	71	72	73	74	75	76	77	78	79	80
21	64	65	66	67	68	69	70	71	72	73	74	75	76	77	78	79
22	63	64	65	66	67	68	69	70	71	72	73	74	75	76	77	78
23	62	63	64	65	66	67	68	69	70	71	72	73	74	75	76	77
24	61	62	63	64	65	66	67	68	69	70	71	72	73	74	75	76
25	60	61	62	63	64	65	66	67	68	69	70	71	72	73	74	75
26	59	60	61	62	63	64	65	66	67	68	69	70	71	72	73	74
27	58	59	60	61	62	63	64	65	66	67	68	69	70	71	72	73
28	57	58	59	60	61	62	63	64	65	66	67	68	69	70	71	72
29	56	57	58	59	60	61	62	63	64	65	66	67	68	69	70	71
允许（1）	0	1	2	3	4	5	5	5	5	5	5	5	5	5	5	5
不允许（2）	0	0	0	0	1	2	3	4	5	5	5	5	5	5	5	5
差分（3）	0	1	2	3	3	3	2	1	0	0	0	0	0	0	0	0

群组（15~19岁）分别出生在 1970—1974年

图9-9　堕胎合法化对淋病发病率年龄分布的理论预测

资料来源：Cunningham，S. and Cornwell，C.（2013）．"The Long-Run Effect of Abortion on Sexually Transmitted Infections," *American Law and Economics Review*，15（1）：381-407. 版权归牛津大学出版社所有。

　　有趣的是，交错推出的政策应该提供两个可检验的假设，这两个假设合在一起可以给我们提供一些在堕胎合法化故事中是否存在负向选择的可信证据。如果我们不能证明在这个特定的、狭窄的时间段内的效应是一条负抛物线，那么堕胎合法化这一假说就越发不可信了。

　　一幅简单的15～19岁黑人淋病发病率的图可以帮助说明我们的发现。请记住，一图胜千言，无论是RDD还是DD，向读者展示这样的图是很有帮助的，这相当于帮读者读了一个又一个的回归系数表。请注意图9-10中原始数据呈现出的样子。

　　首先让我们来看一下原始数据。我用阴影标出了我们期望发现影响的年份窗口。在图9-10中，我们看到了最终将在回归系数中被发现的动态过程——罗伊州经历了一场大规模且持续的淋病流行，只有在受处理群体出现并超过整个数据序列时才减弱。

　　下面我们来看回归系数。我们的估计方程如下：

444

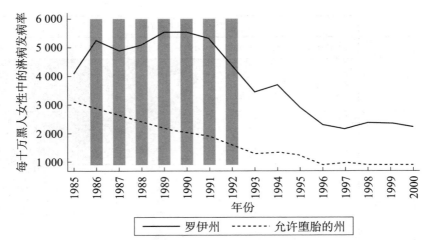

图9-10　1970年允许堕胎的州和罗伊州中黑人女性淋病发病率的差异系数图

资料来源：Cunningham，S. and Cornwell，C.（2013）. "The Long-Run Effect of Abortion on Sexually Transmitted Infections," *American Law and Economics Review*，15（1）：381-407.版权归牛津大学出版社所有。

$$Y_{st} = \beta_1 Repeal_s + \beta_2 DT_t + \beta_{3t} Repeal_s \times DT_t + X_{st}\psi + \alpha_s DS_s + \varepsilon_{st}$$

式中，Y 为15～19岁感染淋病病例的对数（每10万人中）；如果该州在罗伊案判决之前就已经使堕胎合法化，则 $Repeal_s$ 等于1；DT_t 为年虚拟变量；DS_s 为州虚拟变量；t 是时间趋势；X 为一个协变量矩阵。在论文中，我有时会纳入特定州的线性趋势，但为了进行分析，我给出了更简单的模型。最后，ε_{st} 是一个假设有条件独立于回归变量的结构误差项。此外，所有的标准误都在州层面聚类，允许任意序列相关。

为了简单起见，我在图9-11中展示了这个回归的系数（因为图的功能非常强大）。从图9-11中我们可以看出，在罗伊州没有完全赶上的窗口中存在一个负效应，并且这个负效应形成了一条抛物线——正如我们的理论所预测的那样。

很多人可能到这里就结束了，但如果你正在阅读这本书，那么你会发现你已经和很多人不一样了。**可靠地**识别因果关系既需要发现因果关系，又需要排除其他解释。这是必要的，因为因果推断的基本问题使我们无法看到真相。而减轻这些疑虑的一种方法就是进行严格的安慰剂分析。在这里，我提出了来自三重差分的证据，其中未经处理的群体被用作州内的控制组。

经过深思熟虑，我们选择了同一州25～29岁（而不是20～24岁）的人作为州内比较组。我们的理由是，我们需要一个足够接近的年龄分组，以捕捉共同趋势，但又要足够远，从而不违反SUTVA。由于15～19岁的

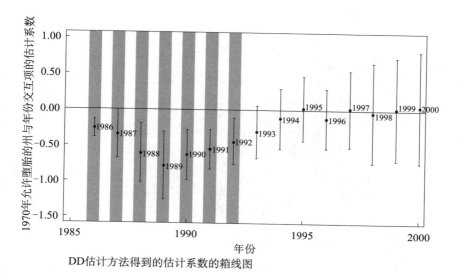

DD估计方法得到的估计系数的箱线图

图 9-11 DD 回归方程的系数和标准误

人比 25～29 岁的人更有可能与 20～24 岁的人发生性关系，我们选择了年龄稍大的一组作为州内控制组。这里有一个权衡：选择一个太近的组，你会违反 SUTVA；选择一个过远的群组，那么这一群组就不再能够可信地解决你所担心的异质性问题。这个回归的估计方程是：

$$Y_{ast} = \beta_1 Repeal_s + \beta_2 DT_t + \beta_{3t} Repeal_s \cdot DT_t + \delta_1 DA + \delta_2 Repeal_s \cdot DA$$
$$+ \delta_{3t} DA \cdot DT_t + \delta_{4t} Repeal_s \cdot DA \cdot DT_t + X_{st}\xi + \alpha_{1s} DS_s$$
$$+ \alpha_{2s} DS_s \cdot DA + \gamma_1 t + \gamma_{2s} DS_s \cdot t + \gamma_3 DA \cdot t$$
$$+ \gamma_{4s} DS_s \cdot DA \cdot t + \epsilon_{ast}$$

其中我们估计的 DDD 参数是 δ_{4t}——三重交互项的系数。这还不是很明显，回归共有 7 个单独的虚拟变量交互，因为我们的 DDD 参数是涵盖了所有虚拟变量的三重交互。因此，由于有 8 种组合，所以我们不得不放弃一个作为遗漏组，并分别控制其他 7 种组合。这里我们给出了系数表。注意，首先，这一效应应该像之前一样只集中在处理年份中，其次，它应该形成一条抛物线。结果如图 9-12 所示。

这里我们看到预测开始失效。虽然 1986—1990 年的系数是负的，但 1991 年和 1992 年的系数是正的，这与我们的假设不一致。此外，只有前四个系数统计显著。然而，考虑到 DDD 的苛刻性质，对于 Gruber 等［1999］以及 Donohue 和 Levitt［2001］来说，这可能是一个小小的胜利。也许堕胎合法化对人群有很强的选择效应这一理论有一定的合理性。

446

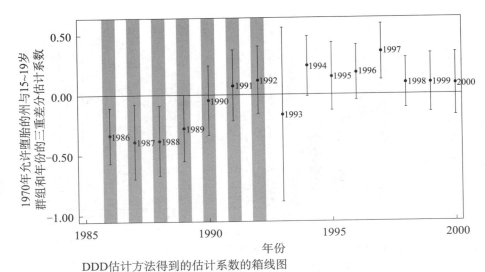

DDD估计方法得到的估计系数的箱线图

图 9 - 12 堕胎合法化对 15～19 岁黑人女性淋病发病率取对数后影响的 DDD 系数

```
                              STATA
                          abortion_dd.do
1    * DD estimate of 15-19 year olds in repeal states vs Roe states
2    use https://github.com/scunning1975/mixtape/raw/master/abortion.dta, clear
3    xi: reg lnr i.repeal*i.year i.fip acc ir pi alcohol crack poverty income ur if bf15==1
     ↪   [aweight=totpop], cluster(fip)
4
5    * ssc install parmest, replace
6
7    parmest, label for(estimate min95 max95 %8.2f) li(parm label estimate min95
     ↪   max95) saving(bf15_DD.dta, replace)
8
9    use ./bf15_DD.dta, replace
10
11   keep in 17/31
12
13   gen          year=1986 in 1
14   replace year=1987 in 2
15   replace year=1988 in 3
16   replace year=1989 in 4
17   replace year=1990 in 5
18   replace year=1991 in 6
```

(continued)

STATA *(continued)*

```
19    replace year=1992 in 7
20    replace year=1993 in 8
21    replace year=1994 in 9
22    replace year=1995 in 10
23    replace year=1996 in 11
24    replace year=1997 in 12
25    replace year=1998 in 13
26    replace year=1999 in 14
27    replace year=2000 in 15
28
29    sort year
30
31    twoway (scatter estimate year, mlabel(year) mlabsize(vsmall) msize(tiny)) (rcap
      ↪    min95 max95 year, msize(vsmall)), ytitle(Repeal x year estimated
      ↪    coefficient) yscale(titlegap(2)) yline(0, lwidth(vvvthin) lcolor(black))
      ↪    xtitle(Year) xline(1986 1987 1988 1989 1990 1991 1992, lwidth(vvvthick)
      ↪    lpattern(solid) lcolor(ltblue)) xscale(titlegap(2)) title(Estimated effect of
      ↪    abortion legalization on gonorrhea) subtitle(Black females 15-19 year-olds)
      ↪    note(Whisker plots are estimated coefficients of DD estimator from Column
      ↪    b of Table 2.) legend(off)
```

R
abortion_dd.R

448

```
1    #-- DD estimate of 15-19 year olds in repeal states vs Roe states
2    library(tidyverse)
3    library(haven)
4    library(estimatr)
5
6    read_data <- function(df)
7    {
8     full_path <- paste("https://raw.github.com/scunning1975/mixtape/master/",
9              df, sep = "")
10    df <- read_dta(full_path)
11    return(df)
12   }
13
14   abortion <- read_data("abortion.dta") %>%
15    mutate(
16      repeal = as_factor(repeal),
```

(continued)

<table>
<tr><td colspan="2" align="center">R (continued)</td></tr>
</table>

```
17    year  = as_factor(year),
18    fip   = as_factor(fip),
19    fa    = as_factor(fa),
20    )
21
22  reg <- abortion %>%
23    filter(bf15 == 1) %>%
24    lm_robust(lnr ~ repeal*year + fip + acc + ir + pi + alcohol+ crack + poverty+
    ↪   income+ ur,
25        data = ., weights = totpop, clusters = fip)
26
27  abortion_plot <- tibble(
28    sd = reg$std.error[-1:-75],
29    mean = reg$coefficients[-1:-75],
30    year = c(1986:2000))
31
32  abortion_plot %>%
33    ggplot(aes(x = year, y = mean)) +
34    geom_rect(aes(xmin=1986, xmax=1992, ymin=-Inf, ymax=Inf), fill = "cyan", alpha
    ↪   = 0.01)+
35    geom_point()+
36    geom_text(aes(label = year), hjust=-0.002, vjust = -0.03)+
37    geom_hline(yintercept = 0) +
38    geom_errorbar(aes(ymin = mean - sd*1.96, ymax = mean + sd*1.96), width = 0.2,
39            position = position_dodge(0.05))
```

先不考虑你是否相信该结果，基于这种交错设计所复刻的结果仍然是有价值的。回忆一下，我说过 DDD 设计需要堆叠数据，这可能看起来有点像黑匣子，所以现在我想检查这些数据。①

449　　第二行命令是在估计回归方程。动态 DD 系数由堕胎合法化年份的虚拟变量交互得到。这些是我们用于创建图 9 - 11 中的箱线图的系数。你可以自己检查一下。

注意，为了简单起见，我只对黑人女性（bf15＝＝1）进行了估计，但你也可以对黑人男性（bm15＝＝1）、白人女性（wf15＝＝1）或白人男性

---

① 在最初的 Cunningham 和 Cornwell［2013］中，我们在估计模型时使用的是多种聚类校正（multiway clustering correction），但 Stata 现已经不再支持此软件包了。因此，我们将使用聚类稳健标准误估计与 Cunningham 和 Cornwell［2013］中相同的模型。在之前的所有分析中，我将标准误差在州层面进行聚类，以保持与此代码的一致性。

（wm15==1）进行估计。我们在论文中做了所有这四个分类的估计，但这里我们只关注 15～19 岁的黑人女性，因为这一部分的目的是帮助你理解这一估计。我鼓励你使用这个模型来看看这个只使用线性估计的效应有多强。

现在我想给你们看看估计三重差分模型的代码。这个数据结构必须在后台进行一些重塑，但是在这里完整地阐述这一过程会花费太长时间。现在，我将简单地生成得到黑人女性结果的命令，我鼓励大家探索面板数据结构，以便熟悉数据的组织方式。

注意，其中一些变量已经是交互项了（例如，yr），这是我在回归中紧凑地纳入所有交互项的方式。这么做主要是为了更好地控制我所使用的变量。但我鼓励大家研究数据结构本身，这样当你需要自己使用 DDD 进行估计时，你就可以很好地处理一些数据必须呈现出的形式，以便执行有如此多的交互项的回归。

STATA

abortion_ddd.do

```
1   use https://github.com/scunning1975/mixtape/raw/master/abortion.dta, clear
2
3   * DDD estimate for 15-19 year olds vs. 20-24 year olds in repeal vs Roe states
4   gen yr=(repeal) & (younger==1)
5   gen wm=(wht==1) & (male==1)
6   gen wf=(wht==1) & (male==0)
7   gen bm=(wht==0) & (male==1)
8   gen bf=(wht==0) & (male==0)
9   char year[omit] 1985
10  char repeal[omit] 0
11  char younger[omit] 0
11  char fip[omit] 1
12  char fa[omit] 0
13  char yr[omit] 0
14  xi: reg lnr i.repeal*i.year i.younger*i.repeal i.younger*i.year i.yr*i.year i.fip*t acc
    ↪  pi ir alcohol crack  poverty income ur if bf==1 & (age==15 | age==25)
    ↪  [aweight=totpop], cluster(fip)
15
16  parmest, label for(estimate min95 max95 %8.2f) li(parm label estimate min95
    ↪  max95) saving(bf15_DDD.dta, replace)
17
18  use ./bf15_DDD.dta, replace
19
20  keep in 82/96
```

STATA *(continued)*

```
21
22   gen          year=1986 in 1
23   replace year=1987 in 2
24   replace year=1988 in 3
25   replace year=1989 in 4
26   replace year=1990 in 5
27   replace year=1991 in 6
28   replace year=1992 in 7
29   replace year=1993 in 8
30   replace year=1994 in 9
31   replace year=1995 in 10
32   replace year=1996 in 11
33   replace year=1997 in 12
34   replace year=1998 in 13
35   replace year=1999 in 14
36   replace year=2000 in 15
37
38   sort year
39
40   twoway (scatter estimate year, mlabel(year) mlabsize(vsmall) msize(tiny)) (rcap
     ↪   min95 max95 year, msize(vsmall)), ytitle(Repeal x 20-24yo x year estimated
     ↪   coefficient) yscale(titlegap(2)) yline(0, lwidth(vvvthin) lcolor(black))
     ↪   xtitle(Year) xline(1986 1987 1988 1989 1990 1991 1992, lwidth(vvvthick)
     ↪   lpattern(solid) lcolor(ltblue)) xscale(titlegap(2)) title(Estimated effect of
     ↪   abortion legalization on gonorrhea) subtitle(Black females 15-19 year-olds)
     ↪   note(Whisker plots are estimated coefficients of DDD estimator from
     ↪   Column b of Table 2.) legend(off)
41
```

R
abortion_ddd.R

```
1   library(tidyverse)
2   library(haven)
3   library(estimatr)
4
5   read_data <- function(df)
6   {
7   full_path <- paste("https://raw.github.com/scunning1975/mixtape/master/",
8             df, sep = "")
```

(continued)

```
                         R (continued)
9     df <- read_dta(full_path)
10    return(df)
11  }
12
13  abortion <- read_data("abortion.dta") %>%
14    mutate(
15     repeal  = as_factor(repeal),
16     year    = as_factor(year),
17     fip     = as_factor(fip),
18     fa      = as_factor(fa),
19     younger = as_factor(younger),
20     yr      = as_factor(case_when(repeal == 1 & younger == 1 ~ 1, TRUE ~ 0)),
21     wm      = as_factor(case_when(wht == 1 & male == 1 ~ 1, TRUE ~ 0)),
22     wf      = as_factor(case_when(wht == 1 & male == 0 ~ 1, TRUE ~ 0)),
23     bm      = as_factor(case_when(wht == 0 & male == 1 ~ 1, TRUE ~ 0)),
24     bf      = as_factor(case_when(wht == 0 & male == 0 ~ 1, TRUE ~ 0))
25    ) %>%
26    filter(bf == 1 & (age == 15 | age == 25))
27
28  regddd <- lm_robust(lnr ~ repeal*year + younger*repeal + younger*year + yr*year
    ↪   + fip*t + acc + ir + pi + alcohol + crack + poverty + income + ur,
29              data = abortion, weights = totpop, clusters = fip)
30
31  abortion_plot <- tibble(
32    sd = regddd$std.error[110:124],
33    mean = regddd$coefficients[110:124],
34    year = c(1986:2000))
35
36  abortion_plot %>%
37    ggplot(aes(x = year, y = mean)) +
38    geom_rect(aes(xmin=1986, xmax=1992, ymin=-Inf, ymax=Inf), fill = "cyan", alpha
    ↪   = 0.01)+
39    geom_point()+
40    geom_text(aes(label = year), hjust=-0.002, vjust = -0.03)+
41    geom_hline(yintercept = 0) +
42    geom_errorbar(aes(ymin = mean-sd*1.96, ymax = mean+sd*1.96), width = 0.2,
43              position = position_dodge(0.05))
```

452

超越 Cunningham 和 Cornwell〔2013〕（going beyond Cunningham and Cornwell〔2013〕）。由美国在堕胎合法化方面的经历预测，从 1986 年到 1992 年，15～19 岁青少年的堕胎率将呈抛物线状，这就是我的发现。我

还用 DDD 设计估计了该效应，虽然效应不如我用 DD 发现的那么明显，但在模型预测的区域附近似乎确实发生了一些事情。感觉我们点燃炸药包了，对吧？我们就到此为止了吗？当然不是。

虽然我最初的研究止步于此，但我想再深入一点。原因如图 9 - 13 所示。这是图 9 - 12 的一个修改版本，主要的区别是，我为 20～24 岁的人创建了一条新的抛物线。

在该年的年龄（岁）	每一年CDC掌握的数据															
	1985	1986	1987	1988	1989	1990	1991	1992	1993	1994	1995	1996	1997	1998	1999	2000
15	70	71	72	73	74	75	76	77	78	79	80	81	82	83	84	85
16	69	70	71	72	73	74	75	76	77	78	79	80	81	82	83	84
17	68	69	70	71	72	73	74	75	76	77	78	79	80	81	82	83
18	67	68	69	70	71	72	73	74	75	76	77	78	79	80	81	82
19	66	67	68	69	70	71	72	73	74	75	76	77	78	79	80	81
20	65	66	67	68	69	70	71	72	73	74	75	76	77	78	79	80
21	64	65	66	67	68	69	70	71	72	73	74	75	76	77	78	79
22	63	64	65	66	67	68	69	70	71	72	73	74	75	76	77	78
23	62	63	64	65	66	67	68	69	70	71	72	73	74	75	76	77
24	61	62	63	64	65	66	67	68	69	70	71	72	73	74	75	76
25	60	61	62	63	64	65	66	67	68	69	70	71	72	73	74	75
26	59	60	61	62	63	64	65	66	67	68	69	70	71	72	73	74
27	58	59	60	61	62	63	64	65	66	67	68	69	70	71	72	73
28	57	58	59	60	61	62	63	64	65	66	67	68	69	70	71	72
29	56	57	58	59	60	61	62	63	64	65	66	67	68	69	70	71
允许 (1)	0	0	0	0	0	0	1	2	3	4	5	5	5	5	5	5
不允许 (2)	0	0	0	0	0	0	0	0	0	1	2	3	4	5	5	5
差分 (3)	0	0	0	0	0	0	1	2	3	3	3	2	1	0	0	0

（左侧纵向文字：群组（20-24岁）分别出生在 1970～1974年）

图 9 - 13　堕胎合法化对 20～24 岁淋病发病率年龄特征的理论预测

请大家仔细看图 9 - 13。既然 20 世纪 70 年代早期有些人群所在的州允许堕胎合法化，那么我们不仅应该看到 1986—1992 年 15～19 岁人群的抛物线，而且随着年龄的增长，也应该看到 1991—1997 年 20～24 岁人群的抛物线。[1]

当第一次写这篇论文时，我没有调查 20～24 岁的人群，因为当时我怀疑，考虑到年轻人通常表现出相当大的冒险行为，冒险行为的选择效应会持续到成年。但是随着时间的推移，出现了新的观点，在那个时候，我没有很强的先验信念认定选择效应在青少年时期之后必然消失。所以，我在

---

[1]　还有第三种预测是针对 25～29 岁的人群，但出于篇幅考虑，我只关注 20～24 岁的人群。

这里首次再做这番分析。我们来估计一个与之前相同的 DD 模型，但样本范围仅适用于 20～24 岁的黑人女性。

```
                              STATA
                          abortion_dd2.do
1    use https://github.com/scunning1975/mixtape/raw/master/abortion.dta, clear
2
3    * Second DD model for 20-24 year old black females
4    char year[omit] 1985
5    xi: reg lnr i.repeal*i.year i.fip acc ir pi alcohol crack poverty income ur if (race==2
   ↪ & sex==2 & age==20) [aweight=totpop], cluster(fip)
```

```
                                R
                          abortion_dd2.R
1    library(tidyverse)
2    library(haven)
3    library(estimatr)
4
5    read_data <- function(df)
6    {
7      full_path <- paste("https://raw.github.com/scunning1975/mixtape/master/",
8                  df, sep = "")
9      df <- read_dta(full_path)
10     return(df)
11   }
12
13   abortion <- read_data("abortion.dta") %>%
14     mutate(
15       repeal = as_factor(repeal),
16       year   = as_factor(year),
17       fip    = as_factor(fip),
18       fa     = as_factor(fa),
19     )
20
21   reg <- abortion %>%
22     filter(race == 2 & sex == 2 & age == 20) %>%
23     lm_robust(lnr ~ repeal*year + fip + acc + ir + pi + alcohol+ crack + poverty+
   ↪ income+ ur,
24            data = ., weights = totpop, clusters = fip)
```

和前面一样，我们将只关注系数图。我在图 9 - 14 中展示了这一点。关于这个回归输出的结果有几个问题。首先，在没有被预测到的地方出现了一条负抛物线——存在于 1986—1992 年间。值得注意的是，这一期间只

454　有 15～19 岁的人接受了处理，这表明我们对 15～19 岁的分析发现了除堕胎合法化以外的其他东西。但这也是使用 DDD 的理由，很明显在堕胎合法化与罗伊诉韦德案相对应的那些年里发生了其他事情，我们无法充分控制我们的控制变量和固定效应。

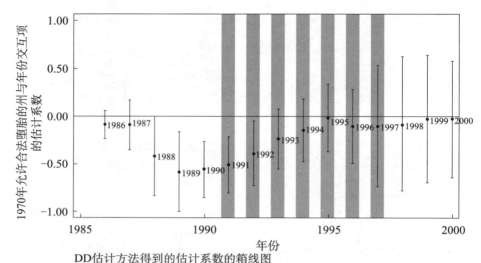

DD估计方法得到的估计系数的箱线图

图 9-14　20～24 岁人群 DD 回归方程的系数和标准误

第二个问题是，处理人群的处理窗口中没有抛物线。开始时效应值为负，但当它们按理论来说应该增加时，其绝对值却减小了。事实上，1991—1997 年是收敛到零的一个时期，而不是在两组州之间存在差异的时期。

就像之前一样，也许所有群体都有明显的不可观测的趋势，从而掩盖了堕胎合法化的效应。为了检验它，我们在这里把 25～29 岁的人作为州内控制组，也使用一下 DDD 策略。我们可以使用 Stata 代码 abortion_ddd2.do 和 abortion_ddd2.R 来实现这一点。

STATA

abortion_ddd2.do

```
1  use https://github.com/scunning1975/mixtape/raw/master/abortion.dta, clear
2
3  * Second DDD model for 20-24 year olds vs 25-29 year olds black females in
   ↳   repeal vs Roe states
4  gen younger2 = 0
5  replace younger2 = 1 if age == 20
```

(continued)

STATA *(continued)*

```
6    gen yr2=(repeal==1) & (younger2==1)
7    gen wm=(wht==1) & (male==1)
8    gen wf=(wht==1) & (male==0)
9    gen bm=(wht==0) & (male==1)
10   gen bf=(wht==0) & (male==0)
11   char year[omit] 1985
12   char repeal[omit] 0
13   char younger2[omit] 0
14   char fip[omit] 1
15   char fa[omit] 0
16   char yr2[omit] 0
17   xi: reg lnr i.repeal*i.year i.younger2*i.repeal i.younger2*i.year i.yr2*i.year i.fip*t
     ↪  acc pi ir alcohol crack  poverty income ur if bf==1 & (age==20 | age==25)
     ↪  [aweight=totpop], cluster(fip)
```

R
abortion_ddd2.R

```
1    library(tidyverse)
2    library(haven)
3    library(estimatr)
4
5    read_data <- function(df)
6    {
7    full_path <- paste("https://raw.github.com/scunning1975/mixtape/master/",
8              df, sep = "")
9    df <- read_dta(full_path)
10   return(df)
11   }
12
13   abortion <- read_data("abortion.dta") %>%
14   mutate(
15    repeal   = as_factor(repeal),
16    year     = as_factor(year),
17    fip      = as_factor(fip),
18    fa       = as_factor(fa),
19    younger2 = case_when(age == 20 ~ 1, TRUE ~ 0),
20    yr2      = as_factor(case_when(repeal == 1 & younger2 == 1 ~ 1, TRUE ~ 0)),
21    wm       = as_factor(case_when(wht == 1 & male == 1 ~ 1, TRUE ~ 0)),
22    wf       = as_factor(case_when(wht == 1 & male == 0 ~ 1, TRUE ~ 0)),
```

456

(continued)

```
                         R (continued)
23    bm     = as_factor(case_when(wht == 0 & male == 1 ~ 1, TRUE ~ 0)),
24    bf     = as_factor(case_when(wht == 0 & male == 0 ~ 1, TRUE ~ 0))
25    )
26
27  regddd <- abortion %>%
28    filter(bf == 1 & (age == 20 | age ==25)) %>%
29    lm_robust(lnr ~ repeal*year + acc + ir + pi + alcohol + crack + poverty + income
    ↪  + ur,
30        data = ., weights = totpop, clusters = fip)
```

图 9‑15 显示了处理组相对于稍年长的 25～29 岁对照组的 DDD 估计系数。有可能 25～29 岁的人群年龄与处理组太接近，无法作为一个令人满意的州内控制变量；例如，如果 20～24 岁的人与 25～29 岁的人发生性关系，那么就违反了 SUTVA。不过，你可以尝试除 25～29 岁之外其他年龄段的人，我鼓励你这样做，因为这样的尝试既能获得经验，也能获得见解。

457

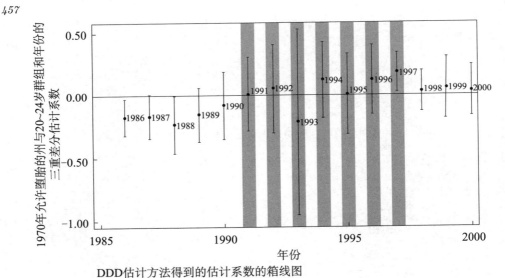

DDD估计方法得到的估计系数的箱线图

图 9‑15　20～24 岁人群与 25～29 岁人群 DDD 回归方程的系数和标准误

让我们回过头来记住研究的重点。堕胎合法化假设对数据中应出现的负抛物线效应进行了一系列预测。虽然我们找到了一些初步的支持，但当我们更多地利用这些预测时，结论就不成立了。对这项工作的一个恰当解释是，我们的分析不支持堕胎合法化可能带来相应后果的假设。图 9‑15

显示了这几个点的估计值接近于零,并且标准误很大,以至 95% 置信区间同时包含了这些交互作用系数的正值和负值。

我加入这个分析,是为了向你展示一个具有许多特殊但可检验的预测的理论所具有的威力。想象一下,如果在该理论精确预测的那些年份里,所有年龄的群组都出现了一条抛物线,**难道**我们不需要更新关于堕胎合法化选择假设的先验知识吗?既然预测的范围如此之窄,那可能还有什么其他原因导致了这样的结果?正是因为这些预测如此具体,我们才能够拒绝这个堕胎合法化的假设,至少对于淋病来说是这样。

使用安慰剂进行评判(placebos as critique)。由于因果推断的基本问题阻碍了我们对因果效应的直接观测,我们需要依赖许多直接和间接的证据来建立可信的因果关系。正如我在前一节讲 DDD 时所说的,其中一个间接证据就是安慰剂分析。其理由是,如果我们使用我们选择的研究设计,发现了本不应该存在的效应,那么也许我们最初的发现从一开始就不可信。因此,在研究中使用安慰剂分析已经成为实证工作的重要组成部分。

安慰剂分析的另一个用途是评估通行的估计策略本身所具有的可信度。通过揭示研究设计中的缺陷,这种对安慰剂的使用有助于改进文献,进而有助于激发更强大的方法和模型的创建。让我们以两个完成得很好的示范研究为例来做一个展示:Auld 和 Grootendorst [2004],Cohen-Cole 和 Fletcher [2008]。

Becker 和 Murphy [1988] 的"理性上瘾"模型具有非常广泛且深刻的影响力。它被引用 4 000 多次,已经成为卫生经济学中最常见的框架之一。它创造了一个持续至今的实证研究的小产业。通过使用各种经验方法,酒精、烟草、赌博甚至体育,都被发现是"理性上瘾"的商品和活动。

但一些研究人员提醒研究界注意这些实证研究。Rogeberg [2004] 就其自身对该理论进行了批判,但我更愿意关注基于该理论的实证研究。我不想谈论任何具体的论文,我想引用 Melberg [2008] 的一段话,他调查了研究理性上瘾的那些工作者:

> 大多数(我们的)受访者认为,这个文献是一个成功的故事,证明了经济推理的力量。与此同时,他们也认为经验证据很薄弱,他们不同意可以验证该理论的证据类型,以及政策的含义。综合来看,这表明二者存在一个很有意思的差距。一方面,大多数受访者认为该理

论具有重要的现实意义；另一方面，他们不相信该理论得到了实证支持。[1]

理性上瘾应该遵循与理论中相同的经验标准。该模型的优势一直建立在经济推理的基础上，经济学家显然认为它很有说服力。但是经验设计是否有缺陷呢？我们怎么知道这些缺陷呢？

Auld 和 Grootendorst［2004］不是对理性上瘾模型的检验。相反，它是对当时常见的经验性理性上瘾模型的"反检验"。换句话说，他们的目标不是评估理论上的理性上瘾模型，而是评估实证理性上瘾模型本身。他们是怎么做到的呢？Auld 和 Grootendorst［2004］使用实证理性上瘾模型来评估似乎不能被视为上瘾的商品，如鸡蛋、牛奶、橘子和苹果。他们发现，实证理性上瘾模型暗示，牛奶极容易上瘾，可能是研究中最容易上瘾的商品之一。[1] 那种认为鸡蛋和牛奶会使人"理性上瘾"的说法可信吗？还是说，更大的可能性是，用于评估理性上瘾模型的研究设计有缺陷呢？Auld 和 Grootendorst［2004］这一研究对实证理性上瘾模型提出了质疑，而不是对理论模型提出质疑。

另一个有问题的文献是同群效应文献。同群效应是出了名的难以估计。Manski［1993］认为，社会互动的深层内生性使得同群效应的识别变得困难，甚至不可能。他称这个问题为"镜像"问题（"mirroring" problem）。如果"物以类聚，人以群分"，那么在观测性数据集中识别同群效应或许是不可能的，因为这里存在着极深刻的内生性问题。

有几项研究发现，网络对肥胖、吸烟、饮酒和幸福等结果有显著影响。这使得许多研究人员得出结论，认为这些风险行为是通过同群效应传染的［Christakis and Fowler，2007］。但是这些研究并没有使用随机的社会群体。同群效应所研究的"同群"纯粹是内生的。Cohen-Cole 和 Fletcher［2008］使用相似的模型和数据表明，即使是不能在同龄人之间传播的属性特征——痤疮、身高和头痛——在使用 Christakis 和 Fowler［2007］模型进行估计的观测数据中也出现了传染性。注意，Cohen-Cole 和 Fletcher［2008］并没有拒绝理论上存在传染的观点。相反，他们指出，如果社会互动是内生的，曼斯基（Manski）的批评应该可以适用于针对同群效应的

① 具有讽刺意味的是，牛奶是我最喜欢的食品之一，对它的喜爱甚至超过了印度淡啤酒（IPAs），所以我并不相信这个反检验。

分析。他们使用安慰剂分析间接地提供了这方面的证据。①

重复横截面数据内的构成变化（compositional change within repeated cross-sections）。在重复横截面数据和面板数据中均可以使用 DD 方法。但是使用重复横截面时存在一个与使用面板数据（例如，个体层面的面板数据）时不同的风险，重复横截面数据有构成变化（compositional changes）的风险。Hong［2013］使用了来自消费者支出调查（Consumer Expenditure Survey，CEX）的重复横截面数据，其中包含了随机家庭样本的音乐支出和互联网使用情况。1999 年 6 月，Napster 是第一个被互联网用户广泛使用的文件共享软件，作者利用了它的出现和广泛的流行作为一个自然实验，进行了一项研究。这项研究比较了 Napster 出现之前和之后的互联网用户和非互联网用户。乍一看，他们发现，从 1996 年到 2001 年，随着互联网的普及，互联网用户在音乐方面的支出比非互联网用户下降得更快。这是最初的证据，证明 Napster 软件应该对这种支出下降负责，直到研究者对此进行了更仔细的调查。

当我们看表 9-8 时，我们看到了构成变化的证据。虽然音乐支出在处理期间有所下降，但这两组样本的人口统计数据也在此期间发生了变化。例如，互联网用户的年龄增长，同时收入下降。如果老年人一开始就不太可能购买音乐，那么这就可以独立地部分解释为什么音乐支出会下降。这种构成变化类似于遗漏变量偏差，是由随时间推移而变化的不可观测值引起的。互联网的普及似乎与样本的变化有关，因为年轻的音乐爱好者也是早期的互联网使用者。因果效应的识别必须使处理成为这种构成变化的外生因素。

表 9-8 互联网用户和非互联网用户之间的变化

年份	1997		1998		1999	
	互联网用户	非互联网用户	互联网用户	非互联网用户	互联网用户	非互联网用户
平均支出						
CD	25.73 美元	10.90 美元	24.18 美元	9.97 美元	20.92 美元	9.37 美元
娱乐	195.03 美元	96.71 美元	193.38 美元	84.92 美元	182.42 美元	80.19 美元

462

① 在确定同群效应方面最终实现了突破，只是这些突破来自随机选取"同群"的研究，如：Sacerdote［2001］，Lyle［2009］，Carrell 等［2019］，Kofoed 和 McGovney［2019］等。许多这方面的论文要么使用了室友的随机化，要么使用了军事院校随机分配的同伴。这种自然实验是研究同群效应时可以克服镜像问题的难得机会。

续表

年份	1997		1998		1999	
	互联网用户	非互联网用户	互联网用户	非互联网用户	互联网用户	非互联网用户
零支出						
CD	0.56	0.79	0.60	0.80	0.64	0.81
娱乐	0.08	0.32	0.09	0.35	0.14	0.39
人口统计特征						
年龄	40.2	49.0	42.3	49.0	44.1	49.4
收入	52.887美元	30.459美元	51.995美元	26.189美元	49.970美元	26.649美元
高中毕业	0.18	0.31	0.17	0.32	0.21	0.32
大学未毕业	0.37	0.28	0.35	0.27	0.34	0.27
大学毕业	0.43	0.21	0.45	0.21	0.42	0.20
管理者	0.16	0.08	0.16	0.08	0.14	0.08

注：样本均值来自消费者支出调查。

461　　　　**最后的想法**（final thoughts）。在继续之前，我还想提出一些其他的警告。首先，牢记我们在 DAG 章节中学到的概念是很重要的。在选择 DD 设计中的协变量时，你必须抵制简单地增加回归变量的诱惑。因为如果只是这样做，你可能会无意中纳入一个对撞因子。如果对撞因子是条件化的，它会引入奇怪的路径，可能会误导你和你的读者。不幸的是，除了对决定处理分配的机制因素以及经济理论本身有深刻的了解之外，没有别的办法可以让我们继续前进。

　　其次，我完全跳过的另一个问题是如何构建模型。几乎没有人考虑过我们应该如何构建模型。举个例子，我们应该使用对数还是使用水平数据本身？我们应该用四次方根吗？我们应该使用比率吗？事实证明，这些是至关重要的，因为对它们中的许多来说，识别因果效应所需的平行趋势假设将无法成立——即使通过其他未知的转换，平行趋势可以得到满足。正是由于这个原因，你可以把许多 DD 设计看作增加了参数元素，因为你必须对函数形式本身作出很强的承诺。我不能在这方面为你提供指导，不过，使用处理前的趋势作为一种寻找平行性的方法可能是一个有用的指导。

具有时间差异的双向固定效应

　　我的汽车上有一张保险杠贴纸，上面写着"（对于自然实验来说）我喜欢联邦制"（见图 9-16）。我做这些汽车保险杠贴纸是为了让我的学生们觉得有趣，并说明美国是一个无尽的实验室。由于联邦制，美国每个州都被赋予了相当大的自由裁量权，可以通过州内部的政策和改革来管理自己。然而，因为美国是一个联邦制国家，所以这里的研究人员也可以得到许多州之间统一的数据集，这使得联邦制对于因果推断更加有用。

图 9-16　书呆子的保险杠贴纸

　　Goodman-Bacon［2019］称，随着时间的推移，不同地域的交错处理分配是具有"时间差异"（differential timing）的处理。他的意思不像我们前面讨论的简单的 2×2 设计（例如，新泽西和宾夕法尼亚），在那里处理个体都是在同一时间进入处理组的，更常见的情况是，不同地区的个体在不同的时间点接受处理。这在美国经常发生，因为每个地区（州、市）都会出于自己的原因，在自己想采取政策的时候就采取政策。因此，个体接受处理的时间会有所不同。

　　这种时间差异的引入意味着基本上有两种类型的 DD 设计。我们已经讨论过 2×2 DD，其中一个个体或一组个体都在同一时间点接受某种处理，如斯诺的霍乱研究或 Card 和 Krueger［1994］。还有一种是有时间差异的 DD，即不同组在不同时间点接受处理，如 Cheng 和 Hoekstra［2013］。我们可以很好地理解 2×2 设计：它是如何起作用的，为什么起作用，什么时候起作用，什么时候不起作用。但直到 Goodman-Bacon［2019］，我们才对有时间差异的 DD 设计有了同样完善的理解。所以现在我们来讨论这个问题（不要忘记之前我们讨论过的 2×2 DD）。

$$\widehat{\delta_{kU}^{2\times2}} = (\bar{y}_k^{\text{post}(k)} - \bar{y}_k^{\text{pre}(k)}) - (\bar{y}_U^{\text{post}(k)} - \bar{y}_U^{\text{pre}(k)})$$

式中，k 为处理组；U 为控制组，其他的都不言自明。因为这涉及样本均值，所以我们可以手动计算这些差异。或者我们可以用以下回归方程估计该值：

$$y_{it} = \beta D_i + \tau \text{Post}_t + \delta(D_i \times \text{Post}_t) + X_{it} + \varepsilon_{it}$$

　　但更常见的情况是，你将遇到带有时间差异的 DD 设计。虽然分解有点复杂，但回归方程本身是简单的：

$$y_{it} = \alpha_0 + \delta D_{it} + X_{it} + \alpha_i + \alpha_t + \varepsilon_{it}$$

如今，当研究人员估计这种回归时，他们通常使用线性固定效应模型，我在前一章讨论过。这些线性面板模型被称为"双向固定效应"，因为它们同时包括了时间固定效应和个体固定效应。因为这是一种非常流行的估计方法，所以我们必须准确地理解它在做什么，以及没有做什么。

培根分解定理（Bacon decomposition theorem）。Goodman-Bacon［2019］提供了一种对双向固定效应下的 $\hat{\delta}$ 有用的分解。鉴于这是实现时间差异设计的首选模型，我发现他的分解很有用。但由于还有其他一些针对双向固定效应估计量的分解，比如 de Chaisemartin 和 D'Haultfoeuille［2019］这篇重要的论文，为了名字上有所区别，我将其称为培根（Bacon）分解。

培根分解定理的妙处在于，双向固定效应估计量是所有可能的 2×2 DD 估计的加权平均值，其中的权重基于群组的大小和处理的方差。在方差加权共同趋势（variance weighted common trend，VWCT）和不随时间变化的处理效应假设下，方差加权 ATT 是所有可能 ATT 的加权平均值。在更严格的假设下，这个估计与 ATT 完全匹配。但当存在随时间变化的处理效应时，这就不正确了，因为用双向固定效应估计的时间差异设计中，随时间变化的处理效应会产生偏差。因此，双向固定效应模型可能会存在严重偏差，这在 de Chaisemartin 和 D'Haultfoeuille［2019］中得到了反映。

为了具体地说明这一点，让我们从一个简单的示例开始。在本设计中假设有三组：早期处理组（k）、后期处理组（l）和控制组（U）。组 k 和组 l 在处理方面都相似，但不同之处在于，k 比 l 早接受处理。

假设共有 5 个时期，k 在时期 2 中接受处理。然后它有 40% 的时间接受处理，或 0.4。假设 l 是在时期 4 中接受处理的。那么它有 80% 的时间接受处理，也就是 0.8。我用 $\overline{D}_k = 0.4$，$\overline{D}_l = 0.8$ 来表示接受处理的时间。这一点很重要，因为一组个体在处理中花费的时间长度决定了其处理的方差，这反过来又影响了 DD 参数本身最终相加时每个 2×2 所占的权重。有别于每次都写一个单独的 2×2 DD 估计量，我们将所有 2×2 均表示为如下形式：$\hat{\delta}_{ab}^{2\times2, j}$，其中 a 和 b 是处理组，j 是任意处理组的指示符号。因此，如果我们想知道 k 组和 U 组的 2×2 比较，我们可以写成 $\hat{\delta}_{kU}^{2\times2, k}$，或者为了节省空间写成 $\hat{\delta}_{kU}$。

让我们开始吧。首先，在一个差异时序设计中，到底有多少个 2×2？事实证明有很多。让我们举一个玩具的例子。假设有三个时间组（a，b，

c) 和一个对照组（U）。那么就有 9 个 2×2 DD。它们是：

a	到	b	b	到	a	c	到	a
a	到	c	b	到	c	c	到	b
a	到	U	b	到	U	c	到	U

看到它是如何工作的了吗？好，让我们回到更简单的例子，有两个时间组 k 和 l，还有一个控制组。k 组和 l 组将分别在时期 t_k^* 和 t_l^* 接受处理。所有个体均未接受处理的早期阶段称为前期，在 k 组和 l 组之间的阶段称为中期，在 l 组之后的阶段称为后期。用一些简单的图表可能更容易理解。让我们看一下图 9 - 11。回顾一下 2×2 DD 的定义：

$$\widehat{\delta_{kU}^{2\times2}} = (\bar{y}_k^{\mathrm{post}(k)} - \bar{y}_k^{\mathrm{pre}(k)}) - (\bar{y}_U^{\mathrm{post}(k)} - \bar{y}_U^{\mathrm{pre}(k)})$$

式中，k 和 U 只是 2×2 中表示组别的占位符。

图 9 - 17 中有四个面板，将每个面板的信息都代入方程，可以计算每个特定的 2×2 是多少。我们可以把它们总结成三个重要的 2×2 设计，分别是：

466

$$\widehat{\delta_{kU}^{2\times2}} = (\bar{y}_k^{\mathrm{post}(k)} - \bar{y}_k^{\mathrm{pre}(k)}) - (\bar{y}_U^{\mathrm{post}(k)} - \bar{y}_U^{\mathrm{pre}(k)})$$

$$\widehat{\delta_{kl}^{2\times2}} = (\bar{y}_k^{\mathrm{mid}(k,l)} - \bar{y}_k^{\mathrm{pre}(k)}) - (\bar{y}_l^{\mathrm{mid}(k,l)} - \bar{y}_l^{\mathrm{pre}(k)})$$

$$\widehat{\delta_{lk}^{2\times2}} = (\bar{y}_l^{\mathrm{post}(l)} - \bar{y}_l^{\mathrm{mid}(k,l)}) - (\bar{y}_k^{\mathrm{post}(l)} - \bar{y}_k^{\mathrm{mid}(k,l)})$$

其中第一个 2×2 是任意时间组（k 或 l）与未处理组的比较，第二个是一个组与尚未处理组进行比较，最后一个是最终处理组与已经处理的控制组相比。

请记住，DD 估计系数可以被分解为如下形式：

$$\widehat{\delta^{DD}} = \sum_{k\neq U} s_{kU}\widehat{\delta_{kU}^{2\times2}} + \sum_{k\neq U}\sum_{l>k} s_{kl}\left[\mu_{kl}\widehat{\delta_{kl}^{2\times2,k}} + (1-\mu_{kl})\widehat{\delta_{kl}^{2\times2,l}}\right] \qquad (9.1)$$

其中第一个 2×2 是 k 与 U 相比，以及 l 与 U 相比（合并以使方程更短）。[①] 467
那么这些权重是多少呢？

$$s_{kU} = \frac{n_k n_U \overline{D}_k (1-\overline{D}_k)}{\widehat{\mathrm{var}}(\widetilde{D}_{it})}$$

$$s_{kl} = \frac{n_k n_l (\overline{D}_k - \overline{D}_l)(1-(\overline{D}_k - \overline{D}_l))}{\widehat{\mathrm{var}}(\widetilde{D}_{it})}$$

---

① 所有这些分解都来将弗里施-沃定理应用于潜在的双向固定效应估计量。

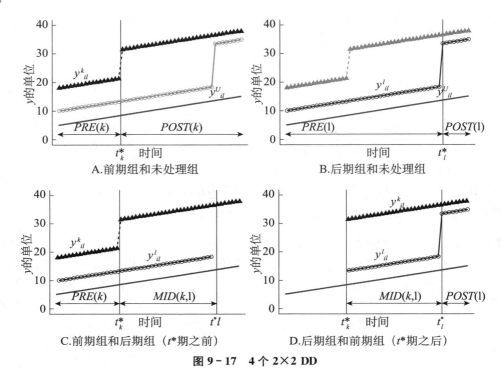

图 9-17　4 个 2×2 DD

资料来源：Goodman-Bacon［2019］. 经作者许可转载。

$$\mu_{kl} = \frac{1 - \overline{D}_k}{1 - (\overline{D}_k - \overline{D}_l)}$$

式中，n 表示样本量，$\overline{D}_k(1-\overline{D}_k)(\overline{D}_k-\overline{D}_l)(1-(\overline{D}_k-\overline{D}_l))$ 表示处理的方差，两个时间组的最终方程是一样的。[①]

　　请大家注意，有两件事马上就能体现出来。首先，有别于个体水平的不一致，注意"群组"不一致是如何起作用的。培根分解定理表明，双向固定效应使用了群组不一致来计算你正在寻找的参数。在某一时期通过一项法律的州越多，它们对最终总体估计值本身的影响就越大。

　　其次，在这些权重中另一件重要的事情是组内处理方差。为了理解其中的微妙之处，你要问自己——一个群组在哪个时期接受处理才能使其处

---

　　① 最近版本的 Goodman-Bacon［2019］重写了这个权重，但它们在数字上是相同的，出于这些目的，我更喜欢论文早期版本中讨论的权重方案。参见 Goodman-Bacon［2019］，以了解它对两个权重等价性的描述。

理方差最大化？定义 $X = D(1-D) = D - D^2$ ，求 V 对 D 的导数，设 $\dfrac{\mathrm{d}V}{\mathrm{d}D}$ 等于零，解出 $\overline{D}*$ 。当 $\overline{D} = 0.5$ 时，处理方差最大。让我们看一看 D 的三个值来说明这一点。

$$\overline{D} = 0.1；0.1 \times 0.9 = 0.09$$
$$\overline{D} = 0.4；0.4 \times 0.6 = 0.24$$
$$\overline{D} = 0.5；0.5 \times 0.5 = 0.25$$

那么，我们从中学到了什么呢？我们所了解到的是，在面板的中间位置进行处理实际上直接影响了你在使用双向固定效应来估计 ATT 时得到的数值。因此，延长或缩短面板的长度实际上仅仅通过改变群组处理的方差，就可以改变点估计值。这不是很奇怪吗？我们用什么标准来确定面板的最佳长度呢？

那么"对处理权重的处理"（treated on treated weights），或者 s_{kl} 权重又是怎么样的呢？它的表达式并非 $\overline{D}(1-\overline{D})$ ，而是 $(\overline{D}_k - \overline{D}_l)(1-(\overline{D}_k - \overline{D}_l))$ 。所以"中间"这个概念不是很清楚。因为它不是单个群组处理过程的中间，而是对处理方差作差来说面板的中间。例如，假设 k 花 67% 的时间处理，l 花 15% 的时间处理。那么 $\overline{D}_k - \overline{D}_l = 0.52$ ，因此，$0.52 \times 0.48 = 0.2496$ ，正如我们所展示的，这非常接近方差的最大值（即 0.25）。想想看——如果处理时间上的差接近 0.5，那么具有时序差异双向固定效应对 2×2 所赋予的权重比两个最终的处理组更大。

潜在结果上的分解表示（expressing the decomposition in potential outcomes）。到目前为止，我们只是展示了在使用双向固定效应时，DD 参数估计中的内容。它只不过是所有可能的 2×2 相加，然后根据群组所占份额和处理方差进行加权。但这只能告诉我们 DD 估计在数值上是多少；它没有告诉我们参数估计是否可以映射到一个有意义的平均处理效应上。要做到这一点，我们需要取这些样本均值，然后用转换方程代替潜在结果。这是将估计数字转换成因果效应估计值的关键。

培根分解定理将 DD 系数表示为样本均值，这使得用一个修正的转换方程来代替潜在结果变得很简单。只要有一点创造性的操作，就将得到有启示性的结果。首先，让我们将任意特定年份的 ATT 定义为：

$$ATT_k(\tau) = E[Y_{it}^1 - Y_{it}^0 \mid k, t = \tau]$$

接下来，让我们在一个时间窗口 W（例如，处理后的时间窗口）上将它定义为：

$$ATT_k(\tau) = E[Y_{it}^1 - Y_{it}^0 \mid k, \tau \in W]$$

最后，让我们将随时间推移的平均潜在结果之差定义为：

$$\Delta Y_k^h(W_1, W_0) = E[Y_{it}^h \mid k, W_1] - E[Y_{it}^h \mid k, W_0]$$

在这一趋势下，平均潜在结果之差是非零的。你可以在图 9-18 中看到这一点。

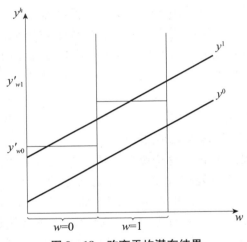

图 9-18　改变平均潜在结果

我会再次回到这个问题上，在这里我只是想把它指出来，这样当你们以后再遇到这个问题时，就能更具体地理解它。

我们现在可以从之前进行的 2×2 分解直接转移到 ATT，这是我们最终想知道的主要东西。我们在本章已经讨论过这一点了，但是为了强调此处分析的逻辑，我在这里再次回顾一下。我将首先写出 2×2 表达式，使用转换方程引入潜在结果符号，并通过一些操作找到 ATT 的某个表达式。

$$\hat{\delta}_{kU}^{2\times2} = (E[Y_j \mid \text{Post}] - E[Y_j \mid \text{Pre}]) - (E[Y_U \mid \text{Post}] - E[Y_U \mid \text{Per}])$$

$$= \underbrace{(E[Y_j^1 \mid \text{Post}] - E[Y_j^0 \mid \text{Pre}]) - (E[Y_U^0 \mid \text{Post}] - E[Y_U^0 \mid \text{Pre}])}_{\text{转换方程}}$$

$$+ \underbrace{E[Y_j^0 \mid \text{Post}] - E[Y_j^0 \mid \text{Post}]}_{\text{添加0}}$$

$$\underbrace{= E[Y_j^1 \mid \text{Post}] - E[Y_j^0 \mid \text{Post}]}_{\text{ATT}}$$

$$+ \underbrace{(E[Y_j^0 \mid \text{Post}] - E[Y_j^0 \mid \text{Pre}]) - (E[Y_U^0 \mid \text{Post}] - E[Y_U^0 \mid \text{Pre}])}_{2\times2\text{情况下的非平行趋势偏差}}$$

这可以更简洁地写为：

470

$$\widehat{\delta_{kU}^{2\times2}} = ATT_{\text{Post},j} + \underbrace{\Delta Y_{\text{Post,Pre},j}^0 - \Delta Y_{\text{Post,Pre},U}^0}_{\text{选择偏差!}}$$

2×2 DD 可以表示为 ATT 本身加上平行趋势假设的总和，如果平行趋势不成立，估计量就是有偏的。请自己思考——在平行趋势假设中，这两项中哪一项是反事实的，$\Delta Y_{\text{Post,Pre},j}^0$ 还是 $\Delta Y_{\text{Post,Pre},U}^0$？换句话说，哪一个可以被观测到，哪一个无法被观测到？看看你能否在图 9-19 中找出它。

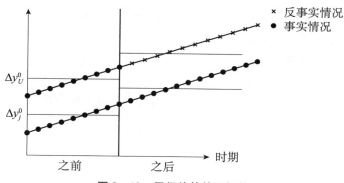

图 9-19　平行趋势的可视化

只有当反事实趋势和可观测趋势是平行的时，选择偏差项才会归零，ATT 才可以被识别出来。

让我们继续看分解的内部，因为我们还没有完成最终的分解。另外两个 2×2 也需要定义，因为它们也会出现在培根分解中。它们是：

471

$$\widehat{\delta_{kU}^{2\times2}} = ATT_k\text{Post} + \Delta Y_k^0(\text{Post}(k), \text{Pre}(k)) - \Delta Y_U^0(\text{Post}(k), \text{Pre}) \tag{9.2}$$

$$\widehat{\delta_{kl}^{2\times2}} = ATT_k(\text{Mid}) + \Delta Y_k^0(\text{Mid}, \text{Pre}) - \Delta Y_l^0(\text{Mid}, \text{Pre}) \tag{9.3}$$

它们看起来是一样的，因为你总是在比较处理组和控制组（尽管在第二种情况下，它们只是还没有接受处理）。

比较晚期组和早期组的 2×2 怎么样呢？由之前我们做过的大量替换可得：

$$\widehat{\delta_{lk}^{2\times2}} = ATT_{l,\text{Post}(l)}$$

$$+ \underbrace{\Delta Y_l^0(\text{Post}(l),\text{Mid}) - \Delta Y_k^0(\text{Post}(l),\text{Mid})}_{\text{平行趋势偏差}}$$

$$- \underbrace{(ATT_k(\text{Post}) - ATT_k(\text{Mid}))}_{\text{时间异质性偏差}} \tag{9.4}$$

有趣的是，我们之前将均值的简单作差分解为 ATE＋选择偏差＋异质
472 性处理效应偏差，这类似于后期到早期 2×2 DD 的分解。

第一行是我们迫切希望识别的 ATT。当 k 和 l 在**中期**到**后期**有相同
的平行趋势时，选择偏差在 Y^0 处归零。只要一个组随着时间的推移有恒
定的处理效应，第三行中的处理效应偏差就为零。但是，如果一个组在
时间上存在异质性，那么两个 ATT 项将不相同，因此选择偏差不会
为零。

但是如果我们愿意假设单调性，这意味着中间项的绝对值小于后期
项，那么我们可以对偏差进行标记。在单调性下，第三行括号内是正值，
因此偏差是负向的。对于正的 ATT，这将使效应偏向于零，而对于负的
ATT，这将导致其绝对值变得更大。

让我们暂停一下，将这些项聚在一起。DD 的分解公式为：

$$\widehat{\delta^{DD}} = \sum_{k\neq U} s_{kU}\widehat{\delta_{kU}^{2\times2}} + \sum_{k\neq U}\sum_{l>k} s_{kl}\left[\mu_{kl}\widehat{\delta_{kl}^{2\times2,k}} + (1-\mu_{kl})\widehat{\delta_{kl}^{2\times2,l}}\right]$$

我们把下面三个表达式代入上面的式子。

$$\widehat{\delta_{kU}^{2\times2}} = ATT_k(\text{Post}) + \Delta Y_l^0(\text{Post},\text{Pre}) - \Delta Y_U^0(\text{Post},\text{Pre})$$

$$\widehat{\delta_{kl}^{2\times2,k}} = ATT_k(\text{Mid}) + \Delta Y_l^0(\text{Mid},\text{Pre}) - \Delta Y_l^0(\text{Mid},\text{Pre})$$

$$\widehat{\delta_{lk}^{2\times2,l}} = ATT_l\text{Post}(l) + \Delta Y_l^0(\text{Post}(l),\text{Mid}) - \Delta Y_k^0(\text{Post}(l),\text{Mid})$$
$$- ATT_k(\text{Post}) - ATT_k(\text{Mid})$$

把这三项都代入分解公式有点过于繁杂，所以让我们简化一下符号。
估计的 DD 参数等于：

$$p\lim_{n\to\infty}\widehat{\delta^{DD}} = VWATT + VWCT - \Delta ATT \tag{9.5}$$

在接下来的几节中，我们将单独讨论这个表达式的每一部分。

方差加权 ATT（variance weighted ATT）。我们首先讨论处理组的方
差加权平均处理效应，即 VWATT。它的分解表达式是：

$$VWATT = \sum_{k \neq U} \sigma_{kU} ATT_k(\mathrm{Post}(k)) \tag{9.6}$$

$$+ \sum_{k \neq U} \sum_{l > k} \sigma_{kl}[\mu_{kl} ATT_k(\mathrm{Mid}) + (1-\mu_{kl}) ATT_l(\mathrm{Post}(l))] \tag{9.7}$$

473

其中，只有在总体项而非样本项中，σ 才类似于 s。注意，VWATT 只包含上面标识的三个 ATT，每个 ATT 都由分解公式中包含的权重进行加权。这些权重之和为 1，因此如果 ATT 是相同的，那么权重便无关紧要。①

当我知道 DD 系数是所有 2×2 的加权平均值时，我并不感到特别惊讶。我可能无法直观地认识到权重基于群组所占份额和处理方差，但我认为，它可能是一个加权平均值。然而，当学习另外两项时，我却没有同样的感受。现在，我们来谈谈另外两项：VWCT 和 ΔATT。

方差加权共同趋势（variance weighted common trends）。VWCT 表示方差加权共同趋势。这就是我们之前写的非平行趋势偏差的集合，但请注意，识别因果效应需要**方差加权共同趋势**成立，这实际上比我们之前认为的相同趋势（identical trends）要弱一些。你可以用相同趋势得到这个结果，但 Goodman-Bacon [2019] 告诉我们，**从技术上讲**，你不需要相同趋势，因为即使我们没有确切的平行趋势，权重也可以使相同趋势成立。不幸的是，这个式子的书写有点痛苦，但因为它很重要，我还是把它写出来吧。

$$VWCT = \sum_{k \neq U} \sigma_{kU}[\Delta Y_k^0(\mathrm{Post}(k), \mathrm{Pre}) - \Delta Y_U^0(\mathrm{Post}(k), \mathrm{Pre})]$$
$$+ \sum_{k \neq U} \sum_{l > k} \sigma_{kl}\{\mu_{kl}[\Delta Y_k^0(\mathrm{Mid}, \mathrm{Pre}(k)) - \Delta Y_l^0(\mathrm{Mid}, \mathrm{Pre}(k))]$$
$$+ (1-\mu_{kl})[\Delta Y_l^0(\mathrm{Post}(l), \mathrm{Mid}) - \Delta Y_k^0(\mathrm{Post}(l), \mathrm{Mid})]\}$$
$$\tag{9.8}$$

注意，VWCT 这一项是从三个 2×2 中收集的所有非平行趋势偏差。不过，其中的一个新奇之处在于，非平行趋势偏差也使用了与 VATT 中相同的权重。 *474*

这实际上是一个新的观点。一方面，有很多项我们需要它们为零。另一方面，具有讽刺意味的是，这是一个相对于严格相同的共同趋势而言较弱的识别假设，因为从技术上讲，权重可以纠正不平行的趋势。在精确的

---

① 在 k 和 l 之间 ATT 的异质性不是任何偏差的来源。只有在 k 或 l 的 ATT 存在随时间推移的异质性时才会引入偏差。稍后我们将更详细地讨论这个问题。

平行趋势下，VWCT 将归零，在这种情况下，权重也可以调整趋势为零，（在某种程度上）这是一个好消息。

ATT 在时间偏差内的异质性（ATT heterogeneity within time bias）。当我们把平均结果的简单作差分解成 ATE、选择偏差和异质性处理效应偏差的总和时，这的确不是一个非常令人头疼的问题。这是因为如果 ATT 与 ATU 不同，那么平均结果的简单作差就变成了 ATT 和选择偏差的总和，这仍然是一个有趣的参数。但在培根分解中，随着时间的推移，ATT 异质性会引入不那么好处理的偏差。让我们看看当组内处理效应随时间变化时会发生什么。

$$\Delta ATT = \sum_{k \neq U} \sum_{l > k} (1 - \mu_{kl})[ATT_k(\text{Post}(l) - ATT_k(\text{Mid}))] \quad (9.9)$$

ATT 的异质性有两种解释：可能是在**不同**的组中会产生不同的处理效应，也可能是在**某一个**组内随着时间的推移会产生不同的处理效应。ATT 只涉及后者。第一种情况是个体间的异质性，而不是组内异质性。当组间存在异质性时，每个群组都会通过由样本份额和处理方差决定的函数进行加权，而 VWATT 就是特定群组 ATT 加权后的平均值。这种异质性不存在偏差。[①]

但在第二种情况下——当 ATT 在不同的个体之间是恒定的，但随着时间的推移，群组内部存在异质性时——情况就有点令人担忧了。随时间改变的处理效应，即使它们在不同个体间是相同的，也会产生跨组的异质性，因为存在不同的处理时间窗口，以及前期处理组作为后期处理组的控制组等情况。让我们考虑这样一种情况，在这种情况下，反事实结果是相同的，但处理效应是一种线性趋势（见图 9-20）。例如，$Y_{it}^1 = Y_{it}^0 + \theta(t - t_1^* + 1)$，类似于 Meer 和 West［2016］中的方程。

注意第一个 2×2 是如何在中期使用后期处理组作为其控制组的，但是在后期，后期处理组又可以使用前期处理组作为其控制组。这什么时候会是个问题呢？

如果有很多 2×2 或者它们的权重很大，那就有问题了。如果它们是估计的可忽略部分，那么即使它们存在，考虑到它们的权重很小（因为群组份额也是权重的重要部分，而不仅仅是处理中的方差），偏差可能也会很

---

① 将权重分配到每个 2×2 上，可以让我们更直观地发现整体系数是否由少数几个具有较大权重的 2×2 得出。

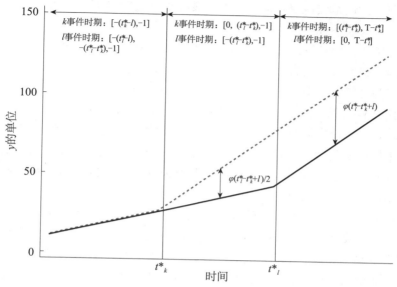

图 9－20　ATT 的组内异质性

资料来源：Goodman-Bacon，A.［2019］．"Difference-in-Differences with Variation in Treatment Timings"（未出版的手稿）. 经作者许可转载。

小。但是，我们认为这并不成立，为什么这么说呢？这个效应是有偏的，因为控制组正在经历一个表现在结果中的趋势（例如，异质性处理效应），并且根据权重（$1-\mu_{kl}$）的大小，这个偏差会传递给后一个 2×2。如果我们的计划是坚持使用双向固定效应估计，我们将需要对此进行修正。

　　现在是时候运用我们所学到的知识了。让我们看看 Cheng 和 Hoekstra ［2013］这篇有趣而重要的论文，了解更多关于 DD 论文的知识，并使用事件研究和培根分解来复刻它。

　　城堡主义法律和故意杀人（castle-doctrine statutes and homicides）。Cheng 和 Hoekstra［2013］评估了枪支改革对暴力的影响，并阐述了关于不同时间的各种原则和做法。我想在本文的背景下讨论这些原则。下一节将讨论、扩展和复刻该研究的各个部分。

　　2012 年 2 月 26 日，乔治·齐默尔曼在佛罗里达州桑福德枪杀了 17 岁的非洲裔青年特雷沃恩·马丁。马丁独自从便利店步行回家时，齐默尔曼发现了他，从远处跟踪他，并向警方报告了他。他说，他发现马丁的行为很可疑，虽然警察敦促齐默尔曼不要靠近，但齐默尔曼跟踪并最终激怒了马丁。两人发生争执，齐默尔曼开枪打死了马丁。齐默尔曼声称自己是正当防卫，但还是被指控杀害了马丁。最终陪审团宣告他的二级故意杀人罪和过失杀人罪不成立。

陪审团认为齐默尔曼的行为是合法的，因为 2005 年，佛罗里达州对何时何地可以使用致命自卫进行了改革。曾经，致命自卫只在家中合法，但一项名为"坚守阵地"（Stand Your Ground）的新法案将这种权利扩展到了其他公共场所。在 2000—2010 年间，有 21 个州明确地扩大了城堡主义法律，扩大了家庭以外可以合法使用致命武力的地方。[①] 这些州废除了普通法中把逃避危险的责任归于受害者身上的长期传统。在这些改革之后，如果受害者感受到威胁，他们不再需要在公共场所保持克制：他们可以用有杀伤性的自卫来报复。

477

除此之外还有一些其他的改动。在一些州，在屋外使用足以致命的武力的人被**假设**是出于合理的恐惧。因此，检察官必须证明恐惧是不合理的，据说这几乎是不可能完成的任务。在这些扩展下采取行动者的民事责任也被取缔。由于民事责任比刑事犯罪具有更低的门槛，这有效地消除了可能阻止某人在家庭外使用致命武力的其他限制。

从经济角度来看，这些改革降低了故意杀人的成本。同样的情况在以前会被禁止，但现在人们可以行使足以致命的自卫权。由于没有民事责任，故意杀人的预期成本现在更低了。因此，只要人们对激励敏感，那么取决于致命自卫相对于成本的弹性，我们预计针对边缘受害者的致命武力会增加。换句话说，改革可能会导致故意杀人率的上升。

我们可以把致命武力的使用分为真阳性和假阳性。使用致命武力的真阳性情况是，如果这个人没有使用致命武力，他或她就会被故意杀掉。因此，致命武力的真阳性案例只是将生存的希望从罪犯转移到了防卫者身上。这是一个悲剧，但是此时官方的统计数据并不会记录到与反事实相关的故意杀人情况的净增加——只是被杀的人属于哪一方可能不一样。但是假阳性相对于反事实情况会导致故意杀人情况的净增加。有些冲突可能会不必要地升级，根据普通法，承担的自我克制责任会在事态演变成致命武力之前缓和局势。然而现在，在这些城堡主义法律改革下，安全阀被拆除了，因此发生了一场在反事实中不存在的故意杀人，导致了故意杀人情况的净增加。

但这并不是改革可能带来的唯一影响——在这些改革下，暴力也有可

---

① 这些法律被称为"城堡主义"法律，因为在家里致命自卫受到保护——家被认为是一个人的城堡。

能遭到遏制。在 Lott 和 Mustard［1997］的研究中，作者发现，隐藏携带法减少了暴力。他们认为这是由威慑造成的——认为有人可能携带了隐藏的武器，从而阻止了理性的罪犯实施犯罪。威慑理论可以追溯到 Becker［1968］和他之前的杰里米·边沁（Jeremy Bentham）。扩大可以使用致命武力的场所也可以威慑犯罪。由于这种理论上的可能性很大程度上取决于关键弹性，而关键弹性实际上可能为零，因此，扩大致命武力的适用范围是否对犯罪造成了威慑最终是一个实证问题。

　　Cheng 和 Hoekstra［2013］为他们的项目选择了一种"双重差分"设计，城堡主义法律的实施作为处理，而不同州的处理时间是不同的。他们的估计方程是：

$$Y_{it} = \alpha + \delta D_{it} + \gamma X_{it} + \sigma_i + \tau_t + \varepsilon_{it}$$

式中，D_{it} 为处理参数。他们使用标准双向固定效应模型和计数模型来估计这个方程。在通常情况下，处理参数是 0 或 1，但在 Cheng 和 Hoekstra［2013］中，它是一个从 0 到 1 的变量，因为有些州的法律会在年中发生变化。所以如果他们在 7 月更改了法律，那么 D_{it} 在采用新法律的当年之前等于 0，在采用新法律的当年等于 0.5，之后等于 1。X_{it} 变量包含了一种特殊的控制变量，被称为地区年固定效应，这是人口普查区的虚拟向量，其内涵是州属人口普查区与年份固定效应的交互。这样做是为了使明确的反事实群组来自同一人口普查区。[1] 由于在本例中双向固定效应模型和计数模型之间得到的结果没有显著差异，我倾向于展示双向固定效应的结果。

　　从某种程度上讲，他们使用的是犯罪研究的标准数据。他们使用了 2000—2010 年联邦调查局统一犯罪报告概要的第一部分。联邦调查局统一犯罪报告是从全国各地自愿参与的警察机构中收集的有关八项犯罪"指标"的数据集。参与率很高，而且数据可以追溯到几十年前，这使得它对许多当代有关犯罪政策的研究问题很有吸引力。犯罪被转换成比率，或"每 10 万人的犯罪数量"。

　　Cheng 和 Hoekstra［2013］用一系列简单的安慰剂来开启他们的研究，以检查改革是否与更普遍的犯罪趋势存在虚假相关性。由于许多犯罪往往会因为未观测到的因素而相互关联，这一步骤就有了一定的吸引力，因为它排除了这些法律是在犯罪率已经开始上升的地区才被采用的可能性。

---

　①　这将违反 SUTVA，因为当一个州通过这项改革时，枪支暴力会蔓延到邻近的州。

在安慰剂案件中，他们选择了汽车盗窃和偷窃案件，他们认为，这两种案件与降低在公共场合使用致命武力的成本具有相关性的说法都不可信。

表9-9中有如此多的回归系数，是因为应用微观经济学家喜欢在越来越严格的模型下报告结果。在这种情况下，每一列都是附加了控制变量的新回归，如附加了固定效应设定、时变控制变量、每一年的指示变量以检查在处理之前结果的差异，以及特定州的趋势。如你所见，许多系数都很小，因为它们很小，所以即使在很大的标准误下得到的估计范围也仍然不是很大。

表9-9 证伪检验：城堡主义法律对偷窃罪和机动车盗窃罪的影响

OLS——以州人口为权重						
	1	2	3	4	5	6
面板A：偷窃	Log（偷窃率）					
城堡主义法律	0.003 00 (0.016 1)	−0.006 00 (0.014 7)	−0.009 10 (0.013 9)	−0.085 8 (0.013 9)	−0.004 01 (0.012 8)	−0.002 84 (0.018 0)
确立城堡主义法律前0~2年				0.001 12 (0.010 5)		
观测值	550	550	550	550	550	550
面板B：机动车盗窃	Log（机动车盗窃率）					
城堡主义法律	0.051 7 (0.056 3)	−0.038 9 (0.448)	−0.025 2 (0.039 6)	−0.029 4 (0.046 9)	−0.016 5 (0.035 4)	−0.007 08 (0.037 2)
确立城堡主义法律前0~2年				−0.008 96 (0.021 6)		
观测值	550	550	550	550	550	550
州和年份固定效应	是	是	是	是	是	是
每年的区域固定效应		是	是	是	是	是
时变控制变量			是	是	是	是
偷窃和机动车盗窃有关的变量					是	
州特定线性时间趋势						是

注：每个面板中的每一列代表一个独立的回归。观测值的单位为州一年份。稳健标准误在州一级聚类。时变控制变量包括治安和监禁率、福利和公共援助支出、收入中值、贫困率、失业率和人口统计数据。* 表示在10%的水平上显著，** 表示在5%的水平上显著，*** 表示在1%的水平上显著。

接下来，他们研究了在他们看来，如果政策带来了在公共场合可以施行致命报复的可信威胁，那么，像入室偷窃、抢劫和恶性攻击这些犯罪行为可能会被阻止的情况。

既然城堡主义法律具有威慑作用，那么我们可以预期，该法律对犯罪应当存在负向影响。但表 9-10 中所示的所有回归实际上都是正的，甚至很少有显著的。因此，作者得出结论：他们没有发现任何威慑——这并不意味着威慑行为没有发生，只是他们不能拒绝原假设。

表 9-10 城堡主义法律的威慑作用：入室盗窃、抢劫和恶性攻击

	OLS——以州人口为权重					
	1	2	3	4	5	6
面板 A：入室盗窃	Log(入室盗窃率)					
城堡主义法律	0.078 0***	0.029 0	0.022 3	0.018 1	0.032 7*	0.023 7
确立城堡主义法律前 0~2 年	(0.025 5)	(0.023 6)	(0.022 3)	(0.026 5) −0.009 606 (0.013 3)	(0.016 5)	(0.020 7)
面板 B：抢劫	Log(抢劫率)					
城堡主义法律	0.040 8 (0.025 4)	0.034 4 (0.022 4)	0.026 2 (0.022 9)	0.019 7 (0.025 7)	0.037 6*** (0.018 1)	0.051 5* (0.027 4)
确立城堡主义法律前 0~2 年					−0.013 8 (0.015 3)	
面板 C：恶性攻击	Log(恶性攻击率)					
城堡主义法律	0.043 4 (0.038 7)	0.039 7 (0.040 7)	0.037 2 (0.031 9)	0.033 0 (0.036 7)	0.042 4 (0.029 1)	0.041 4 (0.028 5)
确立城堡主义法律前 0~2 年					−0.008 97 (0.014 7)	
观测值	550	550	550	550	550	550
州和年份固定效应	是	是	是	是	是	是
每年的区域固定效应		是	是	是	是	是
时变控制变量	是	是	是		是	
偷窃和机动车盗窃有关的变量			是			
州特定线性时间趋势					是	

注：每个面板中的每一列代表一个独立的回归。观测值的单位为州—年份。稳健标准误在州一级聚类。时变控制变量包括治安和监禁率、福利和公共援助支出、收入中值、贫困率、失业率和人口统计数据。* 表示在 10% 的水平上显著，** 表示在 5% 的水平上显著，*** 表示在 1% 的水平上显著。

现在来看他们的主要结论，这些结论都很有趣，因为对于作者来说，一般把他们的主要结论开门见山地展示出来更为常见。但这篇论文的写作手法在这方面颇具独创性。到目前为止，读者已经看到了法律在很多方面不具效应，因此他们可能会想："这是怎么回事？这条法律切实存在，而且没有引起威慑。那我为什么要看这篇论文？"

作者做的第一件事是展示一系列处理州和控制州在故意杀人方面的**原始数据**。针对存在时序差异的研究总是很具有挑战性。例如，大约有20个州从2005年到2010年通过了城堡主义法律，但**不是同时通过的**。那么你要如何直观地展示它呢？比方说，当这里存在时序差异时，**控制组**的"处理前"是什么时期？如果一个州在2005年确立了该法律，而另一个州在2006年确立了该法律，那么控制组的"处理前"和"处理后"究竟是什么情况？这是一个挑战，但如果你想坚持我们的指导原则，即因果推断研究迫切需要主要效应的数据可视化，那么你的工作就是用创造性和诚实性来解决它，做出直观的图表。Cheng和Hoekstra［2013］本可以直接给出先期和滞后期的回归系数，这是很常见的做法，但作者们了解了第一手资料后，他们倾向于尽可能地向读者提供原始数据的图形表示。因此，他们展示了几幅相关的图，其中每幅图都是一个"处理组"与所有"从未受过处理组"的个体的比较。图9-21是佛罗里达州的情况。

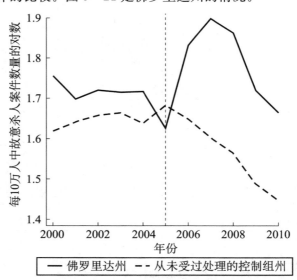

图9-21 佛罗里达州每10万人中故意杀人案件数量对数的原始数据
与从未受过处理的控制组州的对比

　　请注意，在法律通过之前，处理组和控制组的攻击性活动存在平行趋势。正如我所强调的，这显然不是对平行趋势假设的直接检验。处理前期的平行趋势既不是必要条件，也不是充分条件。回想一下，可识别的假设是方差加权共同趋势，它完全基于平行的反事实趋势，而不是处理前期的趋势。但研究人员使用类似的处理前的平行趋势，就像直觉一样，认为反事实趋势也应该是平行的。从某种意义上说，处理前的平行趋势排除了一些我们应该担心的明显的欺骗性因素，比如在法律采纳的时间点附近发生的改变，即使那只是一些看似属于欺骗性的因素，比如故意杀人率上升。但这显然不会发生在这里——在处理前，处理组的故意杀人案与控制组相比没有偏离。在佛罗里达州通过法律之前，它们也遵循着类似的轨迹，**也只有在那时**，趋势才趋于一致。注意，2005 年之后，也就是法律生效的时候，故意杀人案数量有了相当大的增长。还有其他类似的数据，但它们都有这样的功能——它们展示了随着时间的推移，受处理组与同样的从未受过处理组的对比。

　　既然使用致命武力的成本已经下降，那么我们预期会看到更多故意杀人案件，这意味着δ项的系数为正，假设我们之前讨论的异质性偏差不足以导致估计系数的双向固定效应符号发生反转。无论在统计上还是在现实意义上，它都应该与零不同。他们提出了四种不同类型的设定——三种使用了 OLS，一种使用了负二项回归。但为了精简表述，我在这里只报告加权 OLS 回归。

　　表 9-11 中有很多信息，所以我们要确保不要迷失在其中。首先，所有系数都是正的，而且在数值上相似——故意杀人案数量的增长率在 8% 和 10% 之间。其次，四个面板中有三个几乎是完全显著的。表中的大部分证据似乎表明，城堡主义法律导致故意杀人案增加了约 8%。

表 9-11　城堡主义法律对故意杀人行为的影响

面板 A：故意杀人加权 OLS	Log（故意杀人率）					
	1	2	3	4	5	6
城堡主义法律	0.080 1***	0.094 6***	0.093 7***	0.095 5***	0.098 5***	0.010 0***
	(0.034 2)	(0.027 9)	(0.029 0)	(0.036 7)	(0.029 9)	(0.038 8)
确立城堡主义法律前 0~2 年					0.003 98	
					(0.022 2)	
观测值	550	550	550	550	550	550
州和年份固定效应	是	是	是	是	是	是

续表

面板 A：故意杀人 加权 OLS	Log(故意杀人率)					
	1	2	3	4	5	6
每年的区域 固定效应		是	是	是	是	是
时变控制变量			是	是	是	是
与偷窃和机 动车盗窃有 关的控制变量					是	
州特定线性 时间趋势						是

注：每个面板中的每一列代表一个独立的回归。观测值的单位为州—年份。稳健标准误在州一级聚类。时变控制变量包括治安和监禁率、福利和公共援助支出、收入中值、贫困率、失业率和人口统计数据。* 表示在 10％的水平上显著，** 表示在 5％的水平上显著，*** 表示在 1％的水平上显著。

485   由于作者们还不满意，所以他们实施了一种基于随机推断的检验。具体地说，他们把 11 年的面板移回到 1960—2009 年，并估计了 1～40 年前通过城堡主义法律的 40 种安慰剂"效应"。当他们这样做的时候，他们发现这一操作的平均效应基本上是零。本章对这些结果进行了总结。在统计上，实际处理方案与安慰剂方案相比似乎有些不寻常，因为实际处理方案产生的效应比任何安慰剂回归实验中除一种情况外的所有情况都大。

Cheng 和 Hoekstra［2013］没有发现城堡主义法律能阻止暴力犯罪的证据，但作者们确实发现这一法律增加了故意杀人案件的数量（见表 9 - 12）。在 21 个采用该法律的州中，净增长了 8％的故意杀人率意味着每年将额外发生约 600 起故意杀人案件。回顾一下乔治·齐默尔曼杀害特雷沃恩·马丁的事件，人们不禁会想，如果佛罗里达州没有通过"坚守阵地"法案，特雷沃恩现在是否还活着。这种反事实推断会让你发疯，因为它是无法回答的——我们根本不知道，也永远不可能知道反事实问题的答案。因果推断的基本问题是，我们需要知道，如果没有"坚守阵地"法案，在那个决定性的夜晚会发生什么，并将其与"坚守阵地"法案下的情况进行比较，以了解什么可以（不可以）被归因于该法案。我们所知道的是，在与 DD 设计相关的某些假设下，与明确的反事实相比，故意杀人案件的净额大约高出 8％～10％。虽然这并不能回答所有的问题，但它表明，有相当数量的死亡可以归咎于类似"坚守阵地"法案。

表 9 - 12　随机推断的平均值 [Cheng and Hoekstra, 2013]

方法	平均估计值	比实际估计值更大的估计值
加权 OLS	−0.003	0/40
未加权 OLS	0.001	1/40
负二项回归	0.001	0/40

复刻 Cheng 和 Hoekstra [2013]（replicating Cheng and Hoekstra [2013]）。既然我们已经讨论了 Cheng 和 Hoekstra [2013] 这篇论文，那么我们不如复刻一下它的主要工作，或者至少对作者们收集的数据集做一些工作，以说明我们已经讨论过的某些事情，比如事件研究和培根分解。不过，这一分析将与他们所做的略有不同，因为他们的政策变量是在区间 [0, 1] 上的变量，而不是一个纯粹的虚拟变量。这是因为，他们用法案通过的月份（如 6 月）除以 12 个月，仔细定义了政策变量。所以如果一个州在 6 月的最后通过了该法律，那么它会在第一年取值 0.5，之后取值 1。虽然这种方法没有任何错误，但我在这里将使用一个虚拟变量，因为它使事件研究更容易形象化，而且培根分解只适用于虚拟政策变量。

首先，我将复刻图 9 - 21[①] 中面板 A 第 6 列针对故意杀人案的主要分析结果。

这里我们看到的主要结果是：城堡主义法律的扩展导致故意杀人案件增加了大约 10%。如果我们使用后虚拟变量（post-dummy），它本质上等于 0，除非这个州已经完全确立了城堡主义法律，那么效应很可能是 7.6%。

```
                            STATA
                         castle_1.do
1   use https://github.com/scunning1975/mixtape/raw/master/castle.dta, clear
2   set scheme cleanplots
3   * ssc install bacondecomp
4
5   * define global macros
6   global crime1 jhcitizen_c jhpolice_c murder homicide  robbery assault burglary
    ↪   larceny motor robbery_gun_r
```

(continued)

---

① 原书如此，疑误。似乎应为表 9 - 11。——译者注

STATA *(continued)*

```
7   global demo blackm_15_24 whitem_15_24 blackm_25_44 whitem_25_44
    ↪   //demographics
8   global lintrend trend_1-trend_51 //state linear trend
9   global region r20001-r20104 //region-quarter fixed effects
10  global exocrime l_larceny l_motor // exogenous crime rates
11  global spending l_exp_subsidy l_exp_pubwelfare
12  global xvar l_police unemployrt poverty l_income l_prisoner l_lagprisoner $demo
    ↪   $spending
13
14  label variable post "Year of treatment"
15  xi: xtreg l_homicide i.year $region $xvar $lintrend post [aweight=popwt], fe
    ↪   vce(cluster sid)
16
```

R

castle_1.R

```
1   library(bacondecomp)
2   library(tidyverse)
3   library(haven)
4   library(lfe)
5
6   read_data <- function(df)
7   {
8    full_path <- paste("https://raw.github.com/scunning1975/mixtape/master/",
9            df, sep = "")
10   df <- read_dta(full_path)
11    return(df)
12  }
13
14  castle <- read_data("castle.dta")
15
16  #— global variables
17  crime1 <- c("jhcitizen_c", "jhpolice_c",
18          "murder", "homicide",
19          "robbery", "assault", "burglary",
20          "larceny", "motor", "robbery_gun_r")
21
22  demo <- c("emo", "blackm_15_24", "whitem_15_24",
23          "blackm_25_44", "whitem_25_44")
```

(continued)

R (continued)

```
24
25   # variables dropped to prevent colinearity
26   dropped_vars <- c("r20004", "r20014",
27             "r20024", "r20034",
28             "r20044", "r20054",
29             "r20064", "r20074",
30             "r20084", "r20094",
31             "r20101", "r20102", "r20103",
32             "r20104", "trend_9", "trend_46",
33             "trend_49", "trend_50", "trend_51"
34   )
35
36   lintrend <- castle %>%
37     select(starts_with("trend")) %>%
38     colnames %>%
39     # remove due to colinearity
40     subset(.,! . %in% dropped_vars)
41
42   region <- castle %>%
43     select(starts_with("r20")) %>%
44     colnames %>%
45     # remove due to colinearity
46     subset(.,! . %in% dropped_vars)
47
48
49   exocrime <- c("l_lacerny", "l_motor")
50   spending <- c("l_exp_subsidy", "l_exp_pubwelfare")
51
52
53   xvar <- c(
54     "blackm_15_24", "whitem_15_24", "blackm_25_44", "whitem_25_44",
55     "l_exp_subsidy", "l_exp_pubwelfare",
56     "l_police", "unemployrt", "poverty",
57     "l_income", "l_prisoner", "l_lagprisoner"
58   )
59
60   law <- c("cdl")
61
62   dd_formula <- as.formula(
63     paste("l_homicide ~ ",
```

488

(continued)

R *(continued)*
64   paste(
65   paste(xvar, collapse = " + "),
66   paste(region, collapse = " + "),
67   paste(lintrend, collapse = " + "),
68   paste("post", collapse = " + "), sep = " + "),
69   "| year + sid | 0 | sid"
70)
71)
72
73 #Fixed effect regression using post as treatment variable
74 dd_reg <- felm(dd_formula, weights = castle$popwt, data = castle)
75 summary(dd_reg)
76
77

STATA
castle_2.do
1 * Event study regression with the year of treatment (lag0) as the omitted   ↪ category.
2 xi: xtreg l_homicide i.year $region lead9 lead8 lead7 lead6 lead5 lead4 lead3   ↪ lead2 lead1 lag1-lag5 [aweight=popwt], fe vce(cluster sid)

R
castle_2.R
1 castle <- castle %>%
2   mutate(
3   time_til = year - treatment_date,
4   lead1 = case_when(time_til == -1 ~ 1, TRUE ~ 0),
5   lead2 = case_when(time_til == -2 ~ 1, TRUE ~ 0),
6   lead3 = case_when(time_til == -3 ~ 1, TRUE ~ 0),
7   lead4 = case_when(time_til == -4 ~ 1, TRUE ~ 0),
8   lead5 = case_when(time_til == -5 ~ 1, TRUE ~ 0),
9   lead6 = case_when(time_til == -6 ~ 1, TRUE ~ 0),
10   lead7 = case_when(time_til == -7 ~ 1, TRUE ~ 0),
11   lead8 = case_when(time_til == -8 ~ 1, TRUE ~ 0),
12   lead9 = case_when(time_til == -9 ~ 1, TRUE ~ 0),

(continued)

```
                        R (continued)
13
14      lag0 = case_when(time_til == 0 ~ 1, TRUE ~ 0),
15      lag1 = case_when(time_til == 1 ~ 1, TRUE ~ 0),
16      lag2 = case_when(time_til == 2 ~ 1, TRUE ~ 0),
17      lag3 = case_when(time_til == 3 ~ 1, TRUE ~ 0),
18      lag4 = case_when(time_til == 4 ~ 1, TRUE ~ 0),
19      lag5 = case_when(time_til == 5 ~ 1, TRUE ~ 0)
20      )
21  event_study_formula <- as.formula(
22    paste("l_homicide ~ + ",
23      paste(
24        paste(region, collapse = " + "),
25        paste(paste("lead", 1:9, sep = ""), collapse = " + "),
26        paste(paste("lag", 1:5, sep = ""), collapse = " + "), sep = " + "),
27      "| year + state | 0 | sid"
28    ),
29  )
30
31  event_study_reg <- felm(event_study_formula, weights = castle$popwt, data =
    ↪    castle)
32  summary(event_study_reg)
```

490

　　但现在，我想在他们的研究上更进一步，实施一项事件研究。首先，我们需要确定处理前的先期和滞后。为此，我们使用了一个"time_til"变量，它是州接受处理之前或之后的年数。使用这个变量，我们可以创建先期（处理前的年份）和滞后（处理后的年份）。

　　我们省略的是处理发生的年份，因此所有系数都是关于该年份的。你可以从先期的系数中看出，在处理之前，它们在统计学上与零没有区别，除了先期第8期和第9期，这可能是因为在处理前的8年只有三个州，而在处理前的9年只有一个州。但是在处理前的几年里，先期第1期到第6期的先期系数等于零，在统计学上不显著，尽管在技术上，它们有很大的置信区间。另外，滞后系数都是正的，除了滞后5期（约17%）之外，彼此之间并没有太大的差别。

　　按照惯例，研究者要绘制这些事件研究的图，我们不妨现在就开始。我将向你们展示一种简单的方法和一种较冗长的方法。较冗长的方法最终能够让你更好地使事件研究呈现出自己想要的结果，但对于快速的方法来说，较简单的方法就足够了。为了使用更简单的方法，你需要在 Stata 中安装一个名为 coefplot 的程序，该程序由 estout 的作者 Ben Jann 编写。[①]

```
                              STATA
                            castle_3.do
1   * Plot the coefficients using coefplot
2   * ssc install coefplot
3
4   coefplot, keep(lead9 lead8 lead7 lead6 lead5 lead4 lead3 lead2 lead1 lag1 lag2
    ↪    lag3 lag4 lag5) xlabel(, angle(vertical)) yline(0) xline(9.5) vertical
    ↪    msymbol(D) mfcolor(white) ciopts(lwidth(*3) lcolor(*.6)) mlabel
    ↪    format(%9.3f) mlabposition(12) mlabgap(*2) title(Log Murder Rate)
```

```
                                R
                            castle_3.R
1
2   # order of the coefficients for the plot
3   plot_order <- c("lead9", "lead8", "lead7",
4           "lead6", "lead5", "lead4", "lead3",
5           "lead2", "lead1", "lag1",
6           "lag2", "lag3", "lag4", "lag5")
7
8   # grab the clustered standard errors
9   # and average coefficient estimates
10  # from the regression, label them accordingly
11  # add a zero'th lag for plotting purposes
12  leadslags_plot <- tibble(
13    sd = c(event_study_reg$cse[plot_order], 0),
14    mean = c(coef(event_study_reg)[plot_order], 0),
15    label = c(-9,-8,-7,-6, -5, -4, -3, -2, -1, 1,2,3,4,5, 0)
16  )
17
18  # This version has a point-range at each
19  # estimated lead or lag
20  # comes down to stylistic preference at the
21  # end of the day!
22  leadslags_plot %>%
23    ggplot(aes(x = label, y = mean,
24          ymin = mean-1.96*sd,
```

(continued)

---

① 本·詹恩（Ben Jann）是 Stata 社区内一个有价值的贡献者，他创建了几个社区 ado 包，比如 estout（用于制作表格）和 coefplot（用于制作回归系数的图示）。

R (continued)
25   ymax = mean+1.96*sd)) +
26   geom_hline(yintercept = 0.035169444, color = "red") +
27   geom_pointrange() +
28   theme_minimal() +
29   xlab("Years before and after castle doctrine expansion") +
30   ylab("log(Homicide Rate)") +
31   geom_hline(yintercept = 0,
32   linetype = "dashed") +
33   geom_vline(xintercept = 0,
34   linetype = "dashed")
35
36
37

492

　　现在让我们看看这个命令创建了什么。如图 9-22 所示，在处理前的8~9年，处理州的故意杀人率明显较低，但由于得到这些值的州非常少（-9处有一个州，-8处有三个州），我们可能想要忽略受这些负向效应影响的相关性，即使没有其他原因，虚拟变量表示的个体如此之少也会带来问题，我们之前就

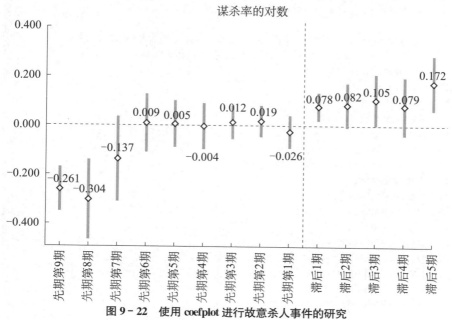

图 9-22　使用 coefplot 进行故意杀人事件的研究

资料来源：Cheng and Hoekstra〔2013〕。

知道，这会导致非常高的过度拒绝率［MacKinnon and Webb，2017］。相反，请注意，在处理前的 6 年里，处理州和控制州之间几乎没有区别。

493   但是，经过处理年份后，情况发生了变化。故意杀人案件数量的对数开始上升，这与我们的前后虚拟变量一致，即所有处理前期的系数都为零，并且处理后的平均效应是恒定的。

我会向大家展示如何用一种更灵活的方式来绘制这幅图，但你们应该注意，这会有点麻烦。

STATA

castle_4.do

```
1    xi: xtreg l_homicide i.year $region $xvar $lintrend post [aweight=popwt], fe
     ↳  vce(cluster sid)
2
3    local DDL = _b[post]
4    local DD : display %03.2f _b[post]
5    local DDSE : display %03.2f _se[post]
6    local DD1 = -0.10
7
8    xi: xtreg l_homicide i.year $region lead9 lead8 lead7 lead6 lead5 lead4 lead3
     ↳  lead2 lead1 lag1-lag5 [aweight=popwt], fe vce(cluster sid)
9
10   outreg2 using "./eventstudy_levels.xls", replace keep(lead9 lead8 lead7 lead6
     ↳  lead5 lead4 lead3 lead2 lead1 lag1-lag5) noparen noaster addstat(DD, `DD',
     ↳  DDSE, `DDSE')
11
12
13   *Pull in the ES Coefs
14   xmluse "./eventstudy_levels.xls", clear cells(A3:B32) first
15   replace VARIABLES = subinstr(VARIABLES,"lead","",.)
16   replace VARIABLES = subinstr(VARIABLES,"lag","",.)
17   quietly destring _all, replace ignore(",")
18   replace VARIABLES = -9 in 2
19   replace VARIABLES = -8 in 4
20   replace VARIABLES = -7 in 6
21   replace VARIABLES = -6 in 8
22   replace VARIABLES = -5 in 10
23   replace VARIABLES = -4 in 12
24   replace VARIABLES = -3 in 14
25   replace VARIABLES = -2 in 16
26
```

(continued)

STATA *(continued)*

494

```
27
28
29   replace VARIABLES = -1 in 18
30   replace VARIABLES = 1 in 20
31   replace VARIABLES = 2 in 22
32   replace VARIABLES = 3 in 24
33   replace VARIABLES = 4 in 26
34   replace VARIABLES = 5 in 28
35   drop in 1
36   compress
37   quietly destring _all, replace ignore(",")
38   compress
39
40
41
42   ren VARIABLES exp
43   gen b = exp<.
44   replace exp = -9 in 2
45   replace exp = -8 in 4
46   replace exp = -7 in 6
47   replace exp = -6 in 8
48   replace exp = -5 in 10
49   replace exp = -4 in 12
50   replace exp = -3 in 14
51   replace exp = -2 in 16
52   replace exp = -1 in 18
53   replace exp = 1 in 20
54   replace exp = 2 in 22
55   replace exp = 3 in 24
56   replace exp = 4 in 26
57   replace exp = 5 in 28
58
59   * Expand the dataset by one more observation so as to include the comparison
     ↪   year
60   local obs =_N+1
61   set obs `obs'
62   for var _all: replace X = 0 in `obs'
63   replace b = 1 in `obs'
64   replace exp = 0 in `obs'
65   keep exp l_homicide b
```

(continued)

495

	STATA *(continued)*

```
66    set obs 30
67    foreach x of varlist exp l_homicide b {
68        replace `x'=0 in 30
69        }
70    reshape wide l_homicide, i(exp) j(b)
71
72
73    * Create the confidence intervals
74    cap drop *lb* *ub*
75    gen lb = l_homicide1 - 1.96*l_homicide0
76    gen ub = l_homicide1 + 1.96*l_homicide0
77
78
79    * Create the picture
80    set scheme s2color
81    #delimit ;
82    twoway (scatter l_homicide1 ub lb exp ,
83              lpattern(solid dash dash dot dot solid solid)
84              lcolor(gray gray gray red blue)
85              lwidth(thick medium medium medium medium thick thick)
86              msymbol(i i i i i i i i i i i i i i i) msize(medlarge medlarge)
87              mcolor(gray black gray gray red blue)
88              c(l l l l l l l l l l l l l l l)
89              cmissing(n n n n n n n n n n n n n n n)
90              xline(0, lcolor(black) lpattern(solid))
91              yline(0, lcolor(black))
92              xlabel(-9 -8 -7 -6 -5 -4 -3 -2 -1 0 1 2 3 4 5 , labsize(medium))
93              ylabel(, nogrid labsize(medium))
94              xsize(7.5) ysize(5.5)
95              legend(off)
96              xtitle("Years before and after castle doctrine expansion",
                  size(medium))
97              ytitle("Log Murders ", size(medium))
98              graphregion(fcolor(white) color(white) icolor(white) margin(zero))
99              yline(`DDL', lcolor(red) lwidth(thick)) text(`DD1' -0.10 "DD
                  Coefficient = `DD' (s.e. = `DDSE')")
100             )
101             ;
102
103   #delimit cr;
```

```
R
castle_4.R
1
2   # This version includes
3   # an interval that traces the confidence intervals
4   # of your coefficients
5   leadslags_plot %>%
6    ggplot(aes(x = label, y = mean,
7          ymin = mean-1.96*sd,
8          ymax = mean+1.96*sd)) +
9    # this creates a red horizontal line
10   geom_hline(yintercept = 0.035169444, color = "red") +
11   geom_line() +
12   geom_point() +
13   geom_ribbon(alpha = 0.2) +
14   theme_minimal() +
15   # Important to have informative axes labels!
16   xlab("Years before and after castle doctrine expansion") +
17   ylab("log(Homicide Rate)") +
18   geom_hline(yintercept = 0) +
19   geom_vline(xintercept = 0)
```

你可以在图 9 - 23 中看到由此创建的图。coefplot 和 twoway 命令之间的区别是：twoway 命令用线连接事件研究的系数，而 coefplot 将它们显示为悬在空中的系数。这两者之间没有对错之分；我只是想让你看到其中的不同之处，你可以根据自己的目的进行选择，并得到可以试验并适应自己需求的代码。

但这个图的问题是，先期的是不平衡的。举个例子，只有一个州在先期第 9 期中，只有三个州在先期第 8 期中。我想让大家对这一现象做两个修改。首先，把先期第 6 期替换掉，使它等于先期第 6～9 期。换句话说，我们将使这些更早确立城堡主义法律的州与在处理前的 6 年确立城堡主义法律的州拥有相同的系数。当你这样做时，可以得到图 9 - 24。

接下来，我们来平衡一下事件研究，去掉那些只在先期第 7、第 8 和第 9 期中出现的州。[①] 当你这样做时，可以得到图 9 - 25。

即使不考虑其他可能的好处，探索这些不同的指标和数据分类至少可以

---

① 巴提克曾经向我推荐过这个做法。

497

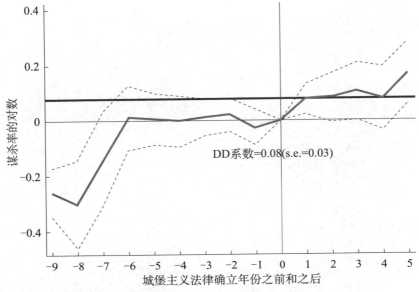

图9-23　具有双向固定效应的故意杀人事件研究图

资料来源：Cheng and Hoekstra［2013］.

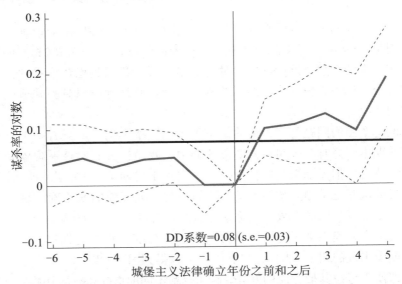

图9-24　使用双向固定效应的故意杀人事件研究图

资料来源：Cheng and Hoekstra［2013］.

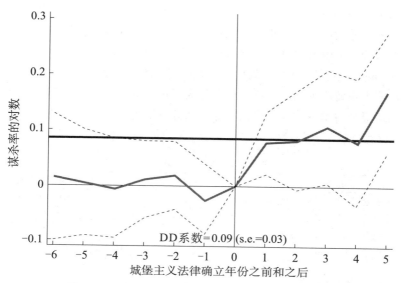

图 9 - 25　使用双向固定效应的故意杀人事件研究图
资料来源：Cheng and Hoekstra［2013］.

帮助你理解你应该有多自信，在处理发生之前，处理组和控制组的状态真的非常相似。如果它们不相似，研究人员至少应该向其他人提供一些关于为什么处理组和控制组在水平上不相似的理由。因为毕竟，如果它们在处理前的水平上不同，那么它们在反事实趋势上也完全有可能是不同的，其原因就在于存在那些使它们一开始就不同的因素［Kahn-Lang and Lang，2019］。

　　培根分解（Bacon decomposition）。回忆一下我们在 DD 框架中使用双向固定效应模型时遇到的麻烦——因为随着时间的推移，存在异质性处理效应。但问题只出现在那些使用后期处理个体与前期处理个体进行对比的 2×2 上。如果这种情况很少，那么根据权重的大小和 DD 系数本身的大小，问题就小得多。我们现在要做的就是用培根分解来估计这个问题发生的频率。回想一下，培根分解将 DD 参数的双向固定效应估计量分解为 4 种可能的 2×2 类型中每个 2×2 的加权平均值。培根分解使用了二元处理变量，因此我们将重新估计城堡主义法律对故意杀人率对数的影响，在这里，只要在这一年中通过了城堡主义法律，那么我们将把该州编码为已接受处理的州。为了简单起见，我们将处理无协变量的特殊情况，但请注意，这一分解也适用于包含协变量的情况［Goodman-Bacon，2019］。Stata 用户需要从 Thomas Goldring 的网站上下载 ddtiming 命令，我已经在 do

文件的第一行中纳入了它。

首先，让我们用一个相当于该州当年是否确立城堡主义法律的前后虚拟变量来估计实际模型本身。这里我们发现了一个比程（Cheng）和霍克斯特拉（Hoekstra）的许多估计都更小的效应，因为我们没有使用他们的州—年份交互项固定效应策略。但这一步只是为了说明我们的目的，所以让我们继续回到培根分解本身。我们可以将参数估计分解为三种不同类型的 2×2，如表 9-13 所示。

表 9-13　培根分解的示例

DD 对照	权重	平均 DD 估计值
早期处理组与后期对照组	0.077	-0.029
后期处理组与早期对照组	0.024	0.046
处理组与从未处理组	0.899	0.078
因变量	Log（故意杀人率）	
城堡主义法律	0.069	
	(0.034)	

STATA
castle_5.do

```
1   use https://github.com/scunning1975/mixtape/raw/master/castle.dta, clear
2   * ssc install bacondecomp
3
4   * define global macros
5   global crime1 jhcitizen_c jhpolice_c murder homicide  robbery assault burglary
    ↪  larceny motor robbery_gun_r
6   global demo blackm_15_24 whitem_15_24 blackm_25_44 whitem_25_44
    ↪  //demographics
7   global lintrend trend_1-trend_51 //state linear trend
8   global region r20001-r20104 //region-quarter fixed effects
9   global exocrime l_larceny l_motor // exogenous crime rates
10  global spending l_exp_subsidy l_exp_pubwelfare
11  global xvar l_police unemployt poverty l_income l_prisoner l_lagprisoner $demo
    ↪  $spending
12  global law cdl
13
14  * Bacon decomposition
15  net install ddtiming, from(https://tgoldring.com/code/)
16  areg l_homicide post i.year, a(sid) robust
17  ddtiming l_homicide post, i(sid) t(year)
18
```

R
castle_5.R

```
1   library(bacondecomp)
2   library(lfe)
3
4   df_bacon <- bacon(l_homicide ~ post,
5               data = castle, id_var = "state",
6               time_var = "year")
7
8   # Diff-in-diff estimate is the weighted average of
9   # individual 2x2 estimates
10  dd_estimate <- sum(df_bacon$estimate*df_bacon$weight)
11
12  # 2x2 Decomposition Plot
13  bacon_plot <- ggplot(data = df_bacon) +
14   geom_point(aes(x = weight, y = estimate,
15          color = type, shape = type), size = 2) +
16   xlab("Weight") +
17   ylab("2x2 DD Estimate") +
18   geom_hline(yintercept = dd_estimate, color = "red") +
19   theme_minimal() +
20   theme(
21    legend.title = element_blank(),
22    legend.background = element_rect(
23     fill="white", linetype="solid"),
24    legend.justification=c(1,1),
25    legend.position=c(1,1)
26   )
27
28  bacon_plot
29
30  # create formula
31  bacon_dd_formula <- as.formula(
32   'l_homicide ~ post | year + sid | 0 | sid')
33
34  # Simple diff-in-diff regression
35  bacon_dd_reg <- felm(formula = bacon_dd_formula, data = castle)
36  summary(bacon_dd_reg)
37
38  # Note that the estimate from earlier equals the
39  # coefficient on post
40  dd_estimate
41
```

500

501 　　取这些权重，我们来仔细检查一下它们是否和我们刚刚用双向固定效应估计得到的回归估计值相符。[①]

$$di[0.077 \times (-0.029) + 0.024 \times 0.046 + 0.899 \times 0.078] = 0.069$$

　　这是我们的主要估计，从而证实了我们所依据的基础，即来自双向固定效应估计量的 DD 参数估计的确是差分设计中不同类型 2×2 的加权平均值。此外，我们可以在培根分解中看到，估计出的 0.069 这一参数，大部分来自处理状态与从未接受过处理组的对照。该组的平均 DD 估计值为 0.078，权重为 0.899。因此，即使在最后的混合中有一个晚期到早期的 2×2（在存在时序差异的 DD 设计中总是会存在这样的分组），它产生的影响也是很小的，并最终拉低了估计值。

　　现在让我们把它看成是根据 DD 估计值分配的权重，这是一个有用的练习。图 9-26 中的水平线展示了我们从固定效应为 0.069 的回归中得到的平均 DD 估计值。那么其他值形成的图形是什么呢？让我们来回顾一下。

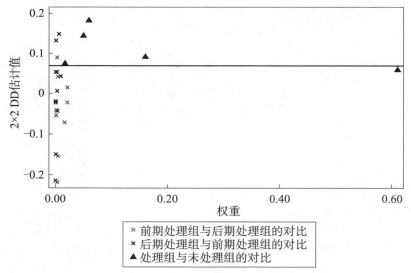

图 9-26　DD 的培根分解权重和单个 2×2 的值

502 　　图中的每个点代表一个 2×2 DD。横轴展示权重，纵轴展示特定 2×2 的大小。因此，在最终的平均 DD 中，更靠右的图标比那些更接近于零的

---

　　① 这一结果与程和霍克斯特拉的结果不同，因为它没有包含年份固定区域效应。为了简单起见，我在回归中排除了它们。

图标有更大的影响力。

这里有三种图标：前期处理组与后期处理组的对比用灰色×表示，后期处理组与前期处理组的对比用黑色×表示，处理组与未处理组的对比用黑色三角形表示。我们可以看到黑色三角形都在 0 以上，这意味着每一个 2×2（对应于在同一年中得到处理的特定状态集）的效应都是正的。现在它们在某种程度上分散了——两个值在水平线附近，但其余的值高出了水平线不少。情况似乎是，拥有最大权重的组确实在拉低参数估计值，并使其更接近我们在回归中得到的 0.069。

DD 的未来（the future of DD）。当使用双向固定效应线性模型进行估计时，培根分解是我们理解 DD 设计的一个重要阶段。在此分解之前，我们对使用存在时序差异的双向固定效应估计量来识别因果效应所必需的条件只有一个大致的理解。我们认为，既然 2×2 需要平行趋势，那么对于不同时序的处理来说，其中的"部分"也一定需要满足平行趋势。我们距此并不太远——在使用存在时序差异的双向固定效应的 DD 识别假设中，存在一个版本的平行趋势。Goodman-Bacon［2019］还表明，权重本身也推动了数值估计，尽管其中部分作用是直观的（例如，群组份额的影响力），而另一些则没有那么直观（例如，处理方差的影响力）。

培根分解也表明了我们在时序差异中所面临的一些特殊挑战。也许在对培根分解的分析中，没有比不完美的"从后期到前期"2×2 更突出的问题了。给定任意的异质性偏差，后期到前期的 2×2 都会引入偏差，**即使方差加权的共同趋势**（variance weighted common trends）**保持不变**！那么，现在我们该何去何从？

从 2018 年到 2020 年，有关 DD 设计的研究呈爆炸式增长。其中许多内容尚未正式发表，而且应用这一方法的人还没有就如何处理这些问题达成任何真正意义上的共识。在这里，我想概述一下我认为可以作为指引 DD 未来发展蓝图的内容。我们将这样的新研究分为三类：权重、对"好的"2×2 的严格选择和矩阵补全（matrix completion）。

我们现在知道 DD 设计有两个基本问题。首先是有关权重的问题。双向固定效应估计量以不具有重要理论意义的方式为每一个 2×2 都进行了加权。例如，为什么我们认为相较于面板最后的组，应该给面板中部的组赋予更多的权重？没有理论原因可以让我们相信这一点。但正如 Goodman-Bacon［2019］所揭示的，这正是双向固定效应所做的。这很奇怪，因为你可以通过在面板上增加或减少年份来改变结果——不仅因为这改变了 2×2，

503

还因为它改变了处理本身的方差！所以这很奇怪。[1]

但你可能会说，对于使用双向固定效应估计的 DD 设计，这并不是真正致命的问题。更大的问题是我们在培根分解中看到的，我们不可避免地会使用已处理个体作为即将接受处理个体的控制组，或者我们称之为后期到前期 2×2。这在事件研究和含有虚拟变量的平均处理效应建模设计中都发生了。如果处理不只在某一个时刻发生，那么，如果有大量的权重被赋予后期到前期的 2×2，异质性处理效应的存在就会使参数偏离 ATT——甚至可能使符号反转。[2]

尽管与双向固定效应相关的权重是一个问题，但它至少是你可以检查的东西，因为培根分解允许你从它们的权重中分离出 2×2 的平均 DD 值。因此，如果你的结果可以通过增加年份而改变（因为你的基础 2×2 发生了改变），你只需要在培根分解中研究它即可。换句话说，权重和 2×2 是可以直接计算的，我们可以借此了解为什么双向固定效应估计量可以发现它所发现的这些东西。

但第二个问题就是另一回事了。很多新近文献的作者都在试图解决这些 2×2 中存在的问题（例如，后期到前期的 2×2）。既然它们有问题，我们能改进我们的静态双向固定效应模型吗？在此，我们从正在快速增长的文献中选取一些问题作为示例。

Callaway 和 Sant'Anna［2019］为奇怪的加权双向固定效应问题提供了另一种解决方案。[3] Callaway 和 Sant'Anna［2019］采用的 DD 框架与 Goodman-Bacon［2019］有很大的不同。Callaway 和 Sant'Anna［2019］使用了一种方法，使他们能够估计他们所谓的群组时间平均处理效应，即特定群组在任意时间点的 ATT。假设平行趋势以不随时间变化的协变量为条件，并在倾向得分中存在重叠（我将在后面讨论），那么你可以按时间（类似于事件研究的相对时间或绝对时间）计算每个组的 ATT。这个方法

504

505

---

[1] 这不是事件研究设计的问题，因为处理指标的方差对每个人都是一样的。

[2] 严肃地说，在那些使用 DD 设计的应用论文中，动态处理效应如果是不可预期的，至少在事前也是合理的，想象到这一点，在实践中是可能的。这种"动态处理效应"通常被认为是对在任意政策环境中可能发生的事情的现实描述。因此，坦率地说，与双向固定效应的面板固定效应模型有关的偏差是值得担忧的。我很少看到研究中涉及的处理仅仅是一个时期的变化。即使在 Miller 等［2019］的论文中，《平价医疗法案》下的医疗补助计划扩张所带来的影响也是随着时间的推移表现在年死亡率逐渐下降上。图 9-7 很可能是一个典型的事件研究，而不是一种特殊情况。

[3] 桑特'安娜（Sant'Anna）在这一领域特别活跃，为一些 DD 问题提出了简练的计量经济学解决方案。

的一个独特之处在于，它是非参数估计，也就是说，它无须基于回归。例如，在他们的识别假设下，他们对一个组的 ATT 按时间的非参数估计是：

$$ATT(g,t) = E\left[\left[\frac{G_g}{E[G_g]} - \frac{\dfrac{p_g(X)C}{1-p_g(X)}}{E\left[\dfrac{p_g(X)C}{1-p_g(X)}\right]}\right](Y_t - Y_{g-1})\right]$$

式中，权重 p 是倾向得分；G 是一个二值变量，如果 g 时期是个体接受处理的第一个时期，那么它等于 1；C 也是一个二值变量，对于对照组的个体来说等于 1。注意，这里没有时间指示符，所以这些 C 个体是从未接受过处理的组。如果现在你还跟得上，你会发现加权很简单。观察对照组和 g 组，并忽略其他组。然后将对照组观察到的特征与 g 组中发现的特征非常相似的观测值进行加权。这种二次加权过程保证了 g 组和对照组的协变量是平衡的。你可以看到前面章节中学习的原理在 DD 估计中发挥了作用，即平衡协变量以创建在可观测特征下可交换的个体。

但是因为我们计算了不同时间下特定群组的 ATT，所以我们最终会得到很多处理效应参数。作者展示了如何将所有这些处理效应分解为更容易解释的参数（如更大的 ATT）以解决这个问题。所有这一切都是在不进行回归的情况下完成的，因此避免了在这样做时可能会产生的一些独特问题。

一个可能的简单解决方案是估计你的事件研究模型，并简单地使用点估计的线性组合对所有滞后期的结果取均值［Borusyak and Jaravel，2018］。使用这种方法，我们在实际操作中发现了相当大的效应，几乎是我们从简单的静态双向固定效应模型中得到的两倍。这可能是一种改进，因为在组份额的巨大影响下，权重在长期效应中可能变得很大。所以如果你想要一个概括性的测度，最好是估计事件研究，然后在事件发生后将其平均。

Sun 和 Abraham［2020］展示了另一种应对异质性处理效应偏差的方法。这篇文章的主要动机是事件研究中产生的问题，你可以在 Goodman-Bacon［2019］中看到一部分有关的问题。正如我们前面所讨论的，在具有时序差异的事件研究中，先期和滞后期通常用于标注处理本身的动态。但这些可能会产生在因果上无法解释的结果，因为它们将非凸权重分配给特定群组处理效应。与 Callaway 和 Sant'Anna［2019］相似，他们提出了估计特定群组的动态效应，然后基于这些动态效应计算特定群组估计效应的方法。

我围绕时间异质性、双向固定效应的使用和时序差异的概念对这些论文进行组织。所有这些论文的理论观点是：如果处理效应随时间推移存在异质性，那么静态双向固定效应先期和滞后期的系数将是难以理解的。从这个意义上说，我们又回到了 Goodman-Bacon［2019］所揭示的问题，即异质性处理效应偏差为使用双向固定效应的 DD 设计带来了真正的挑战。[1]

他们的替代方案是估计一个饱和模型，以确保异质性问题从一开始就不会发生。他们建议的估计手段是使用相对时间指标和群组指标饱和的交互技术参数。与这一设计相关的处理效应称为权重交互（interaction-weighted）估计量，使用这一估计量，DD 参数等价于某一特定群组在处理前的时期内结果的平均变化与在该时期内未接受处理的群组的平均变化之间的差异。此外，该方法使用从未处理过的群组作为控制组，从而避免了 Goodman-Bacon［2019］中提到的计算后期到前期 2×2 时的棘手问题。[2]

Cengiz 等［2019］是另一篇试图绕开基于回归的方法所产生的不可思议之处的论文，该论文中存在大量后期到前期 2×2。这肯定是劳动经济学领域的经典研究，因为它详尽地探索了最低工资对低收入工作可觉察的影响。作者们最终几乎没有发现任何支持各类担忧的证据，他们是如何得出这个结论的呢？

Cengiz 等［2019］采取了一种谨慎的方法，它创建了离散样本。从1979 年到 2016 年，在州层面上共发生过 138 次最低工资的变化，作者们想知道这些最低工资的变化会对低工资工作产生什么影响。作者们在附录中指出了将所有单独的 DD 估计值聚合为一个参数的问题，他们解决这一问题的方法是创建了与最低工资事件相关的 138 个离散数据集。每个样本内都有处理组和对照组，但并不是所有的个体都用作对照组。相反，只有从未在样本窗口内接受过处理的个体才可以作为对照组。如果在与接受处理个体相关的样本窗口期内，个体没有被处理，那么按此标准，这一个体就是对照组。然后作者们将这 138 个估计值叠加起来计算平均处理效应。这是一种替代双向固定效应 DD 估计值的方法，因为它使用了更严格的标准来判断一个个体是否可以被视为对照组。这反过来又规避了 Goodman-

___
① 在估计处理效应方面，使用事件研究是对二元处理方法的一个改进，处理的方差将不再具有意义。
② 但如果只选择从未接受过处理的群组作为控制组，那么在从未接受过处理的群组数量非常少的情况下，这种方法的价值可能是有限的。

Bacon〔2019〕指出的异质性问题，因为 Cengiz 等〔2019〕实质上创造了 138 个具体的 DD，在考虑的时间内，对照组总是不被处理。

　　我要讨论的最后一种方法是在过去几年里出现的，它完全没有基于回归的方法。比起使用双向固定效应估计量来估计具有时序差异的处理效应，Athey 等〔2018〕提出了一种基于机器学习的方法，称为面板数据的"矩阵补全"。该估计量是一种独特的估计量，与匹配插补（matching imputation）和合成控制（synthetic control）有一定的相似之处。鉴于将机器学习这一方法应用于因果推断日益流行，我怀疑一旦有人在 Stata 中引入矩阵补全的 Stata 代码，我们将看到，这个程序会得到更广泛的应用。 *508*

　　当需要明确地使用存在时序差异的面板数据时，面板数据的矩阵补全就是一种基于机器学习的可行的因果推断方法。矩阵补全法在因果推断中的应用对研究者有一种直观的吸引力，因为鲁宾把因果关系框定为一个缺失数据的问题。因此，如果我们缺少反事实矩阵，那么我们可以探索这种来自计算机科学的方法是否可以帮助恢复它。假设我们可以创建两个潜在结果矩阵：一个是所有面板个体在一段时间内 Y_0 的潜在结果矩阵，另一个是 Y_1 的潜在结果矩阵。一旦处理发生，个体在转换方程下从 Y_0 转换到 Y_1，就会出现数据丢失的问题。缺失仅仅是描述因果推断基本问题的另一种方式，因为永远不会有一组完整的矩阵能够让我们计算出感兴趣的处理参数，转换方程只会将潜在结果中的一个分配给现实。

　　假设我们想知道如下处理效应参数：

$$\widehat{\delta_{ATT}} = \frac{1}{N_T} \sum (Y_{it}^1 - Z_{it}^0)$$

式中，Y_{it}^1 为处理后的某个时期面板个体观测到的结果；Z_{it}^0 为处理后时期 Y_0 矩阵中缺失元素的估计值；N_T 为处理个体的数量。矩阵补全法可以使用矩阵中实际值的观测元素来预测 Y_0 矩阵的缺失元素（由于缺失元素处于处理后的阶段，因此实际值会从 Y_0 切换到 Y_1）。

　　从分析上讲，这种归因是通过一种基于正则化的预测来完成的。该方法的目标是利用核范数正则化（nuclear norm regularization），通过最小化观测矩阵 Y_0 和未知完全矩阵 Z_0 之差的凸函数来优化预测缺失元素。设表示结果观测值的行、列数为 (i, j)，则目标函数为 *509*

$$\widehat{Z^0} = \underset{Z_0}{\mathrm{argmin}} \sum_{(i,j) \in \Omega} \frac{(Y_{it}^0 - Z_{it}^0)^2}{|\Omega|} + \Lambda \| Z^0 \|$$

式中，$\| Z^0 \|$ 为核范式（Z_0 的奇异值之和）。正则化参数 Λ 是通过十重交叉验证得出的。Athey 等［2018］表明该方法在均方根预测误差方面优于其他方法。

不幸的是，目前在 Stata 中还无法使用矩阵补全进行估计。虽然它的 R 软件包（如 gsynth 包）已经存在，但它必须针对 Stata 用户进行调整才能正常运行。在它被创建之前，我怀疑人们对这一方法的使用将会被滞后。

结　论

美国制度化的州联邦制为寻求评估法律及其他干预的因果效应的研究人员提供了一个不断发展的实验室。因此，即使不是最普遍的识别方法，它也可能会成为在美国研究者中最流行的识别方法之一。在谷歌中搜索短语"difference-in-differences"，可以得到 45 000 个词条。这可能是你将使用的最常见的方法——比 IV 或匹配甚至 RDD 都更常见，尽管 RDD 的可信度更高。在美国，各州分散的数据生成过程创造了一种永不停息的准实验流，而大量联邦机构负责数据收集，从而确保了更好的数据质量和数据一致性，这对 DD 研究过程更加有利。

我们在本章中学到的是，尽管目前存在一套与 DD 设计相关的识别假设和实践，但时序差异确实引入了一些长期以来被误解的棘手挑战。DD 的未来在很大程度上似乎是为了解决我们正在更好地理解的问题，比如回归本身所赋予的怪异的权重和有问题的 2×2 DD，当处理效应随时间推移而存在异质性时，有问题的 2×2 DD 会使总体 ATT 的估计产生偏差。然而，DD 这种方法——特别是基于回归的 DD ——并没有在研究中式微。在研究人员的工具包中，它是最流行的设计，而且可能在未来许多年都将如此。因此，研究人员有必要仔细研究这些文献，以便更好地防范各种形式的偏差。

510

第十章
合成控制法

对比较案例研究的介绍

合成控制估计量首次出现在 2003 年的一篇文章中，它被用来估计恐怖主义对经济活动的影响 [Abadie and Gardeazabal，2003]。自那以后，它变得非常流行——特别是在 Abadie 等 [2010] 同时发布了 R 和 Stata 软件包之后。在谷歌学术上搜索 "synthetic control" 和 "Abadie"，截至本书写作时，已经有超过 3 500 个词条。Athey 和 Imbens [2017b] 表示，这一估计方法的影响力非常大，"可以说是过去 15 年政策评估文献中最重要的创新" [3]。

为了理解合成控制法流行的原因，让我们回顾一下更广泛的有关比较案例研究的思想。在定性案例研究中，比如托克维尔的经典著作《论美国的民主》（*Democracy in America*），其目的是通过逻辑和历史分析，归纳出某些事件或单个个体的特征在结果上的因果效应。但由于定性比较案例

511

研究有时缺乏明确的反事实，所以对这些因果问题可能无法给出非常令人满意的答案。因此，我们通常会对各种事件与结果之间的因果路径进行描述和猜测。

定量比较案例研究是更明确的因果设计。它们通常是自然实验，只适用于单个个体，如单个学校、公司、州或国家。这类定量比较案例研究将总体结果的演变与其他个体的结果进行比较，或者更常见的情况是，选择出一组类似的个体作为对照组。

正如 Athey 和 Imbens [2017b] 所指出的，对定量比较案例研究最重要的贡献之一就是合成控制模型。Abadie 和 Gardeazabal [2003] 在研究恐怖主义对总收入的影响时提出了合成控制模型，随后在更详尽的论述中对此进行了阐述 [Abadie et al.，2010]。合成控制模型最优地选择一组权重，当应用到一组相应的个体时，对接受处理的个体产生最优的反事实估计。这个反事实就被称为"合成个体"（synthetic unit），用于概述如果不发生处理，总体处理个体将会发生什么。这是对双重差分策略的一个强大而简单的概括。我们将用一个具有启发性的例子来讨论它——讨论著名的马列尔偷渡事件（the Mariel Boatlift）的论文 Card [1990]。

古巴、迈阿密和马列尔偷渡事件（Cuba，Miami，and the Mariel Boatlift）。劳动经济学家多年来一直在讨论移民对当地劳动力市场状况的影响 [Card and Peri，2016]。移民的流入会降低当地劳动力市场的工资和就业率吗？对于 Card [1990] 来说，这是一个经验性问题，他用了一个自然实验来评估它。

1980 年，菲德尔·卡斯特罗（Fidel Castro）宣布，任何想离开古巴的人都可以离开。在卡斯特罗的开放政策下，1980 年 4—10 月间，古巴裔美国人协助安排了马列尔偷渡事件，大批人从古巴马列尔港逃到了美国（主要是迈阿密）。大约 12.5 万名古巴人在 6 个月内陆续移民到佛罗里达州。移民之所以停止，是因为古巴和美国一致同意结束移民。这一活动使迈阿密的劳动力供给增加了 7%，主要在一个相对较小的地理区域内安置了创纪录数量的低技能工人。

卡德认为这是一个理想的自然实验。这可以说是劳动力供给曲线上的外生变化，这将使他能够确定在这种情况下工资是否下降、就业是否增加，这与一个简单的竞争性劳动力市场模型一致。他使用了来自迈阿密当前总体人口调查个体层面的失业数据，并选择了四个比较城市（亚特兰大、洛杉矶、休斯敦和圣彼得堡）。这四个城市的选择在脚注中有说明，卡德在脚注中声称，基于人口和经济状况，这四个城市是相似的。卡德估计了一个简单的 DD 模型，并惊讶地发现，马列尔偷渡事件对工资或本地失业率没有影响。他认为，迈阿密的劳动力市场之所以能够吸收激增的劳动力供应，是因为 20 年前也出现了类似的激增。

这篇论文很有争议，可能不仅仅是因为它试图用一个自然实验来回答劳动经济学中一个重要的经验性问题，而是因为结果违背了普遍认知。这不是对这个问题的最后定论，我在这个问题上也没有明确的立场；恰恰相反，我介绍它是为了突出这项研究的几个特点。值得注意的是，最近的一项研究使用合成控制法复刻了卡德的论文，并发现了类似的结果［Peri and Yasenov，2018］。

卡德的研究是一个优缺点并存的比较案例研究。政策干预发生在总体水平，总体数据是可用的。但这项研究存在的问题是：第一，对照组的选择是临时和主观的；第二，标准误反映的是抽样方差，而不是关于对照组在再造处理组反事实情况方面的不确定性。Abadie 和 Gardeazabal［2003］以及 Abadie 等［2010］引入的合成控制估计法可以同时解决这两个问题。

Abadie 和 Gardeazabal［2003］方法使用了样本池中个体的加权平均来模拟反事实。这种方法基于这样的观察：当分析个体是几个加总个体时，比较个体的组合（"合成控制"）通常比单独使用一个比较个体更能再现处理个体的特性。因此，在这种方法中，比较个体被选择为所有比较个体的加权平均值，这些比较个体的特征在处理前与被处理个体最为接近。

Abadie 等［2010］认为，与基于回归的方法相比，这种方法有许多明显的优势：

第一个优势是该方法排除了外推法。它使用了插值法，因为估计的因果效应总是基于某一特定年份的某些结果与同一年份的反事实之间的比较。也就是说，它使用控制组个体的凸包（convex hull）作为反事实，因此这一反事实是基于数据的实际位置，而不是在数据集之外进行外推，后者可能在回归的极端情况下发生［King and Zeng，2006］。

第二个优势与数据处理有关。与回归不同，反事实的构建不需要在研究的设计阶段就获得处理后的结果。这样做的好处是：它可以帮助研究人员在指定模型时避免"偷看"（peeking）最终的结果。谨慎和诚实仍然是必要的，因为在设计阶段很容易看向结果，但重点是，用这种方法只关注设计，而不关注估计是可以做到的［Rubin，2007，2008］。

第三个优势，也是人们经常反对某项研究的原因，是所选择的权重明确了每个个体对反事实的贡献。从很多方面来说，这都是一种优势，除了在研讨会上论证权重分配合理性的时候。因为有人可以看到，爱达荷州对关于佛罗里达州的模型所做的贡献是 0.3，他们现在可以辩称，认为爱达荷州和佛罗里达州存在任何相似之处的说法都是荒谬的。但与此相对的是，回归也会对数据进行加权，但却是盲目的。没有人反对回归生成权重的唯一原因是他们**看不到权重**。它们是隐性的，而不是显性的。所以我认为这种显性的权重生成是一种明显的优势，因为它使合成控制比基于回归的设计更透明（即使这可能需要与观众和读者进行争论，而使用回归方法可能并不需要）。

第四个优势，也是我认为经常被忽视的优势是，它弥补了定性和定量类型之间的差距。定性研究人员往往专注于详细地描述单个个体，比如一个国家或一座监狱（Perkinson，2010）。他们通常是研究这些机构历史的专家。他们通常一开始就在做比较案例研究。合成控制为他们提供了一个有价值的工具，使他们能够选择反事实——这个过程原则上可以改进他们的工作，只要他们对评估某些特定的干预有兴趣。

挑选合成控制（picking synthetic controls）。Abadie 等 [2010] 认为，合成控制消除了研究者的主观偏见，但事实证明，它还是有些复杂的。近年来，沿着不同的路径，这种方法的前沿发展相当迅速，其中之一是通过模型拟合自身的操作来实现的。一些尝试选择更主要模型的新方法已经出现，特别是在试图将数据与处理前阶段的合成控制相匹配的努力还不完善的时候，这种新方法更值得肯定。例如，Ferman 和 Pinto [2019]、Powell [2017] 提出了这一问题的替代解决方案。Ferman 和 Pinto [2019] 研究了使用反趋势数据的属性。他们发现，就偏差和方差而言，它可能具有优势，甚至比 DD 更有优势。

当存在短期冲击时（这在实践中很常见），拟合情况会变得不理想，从而引入偏差。Powell [2017] 提供了一个参数解决方案，它巧妙地利用了过程中的信息，可能有助于重建处理个体。假设佐治亚州接受了一些处理，但由于某种原因，凸包假设在数据中不成立（即，佐治亚州是不寻常的）。Powell [2017] 的研究表明，如果佐治亚州出现在包含其他州的合成控制中，那么就有可能通过某种后门程序复现处理效应。在所有安慰剂中以佐治亚州的出现作为对照组，可以用来重建反事实。

但是仍然存在选择用于匹配的协变量这一问题。通过对匹配公式的重复迭代和更改，一个人可能会在搜索设定时通过内生地选择协变量而选择重新引入偏差。虽然权重的最优选择是为了最小化某个距离函数，但通过对协变量本身的选择，研究者原则上可以选择不同的权重。她对它没有太多的控制权，因为最终权重对于给定的协变量集是最优的，但选择适合自己的先验模型仍然是可能的。

Ferman 等 [2020] 通过对协变量选择提供原则性的指导，填补了文献中的这一空白。他们考虑了各种常用的合成控制设定（例如，所有处理前期的结果值，处理前期结果值的前 3/4）。然后他们进行随机推断检验来计算经验 p 值。他们发现，当存在处理前期阶段时，在至少一种设定中错误拒绝原假设（5% 的显著性检验）的概率高达 14%。即使处理前时期的数量很大，而对于设定搜索来说，这一概率还是比较高的。他们考虑了一个有 400 个处理前时期的样本，仍然发现在至少一种设定中错误拒绝原假设（5% 的显著性检验）的概率约为 13%。因此，即使有大量的处理前时期，从理论上也可以"黑掉"（hack）分析，以找到符合自己的先验统计显著性。

考虑到研究人员对使用协变量和处理前期的组合所生成的无数种设定拥有广泛的自由裁量权，人们可能会得出这样的结论：如果只是为了限制进行内生性设定搜索的能力，那么时期越少越好。然而，通过蒙特卡洛模拟，他们发现使用更多处理前期结果的滞后作为预测模型——与 Abadie 等 [2010] 最初的说法一致——能对未观测到的混杂因子进行更好的控制，而那些限制处理前期结果滞后数量的混杂因子则错误分配了更多的权重，因此在合成控制应用中不应考虑。

因此，Ferman 等 [2020] 的主要结论之一是：尽管合成控制希望通过基于数据驱动的优化算法创建权重来消除研究者的主观偏见，但这在实践中可能有些夸大。然而，权重仍然是最优的，因为只有它们可以使距离函数最小化。Ferman 等 [2020] 的观点是：不管怎么说，距离函数仍然是由研究人员内生选择的。

所以，考虑到挑选出那些最好的结果进行展示具有一定的风险，我们应该怎么做？Ferman 等 [2020] 建议在多种常用设定下给出多个结果。如果它大体上是稳健的，那么读者可能有足够的信息来检查这一结论，而不是只看到了一个可能被精心选定的结果。 517

形式化（formalization）。设 Y_{jt} 为 t 时刻 $J+1$ 个总体中我们感兴趣的 j 个个体的结果，处理组是 $j=1$。合成控制估计模型使用选择出的最佳个体的线性组合作为合成控制，测量了在处理组上在 T_0 时间干预产生的影响。对于干预发生后的时期，合成控制估计量测度的因果效应为 $Y_{1t} - \sum_{j=2}^{J+1} w_j^* Y_{jt}$，其中 w_j^* 是最优选择权重向量。

选择匹配变量 X_1 和 X_0 作为干预后结果的预测变量，我们必须保证匹配变量不受干预影响。权重选择的目的是最小化受权重约束的形式，$\| X_1 - X_0 W \|$。这里有两个权重约束。首先，设 $W = (w_2, \cdots, w_{J+1})'$，当 $j = 2, \cdots, J+1$ 时，$w_j \geqslant 0$。其次，设 $w_2 + \cdots + w_{J+1} = 1$。换句话说，没有任何个体可以得到负权重，但它们可以得到零权重。[①] 所有权重之和必须等于1。

正如我所说，Abadie 等［2010］考虑到

$$\| X_1 - X_0 W \| = \sqrt{(X_1 - X_0 W)'V(X_1 - X_0 W)}$$

式中，V 为某个 $(k \times k)$ 对称的半正定矩阵。设 X_{jm} 为个体 j 的第 m 个协变量的值。通常，V 是一个主对角线为 $v_1, \cdots, v_k$ 的对角矩阵。那么合成控制权重最小化了

$$\sum_{m=1}^{k} v_m \left(X_{1m} - \sum_{j=2}^{J+1} w_j X_{jm} \right)^2$$

式中，v_m 为一个权重，反映了当我们测量处理个体和合成控制个体之间的差异时，我们赋给第 m 个变量的相对重要性。

现在应该可以看到，V 的选择是重要的，因为 W^* 依赖于人们对 V 的选择。合成控制 $W^*(V)$ 意味着在没有处理的情况下，为受处理个体重现其结果的行为。因此，权重 $v_1, \cdots, v_k$ 应反映协变量的预测值。

Abadie 等［2010］提出了 V 的不同选择，但从实践来看，最终大多数人选择了使均方预测误差最小的 V：

$$\sum_{t=1}^{T_0} \left(Y_{1t} - \sum_{j=2}^{J+1} w_j^*(V) Y_{jt} \right)^2$$

那观测不到的因素呢？比较案例研究因影响我们感兴趣的结果但又无法观测因素，以及可观测因素和不可观测因素对结果影响的异质性而变得复杂。Abadie 等［2010］指出，如果数据中干预前时期的数量"很大"，那么对干预前的结果进行匹配可以让我们控制许多不可观测因素可能带来的异质性反应。这里的直觉是，只有在不可观测因素和可观测因素方面存在相似的个体时才会遵循类似的轨迹。

加利福尼亚州《99号提案》（California's Proposition 99）。Abadie 和

---

① 参见 Doudchenko 和 Imbens［2016］，以了解放松了非负约束的研究。

Gardeazabal［2003］开发了合成控制估计量，用以评估恐怖主义对西班牙巴斯克地区的影响。Abadie 等［2010］则使用加利福尼亚州的香烟税来阐述该方法，这一香烟税被称为《99 号提案》。他们的例子使用了一种基于安慰剂的推断方法，下面让我们仔细地看看他们的论文吧。

1988 年，加州通过了《全面烟草控制法案》，称为《99 号提案》。《99 号提案》将每包香烟的税收提高了 0.25 美元，推动出台了全州的《清洁空气条例》，资助了反吸烟媒体宣传运动，将税收专项用于健康和反吸烟预算，每年在反烟草项目上的花费超过了 1 亿美元。其他州也有类似的控制项目，但这些州被从分析中删除了。

图 10-1 展示了从 1970 年到 2000 年，加州和美国其他地区每年香烟销售量的变化。正如我们所看到的，《99 号提案》之后，香烟销量下降了，但由于它们之前已经开始下降，所以尚不清楚法案是否带来了任何影响——尤其是在全国其他地区香烟销售量也在下降的情况下。 *519*

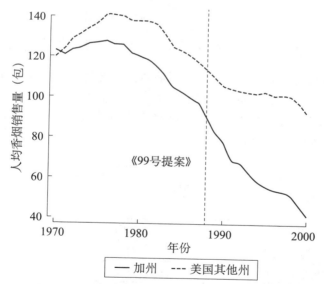

图 10-1 加州和全国其他地区的香烟销售情况

使用合成控制法，他们选择了一组最优权重，将其应用于美国的其他地区，如此一来会产生图 10-2。注意在处理之前，这组权重为加州本身生成了一个在时间路径上几乎相同的替代者，但在处理之后，这两个序列的趋势就不一致了。乍一看，该计划似乎对香烟销售产生了影响。

他们用于使距离最小化的变量列于表 10-1 中。注意，这个分析为处

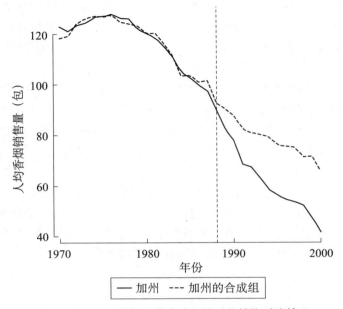

图 10-2　加州与加州的合成组的香烟销售对比情况

理组和对照组给出了一些有利于进行简单的平衡性检查的值。这不是一个技术性检验，因为每个处理状态下的每个变量只有一个值，但这是我们用这种方法能做的最好的结果。在这两组中，用于匹配的变量似乎是相似的，特别是在滞后值方面。

表 10-1　平衡表

变量	加利福尼亚		38 个控制州的平均值
	真实值	合成值	
ln(人均 GDP)	10.08	9.86	9.86
15～24 岁人口所占的比例	17.40	17.40	17.29
零售价	89.42	89.41	87.27
人均啤酒消费量	24.28	24.20	23.75
1988 年人均香烟销售量	90.10	91.62	114.20
1980 年人均香烟销售量	120.20	120.43	136.58
1975 年人均香烟销售量	127.10	126.99	132.81

　　注：除滞后的香烟销售外，所有变量均为 1980—1988 年的平均值。啤酒消费量为 1984—1988 年的平均值。

　　像 RDD 一样，合成控制也是一个图像密集型估计方法。如果有因果关系，你的估计量基本上是一张由两条线组成的图片，在处理前它们彼此相似，但在处理后开始变得不同。因此，通常我们只会看到一幅展示两条线之间差异的图片（见图 10-3）。

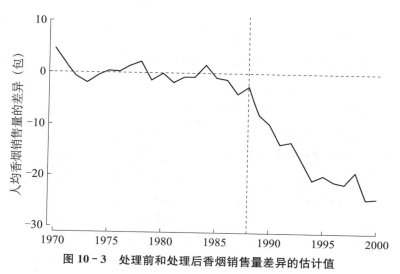

图 10-3　处理前和处理后香烟销售量差异的估计值

　　但到目前为止，我们只讨论了估计值。我们如何确定观测到的两条线之间的差异是否具有**统计上的显著性**呢？毕竟，我们每年只有两个观测值。也许这两个观测值之间的差异只不过是预测误差，而任意选择的模型都可能存在这一误差，即使没有处理效应也是如此。Abadie 等［2010］建议我们在 Fisher［1935］的基础上使用一种老式的方法来构造精确的 p 值。Firpo 和 Possebom［2018］将该检验中使用的原假设称为"总无处理效应"（no treatment effect whatsoever），这是文献中使用的最常见的原假设。虽然他们提出了一个备择假设来进行推断，但我将重点关注 Abadie 等［2010］在本例中提出的原假设。正如前面章节所讨论的，随机化推断将处理分配给每个未处理的个体，重新计算模型的关键系数，并将它们整合到一个分布中，然后将其用于推断。Abadie 等［2010］建议计算一组处理前和处理后的均方根预测误差（root mean squared prediction error，RMSPE）值，作为用于推断的检验统计量。① 我们按照以下步

---

　　① 我们所要做的只是将处理重新分配到每个个体，每次都把加利福尼亚放回样本池，并记录每次迭代的信息。

骤进行：

522　　1. 将合成控制方法迭代应用于样本池中的每个国家/州，得到安慰剂效应的分布。

2. 计算每个安慰剂处理前阶段的 RMSPE：

$$RMSPE = \left[\frac{1}{T-T_0}\sum_{t=T_0+t}^{T}\left(Y_{1t} - \sum_{j=2}^{J+1} w_j^* Y_{jt}\right)^2\right]^{\frac{1}{2}}$$

3. 计算每个安慰剂处理后阶段的 RMSPE（公式类似，不过是处理后阶段）。

4. 计算处理后与处理前的 RMSPE 的比值。

5. 将这个比率按从最大到最小的降序排列。

6. 在分布中计算处理个体的比例 $p = \dfrac{RANK}{TOTAL}$。

换句话说，我们想知道的是，加州的处理效应是不是极端的。这是一个相对概念，仅仅可以与样本池自身的安慰剂比率进行比较。

有几种不同的表示方法。第一种方法是使用 Stata 的 twoway 命令将加州的情况与所有的安慰剂情况并列展示，我稍后将展示这一方法。图 10 - 4 展示了它的样子。我想你应该也会认为，它讲述了一个很好的故事。很明显，加州处于处理效应分布的尾部。

523

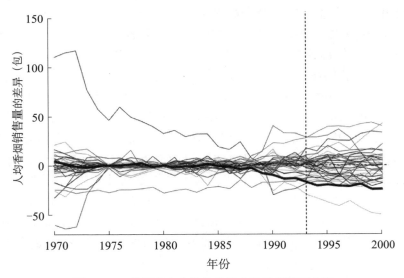

图 10 - 4　使用所有个体作为样本池的安慰剂分布

Abadie 等［2010］建议迭代剔除那些处理前时期的 RMSPE 与加州有很大不同的州，因为你可以看到，它们在某种程度上扩大了规模，使人们很难看到究竟发生了什么。作者们分几个步骤完成了这一操作，但我将直接跳到最后一步（见图 10 - 5）。在这个例子中，他们从图中去掉了所有处理前时期的 RMSPE 是加州两倍以上的州。因此，这就限制了图的范围，图中现在只有那些模型拟合、处理前时期都非常像加州的个体。

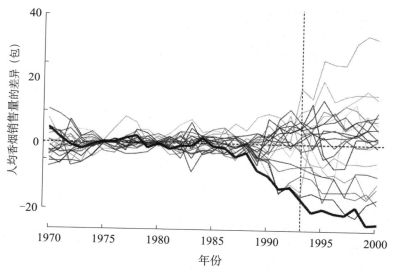

图 10 - 5 仅使用 p 处理 RMSPE 不超过加州 RMSPE 值两倍的个体的安慰剂图

但最终，推断还是要基于那些确切的 p 值。我们求 p 值的方法是简单地创建一幅比率直方图，在分布中大致标记出处理组，这样读者就可以看到与模型相关的确切 p 值。我在图 10 - 6 中生成了它。

可以看出，加州在 38 个州中排名第一。[①] 这给出了一个精确的 p 值：0.026，比大多数期刊想要（武断地）看到的统计显著性的常规值（0.05）要小。

证伪（falsifications）。在 Abadie 等［2015］中，作者研究了德国统一对国内生产总值的影响。然而，这篇论文的贡献之一是建议研究人员通过一个证伪操作来检验估计量的有效性。为了说明这一点，我们来回顾一下

524

———————————

① 回想一下，他们放弃了几个在这个时期通过类似法案的州。

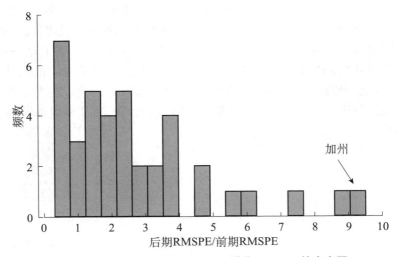

图 10 - 6 所有个体后期 RMSPE/前期 RMSPE 的直方图

这项研究。1990 年，两德统一，两国经过多年的分离，发展出了截然不同的文化、经济和政治制度。作者们对评估统一对经济产出的影响很感兴趣，但与吸烟研究一样，他们认为这两个国家与任何一个国家都不太一样，以至其他国家无法成为令人信服的对照组，所以他们使用合成控制创建了一个基于最优国家选择的合成对照组。

在这项研究中，作者所做的就是提供一些指导，以检查选择的模型是否合理。作者特别建议从处理本身的日期回溯，并在更早的日期（安慰剂）上估计他们的模型。由于安慰剂日期应该对产出没有影响，这在一定程度上保证了 1990 年发现的任何偏差更可能是由于统一本身造成的结构性破坏。事实上，当他们使用 1975 年作为安慰剂日期时，并没有发现任何影响，这表明他们的模型具有良好的样本内外预测特性。

我们介绍第二篇论文主要是为了说明，除了简单地估计因果效应本身之外，人们越来越期望采用合成控制法来进行大量的证伪练习。从这个意义上说，研究人员已经推动其他人将其保持在与 RDD 和 IV 等其他方法相同的审查和怀疑水平。使用合成控制的作者在进行比较案例研究时，研究人员必须做的不仅仅是运行 synth 命令。他们还必须通过基于安慰剂的推断找到精确的 p 值，检查处理前期匹配的质量，调查用于匹配的协变量的平衡性，并通过安慰剂估计检查模型的有效性（例如，将处理日期提前）。

监狱建设和黑人男性监禁

我们在这里复刻的是一个我在过去几年里和几个合作者共同完成的项目。[①] 下面是相关的背景知识。

1980 年，得克萨斯州惩教署（Texas Department of Corrections，TDC）输掉了一场重大民事诉讼：鲁伊斯（Ruiz）诉埃斯特尔（Estelle）案：鲁伊斯是发起诉讼的犯人，埃斯特尔是典狱长。该案认为，TDC 存在着与过度拥挤和其他监狱条件有关的违宪行为。得州输掉了这场官司，因此被迫达成了一系列和解协议。为了改善过度拥挤的问题，法院限制了可以被关进牢房的囚犯数量。为确保遵守规定，TDC 在 2003 年之前一直受到法庭监督。

考虑到这些限制条件，建造新监狱是得克萨斯州唯一的方法，只有这样，得克萨斯州才可以继续尽可能多地逮捕警察部门想要逮捕的人，而不必释放那些 TDC 已经关押的人。如果不建造更多的监狱，该州就将被迫增加假释人数。事实正是如此；**在鲁伊斯诉埃斯特尔案**之后，得州比之前更加频繁地使用假释来改善监狱过度拥挤的问题。

但到了 20 世纪 80 年代末，时任得克萨斯州州长比尔·克莱门茨（Bill Clements）开始建造监狱。后来，在 1993 年，时任得克萨斯州州长安·理查兹（Ann Richards）开始建造更多的监狱。在理查兹的任期内，州议会批准了 10 亿美元用于建造监狱，这使该州在三年内关押犯人的能力翻了一番（如图 10 - 7 所示）。

可以看出，克莱门茨的监狱容量扩张项目相对于理查兹来说规模较小。理查兹在"在押人数"，也就是关押囚犯的能力上的投资是巨大的。监狱床位的数量在过去三年里保持了 30% 以上的增长，这意味着监狱床位的数量在很短时间内就增加了一倍多。

建造这么多监狱的效果是什么？仅仅是给监狱扩容并不意味着监禁也会增加。但是，正如现实中所发生的，国家集中使用假释来应对监狱犯人容量也是众多原因之一。下面的分析将展示得克萨斯州监狱建设热潮对非裔美国人被监禁的影响。

从图 10 - 8 中我们可以看出，黑人的监禁率仅在三年内就翻了一番。

[①] 你可以在下列网址中找到一篇我与 Sam Kang 合著的未发表手稿：http://scunning.com/prison_booms_and_drugs_20.eps。

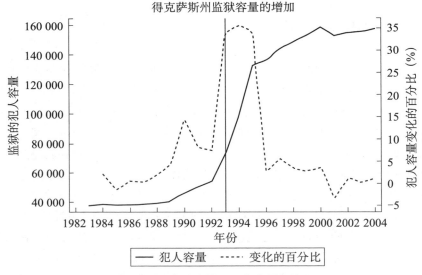

图 10 - 7　监狱容量（犯人容量）扩充

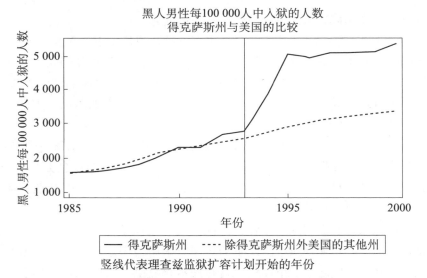

竖线代表理查兹监狱扩容计划开始的年份

图 10 - 8　在得克萨斯州的监狱建设热潮下，非裔美国人的入狱率

在很短的时间内，得克萨斯州基本上从一个典型的具有一般性的州变成了在监禁方面最严格的州之一。

我们现在要做的是利用合成控制法来分析理查兹州长领导下的监狱建设对监禁黑人的影响。R 命令文件比 Stata 中的合成控制命令文件要简单得多，后者被分成了几个部分。因此，我在 Github 上发布了两种文档：一种是 texassynth. do 文档，它将无缝地运行所有这些内容；另一种是 "Read Me" 文档，它能帮助你理解所需的目录和子目录。让我们开始吧。

　　第一步是创建一幅图来展示 1993 年监狱建设对黑人监禁的影响。我已经为匹配选择了一组协变量和处理前的结果变量；不过，我还是鼓励你尝试不同的模型。从图 10 - 8 中我们可以看到，在 1993 年之前，得克萨斯州黑人男性的监禁情况与全国其他地区非常相似。对我们的分析来说，这意味着我们有充分的理由相信凸包在这个应用中可能存在。

528

STATA
synth_1.do

```
1   cd /users/scott\_cunningham/downloads/texas/do
2   * Estimation 1: Texas model of black male prisoners (per capita)
3   use https://github.com/scunning1975/mixtape/raw/master/texas.dta, clear
4   ssc install synth
5   ssc install mat2txt
6   #delimit;
7   synth       bmprison
8               bmprison(1990) bmprison(1992) bmprison(1991) bmprison(1988)
9               alcohol(1990) aidscapita(1990) aidscapita(1991)
10              income ur poverty black(1990) black(1991) black(1992)
11              perc1519(1990)
12              ,
13              trunit(48) trperiod(1993) unitnames(state)
14              mspeperiod(1985(1)1993) resultsperiod(1985(1)2000)
15              keep(../data/synth/synth\_bmprate.dta) replace fig;
16              mat list e(V_matrix);
17              #delimit cr
18              graph save Graph ../Figures/synth\_tx.gph, replace}
```

R
synth_1.R

```
1   library(tidyverse)
2   library(haven)
3   library(Synth)
4   library(devtools)
```

(continued)

R *(continued)*

```
 5   if(!require(SCtools)) devtools::install_github("bcastanho/SCtools")
 6   library(SCtools)
 7
 8   read_data <- function(df)
 9   {
10    full_path <- paste("https://raw.github.com/scunning1975/mixtape/master/",
11              df, sep = "")
12    df <- read_dta(full_path)
13    return(df)
14   }
15
16   texas <- read_data("texas.dta") %>%
17    as.data.frame(.)
18
19   dataprep_out <- dataprep(
20    foo = texas,
21    predictors = c("poverty", "income"),
22    predictors.op = "mean",
23    time.predictors.prior = 1985:1993,
24    special.predictors = list(
25     list("bmprison", c(1988, 1990:1992), "mean"),
26     list("alcohol", 1990, "mean"),
27     list("aidscapita", 1990:1991, "mean"),
28     list("black", 1990:1992, "mean"),
29     list("perc1519", 1990, "mean")),
30    dependent = "bmprison",
31    unit.variable = "statefip",
32    unit.names.variable = "state",
33    time.variable = "year",
34    treatment.identifier = 48,
35    controls.identifier = c(1,2,4:6,8:13,15:42,44:47,49:51,53:56),
36    time.optimize.ssr = 1985:1993,
37    time.plot = 1985:2000
38   )
39
40   synth_out <- synth(data.prep.obj = dataprep_out)
41
42   path.plot(synth_out, dataprep_out)
43
44
45
46
```

关于这个文件的 Stata 语法：我个人更喜欢在分隔符后面跟一个分号，因为我希望 synth 的所有语法都出现在同一块屏幕上。我是一个重视视觉体验的人，这对我很有帮助。接下来是 synth 语法。语法是这样的：调用 synth，然后调用结果变量（bmprison），再调用想要匹配的变量。注意，你可以选择匹配整个处理前的平均值，也可以选择某些特定年份。我在这里两种方法都选。还记得 Abadie 等［2010］提出的控制处理前期的结果以吸收异质性的重要性吧；我在这里也这样做了。列出协变量后，使用逗号以继续键入 Stata 中的选项。你首先必须指定受处理的个体。得州的 FIPS 代码是 48，因此这里是 48。然后指定处理期，即 1993 年。你列出将用于最小化均方预测误差的时间段，并展示出这些年份。Stata 将生成一幅图形和一个数据集，其中包含用于创建图形的信息。它也会列出 V 矩阵。最后，我将分隔符返回回车，并将图形保存在/Figures 子目录中。让我们看看这些命令产生了什么（见图 10-9）。

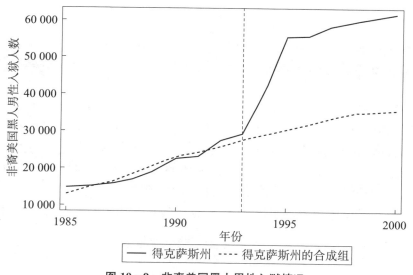

图 10-9　非裔美国黑人男性入狱情况

STATA

synth_2.do

```
1   * Plot the gap in predicted error
2   use ../data/synth/synth_bmprate.dta, clear
3   keep _Y_treated _Y_synthetic _time
```

(continued)

STATA *(continued)*

```
4    drop if _time==.
5    rename _time year
6    rename _Y_treated  treat
7    rename _Y_synthetic counterfact
8    gen gap48=treat-counterfact
9    sort year
10   #delimit ;
11   twoway (line gap48 year,lp(solid)lw(vthin)lcolor(black)), yline(0,
     ↪    lpattern(shortdash) lcolor(black))
12   xline(1993, lpattern(shortdash) lcolor(black)) xtitle("",si(medsmall))
     ↪    xlabel(#10)
13   ytitle("Gap in black male prisoner prediction error", size(medsmall))
     ↪    legend(off);
14   #delimit cr
15   save ../data/synth/synth_bmprate_48.dta, replace}
```

R

synth_2.R

```
1    gaps.plot(synth_out, dataprep_out)
```

这正是我们特别想要的理想型结果，与实际的得克萨斯州组相比，得克萨斯州的合成组在处理前的趋势非常相似，但在处理后的阶段存在差异。现在，我们将使用附带代码中的编程命令绘制这两条线之间的距离。

距离值如图 10 - 10 所示。它只不过是图 10 - 9 中展示的得克萨斯州的值和得克萨斯州的合成组的值每年之间的"差距"。

最后，我们将展示用来构建得克萨斯州的合成组的权重（见表 10 - 2）。

表 10 - 2　合成控制的权重

州名称	权重	州名称	权重
加利福尼亚	0.408	伊利诺伊	0.36
佛罗里达	0.109	路易斯安那	0.122

现在有了对因果效应的估计，我们可以开始计算精确的 p 值了，这将基于对每个州分配处理，并重新估计我们的模型。得州每次都会被放回样本池。下一部分将包含多个 Stata 程序，但由于 R 软件包的效率，我在这里将只生成一个 R 程序。因此，今后所有的说明都将集中在 Stata 命令上。

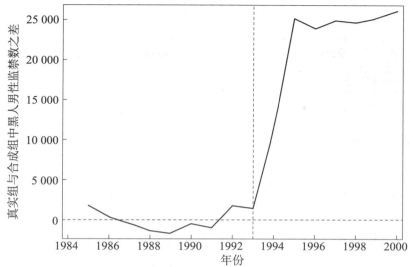

图 10 - 10　真实的得克萨斯州和的得克萨斯州的合成组之间的差距

```
                              STATA
                           synth_3.do
1    * Inference 1 placebo test
2    #delimit;
3    set more off;
4    use ../data/texas.dta, replace;
5    local statelist  1 2 4 5 6 8 9 10 11 12 13 15 16 17 18 20 21 22 23 24 25 26 27 28
     ↪    29 30 31 32
6        33 34 35 36 37 38 39 40 41 42 45 46 47 48 49 51 53 55;
7    foreach i of local statelist {;
8    synth        bmprison
9             bmprison(1990) bmprison(1992) bmprison(1991) bmprison(1988)
10            alcohol(1990) aidscapita(1990) aidscapita(1991)
11            income ur poverty black(1990) black(1991) black(1992)
12            perc1519(1990)
13         ,
14            trunit(`i') trperiod(1993) unitnames(state)
15            mspeperiod(1985(1)1993) resultsperiod(1985(1)2000)
16            keep(../data/synth/synth\_bmprate\_`i'.dta) replace;
17            matrix state`i' = e(RMSPE); /* check the V matrix*/
18
19   foreach i of local statelist {;
20   matrix rownames state`i'=`i';
21   matlist state`i', names(rows);
22   };
23   #delimit cr
```

R
synth_3_7.R

```
1
2   placebos <- generate.placebos(dataprep_out, synth_out, Sigf.ipop = 3)
3
4   plot_placebos(placebos)
5
6   mspe.plot(placebos, discard.extreme = TRUE, mspe.limit = 1, plot.hist = TRUE)
```

534   这是一个循环，它将遍历每个州并估计模型。然后，它将与每个模型
关联的数据保存到 ../data/synth/synth_bmcrate_'i'.dta 数据文件中，其
中'i'是在本地状态列表后列出的州 FIPS 代码之一。现在有了命令文件，
我们就可以计算后期到前期的 RMSPE 了。

STATA
synth_4.do

```
1    local statelist  1 2 4 5 6 8 9 10 11 12 13 15 16 17 18 20 21 22 23 24 25 26 27 28
  ↪  29 30 31 32
2        33 34 35 36 37 38 39 40 41 42 45 46 47 48 49 51 53 55
3    foreach i of local statelist {
4        use ../data/synth/synth_bmprate_`i' ,clear
5        keep _Y_treated _Y_synthetic _time
6        drop if _time==.
7        rename _time year
8        rename _Y_treated  treat`i'
9        rename _Y_synthetic counterfact`i'
10       gen gap`i'=treat`i'-counterfact`i'
11       sort year
12       save ../data/synth/synth_gap_bmprate`i', replace
13       }
14   use ../data/synth/synth_gap_bmprate48.dta, clear
15   sort year
16   save ../data/synth/placebo_bmprate48.dta, replace
17
18   foreach i of local statelist {
19          merge year using ../data/synth/synth_gap_bmprate`i'
20          drop _merge
21          sort year
22       save ../data/synth/placebo_bmprate.dta, replace
23       }
24
```

请注意，在将处理州和反事实州合并为一个数据文件之前，这将首先创建出处理州和反事实州之间的差距。

```
                              STATA
                          synth_5.do
1    ** Inference 2: Estimate the pre- and post-RMSPE and calculate the ratio of the
2    *  post-pre RMSPE
3    set more off
4    local statelist  1 2 4 5 6 8 9 10 11 12 13 15 16 17 18 20 21 22 23 24 25 26 27 28
     ↪   29 30 31 32
5         33 34 35 36 37 38 39 40 41 42 45 46 47 48 49 51 53 55
6    foreach i of local statelist {
7
8        use ../data/synth/synth_gap_bmprate`i', clear
9        gen gap3=gap`i'*gap`i'
10       egen postmean=mean(gap3) if year>1993
11       egen premean=mean(gap3) if year<=1993
12       gen rmspe=sqrt(premean) if year<=1993
13       replace rmspe=sqrt(postmean) if year>1993
14       gen ratio=rmspe/rmspe[_n-1] if 1994
15       gen rmspe_post=sqrt(postmean) if year>1993
16       gen rmspe_pre=rmspe[_n-1] if 1994
17       mkmat rmspe_pre rmspe_post ratio if 1994, matrix (state`i')
```

在这一部分中，我们将计算后期 RMSPE、前期 RMSPE 以及两者的比率。一旦有了这些信息，我们就可以绘制出一幅直方图。下面的命令可以做到这一点。

```
                              STATA
                          synth_6.do
1    * show post/pre-expansion RMSPE ratio for all states, generate histogram
2        foreach i of local statelist {
3            matrix rownames state`i'=`i'
4            matlist state`i', names(rows)
5                                    }
6    #delimit ;
7    matstate=state1/state2/state4/state5/state6/state8/state9/state10/state11/
8    state12/state13/state15/state16/state17/state18/state20/state21/state22/
9    state23/state24/state25/state26/state27/state28/state29/state30/state31/
10   state32/state33/state34/state35/state36/state37/state38/state39/state40/
```

(continued)

STATA *(continued)*

```
11    state41/state42/state45/state46/state47/state48/state49/state51/state53/
12    state55;
13    #delimit cr
14  * ssc install mat2txt
15      mat2txt, matrix(state) saving(../inference/rmspe_bmprate.txt) replace
16      insheet using ../inference/rmspe_bmprate.txt, clear
17      ren v1 state
18      drop v5
19      gsort -ratio
20      gen rank=_n
21      gen p=rank/46
22      export excel using ../inference/rmspe_bmprate, firstrow(variables) replace
23      import excel ../inference/rmspe_bmprate.xls, sheet("Sheet1") firstrow clear
24      histogram ratio, bin(20) frequency fcolor(gs13) lcolor(black) ylabel(0(2)6)
25      xtitle(Post/pre RMSPE ratio) xlabel(0(1)5)
26  * Show the post/pre RMSPE ratio for all states, generate the histogram.
27      list rank p if state==48
```

遍历全部的循环将花费一些时间，但一旦循环完成，它将生成一幅后期 RMSPE 与前期 RMSPE 比率分布的直方图。从 p 值我们可以看出，在 46 个州个体中，得州的比率位列第二高，p 值为 0.04。我们可以在图 10 - 11 中看到这一点。

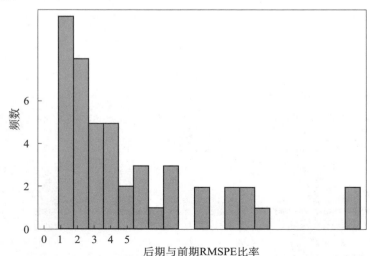

图 10 - 11　后期 RMSPE 与前期 RMSPE 比率分布的直方图

注：得克萨斯州是距离右尾最远的州之一。

注意，除了图之外，这些命令还创建了一个 Excel 电子表格，其中包 *537* 含前期 RMSPE、后期 RMSPE、比率和等级的信息。当我们试图将展示限 制于那些在得州附近、拥有与得州类似的前期 RMSPE 的州时，我们将再 次使用它。

现在我们要创建一幅典型的安慰剂图，其中所有州的安慰剂都放在得 州的上面。为此，我们可以在 Stata 代码中使用一些简单的语法：

```
STATA
synth_7.do
1   * Inference 3: all the placeboes on the same picture
2   use ../data/synth/placebo_bmprate.dta, replace
3   * Picture of the full sample, including outlier RSMPE
4   #delimit;
5   twoway
6   (line gap1 year ,lp(solid)lw(vthin))
7   (line gap2 year ,lp(solid)lw(vthin))
8   (line gap4 year ,lp(solid)lw(vthin))
9   (line gap5 year ,lp(solid)lw(vthin))
10  (line gap6 year ,lp(solid)lw(vthin))
11  (line gap8 year ,lp(solid)lw(vthin))
12  (line gap9 year ,lp(solid)lw(vthin))
13  (line gap10 year ,lp(solid)lw(vthin))
14  (line gap11 year ,lp(solid)lw(vthin))
15  (line gap12 year ,lp(solid)lw(vthin))
16  (line gap13 year ,lp(solid)lw(vthin))
17  (line gap15 year ,lp(solid)lw(vthin))
18  (line gap16 year ,lp(solid)lw(vthin))
19  (line gap17 year ,lp(solid)lw(vthin))
20  (line gap18 year ,lp(solid)lw(vthin))
21  (line gap20 year ,lp(solid)lw(vthin))
22  (line gap21 year ,lp(solid)lw(vthin))
23  (line gap22 year ,lp(solid)lw(vthin))
24  (line gap23 year ,lp(solid)lw(vthin))
25  (line gap24 year ,lp(solid)lw(vthin))
26  (line gap25 year ,lp(solid)lw(vthin))
27  (line gap26 year ,lp(solid)lw(vthin))
28  (line gap27 year ,lp(solid)lw(vthin))
29  (line gap28 year ,lp(solid)lw(vthin))
30  (line gap29 year ,lp(solid)lw(vthin))
```

(continued)

<table>
<tr><td colspan="2">STATA (continued)</td></tr>
</table>

```
31   (line gap30 year ,lp(solid)lw(vthin))
32   (line gap31 year ,lp(solid)lw(vthin))
33   (line gap32 year ,lp(solid)lw(vthin))
34   (line gap33 year ,lp(solid)lw(vthin))
35   (line gap34 year ,lp(solid)lw(vthin))
36   (line gap35 year ,lp(solid)lw(vthin))
37   (line gap36 year ,lp(solid)lw(vthin))
38   (line gap37 year ,lp(solid)lw(vthin))
39   (line gap38 year ,lp(solid)lw(vthin))
40   (line gap39 year ,lp(solid)lw(vthin))
41   (line gap40 year ,lp(solid)lw(vthin))
42   (line gap41 year ,lp(solid)lw(vthin))
43   (line gap42 year ,lp(solid)lw(vthin))
44   (line gap45 year ,lp(solid)lw(vthin))
45   (line gap46 year ,lp(solid)lw(vthin))
46   (line gap47 year ,lp(solid)lw(vthin))
47   (line gap49 year ,lp(solid)lw(vthin))
48   (line gap51 year ,lp(solid)lw(vthin))
49   (line gap53 year ,lp(solid)lw(vthin))
50   (line gap55 year ,lp(solid)lw(vthin))
51   (line gap48 year ,lp(solid)lw(thick)lcolor(black)), /*treatment unit, Texas*/
52   yline(0, lpattern(shortdash) lcolor(black)) xline(1993, lpattern(shortdash)
     ↪ lcolor(black))
53   xtitle("",si(small)) xlabel(#10) ytitle("Gap in black male prisoners prediction
     ↪ error", size(small))
54       legend(off);
55   #delimit cr
```

538 (对应行号 31–55 的左侧标记)

在这里我们将只展示安慰剂的主图示，人们可以通过去除那些与得州在处理前期拟合程度相当差的州来展示一些经过削减的数据（见图 10 – 12）。

现在，你已经了解了如何使用这个 .do 文件来估计合成控制模型，那么接下来你就可以自己处理数据了。到目前为止，所有这些分析都使用黑人男性（总数）监禁作为因变量，但如果我们使用黑人男性监禁，结果可能会不同。该信息包含在数据集中。我想让你们自己用黑人男性监禁率变量作为因变量进行分析。你将需要找到一个新的模型来匹配这个模式，因为我们用于黑人男性（总数）监禁数量的方法不太可能像描述总数的情况那样有效地描述比率。此外，你应该执行我们在 Abadie 等［2015］中提到的 placebo-date 证伪练习。选择 1989 年作为你的处理日期，1992 年作为样

539

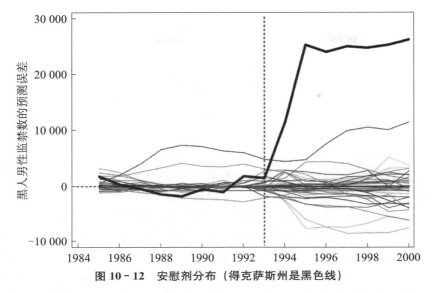

图 10 - 12　安慰剂分布（得克萨斯州是黑色线）

本的结束日期，并检查相同的模型是否显示出与你使用正确的年份1993年作为处理日期时所发现的处理效应相同的处理效应。我鼓励你使用这些数据和这个命令文件来了解过程本身的细节，并更深入地思考合成控制在做什么，以及如何在研究中最好地使用它。

　　总结（conclusion）。综上所述，我们已经了解了如何在 Stata 中估计合成控制模型。关于这个模型的研究目前仍是一个活跃的研究领域，所以我决定等到后续版本再深入研究新的材料，因为有很多问题目前还没有解决。因此，本章是理解模型和围绕它进行实践（包括 R 和 Stata 中的代码）的良好基础。我希望这对你有所帮助。

本书总结

　　因果推断是一个重要而有趣的领域。之所以说它是有趣的，是因为潜在结果模型既是一种直观的方式，也是一种思考因果效应的哲学上的启发方式。而且因果推断模型还可以帮助我们更好地理解在随机对照实验之外，使用别出心裁的准实验研究设计来更好地理解有效识别因果效应所需的假设。珀尔的有向无环图模型不仅有助于建立理论模型，而且还可以帮助我们理解某些现象，并给出识别你所关心的因果效应的策略。从这些有向无环图中，你可以知道，使用你的数据集来设计这样的识别策略是否可能。虽然结果有可能令人失望，但它仍然是一种逻辑严密、真实有效的估计方法。在我的经验中，这些有向无环图威力强大，在项目的设计阶段非常有用，并且深受学生们喜爱。

　　我在本书中列出的这些方法只是目前应用微观经济学中最常见的一些研究设计。我努力从中加以挑选，以便对我们的研究起到引导作用，从而尽可能地让我们的读者接近前沿研究领域。但我不得不有所取舍。例如，本书没有涉及关于边界或部分识别（bounding or partial identification）的内容。但如果你非常喜欢这本书，可能还会出第二版，到时候再把这个重要的主题纳入进来。

　　即使对于我在本书中涉及的主题，这些领域也在不断发展变化，我期待你阅读参考文献中提供的文章和著作，以了解更多的内容。我还期待你使用本书链接中提供的软件代码，并自行下载数据文件。操练这些程序，探索数据，并提高你使用 R 和 Stata 来处理这些设计的因果推断问题的直觉能力。我希望本书让你觉得物有所值。祝你研究进展顺利。祝你一切顺利。

参考文献

Abadie, A., Athey, S., Imbens, G. W., and Wooldridge, J. M. (2020). Sampling-based versus design-based uncertainty in regression analysis. *Econometrica*, 88: 265 - 296.

Abadie, A., Diamond, A., and Hainmueller, J. (2010). Synthetic control methods for comparative case studies: Estimating the effect of California's tobacco control program. *Journal of the American Statistical Association*, 105 (490): 493 - 505.

Abadie, A., Diamond, A., and Hainmueller, J. (2015). Comparative politics and the synthetic control method. *American Journal of Political Science*, 59 (2): 495 - 510.

Abadie, A. and Gardeazabal, J. (2003). The economic costs of conflict: A case study of the Basque Country. *American Economic Review*, 93 (1): 113 - 132.

Abadie, A. and Imbens, G. (2006). Large sample properties of matching estimators for average treatment effects. *Econometrica*, 74 (1): 235 – 267.

Abadie, A. and Imbens, G. (2011). Bias-corrected matching estimators for average treatment effects. *Journal of Business and Economic Statistics*, 29: 1 – 11.

Abadie, A. and Imbens, G. W. (2008). On the failure of the bootstrap for matching estimators. *Econometrica*, 76 (6): 1537 – 1557.

Adudumilli, K. (2018). Bootstrap inference for propensity score matching. Unpublished manuscript.

Aizer, A. and Doyle, J. J. (2015). Juvenile incarceration, human capital, and future crime: Evidence from randomly assigned judges. *Quarterly Journal of Economics*, 130 (2): 759 – 803.

Almond, D. , Doyle, J. J. , Kowalski, A. , and Williams, H. (2010). Estimating returns to medical care: Evidence from at-risk newborns. *Quarterly Journal of Economics*, 125 (2): 591 – 634.

Anderson, D. M. , Hansen, B. , and Rees, D. I. (2013). Medical marijuana laws, traffic fatalities, and alcohol consumption. *Journal of Law and Economics*, 56 (2): 333 – 369.

Angrist, J. D. (1990). Lifetime earnings and the Vietnam era draft lottery: Evidence from Social Security administrative records. *American Economic Review*, 80 (3): 313 – 336.

Angrist, J. D. , Imbens, G. W. , and Krueger, A. B. (1999). Jackknife instrumental variables estimation. *Journal of Applied Econometrics*, 14: 57 – 67.

Angrist, J. D. , Imbens, G. W. , and Rubin, D. B. (1996). Identification of causal effects using instrumental variables. *Journal of the American Statistical Association*, 87: 328 – 336.

Angrist, J. D. and Krueger, A. B. (1991). Does compulsory school attendance affect schooling and earnings? *Quarterly Journal of Economics*, 106 (4): 979 – 1014.

Angrist, J. D. and Krueger, A. B. (2001). Instrumental variables and the search for identification: From supply and demand to natural experiments. *Journal of Economic Perspectives*, 15 (4): 69 – 85.

Angrist, J. D. and Lavy, V. (1999). Using Maimonides' rule to estimate the effect of class size on scholastic achievement. *Quarterly Journal of Economics*, 114 (2): 533 – 575.

Angrist, J. D. and Pischke, J. -S. (2009). *Mostly Harmless Econometrics*. Princeton University.

Arnold, D. , Dobbie, W. , and Yang, C. S. (2018). Racial bias in bail decisions. *Quarterly Journal of Economics*, 133 (4): 1885 – 1932.

Ashenfelter, O. (1978). Estimating the effect of training programs on earnings. *Review of Economics and Statistics*, 60: 47 – 57.

Athey, S. , Bayati, M. , Doudchenko, N. , Imbens, G. W. , and Khosravi, K. (2018). Matrix completion methods for causal panel data models. arXiv No. 1710. 10251.

Athey, S. and Imbens, G. W. (2017a). *The Econometrics of Randomized Experiments*, 1: 73 – 140. Elsevier.

Athey, S. and Imbens, G. W. (2017b). The state of applied econometrics: Causality and policy evaluation. *Journal of Economic Perspectives*, 31 (2): 3 – 32.

Auld, M. C. and Grootendorst, P. (2004). An empirical analysis of milk addiction. *Journal of Health Economics*, 23 (6): 1117 – 1133.

Baicker, K. , Taubman, S. L. , Allen, H. L. , Bernstein, M. , Gruber, J. , Newhouse, J. , Schneider, E. , Wright, B. , Zaslavsky, A. , and Finkelstein, A. (2013). The Oregon experiment—effects of Medicaid on clinical outcomes. *New England Journal of Medicine*, 368: 1713 – 1722.

Band, H. and Robins, J. M. (2005). Doubly robust estimation in missing data and causal inference models. *Biometrics*, 61: 962 – 972.

Barnow, B. S. , Cain, G. G. , and Goldberger, A. (1981). Selection on observables. *Evaluation Studies Review Annual*, 5: 43 – 59.

Barreca, A. I. , Guldi, M. , Lindo, J. M. , and Waddell, G. R. (2011). Saving babies? Revisiting the effect of very low birth weight classification. *Quarterly Journal of Economics*, 126 (4): 2117 – 2123.

Barreca, A. I. , Lindo, J. M. , and Waddell, G. R. (2016). Heaping-induced bias in regression-discontinuity designs. *Economic Inquiry*, 54 (1): 268 – 293.

Bartik, T. J. (1991). *Who Benefits from State and Local Economic Development Policies?* W. E. Upjohn Institute for Employment Research, Kalamazoo, MI.

Becker, G. (1968). Crime and punishment: An economic approach. *Journal of Political Economy*, 76: 169 – 217.

Becker, G. (1994). *Human Capital: A Theoretical and Empirical Analysis with Special Reference to Education.* 3rd ed. University of Chicago Press.

Becker, G. S. (1993). The economic way of looking at life. *Journal of Political Economy*, 101 (3): 385 – 409.

Becker, G. S. , Grossman, M. , and Murphy, K. M. (2006). The market for illegal goods: The case of drugs. *Journal of Political Economy*, 114 (1): 38 – 60.

Becker, G. S. and Murphy, K. M. (1988). A theory of rational addiction. *Journal of Political Economy*, 96 (4): 675 – 700.

Beland, L. P. (2015). Political parties and labor-market outcomes: Evidence from US states. *American Economic Journal: Applied Economics*, 7 (4): 198 – 220.

Bertrand, M. , Duflo, E. , and Mullainathan, S. (2004). How much should we trust differences-in-differences estimates? *Quarterly Journal of Economics*, 119 (1): 249 – 275.

Binder, J. (1998). The event study methodology since 1969. *Review of Quantitative Finance and Accounting*, 11: 111 – 137.

Black, S. E. (1999). Do better schools matter? Parental valuation of elementary education. *Quarterly Journal of Economics*, 114 (2): 577 – 599.

Blanchard, O. J. and Katz, L. F. (1992). Regional evolutions. *Brookings Papers on Economic Activity*, 1: 1 – 75.

Bodory, H. , Camponovo, L. , Huber, M. , and Lechner, M. (2020). The finite sample performance of inference methods for propensity score matching and weighting estimators. *Journal of Business and Economic Statistics*, 38 (1): 183 – 200.

Borusyak, K. , Hull, P. , and Jaravel, X. (2019). Quasi-experimental shift-share research designs. Unpublished manuscript.

Borusyak, K. and Jaravel, X. (2018). Revisiting event study designs. Unpublished manuscript.

Bound, J., Jaeger, D. A., and Baker, R. M. (1995). Problems with instrumental variables estimation when the correlation between the instruments and the endogenous explanatory variable is weak. *Journal of the American Statistical Association*, 90 (430): 443-450.

Brooks, J. M. and Ohsfeldt, R. L. (2013). Squeezing the balloon: Propensity scores and unmeasured covariate balance. *Health Services Research*, 48 (4): 1487-1507.

Buchanan, J. (1996). Letter to the editor. *Wall Street Journal*.

Buchmueller, T. C., DiNardo, J., and Valletta, R. G. (2011). The effect of an employer health insurance mandate on health insurance coverage and the demand for labor: Evidence from Hawaii. *American Economic Journal: Economic Policy*, 3 (4): 25-51.

Buckles, K. and Hungerman, D. (2013). Season of birth and later outcomes: Old questions, new answers. *Review of Economics and Statistics*, 95 (3): 711-724.

Busso, M., DiNardo, J., and McCrary, J. (2014). New evidence on the finite sample properties of propensity score reweighting and matching estimators. *Review of Economics and Statistics*, 96 (5): 885-897.

Callaway, B. and Sant'Anna, P. H. C. (2019). Difference-in-differences with multiple time periods. Unpublished manuscript.

Calonico, S., Cattaneo, M. D., and Titiunik, R. (2014). Robust nonparametric confidence intervals for regression-discontinuity designs. *Econometrica*, 82 (6): 2295-2326.

Cameron, A. C., Gelbach, J. B., and Miller, D. L. (2008). Bootstrap-based improvements for inference with clustered errors. *Review of Economics and Statistics*, 90 (3): 414-427.

Cameron, A. C., Gelbach, J. B., and Miller, D. L. (2011). Robust inference with multiway clustering. *Journal of Business and Economic Statistics*, 29 (2): 238-249.

Card, D. (1990). The impact of the Mariel boatlift on the Miami labor-market. *Industrial and Labor Relations Review*, 43 (2): 245-257.

因果推断

460
1
Card, D. (1995). *Aspects of Labour Economics: Essays in Honour of John Vanderkamp*. University of Toronto Press.

Card, D., Dobkin, C., and Maestas, N. (2008). The impact of nearly universal insurance coverage on health care utilization: Evidence from medicare. *American Economic Review*, 98 (5): 2242–2258.

Card, D., Dobkin, C., and Maestas, N. (2009). Does Medicare save lives? *Quarterly Journal of Economics*, 124 (2): 597–636.

Card, D. and Krueger, A. (1994). Minimum wages and employment: A case study of the fast-food industry in New Jersey and Pennsylvania. *American Economic Review*, 84: 772–793.

Card, D., Lee, D. S., Pei, Z., and Weber, A. (2015). Inference on causal effects in a generalized regression kink design. *Econometrica*, 84 (6): 2453–2483.

Card, D. and Peri, G. (2016). Immigration economics: A review. Unpublished manuscript.

Carpenter, C. and Dobkin, C. (2009). The effect of alcohol consumption on mortality: Regression discontinuity evidence from the minimum drinking age. *American Economic Journal: Applied Economics*, 1 (1): 164–182.

Carrell, S. E., Hoekstra, M., and West, J. E. (2011). Does drinking impair college performance? Evidence from a regression discontinuity approach. *Journal of Public Economics*, 95: 54–62.

Carrell, S. E., Hoekstra, M., and West, J. E. (2019). The impact of college diversity on behavior toward minorities. *American Economic Journal: Economic Policy*, 11 (4): 159–182.

Cattaneo, M. D., Frandsen, B. R., and Titiunik, R. (2015). Randomization inference in the regression discontinuity design: An application to party advantages in the U. S. Senate. *Journal of Causal Inference*, 3 (1): 1–24.

Cattaneo, M. D., Jansson, M., and Ma, X. (2019). Simply local polynomial density estimators. *Journal of the American Statistical Association*.

Caughey, D. and Sekhon, J. S. (2011). Elections and the regression discontinuity design: Lessons from close U. S. House races, 1942 – 2008. *Political Analysis*, 19: 385 – 408.

Cengiz, D. , Dube, A. , Lindner, A. , and Zipperer, B. (2019). The effect of minimum wages on low-wage jobs. *Quarterly Journal of Economics*, 134 (3): 1405 – 1454.

Charles, K. K. and Stephens, M. (2006). Abortion legalization and adolescent substance use. *Journal of Law and Economics*, 49: 481 – 505.

Cheng, C. and Hoekstra, M. (2013). Does strengthening self-defense law deter crime or escalate violence? Evidence from expansions to castle doctrine. *Journal of Human Resources*, 48 (3): 821 – 854.

Christakis, N. A. and Fowler, J. H. (2007). The spread of obesity in a large social network over 32 years. *New England Journal of Medicine*, 357 (4): 370 – 379.

Cochran, W. G. (1968). The effectiveness of adjustment by subclassification in removing bias in observational studies. *Biometrics*, 24 (2): 295 – 313.

Cohen-Cole, E. and Fletcher, J. (2008). Deteching implausible social network effects in acne, height, and headaches: Longitudinal analysis. *British Medical Journal*, 337 (a2533).

Coleman, T. S. (2019). Causality in the time of cholera: John Snow as a prototype for causal inference. Unpublished manuscript.

Coles, P. (2019). Einstein, Eddington, and the 1919 eclipse. *Nature*, 568 (7752): 306 – 307.

Conley, D. and Fletcher, J. (2017). *The Genome Factor: What the Social Genomics Revolution Reveals about Ourselves, Our History, and the Future*. Princeton University Press.

Cook, T. D. (2008). "Waiting for life to arrive": A history of the regression-discontinuity design in psychology, statistics, and economics. *Journal of Econometrics*, 142: 636 – 654.

Cornwell, C. and Rupert, P. (1997). Unobservable individual effects, marriage, and the earnings of young men. *Economic Inquiry*, 35 (2): 1 – 8.

Cornwell, C. and Trumbull, W. N. (1994). Estimating the economic model of crime with panel data. *Review of Economics and Statistics*, 76 (2): 360 - 366.

Craig, M. (2006). *The Professor, the Banker, and the Suicide King: Inside the Richest Poker Game of All Time*. Grand Central Publishing.

Crump, R. K., Hotz, V. J., Imbens, G. W., and Mitnik, O. A. (2009). Dealing with limited overlap in estimation of average treatment effects. *Biometrika*, 96 (1): 187 - 199.

Cunningham, S. and Cornwell, C. (2013). The long-run effect of abortion on sexually transmitted infections. *American Law and Economics Review*, 15 (1): 381 - 407.

Cunningham, S. and Finlay, K. (2012). Parental substance abuse and foster care: Evidence from two methamphetamine supply shocks. *Economic Inquiry*, 51 (1): 764 - 782.

Cunningham, S. and Kendall, T. D. (2011). Prostitution 2. 0: The changing face of sex work. *Journal of Urban Economics*, 69: 273 - 287.

Cunningham, S. and Kendall, T. D. (2014). *Examining the Role of Client Reviews and Reputation within Online Prostitution*. Oxford University Press.

Cunningham, S. and Kendall, T. D. (2016). Prostitution labor supply and education. *Review of Economics of the Household*, Forthcoming.

Dale, S. B. and Krueger, A. B. (2002). Estimating the payoff to attending a more selective college: An application of selection on observables and unobservables. *Quarterly Journal of Economics*, 117 (4): 1491 - 1527.

de Chaisemartin, C. and D'Haultfoeuille, X. (2019). Two-way fixed effects estimators with heterogeneous treatment effects. Unpublished manuscript.

Dehejia, R. H. and Wahba, S. (1999). Causal effects in nonexperimental studies: Reevaluating the evaluation of training programs. *Journal of the American Statistical Association*, 94 (448): 1053 - 1062.

Dehejia, R. H. and Wahba, S. (2002). Propensity score-matching methods for nonexperimental causal studies. *Review of Economics and Statistics*, 84 (1): 151 - 161.

Dobbie, W., Goldin, J., and Yang, C. S. (2018). The effects of pretrial detention on conviction, future crime, and employment: Evidence from randomly assigned judges. *American Economic Review*, 108 (2): 201 – 240.

Dobbie, W., Goldsmith-Pinkham, P., and Yang, C. (2017). Consumer bankruptcy and financial health. *Review of Economics and Statistics*, 99 (5): 853 – 869.

Dobkin, C. and Nicosia, N. (2009). The war on drugs: Methamphetamine, public health, and crime. *American Economic Review*, 99 (1): 324 – 349.

Donald, S. G. and Newey, W. K. (2001). Choosing the number of instruments. *Econometrica*, 69 (5): 1161 – 1191.

Donohue, J. J. and Levitt, S. D. (2001). The impact of legalized abortion on crime. *Quarterly Journal of Economics*, 116 (2): 379 – 420.

Doudchenko, N. and Imbens, G. (2016). Balancing, regression, difference-in-differences, and synthetic control methods: A synthesis. Working Paper No. 22791, National Bureau of Economic Research, Cambridge, MA.

Doyle, J. J. (2007). Child protection and adult crime: Using investigator assignment to estimate causal effects of foster care. Unpublished manuscript.

Doyle, J. J. (2008). Child protection and child outcomes: Measuring the effects of foster care. *American Economic Review*, 97 (5): 1583 – 1610.

Dube, A., Lester, T. W., and Reich, M. (2010). Minimum wage effects across state borders: Estimates using contiguous counties. *Review of Economics and Statistics*, 92 (4): 945 – 964.

Efron, B. (1979). Bootstrap methods: Another look at the jack-knife. *Annals of Statistics*, 7 (1): 1 – 26.

Eggers, A. C., Fowler, A., Hainmueller, J., Hall, A. B., and Jr., J. M. S. (2014). On the validity of the regression discontinuity design for estimating electoral effects: New evidence from over 40 000 close races. *American Journal of Political Science*, 59 (1): 259 – 274.

Elwert, F. and Winship, C. (2014). Endogenous selection bias: The problem of conditioning on a collider variable. *Annual Review of Sociology*, 40: 31-53.

Ferman, B. and Pinto, C. (2019). Synthetic controls with imperfect pre-treatment fit. Unpublished manuscript.

Ferman, B., Pinto, C., and Possebom, V. (2020). Cherry picking with synthetic controls. *Journal of Policy Analysis and Management*, 39 (2): 510-532.

Finkelstein, A., Taubman, S., Wright, B., Bernstein, M., Gruber, J., Newhouse, J. P., Allen, H., and Baicker, K. (2012). The Oregon health insurance experiment: Evidence from the first year. *Quarterly Journal of Economics*, 127 (3): 1057-1106.

Firpo, S. and Possebom, V. (2018). Synthetic control method: Inference, sensitivity analysis, and confidence sets. *Journal of Causal Inference*, 6 (2): 1-26.

Fisher, R. A. (1925). *Statistical Methods for Research Workers*. Oliver and Boyd.

Fisher, R. A. (1935). *The Design of Experiments*. Oliver and Boyd.

Foote, C. L. and Goetz, C. F. (2008). The impact of legalized abortion on crime: Comment. *Quarterly Journal of Economics*, 123 (1): 407-423.

Frandsen, B. R., Lefgren, L. J., and Leslie, E. C. (2019). Judging judge fixed effects. Working Paper No. 25528, National Bureau of Economic Research, Cambridge, MA.

Freedman, D. A. (1991). Statistical models and shoe leather. *Sociological Methodology*, 21: 291-313.

Freeman, R. B. (1980). An empirical analysis of the fixed coefficient "manpower requirement" mode, 1960-1970. *Journal of Human Resources*, 15 (2): 176-199.

Frisch, R. and Waugh, F. V. (1933). Partial time regressions as compared with individuals trends. *Econometrica*, 1 (4): 387-401.

Fryer, R. (2019). An empirical analysis of racial differences in police use of force. *Journal of Political Economy*, 127 (3).

Gaudet, F. J., Harris, G. S., and St. John, C. W. (1933). Individual differences in the sentencing tendencies of judges. *Journal of Criminal Law and Criminology*, 23 (5): 811 – 818.

Gauss, C. F. (1809). *Theoria Motus Corporum Coelestium*. Perthes et Besser, Hamburg.

Gelman, A. and Imbens, G. (2019). Why higher-order polynomials should not be used in regression discontinuity designs. *Journal of Business and Economic Statistics*, 37 (3): 447 – 456.

Gertler, P., Shah, M., and Bertozzi, S. M. (2005). Risky business: The market for unprotected commercial sex. *Journal of Political Economy*, 113 (3): 518 – 550.

Gilchrist, D. S. and Sands, E. G. (2016). Something to talk about: Social spillovers in movie consumption. *Journal of Political Economy*, 124 (5): 1339 – 1382.

Goldberger, A. S. (1972). Selection bias in evaluating treatment effects: Some formal illustrations. Unpublished manuscript.

Goldsmith-Pinkham, P. and Imbens, G. W. (2013). Social networks and the identification of peer effects. *Journal of Business and Economic Statistics*, 31 (3).

Goldsmith-Pinkham, P., Sorkin, I., and Swift, H. (2020). Bartik instruments: What, when, why, and how. *American Economic Review*, Forthcoming. Working Paper No. 24408, National Bureau of Economic Research, Cambridge, MA.

Goodman-Bacon, A. (2019). Difference-in-differences with variation in treatment timing. Unpublished manuscript.

Graddy, K. (2006). The Fulton Fish Market. *Journal of Economic Perspectives*, 20 (2): 207 – 220.

Gruber, J. (1994). The incidence of mandated maternity benefits. *American Economic Review*, 84 (3): 622 – 641.

Gruber, J., Levine, P. B., and Staiger, D. (1999). Abortion legalization and child living circumstances: Who is the "marginal child"? *Quarterly Journal of Economics*, 114 (1): 263 – 291.

Haavelmo, T. (1943). The statistical implications of a system of simultaneous equations. *Econometrica*, 11 (1): 1 – 12.

Hahn, J. , Todd, P. , and van der Klaauw, W. (2001). Identification and estimation of treatment effects with a regression-discontinuity design. *Econometrica*, 69 (1): 201 – 209.

Hájek, J. (1971). *Comment on "An Essay on the Logical Foundations of Survey Sampling , Part One."* Holt, Rinehart and Winston.

Hamermesh, D. S. and Biddle, J. E. (1994). Beauty and the labor market. *American Economic Review*, 84 (5): 1174 – 1194.

Hansen, B. (2015). Punishment and deterrence: Evidence from drunk driving. *American Economic Review*, 105 (4): 1581 – 1617.

Heckman, J. and Pinto, R. (2015). Causal analysis after Haavelmo. *Econometric Theory*, 31 (1): 115 – 151.

Heckman, J. J. (1979). Sample selection bias as a specification error. *Econometrica*, 47 (1): 153 – 161.

Heckman, J. J. and Vytlacil, E. J. (2007). *Econometric Evaluation of Social Programs, Part I: Causal Models, Structural Models, and Econometric Policy Evaluation*, 6B: 4779 – 4874. Elsevier.

Hirano, K. and Imbens, G. W. (2001). Estimation of causal effects using propensity score weighting: An application to data on right heart catheterization. *Health Services and Outcomes Research Methodology*, 2: 259 – 278.

Hoekstra, M. (2009). The effect of attending the flagship state university on earnings: A discontinuity-based approach. *Review of Economics and Statistics*, 91 (4): 717 – 724.

Holtzman, W. H. (1950). The unbiased estimate of the population variance and standard deviation. *American Journal of Psychology*, 63 (4): 615 – 617.

Hong, S. H. (2013). Measuring the effect of Napster on recorded music sales: Difference-in-differences estimates under compositional changes. *Journal of Applied Econometrics*, 28 (2): 297 – 324.

Hooke, R. (1983). *How to Tell the Liars from the Statisticians*. CRC Press.

Horvitz, D. G. and Thompson, D. J. (1952). A generalization of sampling without replacement from a finite universe. *Journal of the Ameri-*

can Statistical Association, 47 (260): 663 – 685.

Hume, D. (1993). *An Enquiry Concerning Human Understanding*: *With Hume's Abstract of A Treatise of Human Nature and A Letter from a Gentleman to His Friend in Edinburgh*. 2nd ed. Hackett Publishing.

Iacus, S. M. , King, G. , and Porro, G. (2012). Causal inference without balance checking: Coarsened exact matching. *Political Analysis*, 20 (1): 1 – 24.

Imai, K. and Kim, I. S. (2017). When should we use fixed effects regression models for causal inference with longitudinal data? Unpublished manuscript.

Imai, K. and Ratkovic, M. (2013). Covariate balancing propensity score. *Journal of the Royal Statistical Society Statistical Methodology Series B*, 76 (1): 243 – 263.

Imbens, G. and Kalyanaraman, K. (2011). Optimal bandwidth choice for the regression discontinuity estimator. *Review of Economic Studies*, 79 (3): 933 – 959.

Imbens, G. W. (2000). The role of the propensity score in estimating dose-response functions. *Biometrika*, 87 (3): 706 – 710.

Imbens, G. W. (2019). Potential outcome and directed acyclic graph approaches to causality: Relevance for empirical practices in economics. Unpublished manuscript.

Imbens, G. W. and Angrist, J. D. (1994). Identification and estimation of local average treatment effects. *Econometrica*, 62 (2): 467 – 475.

Imbens, G. W. and Lemieux, T. (2008). Regression discontinuity designs: A guide to practice. *Journal of Econometrics*, 142: 615 – 635.

Imbens, G. W. and Rubin, D. B. (2015). *Causal Inference for Statistics*, *Social and Biomedical Sciences*: *An Introduction*. Cambridge University Press.

Jacob, B. A. and Lefgen, L. (2004). Remedial education and student achivement: A regression-discontinuity analysis. *Review of Economics and Statistics*, 86 (1): 226 – 244.

Joyce, T. (2004). Did legalized abortion lower crime? *Journal of*

Human Resources, 39 (1): 1 – 28.

Joyce, T. (2009). A simple test of abortion and crime. *Review of Economics and Statistics*, 91 (1): 112 – 123.

Juhn, C. , Murphy, K. M. , and Pierce, B. (1993). Wage inequality and the rise in returns to skill. *Journal of Political Economy*, 101 (3): 410 – 442.

Kahn-Lang, A. and Lang, K. (2019). The promise and pitfalls of differences-in-differences: Reflections on 16 and pregnant and other applications. *Journal of Business and Economic Statistics*, DOI: 10.1080/07350015.2018.1546591.

King, G. and Nielsen, R. (2019). Why propensity scores should not be used for matching. *Political Analysis*, 27 (4).

King, G. and Zeng, L. (2006). The dangers of extreme counterfactuals. *Political Analysis*, 14 (2): 131 – 159.

Kling, J. R. (2006). Incarceration length, employment, and earnings. *American Economic Review*, 96 (3): 863 – 876.

Knox, D. , Lowe, W. , and Mummolo, J. (2020). Administrative records mask racially biased policing. *American Political Science Review*, Forthcoming.

Kofoed, M. S. and McGovney, E. (2019). The effect of same-gender and same-race role models on occupation choice: Evidence from randomly assigned mentors at West Point. *Journal of Human Resources*, 54 (2).

Kolesár, M. and Rothe, C. (2018). Inference in regression discontinuity designs with a discrete running variable. *American Economic Review*, 108 (8): 2277 – 2304.

Krueger, A. (1999). Experimental estimates of education production functions. *Quarterly Journal of Economics*, 114 (2): 497 – 532.

Lalonde, R. (1986). Evaluating the econometric evaluations of training programs with experimental data. *American Economic Review*, 76 (4): 604 – 620.

Lee, D. S. and Card, D. (2008). Regression discontinuity inference with specification error. *Journal of Econometrics*, 142 (2): 655 – 674.

Lee, D. S. and Lemieux, T. (2010). Regression discontinuity designs in economics. *Journal of Economic Literature*, 48: 281 – 355.

Lee, D. S. , Moretti, E. , and Butler, M. J. (2004). Do voters affect or elect policies? Evidence from the U. S. House. *Quarterly Journal of Economics*, 119 (3): 807 – 859.

Leslie, E. and Pope, N. G. (2018). The unintended impact of pretrial detention on case outcomes: Evidence from New York City arraignments. *Journal of Law and Economics*, 60 (3): 529 – 557.

Levine, P. B. (2004). *Sex and Consequences: Abortion, Public Policy, and the Economics of Fertility*. Princeton University Press.

Levine, P. B. , Staiger, D. , Kane, T. J. , and Zimmerman, D. J. (1999). *Roe v. Wade* and American fertility. *American Journal of Public Health*, 89 (2): 199 – 203.

Levitt, S. D. (2004). Understanding why crime fell in the 1990s: Four factors that explain the decline and six that do not. *Journal of Economic Perspectives*, 18 (1): 163 – 190.

Lewis, D. (1973). Causation. *Journal of Philosophy*, 70 (17): 556 – 567.

Lindo, J. , Myers, C. , Schlosser, A. , and Cunningham, S. (2019). How far is too far? New evidence on abortion clinic closures, access, and abortions. *Journal of Human Resources*, forthcoming.

Lott, J. R. and Mustard, D. B. (1997). Crime, deterrence, and the right-to-carry concealed handguns. *Journal of Legal Studies*, 26: 1 – 68.

Lovell, M. C. (1963). Seasonal adjustment of economic time series and multiple regression analysis. *Journal of the American Statistical Association*, 58 (304): 991 – 1010.

Lovell, M. C. (2008). A simple proof of the FWL theorem. *Journal of Economic Education*, 39 (1): 88 – 91.

Lyle, D. S. (2009). The effects of peer group heterogeneity on the production of human capital at West Point. *American Economic Journal: Applied Economics*, 1 (4): 69 – 84.

MacKinnon, J. G. and Webb, M. D. (2017). Wild bootstrap inference for wildly different cluster sizes. *Journal of Applied Econometrics*, 32 (2): 233 – 254.

Manski, C. F. (1993). Identification of endogenous social effects: The reflection problem. *Review of Economic Studies*, 60: 531 – 542.

Manski, C. F. and Pepper, J. V. (2018). How do right-to-carry laws affect crime rates? Coping with ambiguity using bounded-variation assumptions. *Review of Economics and Statistics*, 100 (2): 232 – 244.

Matsueda, R. L. (2012). *Handbook of Structural Equation Modeling*. Guilford Press.

McCrary, J. (2008). Manipulation of the running variable in the regression discontinuity design: A design test. *Journal of Econometrics*, 142: 698 – 714.

McGrayne, S. B. (2012). *The Theory That Would Not Die: How Bayes' Rule Cracked the Enigma Code, Hunted Down Russian Submarines, and Emerged Triumphant from Two Centuries of Controversy*. Yale University Press.

Meer, J. and West, J. (2016). Effects of the minimum wage on employment dynamics. *Journal of Human Resources*, 51 (2): 500 – 522.

Melberg, H. O. (2008). Rational addiction theory: A survey of opinions. Unpublished manuscript.

Mill, J. S. (2010). *A System of Logic, Ratiocinative and Inductive*. FQ Books.

Miller, S. , Altekruse, S. , Johnson, N. , and Wherry, L. R. (2019). Medicaid and mortality: New evidence from linked survey and administrative data. NBER Working Paper 26081.

Millimet, D. L. and Tchernis, R. (2009). On the specification of propensity scores, with applications to the analysis of trade policies. *Journal of Business and Economic Statistics*, 27 (3): 397 – 415.

Morgan, M. S. (1991). *The History of Econometric Ideas*. 2nd ed. Cambridge University Press.

Morgan, S. L. and Winship, C. (2014). *Counterfactuals and Causal Inference: Methods and Principles for Social Research*. 2nd ed. Cambridge University Press.

Mueller-Smith, M. (2015). The criminal and labor-market impacts of incarceration. Unpublished manuscript.

Needleman, M. and Needleman, C. (1969). Marx and the problem of causation. *Science and Society*, 33 (3): 322 – 339.

Neumark, D. , Salas, J. I. , and Wascher, W. (2014). Revisiting the minimum wage-employment debate: Throwing out the baby with the bath-water? *Industrial and Labor Relations Review*, 67 (2.5): 608 – 648.

Newhouse, J. P. (1993). *Free for All? Lessons from the RAND Health Experiment*. Harvard University Press.

Norris, S. , Pecenco, M. , and Weaver, J. (2020). The effects of parental and sibling incarceration: Evidence from Ohio. Unpublished manu-script.

Pearl, J. (2009). *Causality*. 2nd ed. Cambridge University Press.

Peirce, C. S. and Jastrow, J. (1885). On small differences in sensa-tion. *Memoirs of the National Academy of Sciences*, 3: 73 – 83.

Peri, G. and Yasenov, V. (2018). The labor-market effects of a re-fugee wave: Synthetic control method meets the Mariel boatlift. *Journal of Human Resources*, doi: 10. 3368/jhr. 54. 2. 0217. 8561R1.

Perkinson, R. (2010). *Texas Tough : The Rise of America's Prison Empire*. Picador.

Perloff, H. S. (1957). Interrelations of state income and industrial structure. *Review of Economics and Statistics*, 39 (2): 162 – 171.

Piazza, J. (2009). Megan Fox voted worst—but sexiest—actress of 2009. https://marquee. blogs. cnn. com/2009/12/30/megan-fox-voted-worst-but-sexiest-actress-of-2009/.

Powell, D. (2017). Imperfect synthetic controls: Did the Massachu-setts health care reform save lives? Unpublished manuscript.

Rilke, R. M. (1929). *Letters to a Young Poet*. Merchant Books.

Rogeberg, O. (2004). Taking absurd theories seriously: Economics and the case of rational addiction theories. *Philosophy of Science*, 71: 263 – 285.

Rosen, S. (1986). *Handbook of Labor Economics*. Vol. 1. North Holland.

Rosenbaum, P. R. and Rubin, D. B. (1983). The central role of the propensity score in observational studies for causal effects. *Biometrika*, 70 (1): 41 – 55.

Rubin, D. (1974). Estimating causal effects of treatments in randomized and nonrandomized studies. *Journal of Educational Psychology*, 66 (5): 688 – 701.

Rubin, D. B. (1977). Assignment to treatment group on the basis of a covariate. *Journal of Educational Statistics*, 2: 1 – 26.

Rubin, D. B. (2005). Causal inference using potential outcomes: Design, modeling, decisions. *Journal of the American Statistical Association*, 100 (469): 322 – 331.

Rubin, D. B. (2007). The design versus the analysis of observational studies for causal effects: Parallels with the design of randomized trials. *Statistics in Medicine*, 26 (1): 20 – 36.

Rubin, D. B. (2008). For objective causal inference, design trumps analysis. *Annals of Applied Statistics*, 2 (3): 808 – 840.

Sacerdote, B. (2001). Peer effects with random assignment: Results for Dartmouth roommates. *Quarterly Journal of Economics*: 681 – 704.

Sant'Anna, P. H. C. and Zhao, J. B. (2018). Doubly robust difference-in-differences estimators. Unpublished manuscript.

Sharpe, J. (2019). Re-evaluating the impact of immigration on the U. S. rental housing market. *Journal of Urban Economics*, 111 (C): 14 – 34.

Smith, A. (1776). *An Inquiry into the Nature and Causes of the Wealth of Nations*. Bantam Classics.

Smith, J. A. and Todd, P. E. (2001). Reconciling conflicting evidence on the performance on propensity-score matching methods. *American Economic Review*, 91 (2): 112 – 118.

Smith, J. A. and Todd, P. E. (2005). Does matching overcome LaLonde's critique of nonexperimental estimators? *Journal of Econometrics*, 125 (1 – 2): 305 – 353.

Snow, J. (1855). *On the Mode of Communication of Cholera*. 2nd ed. John Churchill.

Splawa-Neyman, J. (1923). On the application of probability theory to agricultural experiments: Essay on principles. *Annals of Agricultural Sciences*: 1 – 51.

Staiger, D. and Stock, J. H. (1997). Instrumental variables regression with weak instruments. *Econometrica*, 65 (3): 557 – 586.

Steiner, P. M., Kim, Y., Hall, C. E., and Su, D. (2017). Graphical models for quasi-experimental designs. *Sociological Methods and Research*, 46 (2): 155 – 188.

Stevenson, M. T. (2018). Distortion of justice: How the inability to pay bail affects case outcomes. *Journal of Law, Economics, and Organization*, 34 (4): 511 – 542.

Stigler, S. M. (1980). Stigler's law of eponymy. *Transactions of the New York Academy of Sciences*, 39: 147 – 158.

Stock, J. H. and Trebbi, F. (2003). Who invented instrumental variable regression? *Journal of Economic Perspectives*, 17 (3): 177 – 194.

Sun, L. and Abraham, S. (2020). Estimating dynamic treatment effects in event studies with heterogeneous treatment effects. Unpublished manuscript.

Thistlehwaite, D. and Campbell, D. (1960). Regression-discontinuity analysis: An alternative to the ex post facto experiment. *Journal of Educational Psychology*, 51: 309 – 317.

Thornton, R. L. (2008). The demand for, and impact of, learning HIV status. *American Economic Review*, 98 (5): 1829 – 1863.

Van der Klaauw, W. (2002). Estimating the effect of financial aid offers on college enrollment: A regression-discontinuity approach. *International Economic Review*, 43 (4): 1249 – 1287.

Waldfogel, J. (1995). The selection hypothesis and the relationship between trial and plaintiff victory. *Journal of Political Economy*, 103 (2): 229 – 260.

White, H. (1980). A heteroskedasticity-consistent covariance matrix estimator and a direct test for heteroskedasticity. *Econometrica*, 48 (4): 817 – 838.

Wolpin, K. I. (2013). *The Limits of Inference without Theory*. MIT Press.

Wooldridge, J. (2010). *Econometric Analysis of Cross Section and Panel Data*. 2nd ed. MIT Press.

Wooldridge, J. (2015). *Introductory Econometrics: A Modern Approach*. 6th ed. South-Western College Pub.

Wright, P. G. (1928). *The Tariff on Animal and Vegetable Oils*. Macmillan.

Young, A. (2019). Chanelling Fisher: Randomization tests and the statistical insignificance of seemingly significant experimental results. *Quarterly Journal of Economics*, 134 (2): 557 – 598.

Yule, G. U. (1899). An investigation into the causes of changes in pauperism in England, chiefly during the last two intercensal decades. *Journal of Royal Statistical Society*, 62: 249 – 295.

Zhao, Q. (2019). Covariate balancing propensity score by tailored loss functions. *Annals of Statistics*, 47 (2): 965 – 993.

Zubizarreta, J. R. (2015). Stable weights that balance covariates for estimation with incomplete outcome data. *Journal of the American Statistical Association*, 110 (511): 910 – 922.

索　引

图书在版编目（CIP）数据

因果推断 / （　　）斯科特·坎宁安著；李井奎译
. --北京：中国人民大学出版社，2023.5
　　ISBN 978-7-300-31300-9

　　Ⅰ.①因… Ⅱ.①斯… ②李… Ⅲ.①因果性-推断
Ⅳ.①B812.23

中国版本图书馆 CIP 数据核字（2022）第 245074 号

因果推断

斯科特·坎宁安　著

李井奎　译

Yinguo Tuiduan

出版发行	中国人民大学出版社				
社　　址	北京中关村大街 31 号		**邮政编码**	100080	
电　　话	010 - 62511242（总编室）		010 - 62511770（质管部）		
	010 - 82501766（邮购部）		010 - 62514148（门市部）		
	010 - 62515195（发行公司）		010 - 62515275（盗版举报）		
网　　址	http://www.crup.com.cn				
经　　销	新华书店				
印　　刷	北京宏伟双华印刷有限公司				
开　　本	720 mm×1000 mm　1/16		**版　　次**	2023 年 5 月第 1 版	
印　　张	31.25 插页 2		**印　　次**	2023 年 12 月第 3 次印刷	
字　　数	524 000		**定　　价**	118.00 元	